本书受到云南省教育厅高校学术著作出版基金资助出版

云南高校学术文库

Yunnan Gaoxiao Xueshu Wenku

高黎贡山南段
种子植物区系

刘经伦 著

云南大学出版社

Yunnan University Press

图书在版编目（CIP）数据

高黎贡山南段种子植物区系 / 刘经伦著. —昆明：
云南大学出版社，2014
（云南高校学术文库）
ISBN 978-7-5482-1828-9

Ⅰ．①高… Ⅱ．①刘… Ⅲ.①种子植物—植物区系—
云南省 Ⅳ.①Q949.408

中国版本图书馆CIP数据核字（2013）第313359号

责任编辑：柴　伟
责任校对：段建堂
装帧设计：刘　雨

云 南 高 校 学 术 文 库
Yunnan Gaoxiao Xueshu Wenku

高黎贡山南段
种子植物区系

刘经伦　著

出版发行：云南大学出版社
印　　装：昆明卓林包装印刷有限公司
开　　本：787mm×1092mm　1/16
印　　张：18.75
字　　数：458千
版　　次：2014年11月第1版
印　　次：2014年11月第1次印刷
书　　号：ISBN 978-7-5482-1828-9
定　　价：65.00元

社　　址：云南省昆明市翠湖北路2号云南大学英华园内
邮　　编：650091
电　　话：（0871）65031070　65031071
E-mail：market@ynup.com

前 言

通过对高黎贡山南段种子植物区系的研究，可总结出其具有以下特点：（1）高黎贡山南段种子植物种类十分丰富，共有野生种子植物 192 科、878 属、2807 种。其中裸子植物 6 科 12 属 19 种，被子植物 186 科 866 属 2788 种，以上数据说明高黎贡山南段在云南乃至我国植物多样性方面的重要性；（2）高黎贡山南段植物区系 192 科可划分为 10 种分布区类型、12 种变型，878 个属可划分为 15 个类型和 22 个变型，2807 个种可划分为 15 种类型 9 个亚型和 14 个变型，这些说明南段种子植物区系地理成分复杂，联系广泛；（3）通过对科、属、种的分析，高黎贡山南段科属级热带成分占优，种级温带成分占优，表明高黎贡南段种子植物区系有明显的热带渊源，是东亚植物区系中亚热带向温带的过渡；（4）高黎贡山南段种子植物区系主要起源是：热带亚洲成分、泛热带成分、北温带成分、东亚特有成分，其所含属数（所占总属数比例）分别为 150 属（17.08%）、149 属（16.97%）、132 属（15.03%）、111 属（12.64%）；（5）高黎贡山南段植物区系是泛北极植物区中国—喜马拉雅森林植物亚区的横断山脉地区与古热带植物区马来西亚植物亚区滇、缅、泰地区的交汇区域；（6）高黎贡山南段种子植物区系分布特有现象显著，是一个保留古老特有种和孕育新生特有种的重要场所，其分布有东亚特有科 8 科，中国特有属 14 属，中国特有种 1085 种，云南特有种305 种，高黎贡山南段特有种 82 种；（7）通过与邻近区系比较，高黎贡山南段是种子植物多样性较为丰富、地理成分较为复杂的区域；（8）综合高黎贡山南北段区系相似性比较，科和属的相似性系数 Sc 表明南段与北段区系起源相近；（9）高黎贡山南段的热带成分高于北段，温带成分低于北段，这表明南段与古热带植物区系的亲缘关系较为紧密，而北段与温带东亚植物区系的亲缘关系较为紧密；（10）与高黎贡山北段相比较，南段具有科多种少的特点，其特点反映出南段区系相对北段区系有较为古老和保守的性质。

PREFACE

Based on floristic study on the seed plants of the Southern Gaoligong Mountains, which has the following characteristics: (1) The Southern Gaoligong Mountains is rich in plant species, there are 192 families, 878 genera and 2807 species in the region. Within this area there are 6 families, 12 genera, and 19 species in gymnosperms; 186 families, 866 genera, 2788 species in Angiospermae. So the floristic is abundant. The data shows the Southern Gaoligong Mountains is important of plant diversity in Yunnan, even in China; (2) In the southern Gaoligong Mountains, the total of 192 families can be divided into 10 types and 12 subtypes; the total 878 genera can be divided into 15 types and 22 subtypes; the total 2807 species can be divided into 15 types, 9 subtypes, and 14 forms. The floristic elements of the southern Gaoligong Mountains are complex. Almost all kinds of distribution types are more or less represented here; (3) By analyzing the family, genus, species, dominant component of tropical families and genera level, dominated temperate species level, indicating that Flora of the southern Gaoligong Mountains is tropical origin, is a intergradations of Tropical East Asia Kingdom to East Asia Kingdom; (4) The main origins of the flora are Tropical Asia, Pan tropic, North Temperate and East Asia ingredients. The amount (percentage of each type) are as follows: 150 genera (17.08%); 149genera (16.97%); 132genera (15.03%); 111genera (12.64%); (5) The flora of the southern Gaoligong Mountains is part of the Eastern Asian flora. The flora is intergradations of the Hengduan Mountain region of Sino – Himalayan forest subkingdom to Yunnan, Myanmar, Thailand region of Myanmar subkingdom; (6) The endemism within the flora is rich in the southern Gaoligong Mountains, which are a refuge for some ancient floristic elements and a differentiation center for some new floristic elements. In the region, 8 families are endemic to Eastern Asia. 14genera are endemic to China, 1085 species are endemic to China, 305 species are endemic to Yunnan, and 85 spe cies are endemic to the southern Gaoligong Mountains; (7) Compared with the adjacent region, the southern Gaoligong Mountains is rich in plant species, and the floristic elements are more complex; (8) By Comparison of floristic similarity between the southern and northern part in Gaoligong Mountains, The origin and evolution are the same for consistency of families and genera; (9) The tropical elements in southern part are more than in northern part of the Gaoligong Mountains, on the other hand, the temperate elements in southern part are less than in northern part of the Gaoligong Mountains. This pattern shows that the flora of the southern part is more closely linked with the tropical flora than the northern part, and the flora of the northern part is more closely linked with the temperate flora than the southern part; (10) The flora is more families and less species between the southern part and northern part in the Gaoligong Mountains, which show that flora is primitive and conservative in the southern Gaoligong Mountains.

目 录

第 1 章 植物区系研究现状及方法

植物区系（flora）是某一地区或者某一时期，某一分类群中，某类植被等所有植物种类的总称。它是自然形成的产物，是植物界在一定自然地理环境，特别是自然历史等综合条件作用下长期发展和演化的结果。植物区系研究具有重要的理论价值和实践意义。在理论上能够揭示和解决植物系统学和植物地理学的一些疑难问题；实践中以实现掌握植物资源状况为目标，可为制订社会经济发展规划提供科学依据，并为有效保护和持续利用野生植物资源提供重要的参考资料。因此植物区系研究近年来成为在植物相关研究领域的一个热点。

1.1 世界植物区系研究进展

植物区系研究在西方国家起步较早，经过长期的发展已经形成了较为完整的理论体系，同时也有了丰富的研究成果。近年来，随着多个学科的发展和结合，以及研究方法和技术的进步，国外植物区系研究有了新的进展，主要集中于以下几个方面：

利用数学、统计学、信息学等方法分析和研究植物区系。如 J. W. F. Slik 等在研究低地龙脑香科森林时采用随机抽样，计算相似矩阵地点，用聚类算法确定植物之间的关系，用回归分析、主坐标分析统筹多个地点，区系相似性取决于地域之间的距离和相似每年平均降雨，同时中央山脉有效分散低地植物，其有阻碍作用。Colin A. Pendry 等利用信息技术即标本数据库数据分类与生态和生理信息相结合为分类学家和生态学家解决共同的问题，并使该信息运用到正确的分类中去。M. D. Crisp 等在对澳大利亚特有植物的研究中，使用大陆规模的标本分布数据、物种丰富度适当的指数和测绘等指标检测特有中心；采用特有中心检测简单绘图和空间自相关分析（普查）；线性回归被用来研究物种丰富度和特有纬度，地形和气候的关系模式。

广泛的种子植物区系研究除外，研究也扩展到藻类、真菌、地衣、苔藓和蕨类植物区系的研究。如 Brendan P. Hodkinsonz（2010）在弗吉尼亚州阿巴拉契亚山脉南部进行地衣植物多样性研究，该地区是著名的北美生物多样性研究热点地区，而纯粹的地衣区系评估是第一次。Helen J. Peat 等在研究南极的植物多样性和生物地理时，从植物标本和文献记录来核对植物发生数据，并整合南极植物数据进行了分析。分布模式使用的是地理信息系统。通过各种多元统计断定生物地理模式。多维标度排序与特有的模式表明，一定比例的苔藓植物可能是古老地理分隔替代种的分化，而大部分苔藓植物是最近的入侵者。

植物区系的比较研究方面，如火山、极地、海岛间的区系比较。如 Kovar Eder 等比较了奥地利、捷克和德国境内三个地区从早中新世到中新世的植物区系和可能的植被类型。Vanderpoorten 和 Klein 将莱茵河从阿尔卑斯山地区到其中部的水生植物区系进行了比较研究，其结论可应用于莱茵河上游水生生态系统的保护。

结合古生物学和孢粉学的资料，分析古代植物区系，以最终解决世界植物的起源问题。如 Crane 和 Herenden 通过研究来自北美东部的花朵化石，澄清了白垩纪被子植物之间的系统关系，并确定了一些分散被子植物的花粉来源。Ianuzzi 结合新获取的南美洲北部地区石炭纪时期化石资料，重现了南美洲石炭纪时期物种进化过程，并把当时的南美洲植物区分为 3 个区系。

环境因子、地理因子、地质地貌、人类干扰等对植物区系影响方面，如土壤、纬度、海拔、入侵物种、人为隔离、火灾等。如 Philippe Morat 在研究植物区系采用的方法是，从各个研究植物区系所处的基底（土壤）特点为出发点，找到植物区系间的起源、亲缘关系，以及植物对基底（土壤）的选择等。采用各种基底钙质研究，影响植物独特性分布是一种较新的区系研究方法。Stephen D. Skull 等在研究中涉及植物区系受到人为破坏、人为隔离、外来入侵物种影响。在位置比较靠近的植物区系上，特别是有相似的火灾历史，土壤湿气和土壤类型都对植物群落有重要影响。

除了以上几个大的方面，如物种频率、新植物区系资料整理、生物多样性研究与植物区系地理研究结合也是近年来国外研究的方向。如 B. L. Yadav 等在印度拉贾斯坦邦植物区系有新种记录 *Cleome burmannii*；Dragica Purger 等在克罗地亚南部植物区系研究中有新种记录 *Iris pumila L.*；Agim Haziri 等在马其顿植物区系研究中有菊科 Asteraceae 新种记录 *Galinsoga ciliata*（RAF.）*S. F. Blake*。

1.2　中国植物区系研究动态

国内关于真正植物区系和植物地理学的研究起步较晚，然而在几代科学工作者的努力下，特别是在吴征镒和张宏达等的带领下，如今我国植物区系地理理论研究已达到世界先进水平。其代表性著作有《中国种子植物属的分布区类型》《中国植物志》《种子植物分布区类型及其起源和分化》等。

现阶段植物区系研究领域最具有代表性的研究是基于植物区系地理学，结合分子生物学的方法对间断分布，特有或其他分布类群进行研究，运用分支系统学，结合地质学和化石资料的证据，探讨其间断、特有等分布格局形成的历史成因。如汤彦承等根据八纲系统提出被子植物原始类群有 60 科，并以分子系统学提出的狭义的基部类群 32 科为对比，进行了植物地理学研究，分析显示环太平洋 4 个地区原始被子植物科的分布格局和被子植物起源地与扩散以及太平洋的形成历史有关；选择若干特殊及重要或孤立类群，运用植物系统学、分类学、形态学、生理生态学、分子生物学、细胞学、地质学及古植物学的方法和手段探索其分布模式，解释全球气候变迁与植物分布模式形成的关系。如孙航等在研究青藏高原隆起对古地中海植物区系演变和发展的作用中，就以黄花木属、沙冬青属等类群分布区和地理分布格局的形成，说明旱生的地中海成分随着青藏高原的隆升进一步分化形成了中亚、地中海—西亚—中亚、旧世界温带等成分。

在植物系统发育与演化研究方面则是对某些高级孤立类群和重要特征成分在比较形态学的基础上进行系统学研究，明确其系统位置，进而确定其定向成分，深入论证东亚植物区的起源和与相关植物区系的联系。结合分子生物学，以植物分子地理学和重要科属的系统发育学为主要研究方向，并涉及特殊功能基因的探索和珍稀濒危植物的遗传多样性及保护生物学研究，以及多学科交叉结合研究特殊地区或热点地区地质变化对植物区系形成发展的影响等。同时依托青藏高原和横断山脉等地区研究现代北温带植物区系及部分被子植物起源、进化和新种起源过程、区域植物区系的形成与地质历史重大事件相关性等为研究热点。如陈生云等对青藏高原及邻近地区生长高山草本植物条纹狭蕊龙胆多个居群内个体的叶绿体基因组（cpDNA）非编码片段 trnH（GUG）– psbA 基因间区序列变异检测，以发现的各种单倍型在高原东南部横断山区分布很集中、遗传多样性也相对较高，且居群间的遗传分化很高，有着显著的亲缘地理学结构，从而推测青藏高原东南部横断山区是该植物第四纪冰期时可能的避难所。

1.3　高黎贡山植物区系研究概况

公元 1639 年（明崇祯十二年），我国著名旅行家徐霞客翻越高黎贡山，对当地地貌和植被进行了考察和记述。1895 年，法国博物学家 Sonlie 到高黎贡山采集植物标本。1902 年，美国著名学者 J. F. Rock 到高黎贡山采集植物标本。1904—1932 年，英国爱丁堡植物园的博物学家 George Forrest 在 28 年间 7 次到高黎贡山采集动植物标本 3 万号、10 多万份，并发现了世界独一无二的大树杜鹃。1915 年，奥地利学者 H. Handel – Mazzetti 到高黎贡山考察和采集标本。1922—1924 年，英国的 F. kingdon. Ward 到高黎贡山考察和采集标本。1996 年，以雷·斯蒂尔德为团长的美国生物多样性政策考察团对高黎贡山国家级自然保护区进行了实地考察。1998 年，荷兰王国政府驻云南省林业厅专家组组长汉斯·瑞咨裘德尔士先生等人到高黎贡山考察。2001 年，美国芝加哥费尔德博物馆馆长约翰·麦克卡特先生等到高黎贡山考察。

我国近代对高黎贡山的考察研究始于 20 世纪 30 年代。30 年代初，北平静生生物调查所先后派国内知名学者蔡希陶、王启元、俞德竣到高黎贡山采集植物标本；40 年代北平研究院植物研究所知名学者刘慎谔先生到腾冲一带做过植物地理考察研究，秦仁昌、冯国楣也在高黎贡山采集过植物标本；50 年代以来中国科学院、云南大学等曾多次组织对高黎贡山考察，其中规模较大的有：60 年代中国科学院原南水北调综合考察队滇西北分队的植被考察，80 年代中国科学院自然资源综合考察队组织的横断山地区考察、冯国楣先生在高黎贡山西坡再次找到野生大树杜鹃、中国著名竹类专家西南林学院教授薛纪如多次在高黎贡山进行考察等；90 年代由云南省林业调查规划设计院组织了怒江自然保护区的综合科学考察，并出版了专著；中科院植物研究所北京植物园主任李渤生研究员到高黎贡山国家级自然保护区考察；中国科学院昆明植物研究所李恒教授自 1990 年开始独龙江植物考察，到 1995 年以来在整个保护区开展考察，到 2000 年正式出版了《高黎贡山植物》专著。

2003 年，由美国加利福尼亚科学院布鲁斯博士、周丽华博士、中国科学院昆明植物研究所李恒研究员、刁志灵副研究员、刘怡涛工程师、李嵘博士以及高黎贡山国家级自然保护区保山管理局科技人员共同组成的联合考察队，完成了对高黎贡山保山段的植物资源考察。

1.4　目前植物区系研究存在的问题

虽然近年来，植物区系研究有了长足发展，从事这方面研究的课题很多，但研究中出现了一些问题。左家哺等人认为早期对植物区系的定义是不全面的，它是植物界在长期的自然条件（特别是古地理条件）影响下，尤其是植物种（或居群）遗传与变异对立统一的综合作用下发生发展、演化扩散的时空产物。因此以人为划分的行政区域作为植物区系研究单位很难真实反映某一自然区域植物区系的演化发展历史和地质发展历史。但近年来随着植物区系研究增多，对这自然概念就有所忽略。随着人类活动对自然植物区系影响越来越大，如人为破坏、物种入侵、归化或逸生、驯化栽培等，这些都会改变本地自然的植物区系原貌。因此，尽早完整地研究野生植物区系变得越来越迫切和重要。笔者认为在植物区系研究时尽量排除外来物种，主要是指人为直接或间接、有目的或无目的引进的物种。只有在排除外来物种的情况下，对本地野生植物区系进行研究，才能更真实地反映某一自然区域植物区系的成分和性质。

近年来地区与地区间植物区系进行比较研究很多，其中也出现了一些值得商榷的问题。例如运用多种聚类法及主成分分析等方法对不同地区植物区系的种类组成和地理成分进行分析，以比较不同地区植物区系的亲缘关系。朱华则指出属的分布区类型组成（谱）中各类型所占百分比的类似性（聚类）不能实质性地反映各地区间植物区系的亲缘，因为亲缘关系疏远的不同分类群（属）可以有同样的分布区类型。植物属的分布区类型组成的类似性只反映了不同地区植物区系各地理成分的比例关系的类似性，并非直接的亲缘关系。

植物区系研究单位有一定要求，如最小表现面积为 100 平方公里或至少包含一个特有种。但这些条件在现今生态状况很难满足，而且植物区系研究从多种植物种类研究到如今的某个种类的研究，如一些藻类或苔藓区系，100 平方公里就只是作为一种参考值。除了以上问题外，如在做种分布区类型（地理成分）分析时，直接套用属分布区类型作为该属内各个种的分布区类型。这些方法是值得进一步商榷的。

当植物区系研究成为一个研究热点后，笔者认为近年来一部分对植物的区系研究却流于一种形式，没有真正认识到植物区系研究的重要性和紧迫性，更不会把研究的成果成分应用于现实生产和保护实践中去，无法提出对所研究地域植物区系有实效性的建议或方案。其实植物区系研究对所研究区域的物种保护、物种改良、物种入侵、病虫害防控等很多方面都有实践意义。我们过多地看到了植物区系研究基础理论价值的一面，而忽略了其实践价值的一面。

1.5 高黎贡山植物区系研究的目的和意义

植物区系研究发展大致经历了四个阶段：以人类初步认识植物萌芽阶段，前达尔文时期的发生和发展阶段，达尔文时期的深入发展阶段，现代植物区系地理学的兴起和发展时期的新变革阶段。当发展到今天，植物区系研究已经融合了多学科知识，如植物分类学、植物分布学、植物生态学、植物地理学、地史学、历史植物地理学、古生物学、古地理学、古气候学、自然地理学等。在国内外，随着各个学科及技术的发展，也将促进了植物区系学的发展。植物区系研究趋势也更加注重微观与宏观的统一，如分子生物技术与系统发育结合、植物细胞核型与植物地理分布结合、细胞器和 DNA 序列与植物起源演化结合等。

在目前，研究一个区域植物区系的内容大致包括区系性质、特有现象、地理联系、替代现象、区系区划、区系比较、区系亲缘、区系与古地理、古环境的关系、区系的起源与演化等方面。然而随着植物区系研究的发展，可以预计在将来植物区系研究将在很多领域发挥作用。首先在植物系统分类方面，由于世界范围内的植物分类学家对现有植物分类系统还存在一定的混乱，其原因是简单的形态解剖分类存在一定的缺陷，虽然分子生物技术、生物化学、免疫学方法等弥补了它某些方面的缺陷，但由于其成本高、分析复杂、物种基数大等原因都不益于很好地解决这一问题，然而植物区系研究从宏观角度分析各植物类群的发生、起源，找到其亲缘关系，具有高效、操作性强的特点，对植物系统分类很有价值；其次在对新物种、新植物资料的记录中有指导作用，对物种保护、植被保护、土壤保护、防止物种入侵等生态保护方面，甚至对评估生态环境如自然地理环境、古地理、古气候、现有或未来气候等都可能产生重要影响；再者对植物引种驯化方面，农业生产中的病虫害防治方面起指导性作用，如对农田中杂草植物区系的研究，将对寻找农作物病虫传播载体、传播源、传播途径起到指导性作用，最终服务于农业生产。

高黎贡山位于亚洲印度次大陆和青藏高原缝合地带的东缘，受来自印度洋的西南季风影响，该地区总体上属于季风气候类型，日照充足，物种丰富，是全球生物多样性研究热点地区之一。但由于高黎贡山南北跨度大，自然地理环境的差异明显，表现为：1）南部地区具有明显的干湿季，而北部地区四季的降水分配较均匀；2）纬度跨度大，北接青藏高原，南接中印半岛，是古北极和古热带植物成分的过渡交汇地；3）地势北高南低，其最高的海拔高度在5128m左右，而最低的海拔高度仅为210m。这些南北植物生境的差异势必也将导致高黎贡山南北段植物区系的差异，因此分别对南段和北段植物区系进行研究将有重要的实践和理论价值。由于对高黎贡山北段种子植物区系已经有了相关的研究，而对于南段的种子植物区系研究尚缺乏，因此作者将特别对高黎贡山南段种子植物区系进行深入研究。

本地区的植物区系研究具有非常重要的实践意义和理论价值。研究将整理出比较完善的种子植物名录，补充本地区的大量植物资料，基本能实现掌握高黎贡山南段种子植物资源状况的目标，丰富本地区植物区系研究资料，为制定社会经济发展规划提供科学依据，并为有效保护和持续利用野生植物资源提供重要的参考资料。在理论上能够揭示和解决植物系统学和植物地理学的一些疑难问题。研究高黎贡山南段植物区系形成及演化过程，说明其在横断山脉甚至云南种子植物区系的地位及价值。研究高黎贡山南段植物区系的性质、特点和相邻地区植物的区系联系、分布规律以及与自然历史环境发展变化的相关性等，为相关学科研究提供资料或奠定研究基础。

1.6　高黎贡山南段种子植物区系研究方法和研究内容

1.6.1　研究方法

（1）植物分类学方法：对高黎贡山实地考察，考察过程中采集标本，作详细记录；随后，将所有采集的标本进行室内整理，并对植物分类鉴定。整理鉴定后把标本按分类系统保存，裸子植物按郑万钧（1978）系统，被子植物按Hutchinson 系统。在馆藏标本查阅方面，首先，本研究使用的研究材料为2000年7月—2010年12月，由笔者本人、保山学院生物专业老师和同学采集，以及多年来高黎贡山自然保护区和国内外多个科研机构进行考察时所采集的部分标本；标本现存于保山学院植物标本室和高黎贡山自然保护区保山管理局植物标本室；其次，参阅多部数字标本馆和整理文献资料，如《高黎贡山植物》《云南植物志》《中国植物志》《中国高等植物图鉴》《中国高等植物》《高黎贡山北段种子植物区系研究》《高黎贡山自然与生物多样性研究》《高黎贡山植物研究》等以及互联网和期刊杂志上新近研究成果。

（2）植物区系地理学方法：首先将考察记录、采集标本、馆藏标本和文献资料整合建立高黎贡山南段种子植物名录数据库。再按吴征镒院士创立的植物区系分布区类型的原理和方法，确定每一种植物的科级、属级和种级分布区类型。分布区类型划分：科级用吴征镒院士2003年的《世界种子植物科的分布区类型》及其修订界定；属级分布区类型按照吴征镒院士等2006年的《种子植物分布区类型及其起源和分化》；种级分布区类型也用吴征镒院士的属级分布区类型进行划分，按每一个种的现代地理分布格局进行划定。最后，进行数据统计及分析，如分析优势科、属的组成；分析植物区系成分及影响植物分布的因素以及高黎贡山南段与其他地区种子植物区系的联系，并探索植物与生态环境间的关系及相互作用等。

1.6.2　研究的主要内容

（1）对高黎贡山南段植物区系性质的分析，可以通过统计植物区系的地理成分、优势科、优势属的数目来反映，当研究一个地区的植物区系时，首先必须具备研究地区的全部植物名录，进行科、属、种的统计分析，统计它们的数目和科属的大小，再按照科、属大小的递减顺序排列。从而推断该植物区系的分类学组成和科、属的优势程度，从而推断该植物区系的性质。

（2）将高黎贡山南段植物区系与邻近相关或相邻地区的区系加以比较，有助于揭示这一区系的性质、特点。是采用属和种的相似性系数来比较两地植物区系的亲缘关系。属、种相似性指标不仅可以用来表示任意两地植物区系的关系，对于植物区系分区和研究过渡地区植物区系的地理属性具有更大意义。

（3）由于某一地区植物区系是自然历条件综合作用下长期演化发展的结果。因此，结合该区的古植物、古地理、古气候等资料，将地质历史发展与植物区系的演化有机结合起来进行统计与分析，以便深刻揭示该植物区系的起源、发展及其演变过程。

（4）植物资源是社会资源的重要组成部分，其中包含有观赏植物、药用植物、工业原料植物及指示植物等各类经济植物资源，同时其中也包含了大量的珍稀濒危及国家重点保护植物，因此对这一区域的植物种类统计，建立植物名录，也就是对植物资源进一步开发利用的前提，它关系着资源本身的发展和保护，也关系着相关部门各类发展规划的制定。

第 2 章　高黎贡山南段自然地理和环境概况

2.1　地理位置

　　高黎贡山位于中缅交界地带，地处横断山区南段，位于 24°40′～28°30′N 和 97°30′-99°00′E 之间，其范围是中国怒江（萨尔温江）和缅甸恩梅开江（伊洛瓦底江）之间的分水山脉和山地两侧地域。区域北部位于中国西藏自治区境内，东部和南部位于云南省境内，而西部位于缅甸北部的克钦邦境内，行政区域包括我国云南龙陵县北部、腾冲县全境，保山、泸水、福贡、贡山县的西部、察隅南部以及缅甸北部克钦邦，全境面积约为 111000km² 。

　　高黎贡山国家级自然保护区位于云南省西部，高黎贡山山脉的中上部（北纬 24°56′～28°22′，东经 98°08′～98°50′）之间，由北、中、南互不相连的三段组成（图 2.3）。本研究核心区域为高黎贡山国家级自然保护区南段（原高黎贡山自然保护区），其位于 24°56′～26°09′N，98°34′～98°50′E 之间，东以泸水县和保山市隆阳区境内的高黎贡山东坡海拔 1090m 以上的山腰为界，西以泸水县、腾冲县境内高黎贡山西坡海拔 1900m 以上的山腰为界。本区域为怒江的西岸，东西平均宽约 9km，南北长 135km，面积 12.45 万公顷（0.1245km²）。山势陡峭，峰谷南北相间排列，有着极典型的高山峡谷自然地理垂直带景观和丰富多样的植物资源。高黎贡山山脉南段的山体上部，行政区划分别隶属于怒江州的泸水县，保山市的隆阳区、腾冲县。其中泸水县境内有洛本卓、古登、上江、六库、鲁掌、片马六个乡镇，隆阳区境内有潞江、芒宽两个乡，腾冲县境内有明光、界头、曲石、上营四个乡。生物走廊带属泸水县的洛本卓、称戛乡，腾冲县的五合乡，隆阳区的潞江乡。

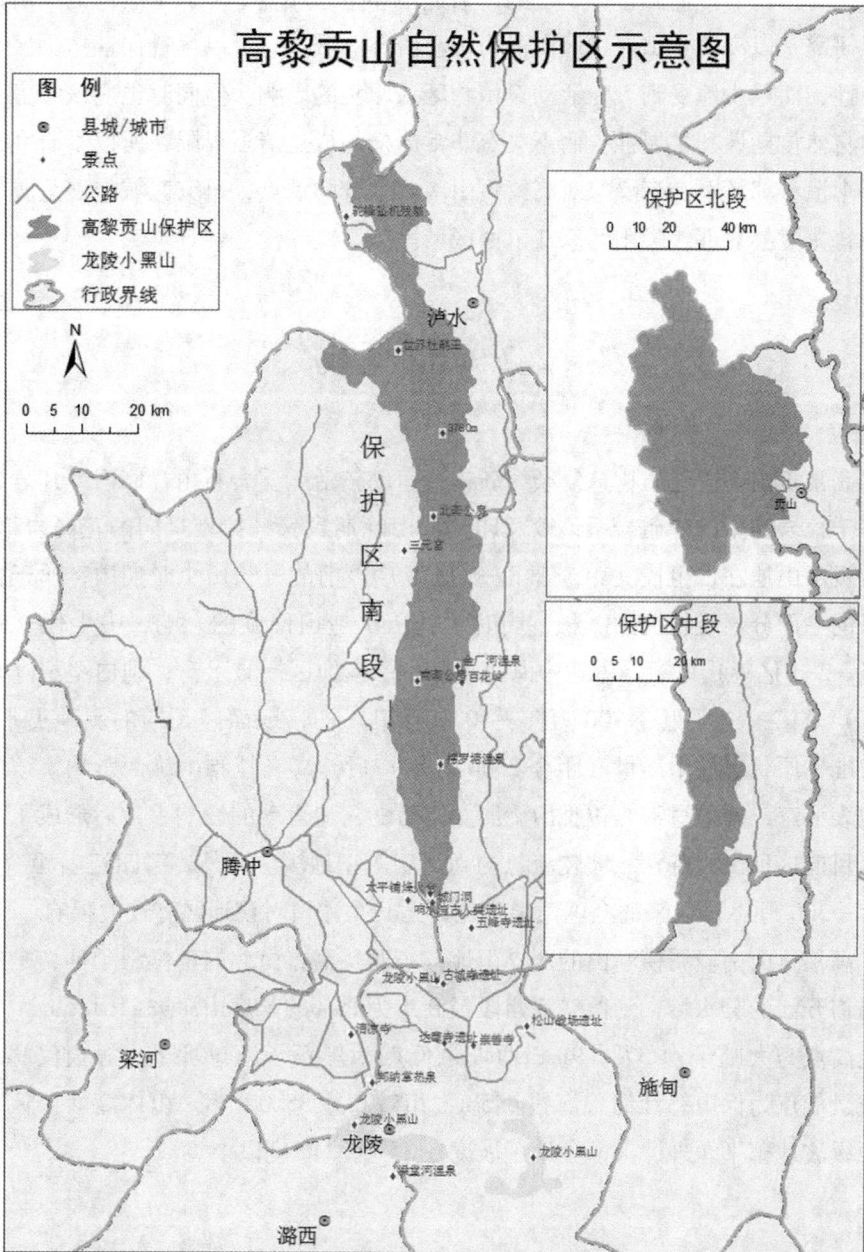

图 2.1　高黎贡山自然保护区示意图

Fig 2.1　Geographical location of the Gaoligong Mountains Natural Protection Area

同时，本研究认为植物区系不应该以人为的行政区域来严格划定植物区系界限，因为植物的传播和扩展是受到传播途径和生态环境等多因素制约的。所以本区系研究是以高黎贡山保护区南段为核心研究区域，它可以尽量保证植物区系的原生性，而尽少地受到人为活动对植物区系原貌的影响。但同时也应该考虑到植物的自然传播性和扩展性，而不会有非常严格的或是清晰界限，所以本研究也借鉴了李恒、郭辉军和李嵘等对高黎贡山南段划分的观点，研究区域扩展至腾冲县全境，龙陵县北部，隆阳区怒江以西区域。

2.2　地质地貌

高黎贡山南段地质构造复杂，新构造运动较活跃。岩石由片麻岩、片岩、板岩、千枚岩为主的变质岩系，以及印支燕山晚期到喜马拉雅早期的花岗岩组成。高黎贡山山地在古生代（距今 2.8—6 亿年）以前的漫长历史时期内，属于古地中海的一部分，经长期的沉积，同时也受历次造山回旋的影响，中生代（距今 1.35—2.3 亿年）以后，古地中海面积缩小，本地区褶皱上升，到白垩纪（1.35 亿年）末第三纪（距今 700 万年—7000 万年）初，地面经长期的剥蚀夷平后，形成准平原状态。中新世（距今 2500 万年）后，喜马拉雅山旋回影响了该地区的地表形态，并通过喜马拉雅山旋回及以后的构造运动的影响，最后形成了高黎贡山目前这种山高谷深、坡陡流急的高深切割型地貌。此外，第四纪（距今 1.1 万年—300 万年）以来的全球气候变化，尤其是冰川对该地区有较大影响。

高黎贡山南段属横断山的西支山地，东西狭窄，由北向南倾斜延伸，是怒江与恩梅开江的分水岭，南段怒江州段最高点为北部的丫扁山海拔 4161.6m，保山段最高点为大脑子山 3780.9m，西坡最低点为黑石子河口坪子，海拔仅 920m，东坡最低点为保山怒江河谷海拔 645m，相对高差 3500m 多。山体高峻，除一些谷地缓坡地稍平缓外，大部分地区坡度在 35 度—40 度以上。

2.3　气候水文

高黎贡山南段地处我国西南部亚热带高原季风气候区，东、西坡水平基带的地带性气候为中亚热带气候。全年盛行西南风，四季不分明，干湿季显著，气温日较差大，年较差小，兼有大陆性和海洋性气候的特征。11 月下旬至翌年 4 月为干季，气候受西风南支急流控制，日照充足，日照时数占全年的 60%；降水少，降水量约占全年的 13%，相对湿度 50~60%。5 至 10 月为湿季，气候受西南季风控制，降水量约占全年的 87%，日照时数占全年的 40%，相对湿度比干季高 20% 左右。

南段由于地处低纬度高海拔地带，热量丰富，夏季温暖多雨，无酷暑；冬季干燥凉爽，无严寒。年平均温度约为 15℃，7 月份平均气温约为 19.5℃，极端最高温度约为 31℃。1 月份平均气温约为 8℃，极端最低温度约为 0℃。≥10℃活动积温约为 4650℃，是典型的亚热带气候。

高黎贡山南段由于山体相对高差大，东西狭窄，坡度大，限制了水热条件的水平分异而为水分和热量的垂直分异提供了空间条件，随山体海拔高度的升高，湿度增大，气温降低，从山麓到山顶形成了六个气候带（南亚热带、中亚热带、北亚热带、暖温带、中温带及寒温带），具有明显的立体气候。另外，由于高大山体阻挡了西南季风的东进，山地东西坡气候有一定差异，在同一海拔地区，东坡偏干暖而西坡偏冷湿。

高黎贡山东坡溪流注入怒江，属怒江水系，西坡溪流注入伊洛瓦底江各条支流，属伊洛瓦底江水系。溪流从东西方向与山下的干河流呈直角相汇，形成羽状或格状水系。共同的特征为流程短、比降大、瀑布多。由于受干湿季的影响，溪涧河流的丰枯水位变化大。这些溪涧河流的源头多半在高黎贡山保存完好的大面积常绿阔叶林内，是山脉东西两侧山麓坝区的重要水源保障。

2.4　土壤植被

高黎贡山成土母岩主要由印支燕山晚期到喜马拉雅早期的花岗岩、片岩、片麻岩、板岩、千枚岩等变质岩系岩石风化的坡积物或残积物所组成。从山麓到山顶，随海拔高度的升高，温度逐渐降低，降水和空气湿度不断增加，生物气候的垂直分异明显，土壤的厚度，土壤颜色、土壤水分及物理性质、化学性质等土壤发生特征发生了垂直变化。高黎贡山南段由下往上土壤分异明显，依次分布有燥红土（＜1000m）、褐红壤（1000～1300m）、黄红壤（东坡1550～2000m 西坡1400～1800m）、黄壤（西坡1800～2200m）、黄棕壤（2200～2700m）、棕壤（2700～3000m）、暗棕壤（3000～3200m）、亚高山草甸土（3200～3600m）及裸岩地（3600m 以上）。此外，还有石灰土零星分布于东坡1000～2000m 和西坡1400～1800m 的石灰岩地区，紫色土分布于东坡1400～2300m 的紫色砂页岩地区。

高黎贡山植被在中国植被区划上属南亚热带季风常绿阔叶林和中亚热带常绿阔叶林带的交错地区，表现为明显的过渡特征。高黎贡山植被具有明显的水平地带性和垂直分布规律，由下至上形成热带季雨林、亚热带常绿阔叶林（包括季风常绿阔叶林、湿性常绿阔叶林、半湿性常绿阔叶林、中山湿性常绿阔叶林）、落叶阔叶林、针叶林、灌丛、草丛、草甸等多个山地垂直植被类型，其中亚热带常绿阔叶林是其地带性植被类型，并以中山湿性常绿阔叶林面积最大。植被再分为山地雨林、河谷稀树灌木草丛、暖性针叶林、暖性竹林、季风常绿阔叶林、半湿润常绿阔叶林、中山湿性常绿阔叶林、温凉性针叶林、山顶苔藓矮林、寒温性针叶林、寒温性竹林、寒温性灌丛、寒温性草甸等15个植被亚型，在海拔3600米以上则为岩石裸露地。

高黎贡山植被垂直分异也十分明显，1500m 以下河谷分布稀树灌草丛、云南松；1500～2800m 分布旱冬瓜、高山栲、刺栲、截头石栎、硬斗石栎、白穗石栎、长梗润楠、华山松、云南松；2800～3100m，糙皮桦、樱桃、箭竹林、冷杉林、杜鹃林、铁杉林、苍山冷杉、急尖长苞冷杉；3100～3600m 主要分布类芦高草丛与毛蕨菜草丛两类和嵩草草甸；3600m 以上为岩石裸露地。高黎贡山南段从热带性的半常绿季雨林或季风常绿阔叶林开始（1700m 以下），向上依次是中山湿性常绿阔叶林（1800～2600m）、铁杉针阔混交林或山顶苔藓矮林（2700～3100m）、冷杉林（3100～3400m）、高山灌丛与草甸（3300m 以上）。

第 3 章　高黎贡山南段种子植物区系分析

3.1　区系概况

通过对大量标本与文献资料的整理，统计得到高黎贡山南段野生种子植物共 192 科、878 属、2807 种（包括种下等级）。根据文献统计资料，到目前为止其分别占整个高黎贡山种子植物科属种数的 91.43%、80.85%、65.23%；占云南种子植物的 80.00%、44.25%、21.59%；占中国种子植物的 56.97%、27.44%、10.29%；其中裸子植物 6 科 12 属 19 种；被子植物 186 科 866 属 2788 种，双子叶植物有 157 科 673 属 2302 种，单子叶植物 29 科 193 属 486 种。这些数据不包括栽培种、中国外来入侵种和归化种（表 3.1）。

表 3.1　高黎贡山南段种子植物科、属、种统计

Table 3.1　The Statistics of Seed Plant in the Southern Gaoligong Mountains

类　别 Types	科 Families			属 Genera			种 Species		
	数　量	占云南	占全国	数　量	占云南	占全国	数　量	占云南	占全国
裸子植物	6	60.00%	60.00%	12	36.36%	33.33%	19	20.65%	9.74%
被子植物	186	80.87%	56.88%	866	44.39%	27.37%	2788	21.60%	10.30%
合计 Total	192	80.00%	56.97%	878	44.25%	27.44%	2807	21.59%	10.29%

3.2 科的区系分析

3.2.1 科的数量统计分析

高黎贡山南段野生种子植物 192 科中,种类数最多、数量过 100 的科有 5 个,占总科数的 2.60%,共计 605 种,占高黎贡山南段种数(2807 种)的 21.55%,它们是构成南段植物区系的主体;含 51～100 种的科有 7 个,占总科数的 3.65%,共计 485 种,占高黎贡山南段种数(2807 种)的 17.28%;含 21～50 种的科有 27 个科,占总科数的 14.06%,共计 863 种,占该地区种数的 30.74%。以上多于 20 种的大科共计 39 个科,占南段总科数的 20.31%;含有 562 属,占南段总属数的 62.38%;含有 1953 种,占南段总种数的 69.58%;这些科是高黎贡山南段植物区系和植被的重要组成部分。含 11～20 种的科有 25 个科,占总科数 13.15%;含有 369 种,占南段总种数的 13.15%。含 6～10 种的科有 37 个科,占总科数 19.27%;含有 267 种,占南段总种数的 9.51%。含 2～5 种的科有 59 个科,占总科数 30.73%;含有 186 种,占南段总种数的6.63%。含 1 种的科有 32 个科,占总科数 16.67%;真正单型科有 3 科,水青树科 Tetracentraceae、十齿花科 Dipentodontaceae、肋果茶科 Sladeniaceae,在系统起源上显示区系的古老性的一面。

表 3.2　高黎贡山南段种子植物科的物种数量统计
Table 3.2　The Statistics of Species of Seed Plant in the Southern Gaoligong Mountains

物种数 Species	科数 Families	占总科数 Percentage of total families	所含种数 Species	占总种数 Percentage of total species
>100	5	2.60%	605	21.55%
51～100	7	3.65%	485	17.28%
21～50	27	14.06%	863	30.74%
11～20	25	13.02%	369	13.15%
6～10	37	19.27%	267	9.51%
2～5	59	30.73%	186	6.63%

续　表

物种数 Species	科数 Families	占总科数 Percentage of total families	所含种数 Species	占总种数 Percentage of total species
1	32	16.67%	32	1.14%
合计 Total	192	100.00%	2807	100.00%

　　科的数量组成是植物区系组成的重要部分，其统计分析可揭示那些科占优势，那些科在区系中没有优势地位。将科按所含种的绝对数目排序，这种方法在目前区系研究中普遍应用。这种排序是必不可少的，也是相当重要的，因为世界上没有两个在科序上完全相同的自然植物区系。本研究采用 Hutchinson 系统，现将高黎贡山南段 192 科按所含种的绝对数目排序（表 3.3）。排序时如所含种数相等，则参考属数多少排列，如再相当，则系统科号顺序排列。该种排序能比较完整提供高黎贡山南段种子植物区系的区系组成，并初步揭示该区系的优势科。

表 3.3　高黎贡山南段种子植物科的大小顺序排列
Table 3.3　**Ranking of Families of Seed Plants Based on Numbers of Species in the Southern Gaoligong Mountains**

种　数	科名(属数/种数)Family name(genus/species)		
100	>100 种(5 科)		
	菊科 Compositae(53/150)	兰科 Orchidaceae(54/132)	蔷薇科 Rosaceae (23/111)
	杜鹃花科 Ericaceae (8/109)	茜草科 Rubiaceae(29/103)	
	51~100 种(7 科)		
	禾本科 Gramineae(51/90)	蝶形花科 Papilionaceae (34/83)	唇形科 Labiatae(29/78)
	荨麻科 Urticaceae(17/68)	樟科 Lauraceae(9/58)	玄参科 Scrophulariaceae (16/56)
	毛茛科 Ranunculaceae(10/52)		
50	21~50 种(27 科)		

续 表

种 数	科名(属数/种数)Family name(genus /species)		
	蓼科 Polygonaceae(6/48)	伞形科 Umbelliferae(13/47)	天南星科 Araceae(11/46)
	五加科 Araliaceae(13/46)	忍冬科 Caprifoliaceae(5/46)	百合科 Liliaceae(19/45)
	桑科 Moraceae(4/37)	苦苣苔科 Gesneriaceae(13/36)	山茶科 Theaceae(9/36)
	龙胆科 Gentianaceae(8/34)	报春花科 Primulaceae(4/33)	萝藦科 Asclepiadaceae(13/32)
	爵床科 Acanthaceae(18/29)	大戟科 Euphorbiaceae(12/28)	芸香科 Rutaceae(8/28)
	紫金牛科 Myrsinaceae(5/28)	莎草科 Cyperaceae(9/27)	马鞭草科 Verbenaceae(7/27)
	石竹科 Caryophyllaceae(9/25)	凤仙花科 Balsaminaceae(1/25)	冬青科 Aquifoliaceae(1/25)
	绣球花科 Hydrangeaceae(4/25)	壳斗科 Fagaceae(4/23)	柳叶菜科 Onagraceae(3/23)
	木犀科 Oleaceae(5/22)	葡萄科 Vitaceae(5/21)	卫矛科 Celastraceae(3/21)
20	11~20种(25科)		
	虎耳草科 Saxifragaceae(7/20)	鸭跖草科 Commelinaceae(9/19)	小檗科 Berberidaceae(3/19)
	越桔科 Vacciniaceae(2/19)	山矾科 Symplocaceae(1/19)	灯心草科 Juncaceae(2/18)
	桔梗科 Campanulaceae(9/17)	姜科 Zingiberaceae(8/17)	野牡丹科 Melastomataceae(8/15)
	锦葵科 Malvaceae(5/15)	胡椒科 Piperaceae(2/15)	葫芦科 Cucurbitaceae(7/14)
	漆树科 Anacardiaceae(5/14)	茄科 Solanaceae(5/14)	菝葜科 Smilacaceae(2/14)

续　表

种　数	科名(属数/种数)Family name(genus /species)		
	木兰科 Magnoliaceae (5/13)	金丝桃科 Hypericaceae(1/13)	夹竹桃科 Apocynaceae (9/12)
	紫草科 Boraginaceae (7/12)	防己科 Menispermaceae(6/12)	十字花科 Cruciferae (3/12)
	含羞草科 Mimosaceae (2/12)	薯蓣科 Dioscoreaceae (1/12)	椴树科 Tiliaceae(5/11)
	槭树科 Aceraceae(1/11)		
10	6~10种(37科)		
	苋科 Amaranthaceae(5/10)	鼠李科 Rhamnaceae(5/10)	桑寄生科 Loranthaceae (7/9)
	罂粟科 Papaveraceae(3/9)	杜英科 Elaeocarpaceae (2/9)	醉鱼草科 Buddlejaceae (1/9)
	眼子菜科 Potamogetonaceae (1/9)	旋花科 Convolvulaceae (5/8)	苏木科 Caesalpiniaceae (3/8)
	杨柳科 Salicaceae(2/8)	秋海棠科 Begoniaceae (1/8)	半边莲科 Lobeliaceae (1/8)
	延龄草科 Trilliaceae(1/8)	梧桐科 Sterculiaceae(6/7)	松科 Pinaceae(5/7)
	水鳖科 Hydrocharitaceae (5/7)	木通科 Lardizabalaceae (4/7)	安息香科 Styracaceae (3/7)
	使君子科 Combretaceae(2/7)	堇菜科 Violaceae(1/7)	牻牛儿苗科 Geraniaceae (1/7)
	山龙眼科 Proteaceae(1/7)	海桐花科 Pittosporaceae(1/7)	省沽油科 Staphyleaceae (4/6)
	榆科 Ulmaceae(3/6)	五味子科 Schisandraceae (2/6)	远志科 Polygalaceae (2/6)
	景天科 Crassulaceae(2/6)	酢浆草科 Oxalidaceae (2/6)	瑞香科 Thymelaeaceae(2/6)
	桦木科 Betulaceae(2/6)	紫葳科 Bignoniaceae(2/6)	茶藨子科 Grossulariaceae (1/6)

续　表

种　数	科名(属数/种数)Family name(genus /species)		
	清风藤科 Sabiaceae(1/6)	泡花树科 Meliosmaceae(1/6)	青荚叶科 Helwingiaceae(1/6)
	鸢尾科 Iridaceae(1/6)		
5	2~5种(59科)		
	金缕梅科 Hamamelidaceae(5/5)	楝科 Meliaceae(4/5)	山茱萸科 Cornaceae(4/5)
	千屈菜科 Lythraceae(3/5)	泽泻科 Alismataceae(2/5)	仙茅科 Hypoxidaceae(2/5)
	败酱科 Valerianaceae(1/5)	无患子科 Sapindaceae(4/4)	檀香科 Santalaceae(3/4)
	柏科 Cupressaceae(2/4)	马兜铃科 Aristolochiaceae(2/4)	西番莲科 Passifloraceae(2/4)
	榛科 Corylaceae(2/4)	八角科 Illiciaceae(1/4)	猕猴桃科 Actinidiaceae(1/4)
	水东哥科 Saurauiaceae(1/4)	桃金娘科 Myrtaceae(1/4)	桃叶珊瑚科 Aucubaceae(1/4)
	八角枫科 Alangiaceae(1/4)	桤叶树科 Clethraceae(1/4)	柿树科 Ebenaceae(1/4)
	车前草科 Plantaginaceae(1/4)	狸藻科 Lentibulariaceae(1/4)	谷精草科 Eriocaulaceae(1/4)
	大风子科 Flacourtiaceae(3/3)	山柑科 Capparidaceae(2/3)	山榄科 Sapotaceae(2/3)
	买麻藤科 Gnetaceae(1/3)	梅花草科 Parnassiaceae(1/3)	商陆科 Phytolaccaceae(1/3)
	虎皮楠科 Daphniphyllaceae(1/3)	黄杨科 Buxaceae(1/3)	槲寄生科 Viscaceae(1/3)
	胡桃科 Juglandaceae(1/3)	蓝果树科 Nyssaceae(1/3)	葱科 Alliaceae(1/3)
	天门冬科 Asparagaceae(1/3)	红豆杉科 Taxaceae(2/2)	三白草科 Saururaceae(2/2)

续　表

种　数	科名(属数/种数)Family name(genus /species)		
	茶茱萸科 Icacinaceae (2/2)	川续断科 Dipsacaceae (2/2)	睡菜科 Menyanthaceae (2/2)
	浮萍科 Lemnaceae(2/2)	石蒜科 Amaryllidaceae (2/2)	三尖杉科 Cephalotaxaceae (1/2)
	莲叶桐科 Hernandiaceae (1/2)	菱科 Trapaceae(1/2)	小二仙草科 Haloragidaceae(1/2)
	水马齿科 Callitrichaceae (1/2)	胡颓子科 Elaeagnaceae(1/2)	鹿蹄草科 Pyrolaceae (1/2)
	水晶兰科 Monotropaceae (1/2)	岩梅科 Diapensiaceae (1/2)	马钱科 Loganiaceae(1/2)
	菟丝子科 Cuscutaceae (1/2)	茨藻科 Najadaceae(1/2)	黄眼草科 Xyridaceae (1/2)
	雨久花科 Pontederiaceae (1/2)	水玉簪科 Burmanniaceae (1/2)	
1	只含1种(32科)		
	杉科 Taxodiaceae(1/1)	水青树科 Tetracentraceae (1/1)	领春木科 Eupteleaceae (1/1)
	莼菜科 Cabombaceae(1/1)	金鱼藻科 Ceratophyllaceae (1/1)	金粟兰科 Chloranthaceae (1/1)
	扯根菜科 Penthoraceae(1/1)	茅膏菜科 Droseraceae (1/1)	马齿苋科 Portulacaceae (1/1)
	藜科 Chenopodiaceae(1/1)	亚麻科 Linaceae(1/1)	海桑科 Sonneratiaceae(1/1)
	马桑科 Coriariaceae(1/1)	肋果茶科 Sladeniaceae(1/1)	金虎尾科 Malpighiaceae (1/1)
	古柯科 Erythroxylaceae (1/1)	鼠刺科 Iteaceae(1/1)	旌节花科 Stachyuraceae (1/1)
	杨梅科 Myricaceae(1/1)	十齿花科 Dipentodontaceae (1/1)	铁青树科 Olacaceae (1/1)

续　表

种　数	科名（属数/种数）Family name（genus /species）		
	蛇菰科 Balanophoraceae（1/1）	苦木科 Simaroubaceae（1/1）	鞘柄木科 Toricelliaceae（1/1）
	度量草科 Spigeliaceae（1/1）	厚壳树科 Ehretiaceae（1/1）	列当科 Orobanchaceae（1/1）
	透骨草科 Phrymaceae（1/1）	角果藻科 Zannichelliaceae（1/1）	芭蕉科 Musaceae（1/1）
	香蒲科 Typhaceae（1/1）	箭根薯科 Taccaceae（1/1）	

　　高黎贡山南段种子植物中，含100种以上的科有5科，其中种类最多的科是菊科，含53属，150种。其次是兰科 Orchidaceae（54/132）、蔷薇科 Rosaceae（23/111）、杜鹃花科 Ericaceae（8/109）、茜草科 Rubiaceae（29/103）。这5个科都是世界性分布的大科，其中4个过万种科有两科过百，菊科和兰科，它们同样在高黎贡山南段得到了很大的发展。5科中仅杜鹃花科一科为北温带分布，其他4科都为世界广布。说明高黎贡山南段海拔的提升，为杜鹃花科的发展提供了良好的生态环境。

　　含51~100种的科有7科，依次是禾本科 Gramineae（51/90）、蝶形花科 Papilionaceae（34/83）、唇形科 Labiatae（29/78）、荨麻科 Urticaceae（17/68）、樟科 Lauraceae（9/58）、玄参科 Scrophulariaceae（16/56）、毛茛科 Ranunculaceae（10/52）。这7科中，禾本科、蝶形花科、唇形科、玄参科、毛茛科为世界广布科，荨麻科、樟科是泛热带分布科。这些科是高黎贡山南段植物区系和植被的主干科。

　　含21~50种的科有27科，即蓼科 Polygonaceae（6/48）、伞形科 Umbelliferae（13/47）、天南星科 Araceae（11/46）、忍冬科 Caprifoliaceae（5/46）、五加科 Araliaceae（13/46）、百合科 Liliaceae（19/45）、桑科 Moraceae（4/37）、苦苣苔科 Gesneriaceae（13/36）、山茶科 Theaceae（9/36）、龙胆科 Gentianaceae（8/34）、报春花科 Primulaceae（4/33）、萝藦科 Asclepiadaceae（13/32）、爵床科 Acanthaceae（18/29）、紫金牛科 Myrsinaceae（5/28）、芸香科 Rutaceae（8/28）、大戟科 Euphorbiaceae（12/28）、莎草科 Cyperaceae（9/27）、马鞭草科 Verbenaceae（7/27）、凤仙花科 Balsaminaceae（1/25）、石竹科 Caryophyllaceae（9/

25）、冬青科 Aquifoliaceae （1/25）、绣球花科 Hydrangeaceae （4/25）、柳叶菜科
Onagraceae （3/23）、壳斗科 Fagaceae （4/23）、木犀科 Oleaceae （5/22）、葡萄科
Vitaceae （5/21）、卫矛科 Celastraceae （3/21）。这些科中，有 9 个世界广布科，
10 个泛热带分布科，4 个东亚（热带、亚热带）及热带南美间断分布科，4 个北
温带分布科。它们是该区植物区系和植被的重要组成科。

种类在 11～20 种的科有 25 科，种类在 6～10 种的科有 37 科，种类在 2～5
种的科有 59 科，只含 1 种的科有 32 科。而真正单型科有 3 科，分别是水青树科
Tetracentraceae （1/1）、十齿花科 Dipentodontaceae （1/1）、肋果茶科 Sladeniaceae
（1/1）。

3.2.2　科的分布区类型分析

（1）1 世界广布类型：几乎遍布世界各大洲而没有特殊分布中心的科，或虽
有一个或数个分布中心而包含广布属（世界分布属）的科。

在高黎贡山南段种子植物中，世界广布科有 57 科，占该南段 192 科的
29.69%。这些科有菊科 Compositae、兰科 Orchidaceae、蔷薇科 Rosaceae、茜草科
Rubiaceae、禾本科 Gramineae、蝶形花科 Papilionaceae、唇形科 Labiatae、玄参科
Scrophulariaceae、毛茛科 Ranunculaceae、蓼科 Polygonaceae、伞形科 Umbelliferae、
桑科 Moraceae、龙胆科 Gentianaceae、报春花科 Primulaceae、莎草科 Cyperaceae、
石竹科 Caryophyllaceae、柳叶菜科 Onagraceae、木犀科 Oleaceae、虎耳草科 Saxi-
fragaceae、桔梗科 Campanulaceae、茄科 Solanaceae、苋科 Amaranthaceae、十字花
科 Cruciferae、紫草科 Boraginaceae、堇菜科 Violaceae、景天科 Crassulaceae、千屈
菜科 Lythraceae、马齿苋科 Portulacaceae、藜科 Chenopodiaceae 等。多为世界性大
科和较大科，它们绝大多数是温带和热带、亚热带山区的代表科，而且大多数都
是常见自然科。同时，这一类型几乎包括大部分水生和沼生植物科，如金鱼藻科
Ceratophyllaceae、泽泻科 Alismataceae、狸藻科 Lentibulariaceae、茨藻科 Najadace-
ae、水鳖科 Hydrocharitaceae、眼子菜科 Potamogetonaceae、浮萍科 Lemnaceae、睡
菜科 Menyanthaceae、水马齿科 Callitrichaceae、香蒲科 Typhaceae 等。大都是小科
或单属甚至单型科。这些科有的非常古老，由于水生环境较为一致和稳定，它们
的演化历程极为缓慢。

表 3.4 高黎贡山南段种子植物区系科分布区类型[*]

Table 3.4 Distribution Types of Families of Seed Plants in the Southern Gaoligong Mountains

科的分布区类型 Distribution types	科数 Families	占总数 Percentage
1 广布（世界广布，Widespread = Cosmopolitan）	57	29.69%[**]
2 泛热带（热带广布，Pantropic）	52	27.08%
2-1 热带亚洲—大洋洲和热带美洲（南美洲或/和墨西哥） [Trop. Asia – Australasia and Trop. Amer.（S. Amer. or/and Mexico）]	1	0.52%
2-2 热带亚洲-热带非洲-热带美洲（南美洲） [Trop. Asia – Trop. Afr. – Trop. Amer.（S. Amer.）]	5	2.60%
2S 以南半球为主的泛热带分布（Pantropic especially S. Hemisphere）	5	2.60%
3 东亚（热带、亚热带）及热带南美间断分布 [Trop. &Subtr. E. Asia &（S.）Trop. Amen. disjuncted]	11	5.73%
4 旧世界热带（Old World Tropics = OW Trop.）	5	2.69%
5 热带亚洲至热带大洋洲（Trop. Asia to Trop. Australasia Oceania）	2	1.04%
7 热带亚洲（即热带东南亚至印度—马来、太平洋诸岛） （Trop. Asia = Trop. SE. Asia + Indo – Malaya + Trop . S. & SW. Pacific Isl.）	0	0.00%
7-2 热带印度至华南（尤其云南南部）分布 [Trop. India to S. China（especially S . Yunnan）]	1	0.52%
7-3 缅甸、泰国至华西南分布（Myanmar，Thailand to SW. China）	1	0.52%
7d 全分布区东达新几内亚（New Geainea）	1	0.52%
8 北温带（N. Temp.）	10	5.21%
8-2 北极—高山分布（Arctic – Alpine）	1	0.52%
8-4 北温带和南温带间断分布（N. Temp. & S. Temp. disjuncted）	19	9.90%
8-5 欧亚和南美洲温带间断分布 （Eurasia & Temp. S. Amer. disjuncted）	1	0.52%
8-6 地中海、东亚、新西兰和墨西哥 – 智利间断分布 （Mediterranea，E. Asia，N. Z. and Mexico – Chile disjuncted）	1	0.52%
9 东亚及北美间断分布（E. Asia & N. Amer. disjuncted）	9	4.69%

续　表

科的分布区类型 Distribution types	科数 Families	占总数（%） Percentage%
10 旧世界温带（Old World Temp. ＝Temp. Eurasia）	1	0.52%
10－3 欧亚和南非（有时也在澳大利亚）间断分布 ［Eurasia & S. Afr.（sometimes alsoAustralia）disjuncted］	1	0.52%
14 东亚（E. Asia）	6	3.13%
14SH 中国—喜马拉雅（Sino－Himalaya）	2	1.04%
总计 Total	192	100.00%

＊世界全部科分布类型 18 个类型，加变型共 74 个，而此表所列为本区所有类型及变型

＊＊参照吴征镒院士新观点世界广布计数。

（2）2 泛热带分布类型及变型：泛热带或全热带分布区类型包括普遍分布于东、西两半球热带，和在全世界热带范围内有一个或几个分布中心，但在其他地区也有一些种类分布的热带科。

有不少科不但广布于热带，也延伸到亚热带或甚至温带，这情况就和世界广布型中广泛分布于温带乃至热带、亚热带山区的科交错起来了。如何分清它们的不同本质和来源，就需要研究其原始类型或其大多数类群（在科下为属）集中在哪个带而决定其归宿。对于单型或寡（少）型的科还要参考其科际关系。高黎贡山南段泛热带分布类型的正型共 52 科，占该南段总科数的 27.08%。分别是荨麻科 Urticaceae、樟科 Lauraceae、天南星科 Araceae、山茶科 Theaceae、萝藦科 Asclepiadaceae、大戟科 Euphorbiaceae、爵床科 Acanthaceae、紫金牛科 Myrsinaceae、芸香科 Rutaceae、凤仙花科 Balsaminaceae、葡萄科 Vitaceae、卫矛科 Celastraceae、锦葵科 Malvaceae、鸭跖草科 Commelinaceae、胡椒科 Piperaceae、野牡丹科 Melastomataceae、菝葜科 Smilacaceae、葫芦科 Cucurbitaceae、漆树科 Anacardiaceae、夹竹桃科 Apocynaceae、防己科 Menispermaceae、含羞草科 Mimosaceae、薯蓣科 Dioscoreaceae、秋海棠科 Begoniaceae、使君子科 Combretaceae、梧桐科 Sterculiaceae、紫葳科 Bignoniaceae、楝科 Meliaceae、西番莲科 Passifloraceae、仙茅科 Hypoxidaceae、谷精草科 Eriocaulaceae、马兜铃科 Aristolochiaceae、柿树科 Ebenaceae、檀香科 Santalaceae、无患子科 Sapindaceae、大风子科 Flacourtiaceae、山柑科 Capparidaceae、山榄科 Sapotaceae、茶茱萸科 Icacinaceae、黄眼草科 Xyridaceae、莲叶桐科 Hernandiaceae、马钱科 Loganiaceae、水玉簪科 Burmanniaceae、雨久花科 Pontederiaceae、度量草科 Spigeliaceae、古柯科 Erythroxylaceae、箭根薯科 Taccaceae、金虎尾科 Malpighiaceae、金粟兰科 Chloranthaceae、苦木科 Simaroubaceae、蛇菰科 Balanophoraceae、铁青树科 Olacaceae。

泛热带分布类型有 3 种变型：变型 2 - 1 型即热带亚洲、大洋洲及南美洲间断分布（缺非洲型），它实际上是环南太平洋（热带部分）间断分布，和南太平洋海底扩张过程密切相关；它在我国出现 4 科，高黎贡山南段分布有 1 科即山矾科 Symplocaceae，占该南段总科数的 0.52%。变型 2 - 2 型即热带亚洲、非洲和南美洲间断即亚澳洲型，实质上是新旧热带间断；高黎贡山南段分布有 5 科，占该南段总科数的 2.60%，分别为苏木科 Caesalpiniaceae、椴树科 Tiliaceae、醉鱼草科 Buddlejaceae、鸢尾科 Iridaceae、买麻藤科 Gnetaceae。变型 2S 过去在属分布区类型中没有划分，此变型与 3 型或 2 - 1 相近，也与南太平洋海底扩张过程有关；高黎贡山南段分布有 5 科，占该南段总科数的 2.60%，分别为桑寄生科 Loranthaceae、山龙眼科 Proteaceae、桃金娘科 Myrtaceae、商陆科 Phytolaccaceae、石蒜科 Amaryllidaceae。

泛热带分布类型型连同其 3 个变型，合共 120 科，是各类型中最多的。这容易造成热带成分在各地种子植物区系性质和起源的假象，做区系分析时应予充分注意。高黎贡山南段共 63 科，占全部科数的（63/192）32.81%。如此多泛热带成分的出现显示出南段植物区系与泛热带各地区在历史上的渊源，也表明该区区系在科级水平上的古老性。

（3）3 东亚（热带、亚热带）及热带南美间断分布：东亚（热带、亚热带）及热带南美间断正型是一类相对古老的洲际间断分布，准确地说是（热带）亚热带亚洲和热带（亚热带）美洲（中、南美）环太平洋的洲际间断分布。

由于地理成分的地理原因，本型也包括中小科为主。高黎贡山南段分布有 11 科，占该南段总科数的 5.73%。分别为五加科 Araliaceae、苦苣苔科 Gesneriaceae、马鞭草科 Verbenaceae、冬青科 Aquifoliaceae、杜英科 Elaeocarpaceae、安息香科 Styracaceae、木通科 Lardizabalaceae、泡花树科 Meliosmaceae、省沽油科 Staphyleaceae、桤叶树科 Clethraceae、水东哥科 Saurauiaceae。这些科所含的种多是乔木和灌木，为该区域常绿阔叶林组成的重要成分之一。中小科形成的许多演化盲枝，虽然足以证明南美洲在漂移至现代位置后的区系大分化及其区系多样性，但也足以证明在古南大陆西部上的区系的一般后生性质。

（4）4 世界热带分布型（OW. Trop.）：亦即泛热带的缺美洲（即新世界 NW）型。

高黎贡山南段分布有 5 科，占该南段总科数的 2.69% 。分别为海桐花科 Pittosporaceae、八角枫科 Alangiaceae、天门冬科 Asparagaceae、芭蕉科 Musaceae、海桑科 sonneratiaceae。它们大都是小科，且常常只有单属到寡属。这些科起源于旧世界热带，主要分布于亚洲、非洲和大洋洲的热带地区，这些成分起源于古南大陆，中国是其分布的北缘，其中海桐花科和芭蕉科是旧世界热带所特有的科，表明南段植物区系起源上与旧世界热带有着不可分割的联系。

（5）5 热带亚洲至热带大洋洲分布型：正型原为热带亚洲至热带大洋洲分布区类型。

高黎贡山南段分布有 2 科，占该南段总科数的 1.04% 。分别为姜科 Zingiberaceae、虎皮楠科 Daphniphyllaceae。这一类型在该区虽少，但仍反映了该区植物区系与热带大洋州在历史时期也有联系。

（6）6 热带亚洲（即热带东南亚至印度—马来，太平洋诸岛）型以下直至 16 型可以说是比较起来更和东亚种子植物区系，特别是中国种子植物区系密切相关的诸多类型。

7 型本型即热带亚洲型，其划分范围采用最广含义，包括热带东南亚（台湾、华南、西南到中南半岛、泰国、缅甸），它实际上是古北大陆的东南缘或即古北大陆和古南大陆，在第一次或第二次泛古大陆上的接壤或分界地带。正型只有一科，本区无正型，有 7 - 2、7 - 3 和 7d 三种变型。

变型 7 - 2 热带印度至华南（尤其中国云南南部）分布，属此变型的只有 1 科，十齿花科 Dipentodontaceae。变型 7 - 3 缅甸、泰国至华西南分布，属此变型的只有 1 科，肋果茶科 Sladeniaceae。变型 7d 全分布区东达新几内亚（NewGeainea），属此变型的只有 1 科，清风藤科 Sabiaceae。此类型及变型均为小科，并无热带亚洲大科出现，表明本区区系处于热带亚洲分布的北缘。

（7）8 型即北温带分布区类型，此型正型有 17 科，连 7 个变型共达 51 个。高黎贡山南段分布有 10 科，占该南段总科数的 5.21% 、分别为杜鹃花科 Ericaceae、忍冬科 Caprifoliaceae、百合科 Liliaceae、越桔科 Vacciniaceae、金丝桃科 Hypericaceae、延龄草科 Trilliaceae、松科 Pinaceae、榛科 Corylaceae、水晶兰科

Monotropaceae、列当科 Orobanchaceae。多为古北大陆起源，由于各种地理和历史原因，如沿喜马拉雅山区及其同时隆起的山脉向南分布到热带山区。

此类型在本区有 3 变型。变型 8 - 2：北极—高山分布（Arctic - Alpine），属此变型的只有 2 科，高黎贡山南段分布有 1 科，岩梅科 Diapensiaceae；变型 8 - 4：北温带和南温带间断分布（N. Temp. &S. Temp. disjuncted），与北温带密切相关，只是越过赤道，在南半球重新出现的类群（到属一级），它们往往在作此分布变型的属中有一定种群或自成中心，现有 27 科如此分布，高黎贡山南段分布有 19 科，占该南段总科数的 9.90%，分别为绣球花科 Hydrangeaceae、壳斗科 Fagaceae、灯心草科 Juncaceae、槭树科 Aceraceae、罂粟科 Papaveraceae、杨柳科 Salicaceae、牻牛儿苗科 Geraniaceae、桦木科 Betulaceae、金缕梅科 Hamamelidaceae、山茱萸科 Cornaceae、柏科 Cupressaceae、胡桃科 Juglandaceae、黄杨科 Buxaceae、红豆杉科 Taxaceae、胡颓子科 Elaeagnaceae、鹿蹄草科 Pyrolaceae、茅膏菜科 Droseraceae、杉科 Taxodiaceae、亚麻科 Linaceae；变型 8 - 5：欧亚和南美洲温带间断（Eurasia&Temp. S. Amer. disjuncted），为北温带和南美温带间断分布。这一变型可能是和 3 型间断有关或出于同根的变型，仅有 3 科，高黎贡山南段分布有 1 科即小檗科 Berberidaceae；变型 8 - 6：地中海、东亚、新西兰和墨西哥—智利间断分（Mediterranea，E. Asia，N. Z. andMexico - Chiledisjuncted），8 - 6 型仅有 1 个单属科马桑科 Coriariaceae，高黎贡山南段有分布。

（8）9 东亚及北美间断：类此者共有 15 科，都是原始类群或较进步类群中的原始科或起始科。

高黎贡山南段分布有 9 科，占该南段总科数的 4.69%。分别为木兰科 Magnoliaceae、五味子科 Schisandraceae、八角科 Illiciaceae、蓝果树科 Nyssaceae、三白草科 Saururaceae、扯根菜科 Penthoraceae、莼菜科 Cabombaceae、鼠刺科 Iteaceae、透骨草科 Phrymaceae。

（9）10 型是欧亚温带广布而不见于北美和南半球的温带科，只有 5 科属此类型，且仅属于百合纲和蔷薇纲，所以它们可能是后生类群。

此型 5 科，尽管演化水平和经历并不全同，但可以推论为古北大陆东部起源，而且向古地中海扩散，在欧洲和新大陆北部则大多绝灭或未能扩散和分布到彼处，而形成旧世界温带分布。高黎贡山南段分布有 1 科即菱科 Trapaceae。

10 - 3 变型为欧亚及南非（有时到澳大利亚）间断。此型只有川续断科 Dip-

sacaceae1 科，高黎贡山南段有分布。该科在第一次至第二次泛古大陆时已经扩散到旧世界的南北温带，但并未扩展到新世界，说明该区与南非植物区系的联系。

（11）14 型为东亚分布型。

除全东亚区分布的有 6 科外，中国—喜马拉雅（14SH）变型有 4 科，中国—日本（14SJ）变型有 5 科，而日本特有（14J）亦有 3 科。这 18 科以外，若连中国特有 15 型 6 科，以及 7-1 型 1 科，7-2 型 3 科，7-3 型 1 科，7-4 型 1 科，以及 11 型的知母科 Anemarrhenaceae，合共在 30 科以上，乃是东亚界（E-. AsiaticKingdom）作为界（Kingdom）特征的科。高黎贡山南段分布正型有 6 科，占该南段总科数的 3.13%，分别为青荚叶科 Helwingiaceae、猕猴桃科 Actinidiaceae、桃叶珊瑚科 Aucubaceae、三尖杉科 Cephalotaxaceae、旌节花科 Stachyuraceae、领春木科 Eupteleaceae。

此类型在本区有 1 变型：14SH 中国—喜马拉雅（Sino-Himalaya）。高黎贡山南段分布有 2 科，占该南段总科数的 1.04%，分别为鞘柄木科 Toricelliaceae、水青树科 Tetracentraceae。水青树科起源于古北大陆东部，在太平洋扩张前后就已出现，分布从华中到喜马拉雅，说明在南段是中国—喜马拉雅区森林植物亚区的一部分。

3.2.3　科级区系统计分析讨论

（1）根据吴征镒等（2003）对科分布区类型的划分，高黎贡山南段种子植物 192 科可划分为 10 个类型和 12 个变型，显示该地区科级水平上的地理成分比较复杂，联系广泛；

（2）该地区计有热带性质的科 84 科，占全部科数的 62.22%（不计世界广布科），计有温带性质的科 51 科，占全部科数的 37.78%，虽然热带性质的科多于温带性质的科，但本区缺乏典型热带植物区系的特征科或优势科，如龙脑香科 Dipterocarpaceae、四数木科 Datiscaceae、牛栓藤科 Connaraceae、玉蕊科 Lecythidaceae、肉豆蔻科 Myristicaceae、莲叶桐科 Hernandiaceae 等，这仅显示本区植物区系与世界各洲热带植物区系的历史联系；

（3）中国全境有特有 6 科，是极其古老的孤立子遗的就地起源的类群，高黎贡山南段缺乏中国特有科，但有东亚特有科 8 科，占中国全境 18 个东亚特有科的 44.44%，占全部 32 东亚特有科的 25.00%，这就为高黎贡山南段属于东亚植物区提供了证据。

3.2.4 优势科和表征科的分析

植物区系的优势科是指种类众多，并且在植被和植物群落中起建群作用的科。表征科则是表征一个植物区系的代表性科，确定一个区系的表征科，不仅要有数量上的优势，而且还必须将某科在该区系分布的种数与该科在世界分布的种数作对比，其比例越高，说明该科在所研究的植物区系中代表性越强。

将南段含种数在 20 以上的 39 科排列顺序见表 3.5。39 科，占总科数的 20.31%；562 属，占总属数 64.01%；1985 种，占总种数的 70.72%。

表 3.5 高黎贡山南段种子植物含 20 种以上的大科
Table 3.5 Families with Large Number （≥20） of Seed Plantsin the Southern Gaoligong Mountains

科名 Families	分布类型 Distribution	种数 Species	世界种数 No. of world species	占世界比例（%） Percentage（%）
菊科 Compositae	1	150	30000	0.50
兰科 Orchidaceae	1	132	20000	0.66
蔷薇科 Rosaceae	1	111	3300	3.36
茜草科 Rubiaceae	1	103	6200	1.66
禾本科 Gramineae	1	90	10000	0.90
蝶形花科 Papilionaceae	1	83	12000	0.69
唇形科 Labiatae	1	78	3500	2.23
玄参科 Scrophulariaceae	1	56	3000	1.87
毛茛科 Ranunculaceae	1	52	1500	3.47
蓼科 Polygonaceae	1	48	800	6.00 *
伞形科 Umbelliferae	1	47	3000	1.57
桑科 Moraceae	1	37	1400	2.64
龙胆科 Gentianaceae	1	34	900	3.78
报春花科 Primulaceae	1	33	800	4.13 *
莎草科 Cyperaceae	1	27	4000	0.68

续　表

科名 Families		分布类型 Distribution	种数 Species	世界种数 No. of world species	占世界比例（%） Percentage（%）
石竹科	Caryophyllaceae	1	25	1750	1.43
柳叶菜科	Onagraceae	1	23	600	3.83
木犀科	Oleaceae	1	22	600	3.67
荨麻科	Urticaceae	2	68	550	12.36 *
樟科	Lauraceae	2	58	2500	2.32
天南星科	Araceae	2	46	2000	2.30
山茶科	Theaceae	2	36	500	7.20 *
萝藦科	Asclepiadaceae	2	32	2200	1.45
爵床科	Acanthaceae	2	29	2500	1.16
紫金牛科	Myrsinaceae	2	28	1000	2.80
芸香科	Rutaceae	2	28	900	3.11
大戟科	Euphorbiaceae	2	28	8000	0.35
凤仙花科	Balsaminaceae	2	25	500	5.00 *
葡萄科	Vitaceae	2	21	700	3.00
卫矛科	Celastraceae	2	21	850	2.47
五加科	Araliaceae	3	46	160	28.75 *
苦苣苔科	Gesneriaceae	3	36	2000	1.80
马鞭草科	Verbenaceae	3	27	3000	0.90
冬青科	Aquifoliaceae	3	25	400	6.25 *
杜鹃花科	Ericaceae	8	109	1300	8.38 *
忍冬科	Caprifoliaceae	8	46	450	10.22 *
百合科	Liliaceae	8	45	2000	2.25
绣球花科	Hydrangeaceae	8.4	25	200	12.50 *
壳斗科	Fagaceae	8.4	23	900	2.56

注：* 为 > 平均值 4.11 的科

从含 20 种以上的 39 个科来看，世界广布科有 18 个（菊科 Compositae、兰科 Orchidaceae、蔷薇科 Rosaceae、茜草科 Rubiaceae、禾本科 Gramineae、蝶形花科

Papilionaceae、唇形科 Labiatae、玄参科 Scrophulariaceae、毛茛科 Ranunculaceae、蓼科 Polygonaceae、伞形科 Umbelliferae、桑科 Moraceae、龙胆科 Gentianaceae、报春花科 Primulaceae、莎草科 Cyperaceae、石竹科 Caryophyllaceae、柳叶菜科 Onagraceae、木犀科 Oleaceae），泛热带分布科有 12 个（荨麻科 Urticaceae、樟科 Lauraceae、天南星科 Araceae、山茶科 Theaceae、萝藦科 Asclepiadaceae、爵床科 Acanthaceae、芸香科 Rutaceae、紫金牛科 Myrsinaceae、大戟科 Euphorbiaceae、凤仙花科 Balsaminaceae、葡萄科 Vitaceae、卫矛科 Celastraceae），东亚及热带南美间断分布科有 4 个（五加科 Araliaceae、冬青科 Aquifoliaceae、苦苣苔科 Gesneriaceae、马鞭草科 Verbenaceae）；北温带分布型及变型科温带型分布的有 5 个（杜鹃花科 Ericaceae、忍冬科 Caprifoliaceae、百合科 Liliaceae、绣球花科 Hydrangeaceae、壳斗科 Fagaceae）。就世界范围而言，排名前四位的大科依次为菊科、兰科、蝶形花科和禾本科；在中国种类数排名前四的大科依次为菊科、禾本科、蔷薇科、蝶形花科；云南排名前四的大科依次为菊科、蝶形花科、兰科、杜鹃花科高黎贡山南段前四的大科依次为菊科、兰科、蔷薇科、杜鹃花科，茜草科是世界分布的大科，在本区位居第五，禾本科位居第六，蝶形花科位居第七。这些大科和较大科构成了本区系的优势科。从这 39 个大科分布区类型来看，除去世界分布的类型外，多为热带分布类型，充分显示出在科级水平上明显的热带性。

取多于 20 种的科与世界植物区系比较，区内种数与世界种数比值从 0.35 到 28.75，比值大于平均值 4.11 的科有 10 科，分别是五加科 Araliaceae、绣球花科 Hydrangeaceae、荨麻科 Urticaceae、忍冬科 Caprifoliaceae、杜鹃花科 Ericaceae、山茶科 Theaceae、冬青科 Aquifoliaceae、蓼科 Polygonaceae、凤仙花科 Balsaminaceae、报春花科 Primulaceae。因此这些科为主要的表征科。

3.2.5 植物群落区系特征科的分析

高黎贡山南段植被属南亚热带季风常绿阔叶林和中亚热带常绿阔叶林带的交错地区，表现出明显的过渡特征。亚热带常绿阔叶林是其地带性植被类型，并以中山湿性常绿阔叶林面积最大。从群落物种组成的优势度上看，杜鹃花科、樟科、山茶科、壳斗科、木兰科和松科是构成森林群落的主要成分，茜草科、禾本科、蝶形花科、大戟科、冬青科、和漆树科则是构成稀树灌木草丛的主要成分，所以它们在南段的区系组成上有着重要的意义。

　　杜鹃花科 Ericaceae，主要包括灌木或亚灌木，很少乔木；分布极广，广布于南、北半球的温带及北半球的亚寒带地区，也部分分布于热带高山，但主产地为南非和我国西部；50 属，约 1300 种，我国有 14 属，718 种，全国均产之，以西南山区种类最为丰富；云南有 10 属，277 种。高黎贡山南段分布 8 属 109 种，主要分布于海拔较高的山顶或近山顶构成杜鹃林，它们也是构成南段常绿阔叶林主要的伴生树种，杜鹃属 *Rhododendron*（75）、白珠树属 *Gaultheria*（16）、珍珠花属 *Lyonia*（8）、金叶子属 *Craibiodendron*（3）、水晶兰属 *Monotropa*（2）、岩须属 *Cassiope*（2）、吊钟花属 *Enkianthus*（2）、马醉木属 *Pieris*（1）；以高尚大白杜鹃 *Rhododendron decorum*、马缨花 *Rhododendron delavayi*、云上杜鹃 *Rhododendron pachypodum*、灰白杜鹃 *Rhododendron genestierianum*、绢毛杜鹃 *Rhododendron chae-tomallum*、长萼杜鹃 *Rhododendron longicalyx*、泡泡叶杜鹃 *Rhododendron edgewor-thii*、亮毛杜鹃 *Rhododendron microphyton*、美丽马醉木 *Pieris formosa*、绵毛房杜鹃 *Rhododendron faceteum*、小果米饭花 *Lyonia ovalifolia*、越桔杜鹃 *Rhododendron vac-cinioides* 等为常见种类。

　　樟科 Lauraceae，主要包括乔木或灌木，常绿或落叶，分布于热带和亚热带地，主产地为东亚和巴西；约 45 属，2000～2500 种，我国有 20 属，1400 种，大部产长江以南各省区，西南和南部最盛，为当地重要林木之一。高黎贡山南段有 9 属 58 种，山胡椒属 *Lindera*（19）、木姜子属 *Litsea*（14）、润楠属 *Machilus*（8）、樟属 *Cinnamomum*（6）、楠属 *Phoebe*（4）、新木姜子属 *Neolitsea*（3）、新樟属 *Neocinnamomum*（2）、黄肉楠属 *Actinodaphne*（1）、拟檫木属 *Parasassafras*（1）；如山胡椒属绒毛钓樟 *Lindera floribunda*、香叶树 *Lindera communis*、团香果 *Lindera latifolia.*、三股筋香 *Lindera thomsonii*、长尾钓樟 *Lindera thomsonii var. vernayana*、香面叶 *Lindera caudata*；木姜子属 *Litsea* 的长蕊木姜子 *Litsea longistaminata*、独龙木姜子 *Litsea taronensis*、假柿木姜子 *Litsea monopetala*、清香木姜子 *Litsea euosma*、绢毛木姜子 *Litsea sericea*、滇南木姜子 *Litsea garrettii*、潺槁木姜子 *Litsea glutinosa* 等；润楠属的绿叶润楠 *Machilus viridis*、黄心树 *Machilus bombycina*、长梗润楠 *Machilus longtpedicellata*、滇润楠 *Machilus yunnanensis* 等；樟属的尾叶樟 *Cinnamomum caudiferum*、黄樟 *Cinnamomum porrectum*、假桂皮树 *Cinnamomum tonkinense*、云南樟 *Cinnamomum glanduliferum* 等。其中樟属 *Cinnamo-mum*、润楠属 *Machilus* 常与其他树种构成高黎贡山南段的常绿阔叶林，润楠属、

木姜子属 *Litsea*、山胡椒属 *Lindera* 也常成为常绿阔叶林下的伴生树种。

山茶科 Theaceae，主要包括乔木或灌木，分布于热带和亚热带地区；约 30 属，500 种，我国有 14 属，397 种，主产长江以南各地；云南产 10 属 120 种。高黎贡山南段有 9 属 37 种，其中 5 个单种属为茶梨属、毒药树属、红淡比属、折柄茶属、紫茎属；大头茶属 *Gordonia*（2），厚皮香属 *Ternstroemia*（4），柃木属 *Eurya*（13）、木荷属 *Schima*（7）常为常绿阔叶林中的优势种，木荷属的银木荷 *Schima argentea*、贡山木荷 *Schima sericans*、尖齿木荷 *Schima khasiana*、西南木荷 *Schima wallichi* 等是常绿阔叶林乔木上层的主要成分之一，柃木属 *Eurya*、山茶属 *Camellia* 是常绿阔叶林乔木下层和灌木层的主要成分。

壳斗科 Fagaceae，主要包括乔木或灌木，大部产北半球的温带和亚热带地区，该科古北大陆东南部起源；8 属，约 900 种，是亚热带植物区系的典型表征科，也是我国植物区系的一大特点，为中国亚热带常绿阔叶林的重要组成成分，在中国的分布优势居全世界首位，有 5 属，约 279 种，全国几乎均有分布；云南 5 属，150 种左右。高黎贡山南段有 4 属 23 种，这些种类是构建南段常绿阔叶林乔木上层主要的成分。如柯属的华南石栎 *Lithocarpus fenestratus*、白柯 *Lithocarpus dealbatus*、耳叶柯 *Lithocarpus grandifolius*、厚叶石栎 *Lithocarpus pachyphyllus*、硬斗石栎 *Lithocarpus hancei*、白穗石栎 *Lithocarpus craibianus*、麻子壳柯 *Lithocarpus variolosus*；栎属的柞栎 *Quercus denlata*、槲树 *Quercus dentata*、麻栎 *Quercus acutissima*、锐齿槲栎变种 *Quercus aliena* var. *acuteserrata*、栓皮栎 *Quercus variabilis*、大叶栎 *Quercus griffithii*；青冈属的怒江青冈 *Cyclobalanopsis kiukiangensis*、曼青冈 *Cyclobalanopsis oxyodon*、青冈 *Cyclobalanopsis glauca*、薄片青冈 *Cyclobalanopsis lamellosa*；锥属的龙陵锥 *Castanopsis rockii*、变色锥 *Castanopsis rufescens*、瓦山锥 *Castanopsis ceratacantha*、红锥 *Castanopsis hystrix*、元江锥 *Castanopsis orthacantha*、高山锥 *Castanopsis delavayi*、短刺锥 *Castanopsis echidnocarpa* 等。其中不少种类也为高黎贡山南段常绿阔叶林中的优势种，如栓皮栎 *Quercus variabilis*、青冈 *Cyclobalanopsis glauca*、红锥 *Castanopsis hystrix* 等。

木兰科 Magnoliaceae，主要包括灌木至乔木，分布于北美和南美南回归线以北和亚洲东南部和南部的热带和亚热带至温带地区；约 15 属，250 种，我国有 11 属，约 100 种，木兰科是被子植物中较原始的类群，大部产西南部。高黎贡山南段有 5 属 13 种，它们是南段常绿阔叶林的重要成分。木兰属 4 种，分别有紫

玉兰 *Magnolia liliflora*、山玉兰 *Magnolia delavayi*、滇缅厚朴 *Magnolia rostrata*、滇藏木兰 *Magnolia campbellii*；含笑属 4 种，分别有独龙含笑新种 *Michelia taronensis*多花含笑 *Michelia floribunda* 南亚含笑 *Michelia doltsopa* 绒叶含笑 *Michelia velutina*；木莲属 3 种，分别有红花木莲 *Manglietia insignis*、中缅木莲 *Manglietia hookeri*、滇桂木莲 *Manglietia forrestii*；长蕊木兰属和拟单性木兰属为单种属，分别为长蕊木兰 *Alcimandra cathcartii*、光叶拟单性木兰 *Parakmeria nitida*；木莲属的红花木莲*Manglietia insignis* 常成为高黎贡山南段常绿阔叶林中的优势树种。

松科 Pinaceae，主要包括乔木，含部分灌木、裸子植物，分布极广，裸子植物中分布最广的一科，分布于全球温带地区，以北半球属种较多。本科共 10 属230 种，中国有 10 属 97 种，各省均产之；云南产 9 属 35 种。高黎贡山南段分布有 5 属 7 种，是构成南段针叶林的优势树种。冷杉属 *Abies*（2）、松属 *Pinus*（2）、落叶松属 *Larix*（1）、云杉属 *Picea*（1）、铁杉属 *Tsuga*（1），如松属 *Pinus*的云南松 *Pinus yunnanensis* 是构成针叶林的优势种，其他种为落叶松 *Larix gmelini*、杉松 *Abies holophylla*、苍山冷杉 *Abies delavayi*、云南铁杉 *Tsuga dumosa*、华山松 *Pinus armandi*、油麦吊云杉 *Picea brachytyla var. complanata*。

茜草科 Rubiaceae，主要包括草本、灌木或乔木，主产热带和亚热带地区，少数分布于温带或北极地带；约 500 属，6000 种，我国有 75 属，477 种，大部产西南部至东南部，西北部和北部极少；云南有 72 属、365 种。高黎贡山南段分布有 29 属 103 种，许多种类是构成稀树灌木草丛的优势成分之一。如玉叶金花属 *Mussaenda*（11）、茜草属 *Rubia*（10）、拉拉藤属 *Galium*（9）、耳草属 *Hedyotis*（9）、水锦树属 *Wendlandia*（9）、蛇根草属 *Ophiorrhiza*（8）、九节属 *Psychotria*（4）、粗叶木属 *Lasianthus*（4）、鸡矢藤属 *Paederia*（4）、腺萼木属 *Mycetia*（4）、乌口树属 *Tarenna*（3）、野丁香属 *Leptodermis*（3）、滇丁香属 *Luculia*（3）、钩藤属 *Uncaria*（2）、茜树属 *Aidia*（2）、新耳草属 *Neanotis*（2）、红芽大戟属 *Knoxia*（2）、密脉木属 *Myrioneuron*（2）、石丁香属 *Neohymenopogon*（2），有 12 单属种，分别为巴戟天属 *Morinda*、盖裂果属 *Mitracarpus*、栀子属 *Gardenia*、咖啡属 *Coffea*、弯管花属 *Chassalia*、短萼齿木属 *Brachytome*、狗骨柴属 *Diplospora*、鸡爪簕属*Oxyceros*、南山花属 *Prismatomeris*、岭罗麦属 *Tarennoidea*、虎刺属 *Damnacanthus*、鸡仔木属 *Sinoadina*。

禾本科 Gramineae，主要包括一年生、二年生或多年生草本或木本植物，广布于全世界；约 660 余属，近 10000 种，我国有 225 属，约 1200 种，全国皆产。云南有 181 属，888 种以上。高黎贡山南段分布有 51 属 90 种，如箭竹属 *Fargesia*（8）、剪股颖属 *Agrostis*（4）、马唐属 *Digitaria*（4）、早熟禾属 *Poa*（4）、狗尾草属 *Setaria*（4）、柳叶箬属 *Isachne*（4）、求米草属 *Oplismenus*（4）、荩草属 *Arthraxon*（3）、野古草属 *Arundinella*（3）、白茅属 *Imperata*（2）、臂形草属 *Brachiaria*（2）、䅟属 *Eleusine*（2）、细柄草属 *Capillipedium*（2）、菅属 *Themeda*（2）、薏苡属 *Coix*（2）、稗属 *Echinochloa*（2）、画眉草属 *Eragrostis*（2）、羊茅属 *Festuca*（2）、野青茅属 *Deyeuxia*（2）、玉山竹属 *Yushania*（2）、寒竹属 *Chimonobambusa*（2），30 个单种属，分别黍属 *Panicum*、甜茅属 *Glyceria*、棒头草属 *Polypogon*、稻属 *Oryza*、金须茅属 *Chrysopogon*、囊颖草属 *Sacciolepis*、雀稗属 *Paspalum*、鼠尾粟属 *Sporobolus*、鸭嘴草属 *Ischaemum*、蔗茅属 *Erianthus*、弓果黍属 *Cyrtococcum*、黄金茅属 *Eulalia* 双花草属 *Dichanthium*、水蔗草属 *Apluda*、淡竹叶属 *Lophatherum*、总序竹属 *Racemobambos*、空竹属 *Cephalostachyum*、类芦属 *Neyraudia*、牡竹属 *Dendrocalamus*、莠竹属 *Microstegium*、楔颖草属 *Apocopis*、拟金茅属 *Eulaliopsis*、拂子茅属 *Calamagrostis*、雀麦属 *Bromus*、异燕麦属 *Helictotrichon*、看麦娘属 *Alopecurus*、乱子草属 *Muhlenbergia*、旱茅属 *Eremopogon*、金发草属 *Pogonatherum*、贡山竹属 *Gaoligongshania*。

蝶形花科 Papilionaceae，主要包括草本、灌木或乔木，直立或攀援状，广布于全世界；约 480 余属，12000 种，我国连引入的有 118 属，1097 种，各省均有分布。云南有 96 属 530 种。高黎贡山南段分布有 34 属 83 种。由于其生活型和生境多样，所以分布范围较宽。有山蚂蝗属 *Desmodium*（9）、木蓝属 *Indigofera*（8）、崖豆藤属 *Millettia*（7）、杭子梢属 *Campylotropis*（7）、黄檀属 *Dalbergia*（5）、猪屎豆属 *Crotalaria*（4）、葛属 *Pueraria*（4）、山黑豆属 *Dumasia*（3）、胡枝子属 *Lespedeza*（3）、榼藤属 *Entada*（2）、黧豆属 *Mucuna*（2）、鱼藤属 *Derris*（2）、野扁豆属 *Dunbaria*（2）、宿苞豆属 *Shuteria*（2）、密花豆属 *Spatholobus*（2）、岩黄耆属 *Hedysarum*（2）、黄花木属 *Piptanthus*（2），单种属有 20 个，分别为黄耆属 *Astragalus*、补骨脂属 *Psoralea*、刺桐属 *Erythrina*、老虎刺属 *Pterolobium*、鹿藿属 *Rhynchosia*、千斤拔属 *Flemingia*、猴耳环属 *Pithecellobium*、木豆属 *Cajanus*、坡油甘属 *Smithia*、酸豆属 *Tamarindus*、假木豆属 *Dendrolobium*、紫雀花属 *Parochetus*、舞草属 *Codariocalyx*、猪腰豆属 *Whitfordiodendron*、车轴草属 *Trifoli-*

um、两型豆属 *Amphicarpaea*、土圞儿属 *Apios*、香槐属 *Cladrastis*、百脉根属 *Lotus*、鸡眼草属 *Kummerowia*。

大戟科 Euphorbiaceae，主要包括草本、灌木或乔木，广布于全球，主产热带和亚热带地区。约 300 属，8000 种以上，我国有 66 属，约 864 种，各地俱产之，但主产地为西南至台湾。云南有 52 属 220 种，主产南部热带地区。高黎贡山南段分布有 12 属 28 种，是构成较低海拔稀树灌木草丛的优势物种。分别有算盘子属 *Glochidion*（6）、大戟属 *Euphorbia*（5）、血桐属 *Macaranga*（4）、野桐属 *Mallotus*（4）、铁苋菜属 *Acalypha*（2）、叶轮木属 *Ostodes*（2），单种属有 7 个，分别为棒柄花属 *Cleidion*、叶下珠属 *Phyllanthus*、白饭树属 *Flueggea*、五月茶属 *Antidesma*、水柳属 *Homonoia*、山靛属 *Mercurialis*。

冬青科 Aquifoliaceae，主要包括乔木或灌木，分布极广；3 属，400 种以上，分布于东、西两半球的热带和温带，但主产地为中南美，我国仅有冬青属 1 属，118 种，广布于长江以南各省区和台湾省，云南有 142 种，高黎贡山南段分布有 1 属 25 种，属和种的存在度均较高。该区出现的种均以小乔木和大灌木为主，如阔叶冬青 *Ilex latifrons*、弯尾冬青 *Ilex cyrtura*、狭叶冬青 *Ilex fargesii*、陷脉冬青 *Ilex delavayi*、双核枸骨 *Ilex dipyrena*、皱叶枸骨 *Ilex perryana*、点叶冬青 *Ilex punctatilimba*、长尾冬青 *Ilex longecaudata*、贡山冬青 *Ilex hookeri*、微脉冬青 *Ilex venulosa*、独龙冬青 *Ilex yuiana*、滇西冬青 *Ilex forrestii*、锡金冬青 *Ilex sikkimensis*、黑毛冬青 *Ilex melanotricha*、长叶枸骨 *Ilex georgei*、云南冬青 *Ilex yunnanensis*、多脉冬青 *Ilex polyneura*、密花冬青 *Ilex confertiflora*、枔叶冬青 *Ilex euryoides* 等，是构成常绿阔叶林乔木下层和灌木层的重要成分之一。

漆树科 Anacardiaceae，主要包括乔木或灌木，大部分布于热带地区，有些伸展至温带；约 60 属，600 种，我国有 16 属，约 56 种，长江流域及其以南各省最盛；云南有 15 属，44 种。高黎贡山南段分布有 5 属 14 种，是构成稀树灌木草丛的为数不多的乔木树种。分别有漆属 *Toxicodendron*（8）、盐肤木属 *Rhus*（2）、黄连木属 *Pistacia*（2），单种属有 2 个，厚皮树属 *Lannea*、藤漆属 *Pegia*。代表种有盐肤木 *Rhus chinensis*、清香木 *Pistacia weinmannifolia*、黄连木 *Pistacia chinensis Bunge*、滨盐肤木 *Rhus chinensis*、厚皮树 *Lannea coromandelica*。

以上特征科中茜草科、禾本科、蝶形花科是世界性的科，山茶科、樟科、漆树科、大戟科、冬青科为热带性质，杜鹃花科、松科、壳斗科、木兰科为温带性质，这与科级水平上的热带性稍强相吻合，印证了该区从热带向暖温带的过渡性质。

3.2.6 单型科分析

单种科和单属科反映了植物科进化过程中两个相反的方向，一个是新产生的科，其属种尚未分化；另一个是演化终极的科，属种已大量消亡，现有的是残遗种类。对单种科和单属科的分析可以反映一个地区植物进化的历史和现状。单种科与单属科可分为世界性和地区性。在高黎贡山南段地区性单种科有 29 个科（见表 3-3），世界性单种科 3 科，单种科共计 32 科占总科数 16.67%；地区性单属科有 73 科，占总科数 38.02%；世界性单属科 16 科，占总科数 8.38%，分别是香蒲科 Typhaceae、菱科 Trapaceae、山矾科 Symplocaceae、旌节花科 Stachyu-raceae、茨藻科 Najadaceae、八角科 Illiciaceae、领春木科 Eupteleaceae、虎皮楠科 Daphniphyllaceae、马桑科 Coriariaceae、桤叶树科 Clethraceae、金鱼藻科 Cerato-phyllaceae、水马齿科 Callitrichaceae、八角枫科 Alangiaceae、扯根菜科 Penthorace-ae、鞘柄木科 Toricelliaceae、透骨草科 Phrymaceae。单属科共计 89 科，占总科数 46.35%，近一半，在界定区系性质方面起重要作用。在植物分类学中，单型科是指世界范围内只有 1 属 1 种的科。高黎贡山南段有世界性单种科即单型科 3 科，水青树科 Tetracentraceae、十齿花科 Dipentodontaceae、肋果茶科 Sladeniace-ae，均为分类上比较孤立，或者起源上较为古老科，它们的存在，说明这一区域在地质历史上的古老性。

水青树科 Tetracentraceae，1 属 1 种，中国的珍稀树种，星散分布于西藏、云南、四川、贵州、陕西、甘肃、湖南、湖北，生于海拔 1200~3500 米阔叶林中。越南、印度东北、缅甸北部也有分布。高黎贡山南段分布有 1 种，水青树属水青树 Tetracentron sinense。水青树分布范围为北纬 24°~34.5°，东经 98°~111.5°，为亚热带和暖温带区域，在我国植物区系分区中，应属泛北极植物区、中国—日本森林植物亚区的华中地区和中国—喜马拉雅森林植物亚区的横断山脉地区。高黎贡山南段地理位置处于滇西南，是横断山区南延处，从水青树的总分布区来看，南段处于分布区的西南。根据已知资料，水青树垂直分布于海拔 900~3500m 的山地，其中在 1500~2400m 处分布较多，垂直分布幅度一般是在同一植被垂直带内。南段水青树分布于海拔 1565m 的杂木林中。从分布的地带性规律也可看出，水青树属于典型中温植物。水青树是第三纪留下的活化石，但其有短枝，叶有锯齿，掌状脉，托叶与叶柄相连且包围顶芽，花序穗状，花 4 出数，较木兰科进化。现多数学者将其划归独立的水青树科。本种化石出现在新生代始新世地层中，是古老的孑遗植物。它在研究我国古代植物区系的深化、被子植物系统及其起源等方面都有重要的科学价值。

十齿花科 Dipentodontaceae，1 属 1 种，又名十萼花科，十齿花属 *Dipentodon*，是典型的东亚分布，十齿花 *Dipentodon sinicus* 只生长在中国西南的广西、云南、贵州和相邻的缅甸北部及印度东北，乔木，单叶互生，有托叶；花小，白色，花瓣 5～7，花盘与花被贴合成杯状；果实为蒴果，革质，被灰棕色长柔毛，内含黑色种子。该科在南段分布于海拔 2100m 的林中。它们的出现在一定程度上反映了该区区系具有由热带向温带的过渡性质。

肋果茶科 Sladeniaceae，1 属 1 种，肋果茶 *Sladenia celastrifolia* Kurz 为常绿小乔木，在高黎贡山出现在保山百花岭常绿阔叶林，海拔 1100～2000m，散布于云南南部、贵州南部、贵州兴义、广西隆林，缅甸、泰国，显然是一个起源古老的物种，其分布区在多处被地质事件所分割，而高黎贡山处于分布区的核心地带。

3.3　属的区系分析

在系统分类学中，同一属内的种常常具有同一起源和相似的进化趋势，分类学特征和生态学特征较科接近，因此，属比科更能具体反映植物进化和变异情况。属的分类学特征也相对稳定，占有比较稳定的分布区，同时在进化过程中，随着地理环境的变化发生分异，导致属之间有着明显的地区性差异。

3.3.1　属的数量统计分析

3.3.1.1　按属所含种的绝对数目排列

高黎贡山南段种子植物有 878 属，含 20 种以上的多种属有 9 个，占总属数的 1.02%（表 3.6），其中种类最多的属是杜鹃属，共 75 种。其他依次是蓼属 *Polygonum*（42）、悬钩子属 *Rubus*（34）、榕属 *Ficus*（30）、荚蒾属 *Viburnum*（28）、凤仙花属 *Impatiens*（25）、冬青属 *Ilex*（25）、天南星属 *Arisaema*（25）、

冷水花属 *Pilea*（23），这些属共计 307 种，占总种数的 10.94%。

中等属（6～20 种）有 120 属，占总属数的 13.67%，这些属共计 1103 种，占总种数的 39.29%。少种属（2～5 种）有 335 属，占总属数的 38.15%，这些属共计 983 种，占总种数的 35.02%。单种属有 414 属，占总属数的 47.15%，这些属共计 414 种，占总种数的 14.75%。

表 3.6　高黎贡山南段种子植物区系属的数量结构分析

Table 3.6　**Statistic and Analysis Genera Based on Number of Species Each Genus in the Southern Gaoligong Mountains**

类　型 Types	属　数 Number of genera	占总属数百分比（%） Percentage in total genera（%）	所含种数 Number of species	占总种数百分比（%） Percentage in total species（%）
单种属（1 种）	414	47.15	414	14.75
少种属（2～5 种）	335	38.15	983	35.02
中等属（6～20 种）	120	13.67	1103	39.29
多种属（>20 种）	9	1.03	307	10.94
合计（Total）	878	100.00	2807	100.00

此外，含 10 种以上的大属和较大属，共 48 属（表 3.7），热带属占 57.89%，温带属占 42.11%。这些大属和较大属中，泛热带分布属（12）和北温带分布属（11）占据优势，也正说明高黎贡山南段为热带向温带过渡的性质。其次为世界分布属（10），热带亚洲和热带美洲间断分布（3），旧世界热带分布（3），热带亚洲（印度—马来西亚）分布（3），东亚分布（3），热带亚洲至热带大洋洲分布、东亚和北美洲间断分布和旧世界温带分布都有 1 属。这 48 属占高黎贡山南段 878 属的 5.47%。这些属共有种类 823 种，占高黎贡山南段种总数的 29.32%，这些属里大部分种是南段植物区系和植被类型中的优势种或建群种。

表 3.7　高黎贡山南段种子植物含 10 种以上的较大属一览表
Table 3.7　Ranking of the Bigger Genera（Comprising More than 10 Species）
in the Southern Gaoligong Mountains

序　号 Sequence No.	属　名 Name of genera	所含种数 Species			分布区类型 Distribution types
		高黎贡山南段 The Southern Gaoligong Mountains	中国 China	世界 World	
1	杜鹃属	*Rhododendron*	75	650	800	8
2	蓼属	*Polygonum*	42	120	300	1
3	悬钩子属	*Rubus*	34	280	600	1
4	榕属	*Ficus*	30	120	1000	2
5	荚蒾属	*Viburnum*	28	74	216	8
6	凤仙花属	*Impatiens*	25	190	600	2
7	冬青属	*Ilex*	25	118	400	2
8	天南星属	*Arisaema*	25	82	150	8
9	冷水花属	*Pilea*	23	65	400	2
10	山矾属	*Symplocos*	19	125	350	2
11	山胡椒属	*Lindera*	19	54	100	7
12	楼梯草属	*Elatostema*	19	39	200	4
13	报春花属	*Primula*	17	380	500	8
14	龙胆属	*Gentiana*	17	247	500	1
15	白珠树属	*Gaultheria*	16	26	210	3
16	铁线莲属	*Clematis*	16	110	300	1
17	越橘属	*Vaccinium*	15	47	400	8.4
18	灯心草属	*Juncus*	15	70	300	1
19	绣球属	*Hydrangea*	15	45	80	9
20	卫矛属	*Euonymus*	15	125	176	2
21	鹅掌柴属	*Schefflera*	14	37	200	2
22	珍珠菜属	*Lysimachia*	14	120	200	1
23	木姜子属	*Litsea*	14	64	400	3

续 表

序 号 Sequence No.	属 名 Name of genera	所含种数 Species			分布区类型 Distribution types
		高黎贡山南段 The Southern Gaoligong Mountains	中国 China	世界 World	
24 柳叶菜属	Epilobium	14	36	215	8.4
25 薹草属	Carex	14	400	2000	1
26 花椒属	Zanthoxylum	13	50	250	2
27 崖爬藤属	Tetrastigma	13	45	90	5
28 金丝桃属	Hypericum	13	50	400	1
29 柃木属	Eurya	13	80	130	3
30 香薷属	Elsholtzia	13	33	40	10
31 芒毛苣苔属	Aeschynanthus	13	34	140	7
32 菝葜属	Smilax	12	61	300	2
33 香茶菜属	Rabdosia	12	77	150	4
34 胡椒属	Piper	12	50	2000	2
35 忍冬属	Lonicera	12	100	200	8
36 薯蓣属	Dioscorea	12	80	250	2
37 合耳菊属	Synotis	11	36	50	14.1
38 玉叶金花属	Mussaenda	11	28	200	4
39 小檗属	Berberis	11	200	500	8
40 兔儿风属	Ainsliaea	11	45	70	14
41 槭属	Acer	11	150	200	8
42 茜草属	Rubia	10	17	60	8.4
43 马先蒿属	Pedicularis	10	329	600	8
44 沿阶草属	Ophiopogon	10	33	50	14
45 羊耳蒜属	Liparis	10	45	250	1
46 素馨属	Jasminum	10	44	300	2
47 贝母兰属	Coelogyne	10	16	200	7
48 银莲花属	Anemone	10	52	150	1
合计 Total		823			

3.3.1.2　按区系存在度概念排序

VFP（VFP = Value of Floristic Presence）区系存在度，即某一科（属）在该地出现的的次级分类群与它的所有次级分类群的比值。按之再去进行排列，可得到一个迥然有异的排序。能较好地反映什么样的科属在区系建成中的相对重要性。某一分类群在某地的区系存在度（VFP）=（某地出现的次级分类群数目/次级分类群总数）×100%。

应用区系存在度概念，即每分类群所含次级分类群的相对频率，对高黎贡山南段种子植物 878 属重新进行排序评价，则整个顺序也将与上面的结果大为不同，利用区系存在度的概念所得到的 VFP 达到 50% 的，具有较高存在度的属罗列如表 3.8。从这样的排序来看，前面以绝对种数排列前 48 位的属中，没有一属的存在度达到 50%，即表明这些大属在高黎贡山南段的相对存在频率不高，在植物区系多样性的建成中作用就相对较小。

表 3.8　高黎贡山南段种子植物区系存在度较大（≥0.5）的属
Table 3.8　Genera with Relatively Large VFP≥0.5 of Seed Plants in the Southern Gaoligong Mountains

属名 Name of genera		当地种数 No. of locate species	世界种数 No. of world species	存在度 VFP	分布区类型 Distribution types
双参属	*Triplostegia*	1	2	0.50	14.1
钩萼草属	*Notochaete*	1	2	0.50	14.1
筒冠花属	*Siphocranion*	1	2	0.50	14.1
鸡眼草属	*Kummerowia*	1	2	0.50	14.2
舞草属	*Codariocalyx*	1	2	0.50	7
滇桐属	*Craigia*	1	2	0.50	7.4
淡竹叶属	*Lophatherum*	1	2	0.50	5
金发草属	*Pogonatherum*	1	2	0.50	14
角果藻属	*Zannichellia*	1	2	0.50	1
袋果草属	*Peracarpa*	1	2	0.50	14
秋分草属	*Rhynchospermum*	1	2	0.50	14

续　表

属名 Name of genera		当地种数 No. of locate species	世界种数 No. of world species	存在度 VFP	分布区类型 Distribution types
肖笼鸡属	*Tarphochlamys*	1	2	0.50	7.2
爬兰属	*Herpysma*	1	2	0.50	7.2
宿苞兰属	*Cryptochilus*	1	2	0.50	14.1
山蓼属	*Oxyria*	1	2	0.50	8.2
领春木属	*Euptelea*	1	2	0.50	14
黄秦艽属	*Veratrilla*	1	2	0.50	14.1
大花藤属	*Raphistemma*	1	2	0.50	7
勐腊藤属	*Goniostemma*	1	2	0.50	7.2
铁破锣属	*Beesia*	1	2	0.50	14.1
虾子花属	*Woodfordia*	1	2	0.50	6.2
藤麻属	*Procris*	1	2	0.50	4
微柱麻属	*Chamabainia*	1	2	0.50	7
三白草属	*Saururus*	1	2	0.50	9
台湾杉属	*Taiwania*	1	2	0.50	15
瘿椒树属	*Tapiscia*	1	2	0.50	15
昂天莲属	*Ambroma*	1	2	0.50	5
刺通草属	*Trevesia*	1	2	0.50	7
异腺草属	*Anisadenia*	1	2	0.50	14.1
竹根七属	*Disporopsis*	2	4	0.50	7.4
八蕊花属	*Sporoxeia*	2	4	0.50	7.3
露珠草属	*Circaea*	6	12	0.50	8
猫儿屎属	*Decaisnea*	1	2	0.50	14.1
透骨草属	*Phryma*	1	2	0.50	9
桃叶珊瑚属	*Aucuba*	4	7	0.57	14
滇丁香属	*Luculia*	3	5	0.60	14.1
人参属	*Panax*	5	8	0.63	9

续　表

属名 Name of genera		当地种数 No. of locate species	世界种数 No. of world species	存在度 VFP	分布区类型 Distribution types
石丁香属	*Neohymenopogon*	2	3	0.67	14.1
岩芋属	*Remusatia*	2	3	0.67	6
平当树属	*Paradombeya*	2	3	0.67	7.3
吉祥草属	*Reineckia*	1	1	1.00	14
薄核藤属	*Natsiatum*	1	1	1.00	7.2
簇序草属	*Craniotome*	1	1	1.00	14.1
米团花属	*Leucosceptrum*	1	1	1.00	14.1
全唇花属	*Holocheila*	1	1	1.00	15
心叶石蚕属	*Cardioteucris*	1	1	1.00	15
紫苏属	*Perilla*	1	1	1.00	14
莼属	*Brasenia*	1	1	1.00	1
山桐子属	*Idesia*	1	1	1.00	14.2
酸豆属	*Tamarindus*	1	1	1.00	4
紫雀花属	*Parochetus*	1	1	1.00	6
风龙属	*Sinomenium*	1	1	1.00	14.2
水蔗草属	*Apluda*	1	1	1.00	4
蜂腰兰属	*Bulleyia*	1	1	1.00	15
筒瓣兰属	*Anthogonium*	1	1	1.00	14.1
新型兰属	*Neogyna*	1	1	1.00	14.1
马蹄香属	*Saruma*	1	1	1.00	15
长蕊木兰属	*Alcimandra*	1	1	1.00	7.4
肉被麻属	*Sarcochlamys*	1	1	1.00	7
牛筋条属	*Dichotomanthus*	1	1	1.00	15
蕺菜属	*Houttuynia*	1	1	1.00	14
肋果茶属	*Sladenia*	1	1	1.00	7.3
十齿花属	*Dipentodon*	1	1	1.00	14.1

续　表

属名 Name of genera		当地种数 No. of locate species	世界种数 No. of world species	存在度 VFP	分布区类型 Distribution types
短瓣花属	*Brachystemma*	1	1	1.00	14.1
狗筋蔓属	*Cucubalus*	1	1	1.00	10
黑藻属	*Hydrilla*	1	1	1.00	5
水青树属	*Tetracentron*	1	1	1.00	14.1
睡菜属	*Menyanthes*	1	1	1.00	8
多蕊木属	*Tupidanthus*	1	1	1.00	7
鞭打绣球属	*Hemiphragma*	1	1	1.00	14.1
幌菊属	*Ellisiophyllum*	1	1	1.00	7
石龙尾属	*Limnophila*	1	1	1.00	3
飞龙掌血属	*Toddalia*	1	1	1.00	6
拟檫木属	*Parasassafras*	1	1	1.00	14.1
长蕊斑种草属	*Antiotrema*	1	1	1.00	15
曲苞芋属	*Gonatanthus*	2	2	1.00	7.2
偏瓣花属	*Plagiopetalum*	2	2	1.00	7.4
石椒草属	*Boenninghausenia*	2	2	1.00	7.1
耳唇兰属	*Otochilus*	4	4	1.00	14.1 ·
梵天花属	*Urena*	6	6	1.00	2
茅瓜属	*Solena*	2	2	1.00	7
粘冠草属	*Myriactis*	3	3	1.00	11
青荚叶属	*Helwingia*	6	6	1.00	14
竹叶子属	*Streptolirion*	3	3	1.00	14.1

　　从这 84 个 VFP 达到 50% 的属来看，前三位的依次是东亚分布及其亚型、热带亚洲（印度—马来西亚）分布类型及亚型、中国特有分布类型。东亚分布及其亚型，有 33 属，占 39.29%；热带亚洲（印度—马来西亚）分布类型及亚型其次，有 21 属，占 25.00%；中国特有分布的属，有 8 属，占 9.53%；所有其他类型有 22 属，占 18.33%。所以，VFP 大于 50% 的属中，以东亚（33）、热带

亚洲（21）和中国特有（8）为主，三者占总数的 81.67%。因此，在高黎贡山南段这三种属无疑是具有标志性特点的重要类群。

3.3.2　属的分布区类型分析

区系地理成分的研究，有助于进一步探讨植物区系的起源和地理变迁。一般来说，区系成分分布区类型的研究多是以属为基本单位的。因为属"具有科和种两者的优点，而无两者的缺点。即属在分类上和地理分布上都是适当的"。

分布区类型的划分是植物区系地理学研究的重要方法。中国种子植物 3116 属被划分为 15 个类型和 37 个变型。根据吴征镒（2006）对属分布区类型的划分，高黎贡山南段种子植物 878 属可划分为 15 个类型和 21 个变型（见表 3.9）。其中，热带亚洲（印度—马来西亚）分布属有 150 个，是该区分布最多的类型，其次为泛热带分布的属有 149 个，再次为含 132 属的北温带分布的类型。其详细分述如下：

表 3.9　高黎贡山南段种子植物属的分布区类型
Table 3.9　The Genertic Distribution Types of Seed Plants in the Southern Gaoligong Mountains

属分布区类型及变型 Distribution Types	属数 Genera	占总属数 Percentage
1 广布（世界广布，Widespread = Cosmopolitan）	63	7.18%
2 泛热带分布 Pantropic	138	15.72%
2.1 热带亚洲、大洋洲（至新西兰）和中、南美洲（或墨西哥）间断分布 Trop. Asia，Australasia（to N. Zeal.）& C. to S. Amer.（or Mexico）disjuncted	5	0.57%
2.2 热带亚洲、非洲和中、南美洲间断分布 Trop. Asia，Africa & C. to S. Amer. disjuncted	6	0.68%
3 热带亚洲和热带美洲间断分布 Trop. Asia & Trop. Amer. Disjuncted	14	1.59%
4 旧世界热带分布 Old World Tropics	58	6.61%
4.1 热带亚洲、非洲（或东非、马达加斯加）和大洋洲间断分布 Trop. Asia.，Africa（or E. Afr.，Madagascar）& Australasia disjuncted	10	1.14%

续 表

属分布区类型及变型 Distribution Types	属数 Genera	占总属数 Percentage
5 热带亚洲至热带大洋洲分布 Tropical Asia & Trop. Australasia	35	3.99%
5.1 中国（西南）亚热带和新西兰间断分布 Chinese（SW.）Subtropics & New Zealand disjuncted	1	0.11%
6 热带亚洲至热带非洲分布 Trop. Asia to trop. Africa	46	5.24%
6.1 华南、西南到印度和热带非洲间断分布 S., SW. China to India & Trop. Africa disjuncted	1	0.11%
6.2 热带亚洲和东非或马达加斯加间断分布 Trop. Asia & E. Afr. Or Madagascardisjuncted	3	0.34%
7 热带亚洲（印度—马来西亚）分布 Trop. Asia（Indo – Malesia）	113	12.87%
7.1 爪哇（或苏门答腊）、喜马拉雅间断或星散分布到华南、西南 Java（or Sumatra），Himalaya to S., SW. China disjuncted or diffused	10	1.14%
7.2 热带印度至华南（尤其云南南部）分布 Trop. India to S. China（esp. S. Yunnan）	9	1.03%
7.3 缅甸、泰国至华西南分布。Myanmar，Thailand to SW. China	5	0.57%
7.4 越南（或中南半岛）至华南（或西南）分布 Vietnam（or Ido – Chinese Peninsula）to S. China（or SW. China）	13	1.48%
热带属（2~7）合计 Total of Tropics Genera	530	60.36%
8 北温带分布 North Temperate	100	11.39%
8.2 北极—高山分布 Arctic – alpine	4	0.46%
8.4 北温带和南温带间断分布 "全温带" N. Temp. & S. Temp. disjuncted.（"Pan – temperate"）	25	2.85%
8.5 欧亚和南美洲温带间断分布 Eurasia & Temp. S. Amer. Disjuncted	2	0.23%
8.6 地中海、东亚、新西兰和墨西哥－智利间断分布 Mediterranea，E. Asia，New Zealand and Mexico – Chile disjuncted	1	0.11%
9 东亚和北美洲间断分布 E. Asia & N. Amer. Disjuncted	43	4.90%
10 旧世界温带分布 Old World Temperate	26	2.96%

续　表

属分布区类型及变型 Distribution Types	属数 Genera	占总属数 Percentage
10.1 地中海区、西亚（或中亚）和东亚间断分布 Mediterranea. W. Asia（or C Asia）& E. Asia disjuncted	5	0.57%
10.2 地中海区和喜马拉雅间断分布 Mediterranea & Himalaya disjuncted	3	0.34%
10.3 欧亚和南部非洲（有时也在大洋洲）间断分布 Eurasia & S. Africa（Sometimes also Australasia）disjuncted	3	0.34%
11 温带亚洲分布 Temp. Asia	7	0.80%
12 地中海区、西亚至中亚分布 Mediterranea, W. Asia to C. Asia	1	0.11%
12.3 地中海区至温带—热带亚洲、大洋洲和南美洲间断分布 Mediterranea to Temp. – Trop. Asia, Australasia & S. Amer. Disjuncted	2	0.23%
13.2 中亚至喜马拉雅和我国西南分布 C. Asia to Himalaya & S. W. China	1	0.11%
14 东亚分布 E. Asia	49	5.58%
14.1 中国—喜马拉雅分布 Sino – Himalaya（SH）	52	5.92%
14.2 中国—日本分布 Sino – Japan（SJ）	10	1.14%
15 中国特有分布 Endemic to China	14	1.59%
温带属（8～15）合计 Total of Temperate Genera	348	39.64%
共计 Total	878	100.00%

（1）世界广布：分布区几乎遍及世界各大洲而没有特殊中心的属，或虽然有一个或数个分布中心而包含世界分布种的属。高黎贡山南段属于此类型的有63属，占总属数的7.18%。如蓼属 *Polygonum*（42）、悬钩子属 *Rubus*（34）、龙胆属 *Gentiana*（17）、铁线莲属 *Clematis*（16）、灯心草属 *Juncus*（15）、珍珠菜属 *Lysimachia*（14）、薹草属 *Carex*（14）、金丝桃属 *Hypericum*（13）、羊耳蒜属 *Liparis*（10）、银莲花属 *Anemone*（10）、繁缕属 *Stellaria*（9）、千里光属 *Senecio*（9）、眼子菜属 *Potamogeton*（9）、拉拉藤属 *Galium*（9）、碎米荠属 *Cardamine*（9）、堇菜属 *Viola*（7）、毛茛属 *Ranunculus*（7）、半边莲属 *Lobelia*（7）、老鹳草

属 *Geranium*（7）、茄属 *Solanum*（6）、变豆菜属 *Sanicula*（6）、鼠李属 *Rhamnus*（6）、茴芹属 *Pimpinella*（6）、黄芩属 *Scutellaria*（5）、沟酸浆属 *Mimulus*（5）、沼兰属 *Malaxis*（5）、狸藻属 *Utricularia*（4）、远志属 *Polygala*（4）、早熟禾属 *Poa*（4）、车前属 *Plantago*（4）、酢浆草属 *Oxalis*（4）、马唐属 *Digitaria*（4）、剪股颖属 *Agrostis*（4）、藨草属 *Scirpus*（3）、鼠尾草属 *Salvia*（3）、商陆属 *Phyto-lacca*（3）、地杨梅属 *Luzula*（3）、鼠麹草属 *Gnaphalium*（3）、鬼针草属 *Bidens*（3）、香科科属 *Teucrium*（2）、水苏属 *Stachys*（2）、蔊菜属 *Rorippa*（2）、茨藻属 *Najas*（2）、狐尾藻属 *Myriophyllum*（2）、水马齿属 *Callitriche*（2）、水苋菜属 *Ammannia*（2）、角果藻属 *Zannichellia*（1）、香蒲属 *Typha*（1）、紫萍属 *Spirode-la*（1）、酸模属 *Rumex*（1）、酸浆属 *Physalis*（1）、黍属 *Panicum*（1）、莕菜属 *Nymphoides*（1）、浮萍属 *Lemna*（1）、荸荠属 *Heleocharis*（1）、甜茅属 *Glyceria*（1）、飞蓬属 *Erigeron*（1）、莎草属 *Cyperus*（1）、藜属 *Chenopodium*（1）、金鱼藻属 *Ceratophyllum*（1）、莼属 *Brasenia*（1）、黄耆属 *Astragalus*（1）、苋属 *Ama-ranthus*（1）。多见于路边、荒坡和草地的草本或灌木种类，在森林中出现的种类不多，具有显著的次生性质。水生植物与沼生植物在本类型中相对丰富。

（2）泛热带分布：普遍分布于东、西两半球热带，和全世界热带范围内有一个或数个分布中心，但在其他地区也有一些种类分布的热带属。泛热带成分主要起源于古南大陆，其现代分布中心都在热带范围内，而且许多属的分布中心在南半球。高黎贡山南段属于此类型的有 138 属，占总属数的 15.72%。如榕属 *Fi-cus*（30）、凤仙花属 *Impatiens*（25）、冬青属 *Ilex*（25）、冷水花属 *Pilea*（23）、山矾属 *Symplocos*（19）、卫矛属 *Euonymus*（15）、鹅掌柴属 *Schefflera*（14）、花椒属 *Zanthoxylum*（13）、菝葜属 *Smilax*（12）、胡椒属 *Piper*（12）、薯蓣属 *Di-oscorea*（12）、素馨属 *Jasminum*（10）、斑鸠菊属 *Vernonia*（9）、母草属 *Lindernia*（9）、天胡荽属 *Hydrocotyle*（9）、耳草属 *Hedyotis*（9）、大青属 *Clerodendrum*（9）、醉鱼草属 *Buddleja*（9）、紫金牛属 *Ardisia*（9）、牛奶菜属 *Marsdenia*（8）、木蓝属 *Indigofera*（8）、虾脊兰属 *Calanthe*（8）、秋海棠属 *Begonia*（8）、崖豆藤属 *Millettia*（7）、紫珠属 *Callicarpa*（7）、梵天花属 *Urena*（6）、蝴蝶草属 *Torenia*（6）、算盘子属 *Glochidion*（6）、杜英属 *Elaeocarpus*（6）、石豆兰属 *Bulbophyllum*（6）、安息香属 *Styrax*（5）、黄花稔属 *Sida*（5）、红丝线属 *Lycianthes*（5）、黄檀属 *Dalbergia*（5）、鸭跖草属 *Commelina*（5）、南蛇藤属 *Celastrus*（5）、羊蹄甲属

Bauhinia（5）、金合欢属 *Acacia*（5）、牡荆属 *Vitex*（4）、厚皮香属 *Ternstroemia*（4）、诃子属 *Terminalia*（4）、狗尾草属 *Setaria*（4）、九节属 *Psychotria*（4）、求米草属 *Oplismenus*（4）、水蜈蚣属 *Kyllinga*（4）、柳叶箬属 *Isachne*（4）、大戟属 *Euphorbia*（4）、泽兰属 *Eupatorium*（4）、谷精草属 *Eriocaulon*（4）、柿属 *Diospyros*（4）、仙茅属 *Curculigo*（4）、猪屎豆属 *Crotalaria*（4）、苎麻属 *Boehmeria*（4）、刺蒴麻属 *Triumfetta*（3）、山黄麻属 *Trema*（3）、草胡椒属 *Peperomia*（3）、丁香蓼属 *Ludwigia*（3）、买麻藤属 *Gnetum*（3）、风车子属 *Combretum*（3）、马兜铃属 *Aristolochia*（3）、牛膝属 *Achyranthes*（3）、黄眼草属 *Xyris*（2）、钩藤属 *Uncaria*（2）、豨莶属 *Siegesbeckia*（2）、节节菜属 *Rotala*（2）、密花树属 *Rapanea*（2）、水车前属 *Ottelia*（2）、黧豆属 *Mucuna*（2）、鱼黄草属 *Merremia*（2）、番薯属 *Ipomoea*（2）、白茅属 *Imperata*（2）、榼藤属 *Entada*（2）、鱼藤属 *Derris*（2）、菟丝子属 *Cuscuta*（2）、白酒草属 *Conyza*（2）、木防己属 *Cocculus*（2）、朴属 *Celtis*（2）、山柑属 *Capparis*（2）、云实属 *Caesalpinia*（2）、水玉簪属 *Burmannia*（2）、臂形草属 *Brachiaria*（2）、感应草属 *Biophytum*（2）、下田菊属 *Adenostemma*（2）、铁苋菜属 *Acalypha*（2）、苘麻属 *Abutilon*（2）、枣属 *Ziziphus*（1）、蟛蜞菊属 *Wedelia*（1）、马鞭草属 *Verbena*（1）、苦草属 *Vallisneria*（1）、蒟蒻薯属 *Tacca*（1）、苹婆属 *Sterculia*（1）、鼠尾粟属 *Sporobolus*（1）、珍珠茅属 *Scleria*（1）、青皮木属 *Schoepfia*（1）、囊颖草属 *Sacciolepis*（1）、鹿藿属 *Rhynchosia*（1）、扁莎属 *Pycreus*（1）、老虎刺属 *Pterolobium*（1）、补骨脂属 *Psoralea*（1）、山壳骨属 *Pseuderanthemum*（1）、马齿苋属 *Portulaca*（1）、棒头草属 *Polypogon*（1）、叶下珠属 *Phyllanthus*（1）、雀稗属 *Paspalum*（1）、稻属 *Oryza*（1）、巴戟天属 *Morinda*（1）、度量草属 *Mitreola*（1）、盖裂果属 *Mitracarpus*（1）、砖子苗属 *Mariscus*（1）、艾麻属 *Laportea*（1）、鸭嘴草属 *Ischaemum*（1）、小金梅草属 *Hypoxis*（1）、咀签属 *Gouana*（1）、千斤拔属 *Flemingia*（1）、美冠兰属 *Eulophia*（1）、古柯属 *Erythroxylum*（1）、刺桐属 *Erythrina*（1）、穇属 *Eleusine*（1）、地胆草属 *Elephantopus*（1）、鳢肠属 *Eclipta*（1）、荷莲豆草属 *Drymaria*（1）、茅膏菜属 *Drosera*（1）、车桑子属 *Dodonaea*（1）、马蹄金属 *Dichondra*（1）、文殊兰属 *Crinum*（1）、鱼木属 *Crateva*（1）、闭鞘姜属 *Costus*（1）、黄麻属 *Corchorus*（1）、红淡比属 *Cleyera*（1）、棒柄花属 *Cleidion*（1）、金须茅属 *Chrysopogon*（1）、积雪草属 *Centella*（1）、决明属 *Cassia*（1）、脚骨脆属 *Casearia*（1）、倒地铃属 *Cardiospermum*

（1）、百能葳属 *Blainvillea*（1）、假杜鹃属 *Barleria*（1）、异木患属 *Allophylus*（1）等。

泛热带分布有两种变型：变型 2.1 热带亚洲、大洋洲（至新西兰）和中、南美洲（或墨西哥）间断分布，高黎贡山南段属于此类型的有 5 属，占总属数的 0.57%，五叶参属 *Pentapanax*（4）、西番莲属 *Passiflora*（3）、铜锤玉带属 *Pratia*（2）、蓝花参属 *Wahlenbergia*（1）、石胡荽属 *Centipeda*（1）；另一变型 2.2 热带亚洲、非洲和中、南美洲间断分布，高黎贡山南段属于此类型的有 6 属，占总属数的 0.68%，绣球防风属 *Leucas*（4）、粗叶木属 *Lasianthus*（4）、雾水葛属 *Pouzolzia*（3）、桂樱属 *Laurocerasus*（3）、鹧鸪花属 *Trichilia*（1）、蔗茅属 *Erianthus*（1）。

泛热带分布类型及其变型共 149 属，占总属数的 16.97%，如此多泛热带成分的出现显示出保护植物区系与泛热带各地区在历史上的渊源，也表明了该区域区系在属级水平上的古老性。

（3）热带亚洲和热带美洲间断分布：分布于美洲和亚洲温暖地区，在旧世界（东半球）从亚洲可能延伸到澳大利亚东北部或西南太平洋岛屿。高黎贡山南段属于此类型的有 14 属，占总属数的 1.59%。白珠树属 *Gaultheria*（16）、木姜子属 *Litsea*（14）、柃木属 *Eurya*（13）、泡花树属 *Meliosma*（6）、水东哥属 *Saurauia*（4）、楠属 *Phoebe*（4）、桤叶树属 *Clethra*（4）、山香圆属 *Turpinia*（3）、猴欢喜属 *Sloanea*（3）、雀梅藤属 *Sageretia*（1）、猴耳环属 *Pithecellobium*（1）、过江藤属 *Phyla*（1）、石龙尾属 *Limnophila*（1）、山芝麻属 *Helicteres*（1）。多为乔木或灌木，为该地区常绿阔叶林的重要组成部分。它们的存在也为南美洲的植物区系与非洲与热带亚洲的区系曾有过共同的渊源提供了一定的证据。

（4）旧世界热带分布：亚洲、非洲和大洋洲热带地区及其邻近岛屿（也称为古热带 Paleotropics），以与美洲新大陆热带相区别。高黎贡山南段属于此类型的有 58 属，占总属数的 6.61%。如楼梯草属 *Elatostema*（19）、香茶菜属 *Rabdosia*（12）、玉叶金花属 *Mussaenda*（11）、杜茎山属 *Maesa*（8）、酸藤子属 *Embelia*（8）、海桐花属 *Pittosporum*（7）、合欢属 *Albizia*（7）、吴茱萸属 *Evodia*（6）、鸢尾兰属 *Oberonia*（5）、扁担杆属 *Grewia*（5）、蒲桃属 *Syzygium*（4）、千金藤属 *Stephania*（4）、金锦香属 *Osbeckia*（4）、野桐属 *Mallotus*（4）、血桐属 *Macaranga*（4）、艾纳香属 *Blumea*（4）、八角枫属 *Alangium*（4）、槲寄生属 *Viscum*（3）、

娃儿藤属 *Tylophora* （3）、乌蔹莓属 *Cayratia* （3）、天门冬属 *Asparagus* （3）、山牵牛属 *Thunbergia* （2）、杜若属 *Pollia* （2）、水竹叶属 *Murdannia* （2）、雨久花属 *Monochoria* （2）、青藤属 *Illigera* （2）、黄皮属 *Clausena* （2）、细柄草属 *Capillipedium* （2）、水筛属 *Blyxa* （2）、线柱兰属 *Zeuxine* （1）、马瓞儿属 *Zehneria* （1）、倒吊笔属 *Wrightia* （1）、毛束草属 *Trichodesma* （1）、坡油甘属 *Smithia* （1）、藤麻属 *Procris* （1）、鹤顶兰属 *Phaius* （1）、芭蕉属 *Musa* （1）、马爬儿属 *Melothria* （1）、桑寄生属 *Loranthus* （1）、山慈姑属 *Iphigenia* （1）、枪刀药属 *Hypoestes* （1）、纤冠藤属 *Gongronema* （1）、白饭树属 *Flueggea* （1）、黄金茅属 *Eulalia* （1）、一点红属 *Emilia* （1）、厚壳树属 *Ehretia* （1）、双花草属 *Dichanthium* （1）、弓果黍属 *Cyrtococcum* （1）、白叶藤属 *Cryptolepis* （1）、弯管花属 *Chassalia* （1）、吊灯花属 *Ceropegia* （1）、鸦胆子属 *Brucea* （1）、水蔗草属 *Apluda* （1）、五月茶属 *Antidesma* （1）、豆蔻属 *Amomum* （1）、山姜属 *Alpinia* （1）、蒴莲属 *Adenia* （1）、秋葵属 *Abelmoschus* （1） 等。这一类的属起源于古南大陆，有很强的热带性，说明了南段区系与古南大陆和热带区系植物区系的相关性。

旧世界热带分布有一种变型，4.1 热带亚洲、非洲（或东非、马达加斯加）和大洋洲间断分布。高黎贡山南段属于此类型的有 10 属，占总属数的 1.14%。如乌口树属 *Tarenna* （3）、长蒴苣苔属 *Didymocarpus* （2）、山珊瑚属 *Galeola* （2）、匙羹藤属 *Gymnema* （2）、茜树属 *Aidia* （2）、飞蛾藤属 *Porana* （2）、青牛胆属 *Tinospora* （1）、爵床属 *Rostellularia* （1）、五蕊寄生属 *Dendrophthoe* （1）、水鳖属 *Hydrocharis* （1） 等。

（5）热带亚洲至热带大洋洲分布：旧世界热带分布的东翼，其西端有时可达马达加斯加，但不到非洲大陆。高黎贡山南段属于此类型的有 35 属，占总属数的 3.99%。如崖爬藤属 *Tetrastigma* （13）、水锦树属 *Wendlandia* （9）、兰属 *Cymbidium* （8）、山龙眼属 *Helicia* （7）、樟属 *Cinnamomum* （6）、石仙桃属 *Pholidota* （5）、球兰属 *Hoya* （5）、通泉草属 *Mazus* （5）、隔距兰属 *Cleisostoma* （4）、毛兰属 *Eria* （4）、栝楼属 *Trichosanthes* （3）、阔蕊兰属 *Peristylus* （3）、野扁豆属 *Dunbaria* （2）、香椿属 *Toona* （2）、眼树莲属 *Dischidia* （2）、新耳草属 *Neanotis* （2）、柘属 *Cudrania* （2）、野牡丹属 *Melastoma* （2）、齿果草属 *Salomonia* （2）、山菅属 *Dianella* （1）、广防风属 *Epimeredi* （1）、假木豆属 *Dendrolobium* （1）、淡竹叶属 *Lophatherum* （1）、总序竹属 *Racemobambos* （1）、山橙属 *Melodinus* （1）、

白接骨属 *Asystasiella*（1）、白点兰属 *Thrixspermum*（1）、糯米团属 *Gonostegia*（1）、蛇菰属 *Balanophora*（1）、黑藻属 *Hydrilla*（1）、昂天莲属 *Ambroma*（1）、浆果苋属 *Cladostachys*（1）、银背藤属 *Argyreia*（1）、钩毛子属 *Rhopalephora*（1）、九里香属 *Murraya*（1）。该类型是一个古老的洲际分布类型，亚洲和大洋洲共同属的存在，通常标志着两大洲在地质史上曾有过陆块的联接，使两地的物种得以交流。

热带亚洲至热带大洋洲分布有 1 变型 5.1 中国（西南）亚热带和新西兰间断分布。高黎贡山南段属于此类型的有 1 属，占总属数的 0.11%。梁王茶属 *Nothopanax*（2）。

（6）热带亚洲至热带非洲分布：从热带非洲至印度—马来西亚，特别是其西部（西马来西亚），有的属也分布到斐济等南太平洋岛屿，但不见于澳大利亚大陆。

高黎贡山南段属于此类型的有 46 属，占总属数的 5.24%。如豆腐柴属 *Premna*（4）、山黑豆属 *Dumasia*（3）、荩草属 *Arthraxon*（3）、鱼眼草属 *Dichrocephala*（3）、杠柳属 *Periploca*（3）、钝果寄生属 *Taxillus*（3）、蓝耳草属 *Cyanotis*（3）、宿苞豆属 *Shuteria*（2）、菅属 *Themeda*（2）、赤瓟属 *Thladiantha*（2）、菊三七属 *Gynura*（2）、藤菊属 *Cissampelopsis*（2）、孩儿草属 *Rungia*（2）、水麻属 *Debregeasia*（2）、蝎子草属 *Girardinia*（2）、沙针属 *Osyris*（2）、魔芋属 *Amorphophallus*（2）、岩芋属 *Remusatia*（2）、常春藤属 *Hedera*（2）、白花苋属 *Aerva*（2）、杯苋属 *Cyathula*（2）、钟萼草属 *Lindenbergia*（2）、紫雀花属 *Parochetus*（1）、空竹属 *Cephalostachyum*（1）、类芦属 *Neyraudia*（1）、牡竹属 *Dendrocalamus*（1）、莠竹属 *Microstegium*（1）、六棱菊属 *Laggera*（1）、小舌菊属 *Microglossa*（1）、野茼蒿属 *Crassocephalum*（1）、叉序草属 *Isoglossa*（1）、观音草属 *Peristrophe*（1）、灵枝草属 *Rhinacanthus*（1）、苞舌兰属 *Spathoglottis*（1）、苞叶兰属 *Brachycorythis*（1）、脆兰属 *Acampe*（1）、鸟足兰属 *Satyrium*（1）、浆果楝属 *Cipadessa*（1）、牛角瓜属 *Calotropis*（1）、厚皮树属 *Lannea*（1）、单蕊麻属 *Droguetia*（1）、假楼梯草属 *Lecanthus*（1）、离瓣寄生属 *Helixanthera*（1）、林地苋属 *Psilotrichum*（1）、飞龙掌血属 *Toddalia*（1）、铁仔属 *Myrsine*（1）。该类型起源于古南大陆，本区内出现的属，表明南段植物区系与旧世界热带的联系。

热带亚洲至热带非洲分布有 2 变型，变型 6.1 华南、西南到印度和热带非洲间断分布。高黎贡山南段属于此类型的有 1 属，占总属数的 0.11%。山黄菊属 *Anisopappus*（1）。变型 6.2 热带亚洲和东非或马达加斯加间断分布。高黎贡山南段属于此类型的有 3 属，占总属数的 0.34%。分别是姜花属 *Hedychium*（8）、紫云菜属 *Strobilanthes*（5）、虾子花属 *Woodfordia*（1）。

（7）热带亚洲（印度—马来西亚）分布：旧世界的中心部分，包括印度、斯里兰卡、缅甸、泰国、中南半岛、印度尼西亚、加里曼丹、菲律宾及新几内亚等。

东面可达斐济等南太平洋岛屿，但不到澳大利亚大陆。分布区的北部边缘，往往达到我国西南、华南及台湾，甚至更北地区。高黎贡山南段属于此类型的有 113 属，占总属数的 12.87%。如山胡椒属 *Lindera*（19）、芒毛苣苔属 *Aeschynanthus*（13）、贝母兰属 *Coelogyne*（10）、蛇根草属 *Ophiorrhiza*（8）、润楠属 *Machilus*（8）、山茶属 *Camellia*（7）、清风藤属 *Sabia*（6）、罗伞属 *Brassaiopsis*（5）、葛属 *Pueraria*（4）、绞股蓝属 *Gynostemma*（4）、青冈属 *Cyclobalanopsis*（4）、唇柱苣苔属 *Chirita*（4）、石斛属 *Dendrobium*（4）、含笑属 *Michelia*（4）、鸡矢藤属 *Paederia*（4）、腺萼木属 *Mycetia*（4）、掌叶树属 *Euaraliopsis*（4）、树萝卜属 *Agapetes*（4）、刺蕊草属 *Pogostemon*（3）、轮环藤属 *Cyclea*（3）、黄杞属 *Engelhardia*（3）、交让木属 *Daphniphyllum*（3）、野扇花属 *Sarcococca*（3）、金足草属 *Goldfussia*（3）、斑叶兰属 *Goodyera*（3）、木莲属 *Manglietia*（3）、紫麻属 *Oreocnide*（3）、犁头尖属 *Typhonium*（3）、芋属 *Colocasia*（3）、新木姜子属 *Neolitsea*（3）、肖菝葜属 *Heterosmilax*（2）、叶轮木属 *Ostodes*（2）、密花豆属 *Spatholobus*（2）、薏苡属 *Coix*（2）、茅瓜属 *Solena*（2）、叉花草属 *Diflugossa*（2）、地皮消属 *Pararuellia*（2）、厚唇兰属 *Epigeneium*（2）、盆距兰属 *Gastrochilus*（2）、万代兰属 *Vanda*（2）、红芽大戟属 *Knoxia*（2）、密脉木属 *Myrioneuron*（2）、构属 *Broussonetia*（2）、肉实树属 *Sarcosperma*（2）、石柑属 *Pothos*（2）、常山属 *Dichroa*（2）、菜豆树属 *Radermachera*（2）、球子草属 *Peliosanthes*（1）、假柴龙树属 *Nothapodytes*（1）、山桂花属 *Bennettiodendron*（1）、水柳属 *Homonoia*（1）、舞草属 *Codariocalyx*（1）、猪腰豆属 *Whitfordiodendron*（1）、拟万代兰属 *Vandopsis*（1）、鸟舌兰属 *Ascocentrum*（1）等。

热带亚洲有 4 变型，变型 7.1 爪哇（或苏门答腊）、喜马拉雅间断或星散分布到华南、西南。高黎贡山南段属于此类型的有 10 属，占总属数的 1.14%。如

木荷属 *Schima*（6）、冠唇花属 *Microtoena*（3）、金钱豹属 *Campanumoea*（2）、石椒草属 *Boenninghausenia*（2）、拟金茅属 *Eulaliopsis*（1）、红花荷属 *Rhodoleia*（1）、马蹄荷属 *Exbucklandia*（1）、蕈树属 *Altingia*（1）、杯药草属 *Cotylanthera*（1）、大参属 *Macropanax*（1）。变型 7.2 热带印度至华南（尤其云南南部）分布。高黎贡山南段属于此类型的有 9 属，占总属数的 1.03%。大苞兰属 *Sunipia*（2）、曲苞芋属 *Gonatanthus*（2）、肉穗草属 *Sarcopyramis*（2）、薄核藤属 *Natsiatum*（1）、肖笼鸡属 *Tarphochlamys*（1）、独蒜兰属 *Pleione*（1）、爬兰属 *Herpysma*（1）、勐腊藤属 *Goniostemma*（1）、岭罗麦属 *Tarennoidea*（1）。变型 7.3 缅甸、泰国至华西南分布。高黎贡山南段属于此类型的有 5 属，占总属数的 0.57%。如粗筒苣苔属 *Briggsia*（2）、平当树属 *Paradombeya*（2）、八蕊花属 *Sporoxeia*（2）、肋果茶属 *Sladenia*（1）、来江藤属 *Brandisia*（1）。变型 7.4 越南（或中南半岛）至华南（或西南）分布。高黎贡山南段属于此类型的有 13 属，占总属数的 1.48%。金叶子属 *Craibiodendron*（3）、竹根七属 *Disporopsis*（2）、偏瓣花属 *Plagiopetalum*（2）、新樟属 *Neocinnamomum*（2）、赤杨叶属 *Alniphyllum*（1）、山茉莉属 *Huodendron*（1）、假糙苏属 *Paraphlomis*（1）、滇桐属 *Craigia*（1）、秀柱花属 *Eustigma*（1）、半蒴苣苔属 *Hemiboea*（1）、长蕊木兰属 *Alcimandra*（1）、折柄茶属 *Hartia*（1）、孔药花属 *Porandra*（1）。此类型及变型共 150 属，占总属数的 17.08%，是所有种类中最多的类型，这表明热带亚洲是本区植物区系热带成分主要起源地。

（8）北温带分布：广泛分布于欧洲、亚洲和北美洲温带地区。有时向南延伸到热带山区，甚至到达南半球温带，其原始类型或分布中心仍在北温带。

高黎贡山南段属于此类型的有 100 属，占总属数的 11.39%。如杜鹃属 *Rhododendron*（75）、荚蒾属 *Viburnum*（28）、天南星属 *Arisaema*（25）、报春花属 *Primula*（17）、忍冬属 *Lonicera*（12）、小檗属 *Berberis*（11）、槭属 *Acer*（11）、马先蒿属 *Pedicularis*（10）、花楸属 *Sorbus*（8）、委陵菜属 *Potentilla*（8）、栒子属 *Cotoneaster*（8）、香青属 *Anaphalis*（8）、柳属 *Salix*（7）、虎耳草属 *Saxifraga*（6）、茶藨子属 *Ribes*（6）、舌唇兰属 *Platanthera*（6）、鸢尾属 *Iris*（6）、紫堇属 *Corydalis*（6）、风轮菜属 *Clinopodium*（6）、露珠草属 *Circaea*（6）、樱属 *Cerasus*（6）、蒿属 *Artemisia*（6）、蔷薇属 *Rosa*（5）、栎属 *Quercus*（5）、黄精属 *Polygonatum*（5）、独活属 *Heracleum*（5）、琉璃草属 *Cynoglossum*（5）、桦木属 *Betula*

（5）、乌头属 *Aconitum*（5）、绣线菊属 *Spiraea*（4）、玄参属 *Scrophularia*（4）、草莓属 *Fragaria*（4）、葡萄属 *Vitis*（3）、苦苣菜属 *Sonchus*（3）、风毛菊属 *Saussurea*（3）、圆柏属 *Sabina*（3）、山梅花属 *Philadelphus*（3）、梅花草属 *Parnassia*（3）、桑属 *Morus*（3）、水晶兰属 *Monotropa*（3）、藁本属 *Ligusticum*（3）、蓟属 *Cirsium*（3）、紫菀属 *Aster*（3）、野古草属 *Arundinella*（3）、葱属 *Allium*（3）、蒲公英属 *Taraxacum*（2）、梾木属 *Swida*（2）、盐肤木属 *Rhus*（2）、鹿蹄草属 *Pyrola*（2）、夏枯草属 *Prunella*（2）、松属 *Pinus*（2）、百合属 *Lilium*（2）、岩黄耆属 *Hedysarum*（2）、玉凤花属 *Habenaria*（2）、羊茅属 *Festuca*（2）、齿缘草属 *Eritrichium*（2）、画眉草属 *Eragrostis*（2）、火烧兰属 *Epipactis*（2）、胡颓子属 *Elaeagnus*（2）、稗属 *Echinochloa*（2）、野青茅属 *Deyeuxia*（2）、山楂属 *Crataegus*（2）、榛属 *Corylus*（2）、鹅耳枥属 *Carpinus*（2）、风铃草属 *Campanula*（2）、泽泻属 *Alisma*（2）、龙芽草属 *Agrimonia*（2）、冷杉属 *Abies*（2）、榆属 *Ulmus*（1）、岩菖蒲属 *Tofieldia*（1）、椴树属 *Tilia*（1）、红豆杉属 *Taxus*（1）、扭柄花属 *Streptopus*（1）、省沽油属 *Staphylea*（1）、绶草属 *Spiranthes*（1）、漆姑草属 *Sagina*（1）、杨属 *Populus*（1）、云杉属 *Picea*（1）、蜂斗菜属 *Petasites*（1）、列当属 *Orobanche*（1）、红门兰属 *Orchis*（1）、睡菜属 *Menyanthes*（1）、绿绒蒿属 *Meconopsis*（1）、锦葵属 *Malva*（1）、苹果属 *Malus*（1）、落叶松属 *Larix*（1）、刺柏属 *Juniperus*（1）、手参属 *Gymnadenia*（1）、梣属 *Fraxinus*（1）、何首乌属 *Fallopia*（1）、翠雀属 *Delphinium*（1）、鸭儿芹属 *Cryptotaenia*（1）、山茱萸属 *Cornus*（1）、黄连属 *Coptis*（1）、升麻属 *Cimicifuga*（1）、荠属 *Capsella*（1）、拂子茅属 *Calamagrostis*（1）、假升麻属 *Aruncus*（1）、点地梅属 *Androsace*（1）、桤木属 *Alnus*（1）等。

北温带分布有4变型，变型8.2北极—高山分布。在环北极及较高纬度的高山分布，或甚至到亚热带和热带高山区。高黎贡山南段属于此类型的有4属，占总属数的0.46%。如岩须属 *Cassiope*（2）、红景天属 *Rhodiola*（2）、岩梅属 *Diapensia*（2）、山蓼属 *Oxyria*（1）。变型8.4北温带和南温带间断分布"全温带"，包括北温带和澳大利亚或澳大利亚－南非洲间断分布；北温带和南美洲南非州间断分布；北温带和南美洲间断分布；北温带和南部非洲间断分布及标准型。高黎贡山南段属于此类型的有25属，占总属数的2.85%。如越橘属 *Vaccinium*（15）、柳叶菜属 *Epilobium*（14）、茜草属 *Rubia*（10）、獐牙菜属 *Swertia*（9）、唐松草

属 *Thalictrum*（6）、蝇子草属 *Silene*（6）、缬草属 *Valeriana*（5）、金腰属 *Chrysosplenium*（5）、婆婆纳属 *Veronica*（5）、景天属 *Sedum*（4）、驴蹄草属 *Caltha*（4）、稠李属 *Padus*（4）、无心菜属 *Arenaria*（4）、荨麻属 *Urtica*（3）、慈姑属 *Sagittaria*（3）、接骨木属 *Sambucus*（2）、雀麦属 *Bromus*（1）、异燕麦属 *Helictotrichon*（1）、喉毛花属 *Comastoma*（1）、花锚属 *Halenia*（1）、路边青属 *Geum*（1）、当归属 *Angelica*（1）、羊胡子草属 *Eriophorum*（1）、卷耳属 *Cerastium*（1）、杨梅属 *Myrica*（1）。变型 8.5 欧亚和南美洲温带间断分布。高黎贡山南段属于此类型的有 2 属，占总属数的 0.23%。分别是看麦娘属 *Alopecurus*（1）、火绒草属 *Leontopodium*（1）。变型 8.6 地中海、东亚、新西兰和墨西哥 - 智利间断分布。间断分布于地中海区欧洲和北非；喜马拉雅至温带、亚热带东亚和菲律宾及伊利安；新西兰及南太平洋诸岛；墨西哥至智利（沿安地斯山）。高黎贡山南段属于此类型的仅有马桑属 *Coriaria*1 属，占总属数的 0.11%。共计北温带分布 132 属，占总属数 15.03%，排在所有分布类型的第三位，这说明北温带成分在南段植被构成上占有一定的地位，表明南段和北温带有紧密联系。究其原因主要是陆块北移和海拔提升，使得较多的北温带成分沿着高海拔山体向南迁移的结果。

（9）东亚和北美洲间断分布：间断分布于东亚和北美洲温带及亚热带地区。高黎贡山南段属于此类型的有 43 属，占总属数的 4.90%。如绣球属 *Hydrangea*（15）、山蚂蝗属 *Desmodium*（9）、珍珠花属 *Lyonia*（8）、漆属 *Toxicodendron*（8）、柯属 *Lithocarpus*（7）、锥属 *Castanopsis*（7）、十大功劳属 *Mahonia*（7）、石楠属 *Photinia*（6）、人参属 *Panax*（5）、五味子属 *Schisandra*（5）、八角属 *Illicium*（4）、鹿药属 *Smilacina*（4）、万寿竹属 *Disporum*（4）、落新妇属 *Astilbe*（4）、络石属 *Trachelospermum*（4）、木兰属 *Magnolia*（4）、楤木属 *Aralia*（4）、梓属 *Catalpa*（4）、胡枝子属 *Lespedeza*（3）、蓝果树属 *Nyssa*（3）、龙头草属 *Meehania*（2）、木犀属 *Osmanthus*（2）、大头茶属 *Gordonia*（2）、腹水草属 *Veronicastrum*（2）、扯根菜属 *Penthorum*（1）、两型豆属 *Amphicarpaea*（1）、土圞儿属 *Apios*（1）、香槐属 *Cladrastis*（1）、马醉木属 *Pieris*（1）、乱子草属 *Muhlenbergia*（1）、榧树属 *Torreya*（1）、黄水枝属 *Tiarella*（1）、金线草属 *Antenoron*（1）、地锦属 *Parthenocissus*（1）、三白草属 *Saururus*（1）、紫茎属 *Stewartia*（1）、灯台树属 *Bothrocaryum*（1）、鼠刺属 *Itea*（1）、勾儿茶属 *Berchemia*（1）、铁杉属 *Tsuga*（1）、檀梨属 *Pyrularia*（1）、菖蒲属 *Acorus*（1）、透骨草属 *Phryma*（1）。该类型

虽然在属的数量上不占优势，但有不少类群如柯属和锥属等是构成南段森林植被的重要成分。

（10）旧世界温带分布：广泛分布于欧洲、亚洲中－高纬度的温带和寒温带、或最多有个别种延伸到亚洲－非洲热带山地或甚至澳大利亚。

高黎贡山南段属于此类型的有 26 属，占总属数的 2.96%。如香薷属 *Elsholtzia*（13）、重楼属 *Paris*（8）、水芹属 *Oenanthe*（8）、橐吾属 *Ligularia*（7）、天名精属 *Carpesium*（6）、瑞香属 *Daphne*（5）、旋覆花属 *Inula*（4）、筋骨草属 *Ajuga*（4）、毛连菜属 *Picris*（3）、菱属 *Trapa*（2）、梨属 *Pyrus*（2）、福王草属 *Prenanthes*（2）、糙苏属 *Phlomis*（2）、萱草属 *Hemerocallis*（2）、荞麦属 *Fagopyrum*（2）、沙参属 *Adenophora*（2）、麦蓝菜属 *Vaccaria*（1）、西风芹属 *Seseli*（1）、麻花头属 *Serratula*（1）、荆芥属 *Nepeta*（1）、茄参属 *Mandragora*（1）、益母草属 *Leonurus*（1）、角盘兰属 *Herminium*（1）、川续断属 *Dipsacus*（1）、狗筋蔓属 *Cucubalus*（1）、牛蒡属 *Arctium*（1）。

旧世界温带分布有 3 变型，变型 10.1 地中海区、西亚（或中亚）和东亚间断分布。分布中心多偏于东亚、个别则偏于地中海－西亚。高黎贡山南段属于此类型的有 5 属，占总属数的 0.57%。如女贞属 *Ligustrum*（8）、窃衣属 *Torilis*（2）、山靛属 *Mercurialis*（1）、牧根草属 *Asyneuma*（1）、火棘属 *Pyracantha*（1）。变型 10.2 地中海区和喜马拉雅间断分布。个别从喜马拉雅延伸到印度尼西亚或爪哇。高黎贡山南段属于此类型的有 3 属，占总属数的 0.34%。如鹅绒藤属 *Cynanchum*（3）、蜜蜂花属 *Melissa*（1）、滇紫草属 *Onosma*（1）。变型 10.3 欧亚和南部非洲（有时也在大洋洲）间断分布。高黎贡山南段属于此类型的有 3 属，占总属数的 0.34%。如莴苣属 *Lactuca*（3）、百脉根属 *Lotus*（1）、蛇床属 *Cnidium*（1）。南段有该类型的属多为草本或小灌木，在群落构成中没有优势地位。

（11）温带亚洲分布：主要局限于亚洲温带地区。

一般包括从前苏联中亚（或南俄罗斯）至东西伯利亚和亚洲东北部，南部界限至喜马拉雅山区，我国西南，华北至东北，朝鲜和日本北部。也有一些属种分布到亚热带，个别属种到达亚洲热带，甚至新几内亚。高黎贡山南段属于此类型的有 7 属，占总属数的 0.80%。如杭子梢属 *Campylotropis*（7）、粘冠草属 *Myriactis*（3）、蔓龙胆属 *Crawfurdia*（2）、裂叶荆芥属 *Schizonepeta*（1）、岩白菜属 *Bergenia*（1）、马兰属 *Kalimeris*（1）、附地菜属 *Trigonotis*（1）。该类型大多起源于古北大陆，在南段也较少，且多是草本类型。

（12）地中海区、西亚至中亚分布：分布于现代地中海周围，经过西亚或西南亚至前苏联中亚和我国新疆、青藏高原及蒙古高原一带。

中亚指亚洲内陆整个干旱中心地区，包括前苏联中亚部分（中亚西部），我国新疆、青藏高原至内蒙西部和蒙古南部（中亚东部），即古地中海的大部分。高黎贡山南段属于此类型的有 1 属，占总属数的 0.11%。旱茅属 *Eremopogon*（1）。

地中海区、西亚至中亚分布有 1 变型，12.3 地中海区至温带—热带亚洲、大洋洲和南美洲间断分布。高黎贡山南段属于此类型的有 2 属，占总属数的 0.22%。如黄连木属 *Pistacia*（2）、木犀榄属 *Olea*（1）。极少的分布可推断南段和地中海地区的联系十分微弱。

（13）中亚分布：分布于中亚（特别是山地）而不见于西亚及地中海周围，即古地中海的东半部，正型缺乏。

中亚分布有 1 变型 13.2 中亚至喜马拉雅和我国西南分布。高黎贡山南段属于此类型的有 1 属假百合属 *Notholirion*（1），占总属数的 0.11%。此类型及变型是在南段分布是最少的，仅一个属，说明南段和中亚分布的联系极弱。

（14）东亚分布：从东喜马拉雅一直分布到日本。

东北一般不超过前苏联境内的阿穆尔州，并从日本北部至萨哈林，向西南不超过越南北部和喜马拉雅东部，向南最远达菲律宾、苏门答腊和爪哇，向西北一般以我国各类森林边界为界。几乎都是森林区系成分，并且分布中心不超过喜马拉雅至日本的范围。吴征镒院士等认为东亚成分和它的两个变型含有许多的古老科属代表，单种属、二种属和少种属所占的的比例相当高，而且大多数都分布于北纬 20°~40°的温暖地区，有的属可延伸至中南半岛或爪哇，足以证明它们第三纪古热带的共同起源。高黎贡山南段属于此类型的有 49 属，占总属数的 5.58%。如兔儿风属 *Ainsliaea*（11）、沿阶草属 *Ophiopogon*（10）、崖角藤属 *Rhaphidophora*（6）、青荚叶属 *Helwingia*（6）、党参属 *Codonopsis*（6）、绣线梅属 *Neillia*（5）、溲疏属 *Deutzia*（5）、桃叶珊瑚属 *Aucuba*（4）、狝猴桃属 *Actinidia*（4）、黄鹤菜属 *Youngia*（3）、囊瓣芹属 *Pternopetalum*（3）、野丁香属 *Leptodermis*（3）、五加属 *Acanthopanax*（3）、茵芋属 *Skimmia*（2）、松蒿属 *Phtheirospermum*（2）、蟹甲草属 *Parasenecio*（2）、山麦冬属 *Liriope*（2）、蓬莱葛属 *Gardneria*（2）、枇杷属

Eriobotrya（2）、吊钟花属 *Enkianthus*（2）、三尖杉属 *Cephalotaxus*（2）、白及属 *Bletilla*（2）、油点草属 *Tricyrtis*（1）、野木瓜属 *Stauntonia*（1）、旌节花属 *Stachyurus*（1）、蒲儿根属 *Sinosenecio*（1）、秋分草属 *Rhynchospermum*（1）、吉祥草属 *Reineckia*（1）、梭罗树属 *Reevesia*（1）、金发草属 *Pogonatherum*（1）、袋果草属 *Peracarpa*（1）、假福王草属 *Paraprenanthes*（1）、山兰属 *Oreorchis*（1）、石荠苎属 *Mosla*（1）、石蒜属 *Lycoris*（1）、蕺菜属 *Houttuynia*（1）、领春木属 *Euptelea*（1）、结香属 *Edgeworthia*（1）、双盾木属 *Dipelta*（1）、四照花属 *Dendrobenthamia*（1）、虎刺属 *Damnacanthus*（1）、杜鹃兰属 *Cremastra*（1）、蜡瓣花属 *corylopsis*（1）、铃子香属 *Chelonopsis*（1）、莸属 *Caryopteris*（1）、大百合属 *Cardiocrinum*（1）、斑种草属 *Bothriospermum*（1）、山莨菪属 *Anisodus*（1）、盒子草属 *Actinostemma*（1）。

东亚分布有 2 变型，变型 14.1 中国—喜马拉雅分布。分布于喜马拉雅山区诸国至我国西南诸省，有的达到陕西、甘肃、华东或台湾省，向南延伸到中南半岛，但不见于日本。一般达到亚热带或温带。高黎贡山南段属于此类型的有 52 属，占总属数的 5.92%。如合耳菊属 *Synotis*（11）、吊石苣苔属 *Lysionotus*（5）、耳唇兰属 *Otochilus*（4）、八月瓜属 *Holboellia*（4）、豹子花属 *Nomocharis*（3）、象牙参属 *Roscoea*（3）、滇丁香属 *Luculia*（3）、鬼吹箫属 *Leycesteria*（3）、竹叶子属 *Streptolirion*（3）、开口箭属 *Tupistra*（2）、黄花木属 *Piptanthus*（2）、玉山竹属 *Yushania*（2）、马蓝属 *Pteracanthus*（2）、珊瑚苣苔属 *Corallodiscus*（2）、紫花苣苔属 *Loxostigma*（2）、双蝴蝶属 *Tripterospermum*（2）、石丁香属 *Neohymenopogon*（2）、栘衣属 *Docynia*（2）、紫金龙属 *Dactylicapnos*（2）、独花报春属 *Omphalogramma*（1）、双参属 *Triplostegia*（1）、簇序草属 *Craniotome*（1）、钩萼草属 *Notochaete*（1）、火把花属 *Colquhounia*（1）、米团花属 *Leucosceptrum*（1）、筒冠花属 *Siphocranion*（1）、冠盖藤属 *Pileostegia*（1）、距药姜属 *Cautleya*（1）、蓝钟花属 *Cyananthus*（1）、厚喙菊属 *Dubyaea*（1）、细莴苣属 *Stenoseris*（1）、槽舌兰属 *Holcoglossum*（1）、宿苞兰属 *Cryptochilus*（1）、筒瓣兰属 *Anthogonium*（1）、新型兰属 *Neogyna*（1）、黄秦艽属 *Veratrilla*（1）、铁破锣属 *Beesia*（1）、猫儿屎属 *Decaisnea*（1）、俞藤属 *Yua*（1）、藤漆属 *Pegia*（1）、鞘柄木属 *Toricellia*（1）、十齿花属 *Dipentodon*（1）、短瓣花属 *Brachystemma*（1）、水青树属 *Tetracentron*（1）、梧桐属 *Firmiana*（1）、常春木属 *Merrilliopanax*（1）、鬼臼属 *Dysosma*（1）、

鞭打绣球属 *Hemiphragma*（1）、阴行草属 *Siphonostegia*（1）、竹叶吉祥草属 *Spatholirion*（1）、异腺草属 *Anisadenia*（1）、拟檫木属 *Parasassafras*（1）。此变型数据就为高黎贡山南段作为东亚植物区中国喜马拉雅森林植物亚区的一部分提供了有力的证据。

另一个变型 14.2 中国—日本分布。分布于我国滇、川金沙江以东地区直至日本和琉球，但不见于喜马拉雅。高黎贡山南段属于此类型的有 10 属，占总属数的 1.14%。如寒竹属 *Chimonobambusa*（2）、鬼灯檠属 *Rodgersia*（2）、山桐子属 *Idesia*（1）、鸡眼草属 *Kummerowia*（1）、风龙属 *Sinomenium*（1）、木通属 *Akebia*（1）、鸡仔木属 *Sinoadina*（1）、野鸦椿属 *Euscaphis*（1）、半夏属 *Pinellia*（1）、雷公藤属 *Tripterygium*（1）。

（15）中国特有分布：中国特有分布是指分布区仅限于中国境内的成分。

总的规律是以云南或西南诸省为中心，向东北、向东或向西北方向辐射并逐渐减少，而主要分布于秦岭 - 山东以南的亚热带和热带地区，个别可以突破国界到邻近各国如缅甸、中南半岛、朝鲜、前苏联远东、蒙古等等，极个别还可以间断分布到菲律宾或甚至斐济。总之，以中国整体的自然植物区（Floristic Region）为中心而分布界限不越出过境很远。中国幅员辽阔，自然环境复杂多样，地质历史久远，因而特有植物丰富，统计约有 243 属。高黎贡山南段属于此类型的有 14 属，占总属数的 1.59%。分别是箭竹属 *Fargesia*（8）、全唇花属 *Holocheila*（1）、心叶石蚕属 *Cardioteucris*（1）、贡山竹属 *Gaoligongshania*（1）、紫菊属 *Notoseris*（1）、直瓣苣苔属 *Ancylostemon*（1）、蜂腰兰属 *Bulleyia*（1）、马蹄香属 *Saruma*（1）、拟单性木兰属 *Parakmeria*（1）、牛筋条属 *Dichotomanthus*（1）、台湾杉属 *Taiwania*（1）、瘿椒树属 *Tapiscia*（1）、栾树属 *Koelreuteria*（1）、长蕊斑种草属 *Antiotrema*（1）。本研究将在后面对特有属进行具体分析。

3.3.3　属级区系统计分析讨论

（1）该地区种子植物 878 属中，共含有 15 个分布型和 21 个分布变型，显示出当地植物区系成分属水平的高度多样性。即兼有中国植物区系的所有分布区类型，显示出该地区属级水平上的地理成分与中国植物区系同样复杂，同样联系广泛。

（2）各分布型中，4 种类型占比例最高，依次是：第一是热带亚洲（印度—

马来西亚）分布属，有 150 属，占属总数的 17.08%；第二是泛热带分布属，有 149 属，占属总数的 16.97%；第三是北温带分布属，有 132 属，占属总数的 15.03%；第四是东亚分布属，有 111 属，占属总数的 12.64%；其他分布类型均不超过 10%。数量前两位的都为热带性质的属，共 299 属，占属总数的 34.05%，即三分之一，这也印证了高黎贡山南段在地史上是古南大陆的一部分这一事实，但由于此陆块在中生代早期与扬子陆块连为一体成为古北大陆（劳亚古陆）的一部分，加上喜马拉雅造山运动过程中的不断北移而进入温带范围，海拔提升导致的寒化作用叠加，北温带成分和东亚成分的渗透，从而使高黎贡山南段植物区系向温带植物区系演变。

（3）高黎贡山南段有热带性质的属 467 个，占全部属数的 57.30%（不计世界广布）；属于温带性质的属有 348 个，占全部属数的 42.70%。属水平的热带成分与温带成分之比为 1.34：1（467：348），显示相对较强的热带性质。与科级水平的热带成分（比例为 62.22%）与温带成分（37.78%）之比（1.65：1）（84：51）相比，热带成分减少，温带成分增加。这一事实说明，在漫漫历史长河中，很多热带成分被淘汰的同时，许多温带成分得以迁入本区，从而加强了高黎贡山南段植物区系的温带性质。

（4）高黎贡山南段有东亚分布类型的属 111 属占全部属数的 12.64%。其中中国—喜马拉雅分布变型 SH 的属有 52 属占全部东亚分布类型的 46.85%，而中国—日本分布变型 SJ 的属仅有 10 属，这就为高黎贡山南段作为东亚植物区中国喜马拉雅森林植物亚区的一部分提供了有力的证据。

（5）高黎贡山南段有地中海区、西亚至中亚分布与中亚分布分布共有的属仅有 4 属，说明本区与广大地中海西亚和中亚的联系比较微弱，这与印度板块碰撞欧亚板块喜马拉雅山脉抬升产生的生态隔离效应有关。

3.3.4　单型属和单种属的分析

单型属，即该属在世界范围内仅有 1 种，即世界性单种属。本区有 35 个单型属（表3.10），占总单种属的 8.45%，是总属数的 3.99%。这些单型属以东亚成分（11）、中国特有成分（6）、热带亚洲（印度—马来西亚）分布（6）为主，说明高黎贡山南段的区系特点：本区植物区系属于东亚植物区系；具有明显的中国特有性特征；起源上有热带亚洲的历史渊源。

表 3.10　高黎贡山南段种子植物单型属及其分布区类型表

Table 3.10　Monotypic Genera and Its Distribution Types of Seed Plants in the
Southern Gaoligong Mountains

序号 Sequence No.	属名 Name of genera		分布区类型 Distribution types
1	莼属	*Brasenia*	1
2	石龙尾属	*Limnophila*	3
3	酸豆属	*Tamarindus*	4
4	水蔗草属	*Apluda*	4
5	黑藻属	*Hydrilla*	5
6	紫雀花属	*Parochetus*	6
7	飞龙掌血属	*Toddalia*	6
8	肉被麻属	*Sarcochlamys*	7
9	多蕊木属	*Tupidanthus*	7
10	幌菊属	*Ellisiophyllum*	7
11	薄核藤属	*Natsiatum*	7.2
12	肋果茶属	*Sladenia*	7.3
13	长蕊木兰属	*Alcimandra*	7.4
14	睡菜属	*Menyanthes*	8
15	狗筋蔓属	*Cucubalus*	10
16	吉祥草属	*Reineckia*	14
17	紫苏属	*Perilla*	14
18	蕺菜属	*Houttuynia*	14
19	簇序草属	*Craniotome*	14.1
20	米团花属	*Leucosceptrum*	14.1
21	筒瓣兰属	*Anthogonium*	14.1
22	新型兰属	*Neogyna*	14.1
23	十齿花属	*Dipentodon*	14.1
24	短瓣花属	*Brachystemma*	14.1
25	水青树属	*Tetracentron*	14.1
26	鞭打绣球属	*Hemiphragma*	14.1

续　表

序号 Sequence No.	属名 Name of genera		分布区类型 Distribution types
27	拟檫木属	*Parasassafras*	14. 1
28	山桐子属	*Idesia*	14. 2
29	风龙属	*Sinomenium*	14. 2
30	全唇花属	*Holocheila*	15
31	心叶石蚕属	*Cardioteucris*	15
32	蜂腰兰属	*Bulleyia*	15
33	马蹄香属	*Saruma*	15
34	牛筋条属	*Dichotomanthus*	15
35	长蕊斑种草属	*Antiotrema*	15

单种属，研究区域范围内只出现了 1 个种的多种属（含 2 种以上的属），或称为地区性的单种属。这一类在南段出现 414 属，占总属数的 47.15%（表 3.6），其中，以热带亚洲（印度—马来西亚）分布（91/21.98%）、东亚分布（68/16.43%）、泛热带分布（57/13.77%）、北温带分布（45/10.87%）的为最多（表 4–11）。

在这些单种属中，热带分布的属有 228 个，占南段所有热带分布属数的 43.02%，占南段所有单种属的 55.07%。温带分布的属有 169 个，占所有温带分布属的 48.56%，占南段所有单种属的 40.82%。说明了区系热带边缘性和北温带成分的南延性。

表 4–11　高黎贡山南段地区性单种属分布区类型一览表
Table 4–11　**Ranking of the Distribution Types of Genera which Appear One Species in the Southern Gaoligong Mountains**

分布区类型 Distribution types	属数 Number of genera	占总单种属 * % Percentage	分布区类型 Distribution types	属数 Number of genera	占总单种属% Percentage
1	17	4. 11%	8	45	10. 87%
2	57	13. 77%	9	19	4. 59%

续 表

分布区类型 Distribution types	属数 Number of genera	占总单种属 *% Percentage	分布区类型 Distribution types	属数 Number of genera	占总单种属% Percentage
3	5	1.21%	10	17	4.11%
4	33	7.97%	11	4	0.97%
5	16	3.86%	12	2	0.48%
6	26	6.28%	13	1	0.24%
7	91	21.98%	14	68	16.43%
			15	13	3.14%
热带属合计	228	55.07%	温带属合计	169	40.82%

*指地区性单种属

3.4　种的区系分析

3.4.1　种的分布类型分析

植物区系地理学的基本研究对象是具体区系，归根结底是以植物种作为研究对象。科的统计分析可以初步明确区系性质和更为古老的区系联系，属的分析可以论证大区域或大陆板块间的地史联系，并可推断这些高级种系的起源轮廓，均具有不同次的不可替代的意义。然而，通过种的分布区类型的研究，可以进一步确定一个具植物区系的地带性质和地理起源。

高黎贡山南段共有野生种子植物2807种（含种下等级），根据每个种的现代地理分布，参照吴征镒院士属的分布区的划分方法，将其划分为15个类型9亚型14个变型（表3.12）。大的分布区类型采用吴征镒院士的中国种子植物属的分布区类型的概念及范围，具体到每一个分布区类型下又根据种的现代集中分布区域而相应地划分出次级类型。

表 3.12　高黎贡山南段种子植物种的分布区类型

Table 3.12　Distribution Types of Seed Plants in the Southern Gaoligong Mountains

分布区类型及变型 Distribution Types	种数 Spedies	占全总种（%）Percentage
1 广布（世界广布，Widespread = Cosmopolitan）	40	1.43%
2 泛热带分布 Pantropic	30	1.07%
3 热带亚洲和热带美洲间断分布 Trop. Asia & Trop. Amer. Disjuncted	7	0.25%
4 旧世界热带分布 Old World Tropics	23	0.82%
5 热带亚洲至热带大洋洲分布 Tropical Asia & Trop. Australasia	47	1.67%
6 热带亚洲至热带非洲分布 Trop. Asia to trop. Africa	42	1.50%
7 热带亚洲（印度—马来西亚）分布 Trop. Asia（Indo – Malesia）	307	10.94%
7.1 爪哇（或苏门答腊）、喜马拉雅间断或星散分布到华南、西南 Java（or Sumatra），Himalaya to S.，SW. China disjuncted or diffused	13	0.46%
7.2 热带印度至华南（尤其云南南部）分布 Trop. India to S. China（esp. S. Yunnan）	41	1.46%
7.3 缅甸、泰国至华西南分布 Myanmar，Thailand to SW. China	53	1.89%
7.4 越南（或中南半岛）至华南（或西南）分布 Vietnam（or Ido – Chinese Peninsula）to S. China（or SW. China）	204	7.27%
热带种（2~7）合计 Total of Tropics Spedies	767	27.32%
8 北温带分布 North Temperate	32	1.14%
9 东亚和北美洲间断分布 E. Asia & N. Amer. Disjuncted	6	0.21%
10 旧世界温带分布 Old World Temperate	24	0.86%
11 温带亚洲分布 Temp. Asia	36	1.28%
12 地中海区、西亚至中亚分布 Mediterranea，W. Asia to C. Asia	6	0.21%
13 中亚分布 C. Asia	7	0.25%
14 东亚分布 E. Asia	70	2.49%
14.1 中国—喜马拉雅分布。Sino – Himalaya（SH）	650	23.16%
14.2 中国—日本分布 Sino – Japan（SJ）	84	2.99%

续　表

分布区类型及变型 Distribution Types	种数 Spedies	占全总种（%） Percentage
15 中国特有分布 Endemic to China	1085	38.65%
15.1 高黎贡山特有分布 Endemic to Gaoligong Mountains	131	4.67%
15.2 云南特有分布 Endemic to Yunnan	305	10.87%
15.3 中国特有分布 Endemic to China	649	23.12%
温带种（8～15）合计合计 Total of Temperate Spedies	2000	71.25%
共计 Total	2807	100%

（1）世界广布：

高黎贡山南段世界广布种有 40 种，占总种数的 1.43%，如石龙芮 *Ranunculus sceleratus*、莼菜 *Brasenia schreberi*、金鱼藻 *Ceratophyllum demersum*、马齿苋 *Portulaca oleracea*、水蓼 *Polygonum hydropiper*、藜 *Chenopodium album*、凹头苋 *Amaranthus lividus*、节节菜 *Rotala indica*、穗状狐尾藻 *Myriophyllum spicatum*、狐尾藻 *Myriophyllum verticillatum*、水马齿 *Callitriche stagnalis*、续随子 *Euphorbia lathylris*、百脉根变种 *Lotus corniculatus var. japonicus*、苦苣菜 *Sonchus oleraceus*、鬼针草 *Bidens pilosa*、苣荬菜 *Sonchus arvensis*、金银莲花 *Nymphoides indica*、龙葵 *Solanum nigrum*、刺天茄 *Solanum indicum*、少花龙葵 *Solanum americanum*、马鞭草 *Verbena officinalis*、水鳖 *Hydrocharis dubia*、黑藻 *Hydrilla verticillata*、光叶眼子菜 *Potamogeton lucens*、菹草 *Potamogeton crispus*、竹叶眼子菜 *Potamogeton wrightii*、浮叶眼子菜 *Potamogeton natans*、小眼子菜 *Potamogeton pusillus*、角果藻 *Zannichellia palustris*、大茨藻 *Najas marina*、节节草 *Commelina diffusa*、浮萍 *Lemna minor*、紫萍 *Spirodela polyrrhiza*、绶草 *Spiranthes sinensis*、灯心草 *Juncus effusus*、多花地杨梅 *Luzula multiflora*、水蜈蚣 *Kyllinga brevifolia*、毛马唐 *Digitaria chrysoblephara*、稗 *Echinochloa crusgalli*、倒刺狗尾草 *Setaria verticillata* 等。这些种多为草本，一般分布林缘荒坡路边等人为影响较大的地方，有明显的次生性。水生植物与沼生植物在本类型中相对丰富。

（2）泛热带分布：

高黎贡山南段泛热带分布有 30 种，占总种数的 1.07%，如豆瓣绿 *Peperomia tetraphylla*、荷莲豆草 *Drymaria diandra*、尼泊尔老鹳草 *Geranium nepalense*、酢浆

草 *Oxalis corniculata*、耳基水苋 *Ammannia arenaria*、刺蒴麻 *Triumfetta rhomboidea*、通奶草 *Euphorbia hypericifolia*、蛇莓 *Duchesnea indica*、猪屎豆 *Crotalaria pallida*、倒地铃 *Cardiospermum halicacabum*、车桑子 *Dodonaea viscosa*、积雪草 *Centella asiatica*、伞房花耳草 *Hedyotis corymbosa*、盖裂果 *Mitracarpus villosus*、异芒菊 *Blainvillea acmella*、地胆草 *Elephantopus scaber*、鳢肠 *Eclipta prostrata*、匙叶鼠麴草 *Gnaphalium pensylvanicum*、马蹄金 *Dichondra repens*、母草 *Lindernia crustacea*、黄荆 *Vitex negundo*、过江藤 *Phyla nodiflora*、益母草 *Leonurus artemisia*、见血青 *Liparis nervosa*、冠鳞水蜈蚣 *Kyllinga squamulata*、单穗水蜈蚣 *Kyllinga monocephala*、竹节草 *Chrysopogon aciculatus*、竹叶草 *Oplismenus compositus*、双花草 *Dichanthium annulatum*、莠狗尾草 *Setaria geniculata* 等。这一类型多数是一年生或多年生草本植物，具有很强的散布能力。

（3）热带亚洲和热带美洲间断分布：

高黎贡山南段热带亚洲和热带美洲间断分布有 7 种，占总种数的 0.25%，如木防己 *Cocculus orbiculatus*、无瓣蔊菜 *Rorippa dubia*、盘腺金合欢 *Acacia megaladena*、白花鬼针草 *Bidens pilosa*、铜锤玉带草 *Pratia nummularia*、苦蘵 *Physalis angulata*、卵叶白绒草 *Leucas martinicensis* 等。这一类型多分布于林缘、路边的草本植物。

（4）旧世界热带分布：

旧世界热带分布有 23 种，占总种数的 0.82%，如习见蓼 *Polygonum plebeium*、水苋菜 *Ammannia baccifera*、草龙 *Ludwigia hyssopifolia*、细花丁香蓼 *Ludwigia perennis*、异果山蚂蝗 *Desmodium heterocarpon*、大叶山蚂蝗 *Desmodium gangeticum*、构棘 *Cudrania cochinchinensis*、滇刺枣 *Ziziphus mauritiana*、耳草 *Hedyotis auricularia*、金盏银盘 *Bidens biternata*、小心叶薯 *Ipomoea obscura*、毛果薯 *Ipomoea eriocarpa*、菟丝子 *Cuscuta chinensis*、无尾水筛 *Blyxa aubertii*、岩芋 *Remusatia vivipara*、小花灯心草 *Juncus articulatus*、红鳞扁莎 *Pycreus sanguinolentus*、细柄草 *Capillipedium parviflorum*、白茅变种 *Imperata cylindrical var. major*、鲫鱼草 *Eragrostis tenella*、石芒草 *Arundinella nepalensis*、丝茅 *Imperata koenigii*、阿拉伯黄背草 *Themeda triandra* 等。该类型多草本植物，对森林群落的建成和影响不是太大。

（5）热带亚洲至热带大洋洲分布：

高黎贡山南段热带亚洲至热带大洋洲分布有 47 种，占总种数的 1.67%，如

桐叶千金藤 *Stephania hernandifolia*、齿果草 *Salomonia cantoniensis*、浆果苋 *Cladostachys frutescens*、红花栝楼 *Trichosanthes rubriflos*、乌墨 *Syzygium cumini*、地耳草 *Hypericum japonicum*、粗糠柴 *Mallotus philippensis*、阔荚合欢 *Albizia lebbeck*、华南云实 *Caesalpinia crista*、小叶三点金 *Desmodium microphyllum*、球穗千斤拔 *Flemingia strobilifere*、响铃豆 *Crotalaria albida*、截叶铁扫帚 *Lespedeza cuneata*、绿黄葛树 *Ficus virens*、黄葛树变种 *Ficus virens var. sublanceolata*、对叶榕 *Ficus hispida*、糯米团 *Gonostegia hirta*、扁枝槲寄生 *Viscum articulatum*、两面针 *Zanthoxylum nitidum*、鸦胆子 *Brucea javanica*、红椿 *Toona ciliate*、腰骨藤 *Ichnocarpus frutescens*、茜树 *Aidia cochinchinensis*、红芽大戟 *Knoxia corymbosa*、下田菊 *Adenostemma lavenia*、石胡荽 *Centipeda minima*、旱田草 *Lindernia ruellioides*、泥花草 *Lindernia antipoda*、挖耳草 *Utricularia bifida*、爵床 *Rostellularia procumbens*、蔓荆 *Vitex trifolia*、荔枝草 *Salvia plebeia*、山菅 *Dianella ensifolia*、山慈菇 *Iphigenia indica*、黄独 *Dioscorea bulbifera*、五叶薯蓣 *Dioscorea pentaphylla*、大叶仙茅 *Curculigo capitulata*、水玉簪 *Burmannia disticha*、三品一枝花 *Burmannia coelestis*、宿苞石仙桃 *Pholidota imbricata*、鹤顶兰 *Phaius tankervilleae*、笄石菖 *Juncus prismatocarpus*、牛筋草 *Eleusine indica*、鼠尾囊颖草 *Sacciolepis myosuroides*、水蔗草 *Apluda mutica*、金发草 *Pogonatherum paniceum*、三穗金茅 *Eulalia trispicata* 等。这一类型绝大多数是草本植物。表明南段区系起源上的热带性来源和大洋洲有一定联系。

(6) 热带亚洲至热带非洲分布：

高黎贡山南段热带亚洲至热带非洲分布有 42 种，占总种数的 1.50%，如蒌叶 *Piper betle*、牛膝 *Achyranthes bidentata*、虾子花 *Woodfordia fruticosa*、长勾刺蒴麻 *Triumfetta pilosa*、心叶黄花稔 *Sida cordifolia*、裂苞铁苋菜 *Acalypha brachystachya*、羽叶金合欢 *Acacia pennata*、紫雀花 *Parochetus communis*、柔毛黑豆 *Dumasia villosa*、假木豆 *Dendrolobium triangulare*、黄花木 *Piptanthus concolor*、翅托叶猪屎豆 *Crotalaria alata*、山黄麻 *Trema tomentosa*、大蝎子草 *Girardinia diversifolia*、假楼梯草 *Lecanthus peduncularis*、藤麻 *Procris wightiana*、八角枫 *Alangium chinense*、软雀花 *Sanicula elata*、野茼蒿 *Crassocephalum crepidioides*、鱼眼草 *Dichrocephala auriculata*、菊叶鱼眼草 *Dichrocephala chrysanthemifolia*、一点红 *Emilia sonchifolia*、翼齿六棱菊 *Laggera pterodonta*、小花琉璃草亚种 *Cynoglossum lanceolatum ssp. eulanceolatum*、小花琉璃草 *Cynoglossum lanceolatum*、黄果茄 *Solanum xantho-*

carpum、多枝婆婆纳 *Veronica javanica*、细茎母草 *Lindernia pusilla*、尖萼挖耳草 *Utricularia scandens*、圆叶挖耳草 *Utricularia striatula*、三对节 *Clerodendrum serratum*、线叶白绒草 *Leucas lavandulifolia*、饭包草 *Commelina bengalensis*、四孔草 *Cyanotis cristata*、蓝耳草 *Cyanotis vaga*、螳螂跌打 *Pothos scandens*、十字苔草 *Carex cruciata*、毛轴莎草 *Cyperus pilosus*、砖子苗 *Mariscus umbellatus*、白花柳叶箬 *Isachne albens*、矛叶荩草 *Arthraxon lanceolatus*、矛叶荩草原变种 *Arthraxon lanceolatus var. lanceolatus* 等。这一类型多为分布于林缘、路边的草本植物。

（7）热带亚洲（印度—马来西亚）分布：

高黎贡山南段热带亚洲（印度—马来西亚）分布有 307 种，占总种数的 10.94%，如绒毛山胡椒 *Lindera nacusua*、三股筋香 *Lindera thomsonii*、山鸡椒 *Litsea cubeba*、黄丹木姜子 *Litsea elongata*、潺槁木姜子 *Litsea glutinosa*、黄心树 *Machilus bombycina*、铺散毛茛 *Ranunculus diffusus*、三叶野木瓜 *Stauntonia brunoniana*、石南藤 *Piper wallichii*、石蝉草 *Peperomia dindygulensis*、肉轴胡椒 *Piper ponesheense*、荜拔 *Piper longum*、树头菜 *Crateva unilocularis*、雷公橘 *Capparis membranifolia*、薙菜 *Rorippa indica*、荷包山桂花 *Polygala arillata*、冠盖藤 *Pileostegia viburnoides*、箐姑草 *Stellaria vestita*、火炭母 *Polygonum chinense*、羽叶蓼 *Polygonum runcinatum*、土牛膝 *Achyranthes aspera*、圆叶节节菜 *Rotala rotundifolia*、八宝树 *Duabanga grandiflora*、丁香蓼 *Ludwigia prostrata*、深绿山龙眼 *Helicia nilagirica*、柄果海桐 *Pittosporum podocarpum*、三开瓢 *Adenia cardiophylla*、镰叶西番莲 *Passiflora wilsonii*、茅瓜 *Solena amplexicaulis*、绞股蓝 *Gynostemma pentaphyllum*、盒子草 *Actinostemma tenerum*、大苞赤瓟 *Thladiantha cordifolia*、落瓣短柱茶 *Camellia kissi*、长尾毛蕊茶 *Camellia caudata*、无叶兰 *Aphyllorchis montana*、深裂沼兰 *Malaxis purpurea*、细梗苔草 *Carex teinogyne*、浆果薹草 *Carex baccans*、蕨状薹草 *Carex filicina*、高秆珍珠茅 *Scleria elata*、弓果黍 *Cyrtococcum patens*、棕叶狗尾草 *Setaria palmifolia*、皱叶狗尾草 *Setaria plicata*、鼠尾粟 *Sporobolus fertilis*、田间鸭嘴草 *Ischaemum rugosum*、拟金茅 *Eulaliopsis binata*、南雀稗 *Paspalum commersonii*、红尾翎 *Digitaria radicosa*、二型柳叶箬 *Isachne dispar*、短颖马唐 *Digitaria microbachne*、野生稻 *Oryza rufipogon*、莩菅 *Themeda arundinacea*、买麻藤 *Gnetum montanum* 等。

此类型有 4 变型，变型 7 - 1 爪哇（或苏门答腊）、喜马拉雅间断或星散分布到华南、西南。此变型有 13 种，占总种数的 0.46%，如长波叶山蚂蝗 *Desmodi-*

um sequax、单蕊麻（亚种）*Droguetia iners*、花椒簕 *Zanthoxylum scandens*、铜钱叶白珠 *Gaultheria nummularioides*、团花山矾 *Symplocos glomerata*、弯管花 *Chassalia curviflora*、鳞斑荚蒾 *Viburnum punctatum*、合页草 *Strobilanthes kingdonii*、铁轴草 *Teucrium quadrifarium*、黄谷精（变种）*Xyris capensis*、浅裂沼兰 *Malaxis acuminata*、爬兰 *Herpysma longicaulis*、长茎羊耳蒜 *Liparis viridiflora* 等。

变型 7-2 热带印度至华南（尤其云南南部）分布。此变型有 41 种，占总种数的 1.46%，如大花青藤 *Illigera grandiflora*、黄毛茛 *Ranunculus laetus*、爪哇唐松草 *Thalictrum javanicum*、角果胡椒 *Piper pedicellatum*、扭果紫金龙 *Dactylicapnos torulosa*、硬毛火炭母 *Polygonum chinense*、少毛白花苋 *Aerva glabrata*、拟钝齿木荷 *Schima paracrenata*、尖子木 *Oxyspora paniculata*、偏瓣花 *Plagiopetalum esquirolii*、尖叶风筝果 *Hiptage acuminata*、聚花白饭树 *Flueggea leucopyra*、厚叶算盘子 *Glochidion hirsutum*、鞍叶羊蹄甲 *Bauhinia brachycarpa*、灰毛岩豆藤 *Millettia cinerea*、薄片青冈 *Cyclobalanopsis lamellosa*、总序五叶参 *Pentapanax racemosus*、杏叶茴芹 *Pimpinella candolleana*、南紫金牛 *Ardisia neriifolia*、景东山橙 *Melodinus khasianus*、纤冠藤 *Gongronema nepalense*、大白药 *Marsdenia griffithii*、美丽水锦树 *Wendlandia speciosa*、多花茜草 *Rubia wallichiana*、薄叶新耳 *Neanotis hirsuta*、西南新耳草 *Neanotis wightiana*、山矾叶九节 *Psychotria symplocifolia*、细穗兔儿风 *Ainsliaea spicata*、小鱼眼草 *Dichrocephala benthamii*、翅柄合耳菊 *Synotis alata*、鸡蛋参 *Codonopsis convolvulacea*、疏花婆婆纳 *Veronica laxa*、红姜花 *Hedychium coccineum*、草灵 *Vanda bensonii*、印度型薹草 *Carex indicaeformis*、楔颖草 *Apocopis paleacea* 等。

变型 7-3 缅甸、泰国至华西南分布。此变型有 53 种，占总种数的 1.89%，如红叶木姜子 *Litsea rubescens*、柳叶润楠 *Machilus salicina*、香叶树 *Lindera communis*、清香木姜子 *Litsea euosma*、滇南木姜子 *Litsea garrettii*、苎叶 *Piper boehmeriaefolium*、大苞景天 *Sedum amplibracteatum*、短瓣花 *Brachystemma calycinum*、浓毛山龙眼 *Helicia vestita*、羊脆木 *Pittosporum kerrii*、山峰西番莲 *Passiflora jugorum*、缅甸绞股蓝 *Gynostemma burmanicum*、滇缅离蕊茶 *Camellia wardii*、茶梨 *Anneslea fragrans*、肋果茶 *Sladenia celastrifolia*、十蕊风车子 *Combretum roxburghii*、中平树 *Macaranga denticulata*、云南叶轮木 *Ostodes katharinae*、窄叶枇杷 *Eriobotrya henryi*、元江杭子梢 *Campylotropis henryi*、腺毛木蓝 *Indigofera scabrida*、白穗石栎 *Lithocarpus craibianus*、瓦山锥 *Castanopsis ceratacantha*、多脉寄生藤 *Dendrotrophe poly-*

neura、光柱杜鹃 *Rhododendron tanastylum*、复毛杜鹃 *Rhododendron preptum*、杜鹃 *Rhododendron simsii*、毛萼越桔 *Vaccinium pubicalyx*、云南木犀榄 *Olea yuennanensis*、毛叶藤仲 *Chonemorpha valvata*、虎刺 *Damnacanthus indicus*、对叶茜草 *Rubia siamensis*、大果忍冬 *Lonicera hildebrandiana*、厚绒荚蒾 *Viburnum inopinatum*、叉枝斑鸠菊 *Vernonia divergens*、美丽唇柱苣苔 *Chirita speciosa*、蛛毛喜鹊苣苔 *Ornithoboea arachnoidea*、线条芒毛苣苔 *Aeschynanthus lineatus*、滇泰石蝴蝶 *Petrocosmea kerrii*、灰毛大青 *Clerodendrum canescens*、乌饭叶菝葜 *Smilax myrtillus*、束丝菝葜 *Smilax hemsleyana*、勐海磨芋 *Amorphophallus kachinensis*、多毛叶薯蓣 *Dioscorea decipiens*、伞花石豆兰 *Bulbophyllum shweliense*、耳唇兰 *Otochilus porrectus*、宽叶耳唇兰 *Otochilus lancilabius*、尖角卷瓣兰 *Bulbophyllum forrestii*、凹唇石仙桃 *Pholidota convallariae*、白花贝母兰 *Coelogyne leucantha* 等。

变型 7－4 越南（或中南半岛）至华南（或西南）分布。此变型有 204 种，占总种数的 7.27％，如云南樟 *Cinnamomum glanduliferum*、香面叶 *Lindera caudata*、假柿木姜子 *Litsea monopetala*、假桂皮树 *Cinnamomum tonkinense*、黄樟 *Cinnamomum porrectum*、长蕊木姜子 *Litsea longistaminata*、小木通 *Clematis armandii*、滑叶藤 *Clematis fasciculiflora*、细圆藤 *Pericampylus glaucus*、细果紫堇 *Corydalis leptocarpa*、紫金龙 *Dactylicapnos scandens*、露珠碎米荠 *Cardamine circaeoides*、匍匐堇菜 *Viola pilosa*、溪畔落新妇 *Astilbe rivularis*、黄水枝 *Tiarella polyphylla*、金荞麦 *Fagopyrum dibotrys*、头花蓼 *Polygonum capitatum*、绢毛蓼 *Polygonum molle*、头花杯苋 *Cyathula capitata*、白花苋 *Aerva sanguinolenta*、高山露珠草 *Circaea alpina*、小果山龙眼 *Helicia cochinchinensis*、钮子瓜 *Zehneria maysorensis*、毛绞股蓝 *Gynostemma pubescens*、云南连蕊茶 *Camellia tsaii*、油茶 *Camellia oleifera*、尼泊尔水东哥 *Saurauia napaulensis*、兔耳兰 *Cymbidium lancifolium*、无叶石斛 *Dendrobium aphyllum*、长距石斛 *Dendrobium longicornu*、密花毛兰 *Eria spicata*、盆距兰 *Gastrochilus calceolaris*、鹅毛玉凤花 *Habenaria dentata*、叉唇角盘兰 *Herminium lanceum*、扇唇羊耳蒜 *Liparis stricklandiana*、喀西沼兰 *Malaxis khasiana*、狭叶鸢尾兰 *Oberonia caulescens*、裂唇鸢尾兰 *Oberonia pyrulifera*、白花耳唇兰 *Otochilus albus*、狭叶耳唇兰 *Otochilus fuscus*、石仙桃 *Pholidota chinensis*、毛柱隔距兰 *Cleisostoma simondii*、多花脆兰 *Acampe rigida*、齿唇沼兰 *Malaxis orbicularis*、碧玉兰 *Cymbidium lowianum*、苞舌兰 *Spathoglottis pubescens*、散序地杨梅 *Luzula effusa*、亮绿苔草 *Carex finitima*、大序苔

草 *Carex prainii*、孟加拉野古草 *Arundinella bengalensis*、硬秆子草 *Capillipedium assimile*、刚莠竹 *Microstegium ciliatum*、心叶稷 *Panicum notatum*、小珠薏苡 *Coix puellarum*、毛臂形草 *Brachiaria villosa* 等。

此类型及变型多见于低海拔，热带亚洲成分是南段区系的构成主体，表明南段与热带亚洲地区区系的紧密联系。

（8）北温带分布：

高黎贡山南段北温带分布有 32 种，占总种数的 1.14%，如驴蹄草 *Caltha palustris*、荠 *Capsella bursapastoris*、碎米荠 *Cardamine hirsuta*、弯曲碎米荠 *Cardamine flexuosa*、王不留行 *Vaccaria segetalis*、苦荞麦 *Fagopyrum tataricum*、白花酢浆草 *Oxalis acetosella*、柳兰 *Epilobium angustifolium*、南方露珠草 *Circaea mollis*、沼生水马齿 *Callitriche palustris*、野葵 *Malva verticillata*、透茎冷水花 *Pilea pumila*、蛇床 *Cnidium monnieri*、水晶兰 *Monotropa ubiflora*、小叶猪殃殃 *Galium trifidum*、豨莶 *Siegesbeckia orientalis*、牛蒡 *Arctium lappa*、橐吾 *Ligularia sibirica*、睡菜 *Menyanthes trifoliata*、香薷 *Elsholtzia ciliata*、苦草 *Vallisneria natans*、眼子菜 *Potamogeton distinctus*、穿叶眼子菜 *Potamogeton perfoliatus*、鸭子草 *Potamogeton tepperi*、篦齿眼子菜 *Potamogeton pectinatus*、小茨藻 *Najas minor*、燕子花 *Iris laevigata*、沼兰 *Malaxis monophyllos*、看麦娘 *Alopecurus aequalis*、马唐 *Digitaria sanguinalis*、光头稗 *Echinochloa colonum* 等。这一类型大都是草本，但缺乏标志性的温带木本植物，表明本区域有亚热带过渡性质。

（9）东亚和北美洲间断分布：

高黎贡山南段东亚和北美洲间断分布有 6 种，占总种数的 0.21%，如鸡眼草 *Kummerowia striata*、松下兰 *Monotropa hypopitys*、珠光香青 *Anaphalis margaritacea*、北美透骨草 *Phryma leptostachya*、鸭跖草 *Commelina communis*、咯西藨草 *Scirpus wichurae* 等。

（10）旧世界温带分布：

高黎贡山南段旧世界温带分布有 24 种，占总种数的 0.86%，如狗筋蔓 *Cucubalus baccifer*、戟叶蓼 *Polygonum thunbergii*、尼泊尔酸模 *Rumex nepalensis*、鼠掌老鹳草 *Geranium sibiricum*、柳叶菜 *Epilobium hirsutum*、龙芽草 *Agrimonia pilosa*、葛 *Pueraria lobata*、牛奶子 *Elaeagnus umbellata*、小窃衣 *Torilis japonica*、华西忍冬 *Lonicera webbiana*、烟管头草 *Carpesium cernuum*、毛连菜 *Picris hieracioides*、大车前

Plantago major、阴行草 *Siphonostegia chinensis*、陌上菜 *Lindernia procumbens*、夏枯草 *Prunella vulgaris*、龙舌草 *Ottelia alismoides*、东方泽泻 *Alisma orientale*、泽泻 *Alisma plantagoaquatica*、裸花水竹叶 *Murdannia nudiflora*、小花火烧兰 *Epipactis helleborine*、片髓灯心草 *Juncus inflexus*、巨序剪股颖 *Agrostis gigantea*、荩草 *Arthraxon hispidus* 等。此类型在南段出现的种多是一些向南延伸的草本，表明南段处于温带和热带的过渡区的边缘。

（11）温带亚洲分布：

高黎贡山南段温带亚洲分布有 36 种，占总种数的 1.28%，如杉松 *Abies holophylla*、落叶松 *Larix gmelini*、升麻 *Cimicifuga foetida*、缘毛卷耳 *Cerastium furcatum*、漆姑草 *Sagina japonica*、女娄菜 *Silene aprica*、尼泊尔蓼 *Polygonum nepalense*、杠板归 *Polygonum perfoliatum*、酸模叶蓼 *Polygonum lapathifolium*、露珠草 *Circaea cordata*、毛脉柳叶菜 *Epilobium amurense*、细果野菱 *Trapa maximowiczii*、云实 *Caesalpinia decapetala*、尖叶铁扫帚 *Lespedeza juncea*、珠芽艾麻 *Laportea bulbifera*、变豆菜 *Sanicula chinensis*、中华茜草 *Rubia chinensis*、牛尾蒿 *Artemisia dubia*、牡蒿 *Artemisia japonica*、天名精 *Carpesium abrotanoides*、暗花金挖耳 *Carpesium triste*、蒲儿根 *Sinosenecio oldhamianus*、蒲公英 *Taraxacum mongolicum*、白缘蒲公英 *Taraxacum platypecidum*、椭圆叶花锚 *Halenia elliptica*、柔弱斑种草 *Bothriospermum tenellum*、琉璃草 *Cynoglossum zeylanicum*、松蒿 *Phtheirospermum japonicum*、沟酸浆 *Mimulus tenellus*、列当 *Orobanche coerulescens*、竹叶子 *Streptolirion volubile*、山兰 *Oreorchis patens*、广布红门兰 *Orchis chusua*、针灯心草 *Juncus wallichianus*、发秆苔草 *Carex capillacea* 等，多是一些草本植物。

（12）地中海区、西亚至中亚分布：

高黎贡山南段地中海区、西亚至中亚分布有 6 种，占总种数的 0.21%，如小叶蓼 *Polygonum delicatulum*、细茎蓼 *Polygonum filicaule*、多穗蓼 *Polygonum polystachyum*、截叶铁扫帚 *Lespedeza juncea*、三花枪刀药 *Hypoestes triflora*、臂形草 *Brachiaria eruciformis* 等，此类型是较少一类，这与属级水平相似，说明该区与地中海、西亚至中亚区系的微弱联系。

（13）中亚分布：

高黎贡山南段中亚分布有 7 种，占总种数的 0.25%，如短瓣繁缕 *Stellaria brachypetala*、冰川蓼 *Polygonum glaciale*、圆柱柳叶菜 *Epilobium cylindricum*、越桔

叶忍冬 *Lonicera myrtillus*、平车前 *Plantago depressa*、西南琉璃草 *Cynoglossum walli-chii*、穗花荆芥 *Nepeta laevigata* 等。为草本类型，数据说明南段与中亚联系的不紧密。

(14) 东亚分布：

高黎贡山南段东亚分布有 70 种，占总种数的 2.49%，如三桠乌药 *Lindera obtusiloba*、管茎驴蹄草 *Caltha fistulosa*、蕺菜 *Houttuynia cordata*、落新妇 *Astilbe chinensis*、长鬃蓼 *Polygonum longisetum*、商陆 *Phytolacca acinosa*、菱 *Trapa bispi-nosa*、灰叶稠李 *Padus grayana*、茅莓 *Rubus parvifolius*、小槐花 *Desmodium cauda-tum*、昌化鹅耳枥 *Carpinus tschonoskii*、栓皮栎 *Quercus variabilis*、青冈 *Cyclobalan-opsis glauca*、麻栎 *Quercus acutissima*、紫弹树 *Celtis biondii*、小构 *Broussonetia kazi-noki*、鸡桑 *Morus australis*、十齿花 *Dipentodon sinicus*、臭节草 *Boenninghausenia al-biflora*、野漆 *Toxicodendron succedaneum*、灯台树 *Bothrocaryum controversum*、竹节参 *panax japonicus*、白簕 *Acanthopanax trifoliatus*、肾叶天胡荽 *Hydrocotyle wilfordi*、短辐水芹 *Oenanthe benghalensis*、硃砂根 *Ardisia crenata*、密花树 *Rapanea neriifolia*、野茉莉 *Styrax japonicus*、薄叶山矾 *Symplocos anomala*、白檀 *Symplocos paniculata*、清香藤 *Jasminum lanceolarium*、散生女贞 *Ligustrum confusum*、四叶葎 *Galium bungei*、日本蛇根草 *Ophiorrhiza japonica*、贡山玉叶金花 *Mussaenda treutleria*、三脉紫菀 *Aster ageratoides*、延叶珍珠菜 *Lysimachia decurrens*、车前 *Plantago asiatica*、蓝花参 *Wahlenbergia marginata*、袋果草 *Peracarpa carnosa*、狭叶母草 *Lindernia angus-tifolia*、幌菊 *Ellisiophyllum pinnatum*、水苦荬 *Veronica undulata*、紫背金盘 *Ajuga nipponensis*、韩信草 *Scutellaria indica*、匍匐风轮菜 *Clinopodium repens*、宝铎草 *Dis-porum sessile*、麦冬 *Ophiopogon japonicus*、仙茅 *Curculigo orchioides*、镰萼虾脊兰 *Calanthe puberula*、春兰 *Cymbidium goeringii*、细茎石斛 *Dendrobium moniliforme*、小舌唇兰 *Platanthera minor*、高斑叶兰 *Goodyera procera*、斑叶兰 *Goodyera schlecht-endaliana*、庐山藨草 *Scirpus lushanensis*、小颖羊茅 *Festuca parvigluma*、乱子草 *Mu-hlenbergia hugelii*、类芦 *Neyraudia reynaudiana*、久内早熟禾 *Poa hisauchii*、法氏早熟禾 *Poa faberi*、淡竹叶 *Lophatherum gracile*、白顶早熟禾 *Poa acroleuca* 等。许多种为本区森林植被的重要组成。

此类型有 2 变型。变型 14-1 中国—喜马拉雅分布：此变型有 650 种，占总种数的 23.16%，长蕊木兰 *Alcimandra cathcartii*、滇藏木兰 *Magnolia campbellii*、滇缅厚朴

Magnolia rostrata、红花木莲 *Manglietia insignis*、南亚含笑 *Michelia doltsopa*、多花含笑 *Michelia floribunda*、光叶拟单性木兰 *Parakmeria nitida*、绒叶含笑 *Michelia velutina*、水青树 *Tetracentron sinense*、领春木 *Euptelea pleiosperma*、绿叶甘橿 *Lindera fruticosa*、团香果 *Lindera latifolia*、绢毛木姜子 *Litsea sericea*、长梗润楠 *Machilus longtpedicellata*、拟檫木 *Parasassafras confertiflora*、草玉梅 *Anemone rivularis*、野棉花 *Anemone vitifolia*、铁破锣 *Beesia calthifolia*、云南黄连 *Coptis teeta*、多叶唐松草 *Thalictrum foliolosum*、毛木通 *Clematis buchananiana*、绣球藤 *Clematis montana*、合苞铁线莲 *Clematis napaulensis*、小喙唐松草 *Thalictrum rostellatum*、拟卵叶银莲花 *Anemone howellii*、保山乌头 *Aconitum nagarum*、黄秦艽 *Veratrilla baillonii*、心叶獐牙菜 *Swertia cordata*、外弯龙胆 *Gentiana recurvata*、纤枝喉毛花 *Comastoma stellariifolium*、显脉獐牙菜 *Swertia nervosa*、莲叶点地梅 *Androsace henryi*、华丽芒毛苣苔 *Aeschynanthus superbus*、大花芒毛苣苔 *Aeschynanthus mimetes*、细芒毛苣苔 *Aeschynanthus novogracilis*、卧茎唇柱苣苔 *Chirita lachenensis*、齿叶吊石苣苔 *Lysionotus serratus*、菜豆树 *Radermachera sinica*、羽脉山牵牛 *Thunbergia lutea*、毛脉火焰花 *Phlogacanthus pubinervius*、水香薷 *Elsholtzia kachinensis*、匍枝筋骨草 *Ajuga lobata*、紫背鹿衔草 *Murdannia divergens*、竹叶吉祥草 *Spatholirion longifolium*、地地藕 *Commelina maculata*、距药姜 *Cautleya gracilis*、舞花姜 *Globba racemosa*、黄姜花 *Hedychium flavum*、钟花假百合 *Notholirion campanulatum*、太白韭 *Allium prattii*、多星韭 *Allium wallichii*、羊齿天门冬 *Asparagus filicinus*、短梗天门冬 *Asparagus lycopodineus*、七叶一枝花 *Paris polyphylla*、防己菝葜 *Smilax menispermoidea*、美丽南星 *Arisaema speciosum*、山珠半夏 *Arisaema yunnanense*、早花岩芋 *Remusatia hookeriana*、上树蜈蚣 *Rhaphidophora lancifolia*、象头花 *Arisaema franchetianum*、网檐南星 *Arisaema utile*、石菖蒲 *Acorus tatarinowii*、曲序南星 *Arisaema tortuosum*、刺棒南星 *Arisaema echinatum*、版纳南星 *Arisaema bannaense*、秀丽曲苞芋 *Gonatanthus ornathus*、红花鸢尾 *Iris milesii*、扇形鸢尾 *Iris wattii*、鸢尾 *Iris tectorum*、叉蕊薯蓣 *Dioscorea collettii*、黑珠芽薯蓣 *Dioscorea melanophyma*、绒叶仙茅 *Curculigo crassifolia*、圆柱叶鸟舌兰 *Ascocentrum himalaicum*、蜂腰兰 *Bulleyia yunnanensis*、叉唇虾脊兰 *Calanthe hancockii*、眼斑贝母兰 *Coelogyne corymbosa*、卵叶贝母兰 *Coelogyne occultata*、莎草兰 *Cymbidium elegans*、长叶兰 *Cymbidium erythraeum*、蕙兰 *Cymbidium faberi*、金耳石斛 *Dendrobium hookerianum* 头柱灯心草 *Juncus cephalostigma*、多头苔草 *Carex polycephala*、丛毛羊胡子草 *Eriophorum comosum*、垂穗薹草 *Carex brachyathera*、长穗苔草 *Carex dolichostachya*、小花剪股颖 *Agrostis micrantha*、多花剪股颖 *Agrostis myriantha*、缅甸方竹 *Chimonobambusa armata*、旱茅 *Eremopogon delavayi*、蔗芒 *Erianthus rufipifus*、卵花甜茅 *Glyceria tonglensis*、棒头草 *Polypogon fugax*、真麻竹 *Cephalostachyum scandens*、印度总序竹 *Racemobambos prainii* (*Gamble*) *Keng*、高山柏 *Sabina squamata*、垂枝柏 *Juniperus recurva*、云南红豆杉 *Taxus yunnanensis* 等。中国—喜马拉雅分布变型居多，表明了本区与喜马拉雅地区区系的相关性。

变型 14-2 中国—日本分布：此变型有 84 种，占总种数的 2.99%，如裂叶铁线莲 *Clematis parviloba*、禺毛茛 *Ranunculus cantoniensis*、茴茴蒜 *Ranunculus chinensis*、小蓼花 *Polygonum muricatum*、丛枝蓼 *Polygonum posumbu*、伏毛蓼 *Polygonum pubescens*、山桐子 *Idesia polycarpa*、王瓜 *Trichosanthes cucumeroides*、西南木荷 *Schima wallichi*、尖齿木荷 *Schima khasiana*、黄药大头茶 *Gordonia chrysandra*、长果大头茶 *Gordonia longicarpa*、杜英 *Elaeocarpus decipiens*、日本杜英 *Elaeocarpus japonicus*、梧桐 *Firmiana platanifolia*、里白算盘子 *Glochidion troandrum*、钩腺大戟 *Euphorbia sieboldiana*、绣球 *Hydrangea macrophylla*、喜阴悬钩子 *Rubus mesogaeus*、野山楂 *Crataegus cuneata*、野鸦椿 *Euscaphis japonica*、梾木 *Swida macrophpla*、山茱萸 *Cornus officinalis*、青荚叶 *Helwingia japonica*、水芹 *Oenanthe javanica*、鸭儿芹 *Cryptotaenia japonica*、中缅天胡荽 *Hydrocotyle forrestii*、百两金 *Ardisia crispa*、光叶蓬莱葛 *Gardneria glabra*、红脉玉叶金花 *Mussaenda treutleri*、狗骨柴 *Diplospora dubia*、日本粗叶木 *Lasianthus japonicus*、菰腺忍冬 *Lonicera hypoglauca*、沿阶草 *Ophiopogon bodinieri*、吉祥草 *Reineckia carnea*、山麦冬 *Liriope spicata*、肖菝葜 *Heterosmilax japonica*、半夏 *Pinellia ternata*、香蒲 *Typha orientalis*、忽地笑 *Lycoris aurea*、三棱虾脊兰 *Calanthe tricarinata*、小叶白点兰 *Thrixspermum japonicum*、舌唇兰 *Platanthera japonica*、密花舌唇兰 *Platanthera hologlottis*、反瓣虾脊兰 *Calanthe reflexa*、羽毛地杨梅 *Luzula plumosa* 等。本成分比属级所占比例有很大的提高，这表明南段区系属于东亚植物区系的一个组成部分。

（15）中国特有分布：

高黎贡山南段中国特有种是南段区系的主要组成，共 1085 种，占总种数 38.65%，大量的特有成分，显示出了南段在云南、中国植物多样性的重要地位。高黎贡山南段中国特有种根据现代分布分为分为 3 亚型 14 变型，详细分析见后。

3.4.2 种级区系统计分析讨论

（1）高黎贡山南段种子植物有 2807 种，有 15 个分布类型 9 亚型 14 变型，显示出该地种级水平上的地理成分十分复杂，来源广泛。

（2）种级区系组成以中国特有成分（1085/38.65%）、东亚成分（804/28.64%）、热带亚洲成分（618/22.02%）为主，共计有 2507 种，占总数的 89.31%，三种成分共同构成了高黎贡山南段种子植物区系的主体。

（3）本区共计有热带性质的种 767 种，占全部种数的 27.72%，绝大部分热带性质的种为热带亚洲分布及其变型，显示出该区域区系成分的古老性。温带性质的种有 2000 种，占总种数的 72.28%。热带与温带之比为 1：2.61，温带成分强于热带成分，即在种一级上，该区一定数量的热带成分逐渐退出，而一定量的温带种类得以形成和迁入，区系显示出亚热带过渡到温带区系的趋势。

（4）本区特有现象十分丰富，共有中国特有种 1085 种是南段植物区系的主体，故在一定程度上能反映该地区的区系特征。

（5）本区有广义东亚分布类型的种 1889 种（含中国特有种 1085），占全部种数的 67.30% 其中中国—喜马拉雅分布亚型 SH 的种有 650 种（占东亚分布类型的 75.25%），这就进一步为高黎贡山南段属于中国—喜马拉雅森林植物亚区的一部分提供了事实依据。

3.5 区系特有性分析

特有现象是指植物局限分布于特定的区域或生境内，其分布区有一定的限制。特有现象有以几个基本的特征和特点：特有现象是相对于广域分布而言的，凡是没有在全球范围内分布的种系都可以称为它们生长地区或生境的特有种，与世界广布种是植物种类分布的两个极端；特有现象有它自身的发生发展过程，是一种自然地理现象，也是一种历史地理现象，因此，特有现象应以自然地理带来进行衡量，或以特殊生境衡量，而不应受到行政区划与国界的限制；特有现象也是植物界的系统发育现象，其发育的阶段以及形成的原因构成了其进化历程的基础，同时也留下了探讨区系发展的线索；特有现象形成的原因和时代可能都是复杂的。特有现象是一个地区区系特征和区系发展的重要标志之一，也是一个类群历史发展的标志之一。特有类群的形成反映了一个地区植物区系的特殊性，时间上看，特有类群往往表现出演化、孑遗或系统分化的状态；空间上，对特有类群的分析，加上地质历史、古生物资料等，是说明该地区植物区系性质的有力证据。因此，对高黎贡山南段种子植物特有现象的分析，对了解该地区植物区系的组成、性质和特点，以及发生和演变等方面都是十分重要的。

3.5.1 科级特有性分析

中国特有科有共 6 科，珙桐科 Davidiaceae、杜仲科 Eucommiaceae、银杏科 Ginkgoaceae、独叶草科 Kingdoniaceae、大血藤科 Sargentodoxaceae、瘿椒树科 Tapisciacea，高黎贡山南段没有中国特有科出现。东亚特有科 18 科，本区有东亚特有 8 科，占中国境内东亚特有科的 44.44%，占全部东亚科的 25.00%，占本区全部科数的 4.19%，较多的东亚特有科表明南段与东亚植物区系发生发展密切相关。东亚特有 8 科分别是青荚叶科 Helwingiaceae（1/6）、猕猴桃科 Actinidiaceae（1/4）、桃叶珊瑚科 Aucubaceae（1/4）、三尖杉科 Cephalotaxaceae（1/2）、旌节花科 Stachyuraceae（1/1）、领春木科 Eupteleaceae（1/1）、鞘柄木科 Toricelliaceae（1/1）、水青树科 Tetracentraceae（1/1）。

青荚叶科 Helwingiaceae（1/6），有青荚叶属 1 属 8 种，分布于喜马拉雅区至日本，我国约有 5 种，分布于西北部、西南部至东部。高黎贡山南段分布有 6 种：桃叶青荚叶 *Helwingia himalaica* var. *prunifolia*、西域青荚叶 *Helwingia himalaica*、小西域青荚叶 *Helwingia himalaica* var. *parvifolia*、中华青荚叶 *Helwingia chinensis*、青荚叶 *Helwingia japonica*、窄叶青荚叶 *Helwingia chinensis* var. *stenophylla*。

猕猴桃科 Actinidiaceae（1/4），有 4 属 380 种，主要分布在亚洲热带至大洋洲北部以及美洲热带，喜马拉雅至日本，北达阿穆尔，南达越南北部。中国 4 属均产，猕猴桃属 *Actinidia*、藤山柳属 *Clematoclethra*、水东哥属 *Saurauia*、肋果茶属 *Sladenia*，有 96 种，主要分布于长江流域及以南各省区，其中藤山柳属为中国特有，主产四川。高黎贡山南段只有猕猴桃属 *Actinidia* 1 属 4 种：硬齿猕猴桃 *Actinidia callosa*、粉叶猕猴桃 *Actinidia glaucocallosa*、疏毛猕猴桃 *Actinidia pilosula*、红茎猕猴桃 *Actinidia rubricaulis*。

桃叶珊瑚科 Aucubaceae（1/4），只有桃叶珊瑚属 *Aucuba* 1 属大约有 3 – 10

种，都是生长在东亚，分布从喜马拉雅山东端到日本，是常绿灌木或小乔木。高黎贡山南段分布有 4 种：细齿桃叶珊瑚 *Aucuba chlorascens*、伏毛桃叶珊瑚 *Aucuba himalaica*、云南桃叶珊瑚 *Aucuba yunnanensis*、柔毛云南桃叶珊瑚 *Aucuba yunnanensis* var. *pubigera*。

三尖杉科 Cephalotaxaceae（1/2），本科仅有三尖杉属（即粗榧属）1 属，共 9 种，分布于东亚南部及中南半岛，主产中国，东喜马拉雅，经秦岭至山东鲁山以南及台湾至日本。中国产 8 种，其中 5 种为特有种，零星分布于横断山脉以东、秦岭至大别山与江苏南部以南的省区及台湾，生于亚热带至北热带海拔 200～1900 米的低山至中山地带的阔叶树林中，仅高山三尖杉生于海拔 2300～3700 米亚高山地带。其中分布广、资源较多的为三尖杉与粗榧，分布狭窄、植株极少已处于濒危绝灭境地的为贡山三尖杉。高黎贡山南段分布有 2 种：粗榧 *Cephalotaxus sinensis*、高山三尖杉 *Cephalotaxus fortunei* var. *alpina*。

旌节花科 Stachyuraceae（1/1），仅 1 属 16 种，为东亚温带地区所特有，其分布中心为中国的西南地区和日本。中国有 11 种，分布于秦岭以南的广大地区，而以西南地区（云南和四川）为最盛。高黎贡山南段分布有 1 种即西域旌节花 *Stachyurus himalaicus*。本科与猕猴桃科和大风子科有亲缘关系。落叶或常绿灌木，或小乔木，有时攀援状，常具极叉开的分枝。

领春木科 Eupteleaceae（1/1），分布于印度至日本和我国。落叶灌木或小乔木，仅领春木属 1 属 2 种；1 种产喜马拉雅山区东部至中国东部及北部，另 1 种产日本。高黎贡山南段分布有 1 种即领春木 *Euptelea pleiosperma*。

鞘柄木科 Toricelliaceae（1/1），只有鞘柄木属 *Toricellia* 1 属，3 种，产印度北部和我国西南部。中国 1 属 3 种：鞘柄木属鞘柄木 *Toricellia angulata* 分布云南、四川、贵州、西藏；椴叶鞘柄木 *Toricellia tiliifolia* 分布云南、四川、贵州、西藏。高黎贡山南段分布有 1 种即有齿鞘柄木 *Toricellia angulata* var. *intermedia*。

水青树科 Tetracentraceae（1/1），水青树科的 1 种，中国的珍稀树种，星散分布于西藏、云南、四川、贵州、陕西、甘肃、湖南、湖北，生于海拔 1200～3500 米阔叶林中。越南、缅甸北部也有分布。高黎贡山南段分布有 1 种，水青树 *Tetracentron sinense*。水青树是第三纪留下的活化石，过去划为的成员，但其有短枝，叶有锯齿，掌状脉，托叶与叶柄相连且包围顶芽；花序穗状，花 4 出数，较木兰科进化。现多数学者将其划归独立的水青树科。本种化石出现在新生代始新世地层中，是古老的孑遗植物。它在研究我国古代植物区系的深化、被子植物系统及其起源等方面都有重要的科学价值。

3.5.2 属级特有性分析

由于中国幅员辽阔使被子植物物种在空间分布方面表现出极大的多样性，在植物区系方面特有现象十分明显。中国特有分布型的范围一般在国界以内，但少数属越出国界，达到邻国边界，这是在自然植物区与不同国家内行政区不相吻合的结果，是不可避免的。大多跨界的，已在 13-1、13-2、14SJ、14SH 和 7-1、7-2、7-3、7-4 各型中见到。有些学者或把它们归为半特有属，那么中国特有、半特有将超过 400 属。严格的一种共有 239 属，分别隶属于 67 科中。但在讨论中有时涉及某些半特有科属，包括准特有（吴征镒 2011）。据统计中国被子植物特有属有 243 个（应俊生），高黎贡山南段有中国特有属 14 属（参照吴征镒 2006 版属分布区类型），占整个中国特有属的 5.76%，分别是箭竹属 *Fargesia*（8）、全唇花属 *Holocheila*（1）、心叶石蚕属 *Cardioteucris*（1）、贡山竹属 *Gaoligongshania*（1）、紫菊属 *Notoseris*（1）、直瓣苣苔属 *Ancylostemon*（1）、蜂腰兰属 *Bulleyia*（1）、马蹄香属 *Saruma*（1）、拟单性木兰属 *Parakmeria*（1）、牛筋条属 *Dichotomanthus*（1）、台湾杉属 *Taiwania*（1）、瘿椒树属 *Tapiscia*（1）、栾树属 *Koelreuteria*（1）、长蕊斑种草属 *Antiotrema*（1）。

箭竹属 *Fargesia*，禾本科，约 10 余种，大都分布于我国华中、华西各省之山岳地带。灌木状竹类，具长颈粗短型地下茎，本区分布 8 种，分别是片马箭竹 *Fargesia altocerea*、带鞘箭竹 *Fargesia contracta*、空心带鞘箭竹 *Fargesia contracta*、空心箭竹 *Fargesia edulis*、泸水箭竹 *Fargesia lushuiensis*、黑穗箭竹 *Fargesia melanostachys*、长圆鞘箭竹 *Fargesia orbiculata*、云龙箭竹 *Fargesia papyrifera*。

全唇花属 *Holocheila*，唇形科，单种属，只有全唇花 *Holocheila longipedunculata* 1 种，产云南。云南：建水、景东、富民、剑川、腾冲。本区有全唇花 *Holocheila longipedunculata* 1 种，草本，具匍匐枝；海拔 1600~2300m。

心叶石蚕属 *Cardioteucris*，唇形科，只有心叶石蚕 *Cardioteucris cordifolia* 1 种，产云南及四川亚热带山地。云南：文山、澄江、鹤庆、禄劝、大姚。本区有心叶石蚕 *Cardioteucris cordifolia* 1 种，直立草本，海拔 2000~2900m。

贡山竹属 *Gaoligongshania*，禾本科，全属 1 种，分布高黎贡山地区。云南：

泸水、腾冲。本区有贡山竹 *Gaoligongshania megalothyrsa*1 种多年生草本，海拔高度 1500～2030m。

紫菊属 *Notoseris*，菊科，全属 11 种，分布长江流域及秦岭以南。贵州、湖北、湖南、江西、四川，云南：景东、砚山、禄劝、丽江、漾濞、富民。广东：连县、乳源、乐昌。广西：临桂、阳朔。台湾：花莲、台北。本区有多裂紫菊 *Notoseris henryi*1 种，多年生草本，海拔高度 1300～2500m。

直瓣苣苔属 *Ancylostemon*，苦苣苔科，7 种，产我国云南、四川、湖北及陕西。云南：维西、鹤庆、镇康、大理、漾濞。本区有凸瓣苣苔 *Ancylostemon convexus*1 种，无茎草本，海拔高度 1100～3800m。

蜂腰兰属 *Bulleyia*，兰科，仅蜂腰兰 *Bulleyia yunnanensis* 1 种，产我国云南。云南：临沧、景东、漾濞、贡生、建水、维西、大理、屏边、富宁、麻栗坡、砚山。本区有蜂腰兰 *Bulleyia yunnanensis*1 种，附生兰，海拔高度 750～2500m。

马蹄香属 *Saruma*，马兜铃科，只有马蹄香 *Saruma henryi* 1 种，产我国长江流域各省。湖北、四川、河南、江西、甘肃、陕西、贵州。本区有马蹄香 *Saruma henryi*1 种，多年生草本，海拔高度 280～1600m。

拟单性木兰属 *Parakmeria*，木兰科，有拟单性木兰 *Parakmeria omeiensis* 和 *Parakmeria yunnanensis* 等 5 种，产我国西南至东南部。四川、贵州、广西、福建、浙江、江西、湖南、广东、海南、台湾，云南：西畴、文山、富宁、麻栗坡、金平、屏边、福贡、贡山、腾冲、片马、泸水、丽江、维西。本区有光叶拟单性木 *Parakmeria nitida*1 种，常绿乔木，海拔高度 500～1900m。

牛筋条属 *Dichotomanthus*，蔷薇科，只有牛筋条 *Dichotomanthus tristaniaecarpa* 1 种，产我国云南和四川；云南：嵩明、开远、安宁、景东、个旧、武定、贡山、禄劝、楚雄、桑甸、屏边、石屏、麻栗坡、砚山、广南、下关、蒙化（巍山）、永仁、双柏、漾濞、西畴、普洱、思茅、保山、蒙自、昆明、大姚、昭通、富民、腾冲、潞西。本区有牛筋条 *Dichotomanthus tristaniaecarpa* 常绿灌木，海拔高度 1100～3000m。

台湾杉属 *Taiwania*，杉科，只有台湾杉 *Taiwania cryptomerioides* 和秃杉 *Taiwania flousiana* 2 种，产缅甸和我国台湾、湖北、贵州和云南。云南：贡山、福贡、碧江、腾冲、龙陵、兰坪、云龙。本区有秃杉 *Taiwania flousiana*1 种，常绿大乔木，海拔高度 800～2700m。

瘿椒树属 *Tapiscia*，省沽油科，有瘿椒树 *Tapiscia sinensis* 等 2 种，产我国西南部和中部。云南、四川、贵州、湖南、浙江、安徽、江西、河南、广西、陕西、福建，云南：西畴、澜沧、顺宁、富宁、富民、文山、屏边、麻栗坡。本区有云南瘿椒树 *Tapiscia yunnanensis* 1 种，落叶乔木，海拔高度 720 ~ 2500m。

长蕊斑种草属 *Antiotrema*，紫草科，只有滇紫草 *Antiotrema dunnianum* 1 种，产我国云南、四川、贵州。云南：昆明、永宁、大理、漾濞、云龙、双柏、嵩明、安宁、洱源、富民。本区有长蕊斑种草 *Antiotrema dunnianum* 1 种，多年生草本，海拔高度 1800 ~ 2500m。

中国特有属的三个分布中心，有二个部分地分别在云南境内，即滇西北（新特有属中心）和滇东南（古老特有属中心）。这两个中心的成因有很大的差异，前者是生态成因为主的新特有中心，后者是历史成因为主的古特有中心。由表 3.13 可知，南段与滇西北中心共有 6 属，与滇东南中心共有 5 属，两地共有 3 属，另外 6 属不与两中心共有，分别为箭竹属 *Fargesia*、心叶石蚕属 *Cardioteucris*、贡山竹属 *Gaoligongshania*、蜂腰兰属 *Bulleyia*、马蹄香属 *Saruma*、栾树属 *Koelreuteria*，这些表明高黎贡山南段与滇西北（新特有属中心）中心、滇东南中心都有一定的联系。一般认为多型属多处于系统发生的中期或盛期，其分布区不断扩大，特有现象往往表现不明显，而单型属或少型属通常处于系统发生的初期或后期，此时特有现象往往很明显，在系统发生初期表现出的特有现象是带有新特有性质，而相反在系统发生后期表现出的特有现象则往往带有孑遗或古特有性质。高黎贡山南段随着喜马拉雅山脉的抬升，因此其区系性质也是由亚热带向高寒山地区系过渡，而发生和发展起来了许多新特有属。一些古特有属由于山地小环境多样性关系而得以保存，如本中心出现的台湾杉属 1 种，与台湾山地出现的另 1 种，呈现出该属 2 种对应间断分布。显示南段在保存了部分热带性质的古老成分的同时又是孕育较多的具有温带性质的新特有属。

表 3.13　高黎贡山南段中国种子植物特有属与云南两大多样性中心比较

Table 3.13　The Comparison of Genera Endemic to China between the Southern Gaoligong Mountains and the Two Major Biodiversity Centers of Endemic Genera of Seed Plants in Yunnan

属（种数） Genera（No. of Species）	滇西北中心分布 NW Yunnan Center	滇东南中心分布 SE Yunnan Center	分布 Distribution
箭竹属 *Fargesia*（8）	-	-	华中、华西
全唇花属 *Holocheila*（1）	+	+	滇中、滇西南至滇东南
心叶石蚕属 *Cardioteucris*（1）	-	-	滇、川
贡山竹属 *Gaoligongshania*（1）	-	-	滇西
紫菊属 *Notoseris*（1）	+	-	长江流域及秦岭以南
直瓣苣苔属 *Ancylostemon*（1）	+		滇西北及滇东北、川南、鄂西
蜂腰兰属 *Bulleyia*（1）	-	-	滇
马蹄香属 *Saruma*（1）	-	-	长江流域各省
拟单性木兰属 *Parakmeria*（1）	+	+	西南至东南部
牛筋条属 *Dichotomanthus*（1）	-	+	滇、川
台湾杉属 *Taiwania*（1）	+	-	滇、黔、鄂、台
瘿椒树属 *Tapiscia*（1）	-	-	江南各地，西至滇南及滇东南
栾树属 *Koelreuteria*（1）	-	-	多省
长蕊斑种草属 *Antiotrema*（1）	+	+	滇、川、黔、桂西

3.5.3　种级特有性分析

中国特有种分布类型是高黎贡山南段种子植物区系中占比例最大的一类，共有中国特有种 1085 种，占总种数的 38.65%。参照李锡文（1995）的方案，根据其现代分布格局（图 3.1），将南段中国特有种再划分为 3 种分布亚型 14 种变型（表 3.14）。

表 3.14 高黎贡山南段中国特有种的分布亚型

Table 3.14 The Distribution Subtypes of Chinese Endemic species in the Southern Gaoligong Mountains

分布区亚型 Distribution Subtypes	种数 Numbers of Species	占中国特有种比例 Percentage of Chinese Endemic Species
15.1 高黎贡山特有分布 Endemic to Gaoligong Mountains	(131)	12.07%
a 高黎贡山南段特有 Endemic to the Southern Gaoligong Mountains	82	7.56%
b 高黎贡山至高黎贡山南段分布 Gaoligong Mountains to the Southern Gaoligong Mountains	49	4.52%
15.2 云南特有分布 Endemic to Yunnan	(305)	28.11%
a 康藏高原区至高黎贡山南段分布 Kang Tibetan plateau to the Southern Gaoligong Mountains	11	1.01%
b 滇西峡谷区至高黎贡山南段分布 S. Yunnan valley to the Southern Gaoligong Mountains.	90	8.29%
c 滇缅老边境区至高黎贡山南段分布 Border of Yunnan, Burma, Vietnam to the Southern Gaoligong Mountains. .	80	7.37%
d 金沙江河谷至高黎贡山南段分布 Jinsha River valley to the Southern Gaoligong Mountains	11	1.01%
e 滇中高原区至高黎贡山南段分布 C. Yunnan to the Southern Gaoligong Mountains	14	1.29%
f 澜沧红河中游以西至高黎贡山南段分布 Middle of Lancang and Red – river to the Southern Gaoligong Mountains	53	4.88%
g 滇东北区与高黎贡山南段间断分布 N. E. Yunnan to the Southern Gaoligong Mountains disjuncted	2	0.18%
h 滇东南区与高黎贡山南段间断分布 S. E Yunnan to the Southern Gaoligong Mountains disjuncted	16	1.47%
i 云南广布 Whole Yunnan	28	2.58%

续　表

分布区亚型 Distribution Subtypes	种数 Numbers of Species	占中国特有种比例 Percentage of Chinese Endemic Species
15.3 中国特有分布 Endemic to China	(649)	59.82%
a 西南地区 South - West of China	304	28.02%
b 华南地区 South of China	244	22.49%
c 中国广布 Whole China	101	9.31%
合计 Total	1085	100.00%

第一种亚型高黎贡山特有 131 种，其中南段特有 82 种，占区内中国特有种的 7.56%，占区内总种数的 2.92%。南段特有种有：金毛新木姜子 *Neolitsea chrysotricha*、无距保山乌头变种 *Aconitum nagarum* var. *ecalcaratum*、片马铁线莲 *Clematis pianmaensis*、垂花银莲花 *Anemone mutantiflora*、卷叶小檗 *Berberis replicata*、近光滑小檗 *Berberis sublevis*、滑小檗变种 *Berberis sublevis* var. *microcarpa*、光滑小檗变种 *Berberis sublevis* var. *grandifolia*、怒江无心菜 *Arenaria salweenensis*、松林凤仙花 *Impatiens pinetorum*、片马凤仙花 *Impatiens pianmaensis*、贫脉海桐 *Pittosporum oligophlebium*、厚皮香海桐变种 *Pittosporum rehderianum* var. *ternstroemioides*、岗房海桐 *Pittosporum chatterjeeanum*、齿苞秋海棠 *Begonia dentatebracteata*、毛脉石风车子变种 *Combretum wallichii* var. *pubinerve*、无齿华苘麻变种 *Abutilon sinense* var. *edentatum*、泸水山梅花 *Philadelphus lushuiensis*、托叶悬钩子 *Rubus foliaceistipulatus*、腾冲悬钩子 *Rubus forrestianus*、怒江悬钩子 *Rubus salwinensis*、短序绣线梅 *Neillia breviracemosa*、腾冲杭子梢 *Campylotropis howellii*、滇西山蚂蝗 *Desmodium rockii*、长序木蓝 *Indigofera howellii*、腾冲柳 *Salix tengchongensis*、宽角楼梯草 *Elatostema platyceras*、角萼翠茎冷水花变种 *Pilea hilliana* var. *corniculata*、密花冬青 *Ilex confertiflora*、柳叶卫矛 *Euonymus salicifolius*、龙陵崖爬藤 *Tetrastigma lunglingense*、腺齿省沽油 *Staphylea shweliensis*、柱瓣柏那参 *Brassaiopsis suberipetala*、盾叶天胡荽 *Hydrocotyle peltatum*、朱红大杜鹃 *Rhododendron griersonianum*、腺房红萼杜鹃变种 *Rhododendron meddianum* var. *atrokermesinum*、膜叶锦绦花 *Cassiope membranifolia*、裂萼杜鹃 *Rhododendron schistocalyx*、红萼杜鹃 *Rhododendron meddianum*、短穗白珠 *Gaultheria notabilis*、淡黄杜鹃 *Rhododendron flavidum*、粗毛杜鹃

Rhododendron habrotrichum、常绿糙毛杜鹃 *Rhododendron lepidostylum*、白面杜鹃 *Rhododendron zaleucum*、灯台越桔 *Vaccinium bulleyanum*、腾冲柿 *Diospyros forrestii*、宽管醉鱼草 *Buddleja latiflora*、尾叶桂花 *Osmanthus caudatifolius*、卵叶忍冬 *Lonicera inodora*、大花莴苣 *Lactuca grandiflora*、片马獐牙菜 *Swertia pianmaensis*、念珠脊龙胆 *Gentiana moniliformis*、泽地灯台报春 *Primula helodoxa*、腾冲灯台报春 *Primula chrysochlora*、群居粉报春 *Primula socialis*、灰绿报春亚种 *Primula cinerascens sub-sp. sinomollis*、片马党参 *Codonopsis pianmaensis*、延伸蝴蝶草 *Torenia ascendens*、腾冲芒毛苣苔 *Aeschynanthus tengchungensis*、片马长蒴苣苔 *Didymocarpus praeterius*、九头狮子草 *Peristrophe japonica*、腾冲马蓝 *Strobilanthes euantha*、泸水沿阶草 *Ophiopogon lushuiensis*、滇西沿阶草 *Ophiopogon yunnanensis*、五叶腾冲南星变种 *Arisaema tengtsungense* var. *pentaphyllum*、片马南星 *Arisaema pianmaense*、贡山芋 *Colocasia gaoligongensis*、高黎贡山犁头尖 *Typhonium gaoligongense*、腾冲南星 *Arisaema tengtsungense*、紫花美冠兰 *Eulophia spectabilis*、绿虾蟆花 *Liparis forrestii*、虎斑兜兰 *Paphiopedilum markianum*、泸水车前虾脊兰变种 *Calanthe plantaginea* var. *lushuiensis*、长蕊灯心草 *Juncus longistamineus*、片马箭竹 *Fargesia altocerea*、无柄垂子买麻藤 *Gnetum pendulum* 等。特有成分中既保留有大量的古老成分，同时也分化出大量的新生成分。如此多的特有种，显示高黎贡山南段在中国植物区系中的重要性，同时也体现保护该区野生种子植物的重要性。

第二种亚型高黎贡山南段与云南各地共有的种子植物有 305 种，占区内中国特有种的 28.11%。占区内总种数的 10.86%。本亚型有 9 种变型，其中，其中滇西峡谷区至高黎贡山南段分布和滇缅老边境区至高黎贡山南段分布共有的种最多，分别有 90 和 80 种，占中国特有种的 8.29% 和 7.37%。说明南段地处古热带植物区与东亚植物区的交汇地带。滇缅老边境区是古热带植物区的一部分，表明了南段区系是马来西亚植物亚区滇、缅、泰地区北缘的一部分。

高黎贡山特有 131 种，滇西峡谷区至高黎贡山南段分布和滇缅老边境区至高黎贡山南段分布共有的种分别有 90 和 80 种，数据印证了吴征镒（1983）对中国植物区系的分区观点。本区系为泛北极植物区中国—喜马拉雅森林植物亚区横断山脉地区与古热带植物区马来西亚植物亚区滇、缅、泰地区的交汇区域。

第三种亚型高黎贡山南段与中国其他地区共有 649 种，占区内中国特有种的 59.82%。占区内总种数的 23.12%。这一亚型又可分为西南地区、华南地区和中国广布 3 种变型。其中西南地区共有最多，共 304 种，占此亚型的 46.84%，表明南段区系种级水平上主要起源于西南地区。

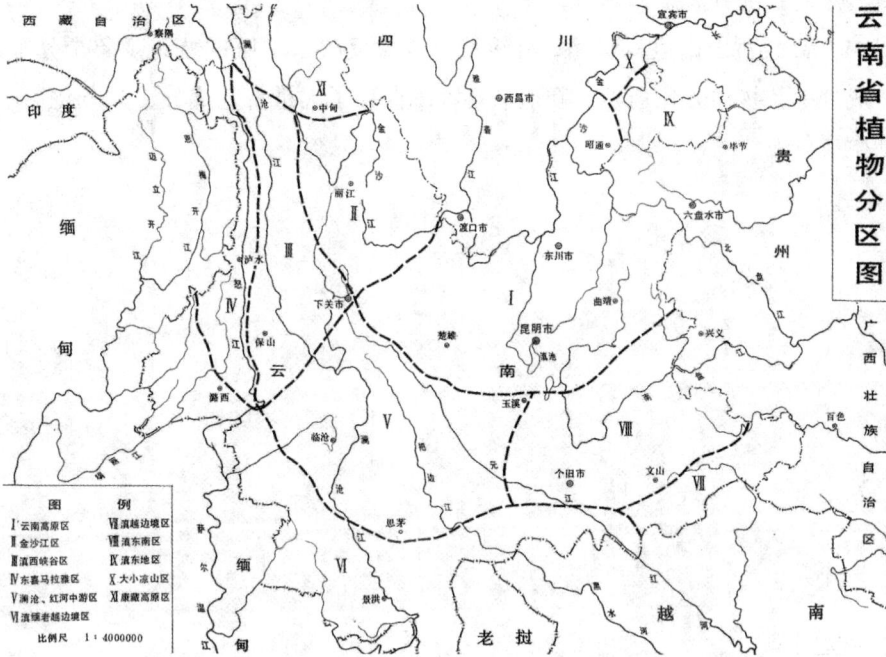

图 3.1　云南省植物分区图（引自《云南种子植物名录》）

Fig 3.1　The Maps of Distriction of Plants in Yunnan

3.5.4　特有综合区系分析

（1）高黎贡山南段分布有 8 个东亚特有科，这些科分类上比较孤立，起源上较为古老，表明这一区域在地质历史上的古老性。在南段分布有 20 个种，都为单种属，均没有形成优势群落，表明该区植物区系属于东亚植物区系的一部分并处在其南界边缘。

（2）高黎贡山南段分布有 14 个中国特有属，南段与滇西北中心共有 6 属，与滇东南中心共有 5 属，两地共有 3 属，另外 6 属不与两中心共有，这些表明高黎贡山南段与滇西北中心、滇东南中心都有一定联系。这也进一步说明了该区保存了部分热带性质的古老成分的同时又是孕育较多的具有温带性质的新特有属。

（3）高黎贡山南段分布有中国特有种 1085 种，占总种数 38.65%，和西南地区、华南地区共有成分居多。虽然南段内有大量热带成分出现，但缺乏典型的热带科物种，表明南段仍不是典型的热带区系，而是东亚植物区系中亚热带向温带过渡区的一部分。

（4）高黎贡山南段科、属、种级特有现象反映了本区的特有现象十分丰富。特有成分中，物种分化强烈，新老兼备，既保存了大量古老成分，又分化出了许多新生成分。

第 4 章　高黎贡山南段与相邻地区植物区系的比较

为了进一步认识高黎贡山南段种子植物区系的性质以及它和邻近地区植物区系之间的关系，特选取高黎贡山北段、铜壁关自然保护区、澜沧江自然保护区、元江自然保护区、南滚河自然保护区进行比较。各区域自然地理概况见表 4.1。

表 4.1　地理和气候条件比较
Table 1　Comparison of Geographical and Climatic Conditions with Other Regions

地　区	经　度	纬　度	年降水量	年平均气温	海　拔
高黎贡山南段	98°34′～98°50′E	24°56′～26°09′N	2253mm	15.8℃	645～4161m
高黎贡山北段	98°11′～98°47′E	27°30′～28°22′N	2670mm	15.2℃	1040～5128m
铜壁关保护区	97°31′～97°46′E	23°54′～24°51′N	1509 mm	19.5℃	210～2595m
澜沧江保护区	99°07′～100°25′E	23°07′～25°02′N	1167 mm	17.2℃	1500～3430m
元江保护区	101°39′～102°22′E	23°18′～23°55′N	1163mm	18.7℃	320～2580m
南滚河保护区	98°54′～99°05′E	23°13′～23°19′N	2834 mm	12.4℃	450～2302m

4.1　高黎贡山南段与相邻地区植物区系的比较

4.1.1　数量结构比较

由表 4.2 可见，高黎贡山南段与邻近地区科属种的数量比较中，种的数量小于铜壁关自然保护区和高黎贡山北段，这些数据由多因素制约的，如区域面积、生态环境、保护程度、分类系统、研究范围与深度等。在系统分类学中，同一属内的种常常具有同一起源和相似的进化趋势，分类学特征和生态学特征较科接近，因此，属比科更能具体反映植物进化和变异情况。在植物分类工作中采用的分类系统或资料有所差异，本研究采用了属种比例（属种系数）研究各区物种分化程度，从南段与邻近地区的比较（表4.3），南段排位靠前，说明南段的环境变化，如喜马拉雅山提升导致海拔提升，板块北移导致纬度变化等，生态环境的变化北段要比南段更加剧烈，加之北温带植物南迁，使得北段的物种分化性要强于南段，而南段又强于其他4个邻近地区。这也印证了南段属于云南滇西多样性中心的一部分。

表4.2 高黎贡山南段种子植物与邻近地区数量结构比较

Table 4.2 The Comparison on the Diversity of Seed Plants between the Flora of the Sonthern Gaoligong Mountains and Other Adjacent Region

地区 Region	科数 Families	占云南 Yunnan	占中国 China	属数 Genera	占云南 Yunnan	占中国 China	种数 Species	占云南 Yunnan	占中国 China
高黎贡山北段	172	71.67%	51.04%	778	39.21%	24.31%	2816	21.66%	10.33%
高黎贡山南段	192	80.00%	56.97%	878	44.25%	27.44%	2807	21.59%	10.29%
铜壁关保护区	201	83.75%	59.64%	1202	60.58%	37.56%	3517	27.05%	12.90%
澜沧江保护区	136	56.67%	40.36%	428	21.57%	13.38%	1051	8.08%	3.85%
元江保护区	188	78.33%	55.79%	835	41.58%	25.78%	2080	16.00%	7.63%
南滚河保护区	177	73.75%	52.52%	921	46.42%	28.78%	1885	14.50%	6.91%

表4.3 高黎贡山南段种子植物与邻近地区属种系数比较

Table 4.3 The Comparison on the Species and Genera of Seed Plants between the Flora of the Southerh Gaolingong Monntains and Other Adjacent Region

地区 Region	属数 Genera	种数 Species	属种系数 Genera/Species
高黎贡山北段	778	2816	0.276278
高黎贡山南段	878	2807	0.312789
铜壁关保护区	1202	3517	0.341769
澜沧江保护区	428	1051	0.407231
元江保护区	835	2080	0.401442
南滚河保护区	921	1885	0.488594

4.1.2　综合系数比较

通过综合系数（integrative coefficient）对邻近种子植物区系的成分丰富程度进行比较。参照综合系数法（左家哺，1990）比较分析 6 个植物区系成分丰富程度。

$$S_i \ = \ \sum_{j=1}^{n} \frac{X_{ij} - \bar{X}_{ij}}{\bar{X}_{ij}}$$

式中：

1）Xij 表示 K 个地区中第 i 个地区 n 个分类单位中第 j 个分类单位的数值；

2）$\sum_{i=1}^{n} \bar{X}_{ij} = \frac{1}{K} \sum_{j=1}^{K} X_{ij}$ 表示 K 个地区中 n 个分类单位中第 j 个分类单位的平均值；

3）Si 表示 K 个地区中第 i 个地区植物区系成分的综合系数。Si 越大，第 i 个地区植物区系越丰富；相反，则越贫乏。

高黎贡山南段及邻近种子植物区系成分的 Si 值是：高黎贡山南段为 0.315、高黎贡山北段为 0.087、铜壁关自然保护区为 1.052、澜沧江自然保护区为 −1.280、元江自然保护区为 −0.067、南滚河自然保护区为 −0.109。由此表明，铜壁关、高黎贡山南段最丰富，澜沧江自然保护区最贫乏。

4.1.3　属的分布式样比较

属的分类学特征相对稳定，占有比较稳定的分布区，同时在进化过程中，随着地理环境的变化发生分异，使得属之间有着明显的地区性差异。因此植物属的分布型比科或种更具体地反映植物的演化扩展过程、区域分异及地理特征。

表4.4 高黎贡山南段与邻近地区种子植物属的分布式样比较
Table 4.4 Comparison of the Generic Distribution Types between the
Flora of the Southern Gaoligong Mountains and Its Adjacent Region

分布区类刑 Distribution Types	北段 (%) Northern	南段 (%) Southern	铜壁关 (%) Tongbiguan	澜沧江 (%) Lancangjiang	元江 (%) Yuanjiang	南滚河 (%) Nangunhe
1	0	0	0	0	0	0
2	14.80	18.28	20.42	19.83	25.32	24.2
3	1.80	1.72	2.82	2.29	3.71	2.9
4	6.78	8.34	10.48	6.36	11.25	10.4
5	3.73	4.42	5.63	3.31	7.93	7.9
6	4.70	6.13	6.69	5.08	5.37	8.3
7	13.28	18.40	28.17	16.03	18.93	30.3
热带	45.10	57.30	74.21	52.9	72.51	84
8	21.02	16.20	8.19	18.82	10.10	5.5
9	6.50	5.28	3.26	5.81	3.71	2.9
10	5.81	4.54	3.52	3.81	4.09	2
11	1.11	0.86	0.35	1.53	0.51	0.2
12	0.41	0.37	0.18	0.5	0.38	0.3
13	0.41	0.12	0.18	0	0	0
14	17.29	13.62	9.24	13.48	7.93	4.6
15	2.35	1.72	0.88	3.05	0.77	0.3
温带	54.90	42.70	25.80	47	27.49	15.8

*为比较一致，表内数据统一不计世界广布

通过属级水平上各组数据比较分析，南段与澜沧江自然保护区区系最为接近（表4.4），如热带成分与温带成分的比重较接近，热带属的比例分别为57.30%、52.9%，都略高于温带成分。这与区系所处的纬度与海拔相近有关。其次高黎贡山南段较接近的是高黎贡山北段，其主要原因是南北段同属一个山脉，区系起源和演化上都有一致性，温带东亚成分由北段沿高海拔山体由北向南迁移，热带亚洲成分沿低海拔河谷由南向北迁移，南北成分融合导致这一结果。

通过6区系比较，唯有高黎贡山北段热带成分少于温带成分，而元江、南滚河和铜壁关的热带成分远远高于温带成分，说明这 3 个区系形成与古热带植物区有直接的联系，同时也反映了纬度对植物区系性质有重要的影响。随着纬度的升高，区系热带成分比例降低，而温带成分比例升高。

东亚分布类型，高黎贡山北段、南段、澜沧江自然保护区比例最高，分别为 17.29%、13.62%、13.48%，表明这些地区同为东亚植物区中国—喜马拉雅森林植物亚区。而铜壁关、元江和南滚河东亚成分为 9.24%、7.93%、4.6%，与其属于古热带植物区马来西亚植物亚区有关。

中亚分布型的亚型，中亚至喜马拉雅和我国西南分布，西亚至喜马拉雅和西藏分布，高黎贡山南段、北段、铜壁关自然保护区有分布，而其他 3 个区系都没有，说明横断山脉对植物区系有一定的生态隔离作用。

4.1.4 聚类分析

根据各个植物区系成分所占比例，利用 STATISTICA 统计软件得出各区系关系的层次聚类分析（Hierarchical Cluster Analysis）结构图（图 4.1）。

标准化组间平均连结法

Dendrogram using Average Linkage（Between Groups）

欧式距离平方值

Rescaled Distance Cluster Combine

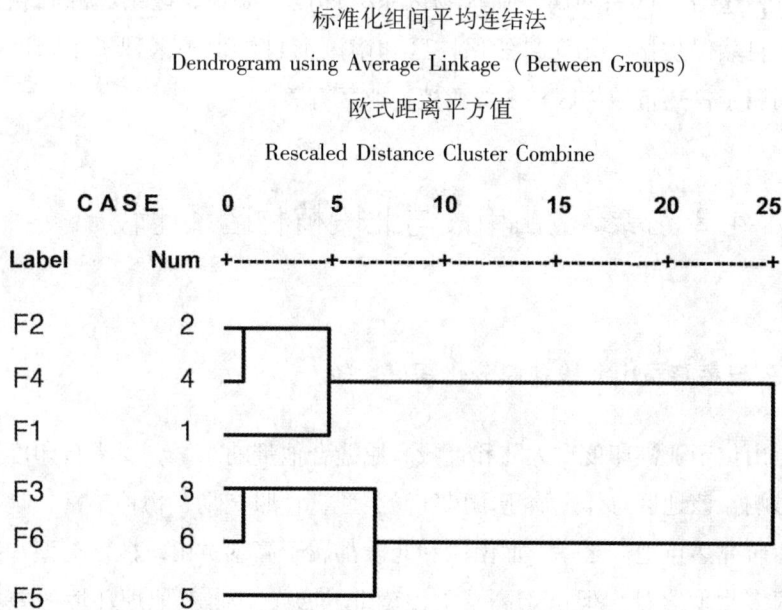

图 4.1 高黎贡山南段与邻近区系层次聚类分析

Fig 4.1 **Hierarchical Cluster Analysis of the Sonthern Gaoligong Mountains and Other Regions**

　　根据聚类分析结构图，6 个区系可分成不同的两组：Ⅰ组有高黎贡山南段（F2）、澜沧江自然保护区（F4）、高黎贡山北段（F1）；Ⅱ组有铜壁关保护区（F3）、元江自然保护区（F5）、南滚河自然保护区（F6）。表明两组区系属不同植物区，Ⅰ组区系同属东亚植物区中国—喜马拉雅森林植物亚区，而Ⅱ组区系同属古热带植物区马来西亚植物亚区。

4.1.5　与相邻地区植物区系的比较小结

　　（1）通过与邻近区系比较，高黎贡山南段是种子植物多样性较为丰富、地理成分较为复杂的区域；其较强的物种属级分化程度和区系成分丰富程度，证实其为滇西多样性中心的重要组成。

　　（2）高黎贡山作为横断山脉的最西支，其生态隔离作用，使得中亚分布型的亚型，中亚至喜马拉雅和我国西南分布，西亚至喜马拉雅和西藏分布受到较大影响。

　　（3）区系聚类分析表明，高黎贡山南段与澜沧江自然保护区、高黎贡山北段最为接近，这与三区系同属东亚植物区系且纬度、海拔、区系起源等相似有关。铜壁关自然保护区、元江自然保护区和南滚河自然保护区种子植物区系接近，与其同属于古热带植物区马来西亚植物亚区有关。

4.2　高黎贡山南段与北段植物区系比较

4.2.1　与高黎贡山北段科属分化程度比较

　　高黎贡山位于亚洲印度次大陆和青藏高原缝合地带的东缘，受来自印度洋的西南季风影响，该地区总体上属于季风气候类型，日照充足，物种丰富，是全球生物多样性研究热点地区之一。而南段和北段都属于高黎贡山，植被类型和物种组成上有很多相似之处。但由于高黎贡山南北跨度大，自然地理环境的差异明显，南部地区具有明显的干湿季，而北部地区四季的降水分配较均匀。纬度跨度大决定了是古北极和古热带植物成分的过渡交汇特性；地势北高南低，海拔梯度大，导致南北植物生境的差异，最终导致高黎贡山南北段植物区系的差异。

高黎贡山南段种子植物科属种比为 1:4.57:14.62，相对北段 1:4.52:16.37（包括种下等级）的比较，北段区系数量构成中"科少种多"的特点反映其相对年青和新生的性质，南段数量构成中"科多种少"的特点，反映南段区系相对北段有较为古老和保守的性质。据表 4.5，科属比南段 0.219，北段 0.221，南段小于北段，说明属级多样性南段强于北段，南段区系的古特有性上略高。而科种比和属种比，南段都大于北段，说明种级分化北段强于南段，其原因是北段由于后期生态环境的剧烈变化，物种的分化程度变得更强，易产生大量的新特有种。

表 4.5　高黎贡山南段与北段科属分化程度比较

Table 4.5　**Diversity of Seed Plants in the Southern and Northern Gaoligong Mountains**

分化度 Diversity	高黎贡山南段 The Southern Gaoligong Mountains		高黎贡山北段 The Northern Gaoligong Mountains	
科/属	192:878	0.218679（1:4.57）	172:778	0.22108（1:4.52）
科/种	192:2807	0.068400（1:14.62）	172:2816	0.06108（1:16.37）
属/种	878:2807	0.312789（1:3.2）	778:2816	0.27628（1:3.62）
科/属/种	192:878:2807	1:4.57:14.62	172:778:2816	1:4.52:16.37

4.2.2　与高黎贡山北段相似性及地理成分比较

计算不同地区或不同地理成分间的相似性参数来推算它们之间的相似性程度，1948 年 Sprenson 对 Jaccard（1901）公式进行了修正，提出了与 Sc 公式相同的计算表达式 Ss = ［2C/（A + B）］×100% = Sc。推荐采用统一的 Sc = ［2C/（A + B）］×100% 计算公式，统一的效果将在今后的研究中显示出其深远的意义。式中 Sc 为相似性系数，C 对比两地的共有类群数，A、B 为出现于两地各自的类群数，（ABC 为非广布成分或都减去世界广布类群）。

4.2.2.1　科级相似性及地理成分比较

科级水平上南北共有 156 科，南段有 36 科非共有，11 科世界广布；北段 16 科非共有，没有世界广布科。Sc = ［2C/（A + B）］×100% = ［2×110/（135 + 126）］×100% = 84.29%。南北段科级水平上的相似性系数为 84.29%（南段和北段分布类型以 2006 版为准）。表明在区系起源演化上的一致性。

如果南北两段共同除去 Hutchinson 系统新分科，南北段相似系数会相应升高。南段 170 科，北段 158 科，共有科 149 科。Sc = ［2C/（A + B）］×100% = ［2×104/（125 + 113）］×100% = 87.39%。南北段科级水平上的相似性系数为 87.39%。

由表 4.6 可知南段热带性质科 84 科，占总科数的 62.22%（不计世界广布），温带性质 51 科，占总科数的 37.78%；北段热带性质 80 科，占当总科数的 56.74%（不计世界广布），温带性质 61 科，占总科数的 43.26%。南段的热带成分 62.22% 高于 56.74%，北段的温带成分 43.26% 高于 37.78%，由此可以看出在科级水平上，南段的热带成分高于北段，南段温带成分则低于北段。

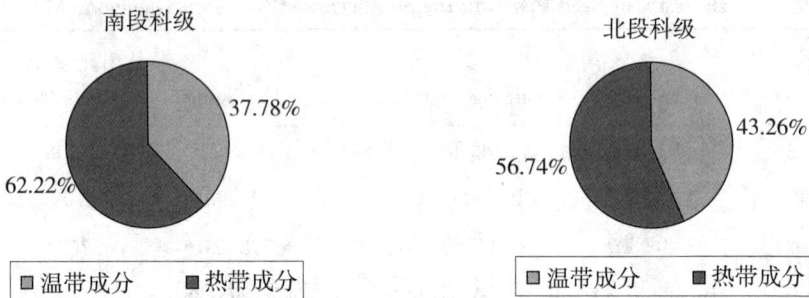

南段科级　　　　　　　　　　北段科级

37.78%　　　　　　　　　　43.26%

62.22%　　　　56.74%

■ 温带成分　■ 热带成分　　　　■ 温带成分　■ 热带成分

图4.2 南北段热带成分与温带成分比较（科）

Fig 4.2 Comparison of Tropical and Temperate Elements between the Southern and Northern Gaoligong Mountains（Family）

南北段均含 10 个分布类型；南段缺乏 6、11、12、13、15 分布型，北段缺乏 5、6、11、12、13 分布型。南段多于北段热带亚洲至热带大洋洲分布 2 科，北段多于南段中国特有分布 1 科。

南北段分布型科数排序对比，南段前 3 分布型相同，说明科级水平起源的一致性，而排序第四分布型南段为热带亚洲和热带美洲间断分布，而北段为东亚成分。说明高黎贡山南段科级水平起源和演化上与热带亚洲较北段联系紧密，而高黎贡山北段科级水平起源和演化上与东亚分布较南段联系紧密。

表 4.6 高黎贡山南段与北段种子植物科的分布区类型比较

Table 4.6 A Comparison on the Distribution Types of Families of Seed Plants between the
Southern and Northern Gaoligong Mountains

科分布类型 Distribution Types	高黎贡山南段 Southern Gaoligong Mountains		高黎贡山北段 Northern Gaoligong Mountains	
1	57	29.69%	31	18.02%
2	63	32.81%	68	39.53%
3	11	5.73%	5	2.91%
4	5	2.60%	4	2.33%
5	2	1.04%	0	0.00%
6	0	0.00%	0	0.00%
7	3	1.56%	3	1.74%
8	32	16.67%	36	20.93%
9	9	4.69%	9	5.23%
10	2	1.04%	3	1.74%
11	0	0.00%	0	0.00%
12	0	0.00%	0	0.00%
13	0	0.00%	0	0.00%
14	8	4.17%	12	6.98%
15	0	0.00%	1	0.58%
合计 Total	192	100.00%	172	100.00%

南段东亚特有科 7 个（南北共有）水青树科 Tetracentraceae、猕猴桃科 Actinidiaceae、桃叶珊瑚科 Aucubaceae、三尖杉科 Cephalotaxaceae、领春木科 Eupteleaceae、青荚叶科 Helwingiaceae、旌节花科 Stachyuraceae；南段东亚特有科 1 个（南北非共有）鞘柄木科 Toricelliaceae；北段东亚特有科 4 个（南北非共有）星叶草科 Circaeasteraceae、九子母科 Podoaceae、四角果科 Carlemanniaceae、囊苞花科 Triplostegiaceae；北段有 1 中国特有科（可归在东亚分布）。北段东亚特有科多于南段说明：北段是新特有中心，更接近东亚区系。

表4.7 高黎贡山南段与北段种子植物非共有科比较

Table 4.7 A comparison on the Families of Seed Plants between the Southern and
Northen Gaoligong Mountains

高黎贡山南段 The Southern Gaoligong Mountains 科名 Family （分布类型 Distribution Types）		高黎贡山北段 The Northern Gaoligong Mountains 科名 Family （分布类型 Distnbution Tgpes）
葱科 Alliaceae （1）	黄眼草科 Xyridaceae （2）	藤黄科 Guttiferae （2）
金鱼藻科 Ceratophyllaceae （1）	箭根薯科 Taccaceae （2）	牛栓藤科 Connaraceae （2）
马齿苋科 Portulacaceae （1）	水玉簪科 Burmanniaceae （2）	棕榈科 Palmae （2）
水马齿科 Callitrichaceae （1）	度量草科 Spigeliaceae （2）	紫茉莉科 Nyctaginaceae （2）
角果藻科 Zannichelliaceae （1）	醉鱼草科 Buddlejaceae （2.2）	紫堇科 Fumariaceae （8）
茨藻科 Najadaceae （1）	买麻藤科 Gnetaceae （2.2）	菖蒲科 Acoraceae （8.4）
香蒲科 Typhaceae （1）	山龙眼科 Proteaceae （2.S）	黑三棱科 Sparganiaceae （8.4）
槲寄生科 Viscaceae （1）	泡花树科 Meliosmaceae （3）	鬼臼科 Podophyllaceae （9）
睡菜科 Menyanthaceae （1）	海桑科 sonneratiaceae （4）	假叶树科 Ruscaceae （10）
厚壳树科 Ehretiaceae （1）	天门冬科 Asparagaceae （4）	柽柳科 Tamaricaceae （10）
梅花草科 Parnassiaceae （1）	肋果茶科 Sladeniaceae （7.3）	领春木科 Eupteleaceae （14）
苦木科 Simaroubaceae （2）	茅膏菜科 Droseraceae （8.4）	星叶草科 Circaeasteraceae （14.1）

续 表

高黎贡山南段 The Southern Gaoligong Mountains 科名 Family （分布类型 Distnbution Tgpes）		高黎贡山北段 The Northern Gaoligong Mountains 科名 Family （分布类型 Distnbution Tgpes）
金粟兰科 Chloranthaceae （2）	莼菜科 Cabombaceae （9）	九子母科 Podoaceae （14.1）
山柑科 Capparidaceae （2）	透骨草科 Phrymaceae （9）	四角果科 Carlemanniaceae （14.1）
西番莲科 Passifloraceae （2）	扯根菜科 Penthoraceae （9）	囊苞花科 Triplostegiaceae （14.1）
使君子科 Combretaceae （2）	菱科 Trapaceae （10）	珙桐科 Davidiaceae （15）
茶茱萸科 Icacinaceae （2）	鞘柄木科 Toricelliaceae （14.1）	
山榄科 Sapotaceae （2）	水青树科 Tetracentraceae （14.1）	

4.2.2.2 属级相似性及地理成分比较

属级水平上南北共有 586 属，世界广布属 50，南段有 292 属非共有，13 世界广布属；北段 192 非共有，5 世界广布属。$Sc = [2C/(A+B)] \times 100\% = 2 \times 536 (815 + 723) \times 100\% = 67.70\%$。南北段属级水平上的相似性系数为 67.70%。表明在区系起源演化上的一致性，但相对于科级水平已经有了较大的分化。

表4.8 高黎贡山南段与北段种子植物属的分布区类型比较

Table 4.8 A Comparison on the Distribution Types of Genera of Seed Plants between
Southern and Northern Gaoligong Mountains

属分布类型 Distribution Types	高黎贡山南段 The Southern Gaoligong Mountains		高黎贡山北段 The Northern Gaoligong Mountains	
1	63	7.18%	55	7.07%
2	149	16.97%	107	13.75%
3	14	1.59%	13	1.67%
4	68	7.74%	49	6.30%
5	36	4.10%	27	3.47%
6	50	5.69%	34	4.37%
7	150	17.08%	96	12.34%
8	132	15.03%	152	19.54%
9	43	4.90%	47	6.04%
10	37	4.21%	42	5.40%
11	7	0.80%	8	1.03%
12	3	0.34%	3	0.39%
13	1	0.11%	3	0.39%
14	111	12.64%	125	16.07%
15	14	1.59%	17	2.19%
合计 Total	878	100.00%	778	100.00%

中国特有属南北共有6属，箭竹属 Asteropyrum、贡山竹属 Dickinsia、紫菊属 Sinocarum、蜂腰兰属 Berneuxia、拟单性木兰属 Pterygiella、台湾杉属 Paragutzlaffia。

南段8属中国特有（非南北共有），分别是全唇花属 Eurycorymbus、心叶石蚕属 Davidia、直瓣苣苔属 Sinolimprichtia、马蹄香属 Syncalathium、牛筋条属 Whytockia、瘿椒树属 Ypsilandra、栾树属 Smithorchis、长蕊斑种草属 Taiwania；北段11属中国特有（非南北共有），分别是珙桐属 Davidia、马蹄芹属 Dickinsia、小芹属 Sinocarum、舟瓣芹属 Sinolimprichtia、藏岩梅属 Berneuxia、合头菊属 Syncalathium、翅茎草属 Pterygiella、异叶苣苔属 Whytockia、南一笼鸡属 Paragutzlaffia、反

唇兰属 *Smithorchis*。

由表 4.8 可知南段热带性质属 467 属，占总属数的 57.30%（不计世界广布），温带性质 348 属，占总属数的 42.70%；北段热带性质 326 属，占当总属数的 45.09%（不计世界广布），各类温带性质 397 属，占总属数的 54.91%。

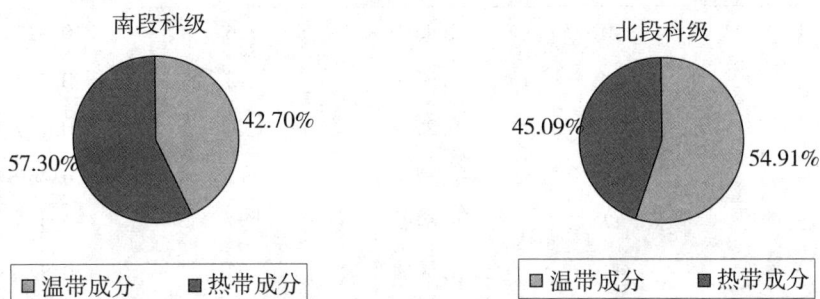

图 4.3　南北段热带成分与温带成分比较（属）

Fig 4.3　**Comparison of Tropical and Temperate Elements between the Southern and the Northern Gaoligong Mountains（Genus）**

由此可以看出在属级水平上：南段的热带成分高于北段，南段温带成分则低于北段；南段的热带成分 57.30%，表明南段植物区系热带成分占优，北段的温带成分 54.91%，表明北段植物区系温带成分占优；南北段均含 15 个分布类型，表明南北段地理成分均较复杂；南北段分布型属数排序对比，南段前四类型依次为 7、2、8、14 型、北段依次为，8、14、2、7 型；南段热带亚洲（印度—马来西亚）成分、泛热带成分是该地植物区系的主要组成部分，北段北温带成分和东亚成分是该地植物区系的主要组成部分。而南北段都是由热带亚洲（印度—马来西亚）成分、泛热带成分、北温带成分、东亚成分这 4 种成分为主，说明高黎贡山为古北大陆和古南大陆的交汇区域，也是东亚区系中的喜马拉雅区与马来西亚区交汇区域。

4.2.2.3　种级相似性及地理成分比较

种级水平上南北共有 1131 种，世界广布种 12，南段有 1676 种非共有，28 世界广布种；北段 1685 非共有，14 世界广布种，Sc ＝［2C／（A＋B）］×100% ＝2×1119／（2767＋2790）×100% ＝40.27%。南北段种级水平上的相似性系数为 40.27%。表明区系由于生态环境的变化和区系的演变与融合，种级水平相似性已经大大降低。

表4.9　高黎贡山南段与北段种子植物种的分布区类型比较

Table 4.9　A Comparison on the Distribution Types of Species of Seed Plants between Southern and Northen Gaoligong Mountains

种分布类型 Distribution Types	高黎贡山南段 The Southern Gaoligong Mountains		高黎贡山北段 The Northern Gaoligong Mountains	
1	40	1.43%	26	0.92%
2	30	1.07%	15	0.53%
3	7	0.25%	3	0.11%
4	23	0.82%	13	0.46%
5	47	1.67%	27	0.96%
6	42	1.50%	23	0.82%
7	618	22.02%	464	16.48%
8	32	1.14%	34	1.21%
9	6	0.21%	5	0.18%
10	24	0.86%	37	1.31%
11	36	1.28%	43	1.53%
12	6	0.21%	13	0.46%
13	7	0.25%	8	0.28%
14	804	28.64%	873	31.00%
15	1085	38.65%	1232	43.75%
合计 Total	2807	100.00%	2816	100.00%

　　在种级水平上，两地种子植物出现了比科级和属级更多的差异。南北段共有的种为1131种，占总种数40.29%。两段共有种中，341种为中国特有种，76种为两段共有的云南特有种，24种高黎贡山特有，分别是高山玄参 *Scrophularia hypsophila*、云南鹅掌柴 *Schefflera yunnanensis*、孔目矮柳 *Salix kongmuensis*、贡山悬钩子 *Rubus gongshanensis*、大树杜鹃 *Rhododendron protistum var. giganteum*、贡山杜鹃 *Rhododendron gongshanense*、长爪梅花草 *Parnassia farreri*、独龙重楼 *Paris dulongensis*、独龙蛇根草 *Ophiorrhiza dulongensis*、粗壮珍珠菜 *Lysimachia robusta*、金黄凤仙花 *Impatiens xanthina*、微绒毛凤仙花 *Impatiens tomentella*、同距凤仙花 *Impatiens holocentra*、怒江球兰 *Hoya salweenica*、贡山独活 *Heracleum kingdoni*、贡山

竹 *Gaoligongshania megalothyrsa*、片马柳叶菜 *Epilobium kermodei*、俞氏楼梯草 *Elatostema yui*、多花掌叶树 *Brassaiopsis polyacantha*、贡山桦 *Betula gynoterminalis*、腾冲秋海棠 *Begonia clavicaulis*、缅甸南星 *Arisaema burmaense*、锐叶香青 *Anaphalis oxyphylla*、腾冲异形木 *Allomorphia howellii* 等。

　　由表 4.9 可知南段热带性质 767 种，占全部种数的 27.72%（不计世界广布），2000 种，占全部种数的 72.28%；北段热带性质 545 种，占当全部种数的 19.53%（不计世界广布），各类温带性质 2245 种，占全部种数的 80.47%。

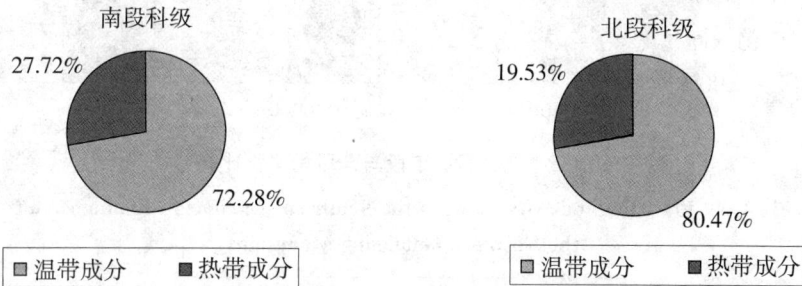

图 4.4　南北段热带成分与温带成分比较（种）

Fig 4.4　Comparison of Tropical and Temperate Elements between the Southern Gaoligong Mountains and the Northern Gaoligong Mountains（Species）

　　由此可以看出在种级水平上：南段的热带成分高于北段，南段温带成分则低于北段；南段的温带成分 72.28%，表明南段植物区系温带成分占优，北段的温带成分 80.47%，表明北段植物区系温带成分占优；南北段分布型属数排序对比，南段与北段前三类型是完全相同的，依次为 15、14、7 型，说明高黎贡山南段与北段种子植物区系主体构成成分是一致的。同时，北段的生态地理环境较为复杂，获得新生物种形成的环境机遇较多，更有利于新类群的发生、发展和分化，所以北段特有物种要多于南段。

4.2.2.4　相似性及地理成分综合区系分析

综合科属种不同级的相似性比较可知：

（1）南北段科的相似性系数 Sc 表明南段与北段区系起源相近。

（2）南北段的相似性程度按科属种依次降低，说明科、属、种在本地出现的时间不一致，生态环境的变化，古老类群的分化或消退，新生类群的迁入或演变都会导致这一结果（图 4.5）。

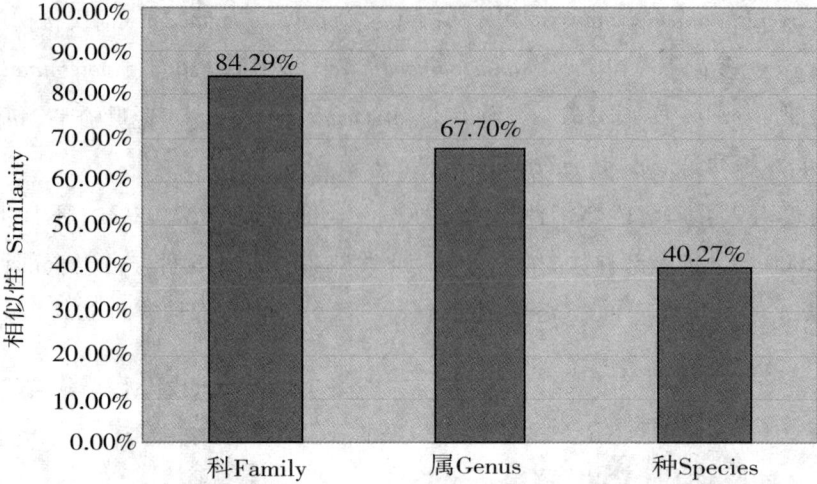

图4.5 高黎贡山南段与北段相似性比较

Fig 4.5 Floristic Similarity between the Southern Gaoligong Mountains and the Northern Gaoligong Mountains

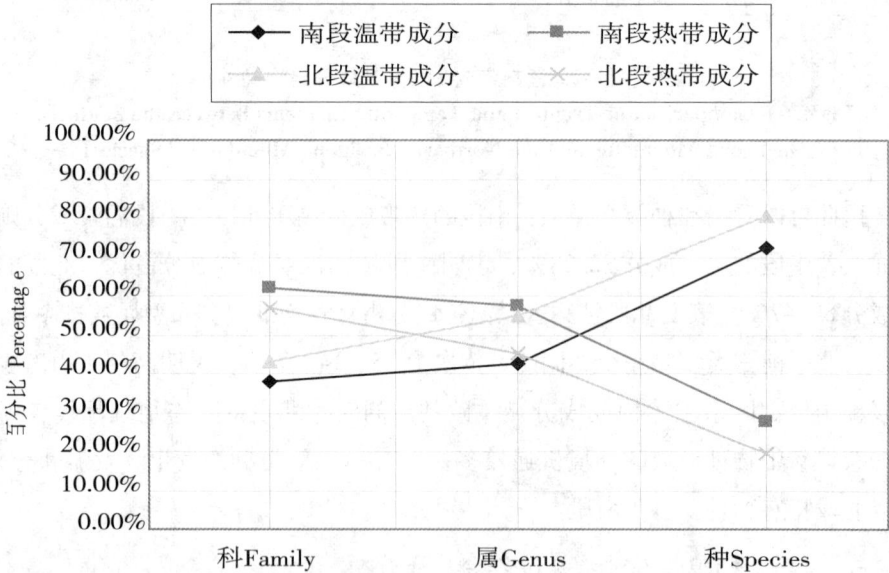

图4.6 高黎贡山南北段热带成分与温带成分比较（科、属、种）

Fig 4.6 Comparison of Tropical and Temperate Elements between the Southern Gaoligong Mountains and the Northern Gaoligong Mountains (at levels of family, genus and specie)

（3）在科属种三个层面上来说，南段的热带成分高于北段，温带成分低于北段（图4.6），这表明南段与古热带植物区系的亲缘关系较北段更为密切，而与温带东亚植物区系的亲缘关系北段较南段更加紧密。

（4）南段特有种比北段少，这也是因为北段的生态地理环境较为复杂，更有利于新类群的发生发展和分化，而南段因生态环境变化较北段缓和，则保留了较多古老特有种。

第 5 章　高黎贡山南段种子植物区系特征及讨论

5.1　高黎贡山南段种子植物区系特征

5.1.1　区系组成

高黎贡山南段种子植物种类十分丰富，共有野生种子植物 192 科、878 属、2807 种，占云南种子植物总数科的 80.00%，属的 44.25% 和种的 21.59%。占中国种子植物总数科的 56.97%，属的 27.44% 和种的 10.29%。其中裸子植物 6 科 12 属 19 种，被子植物 186 科 878 属 2788 种，数据说明高黎贡山南段在云南乃至中国植物多样性方面的重要性。

5.1.2　区系性质

本区 192 个科可划分为 10 种分布区类型，12 种变型，878 个属可划分为 15 个类型和 22 个变型，2807 个种可划分为 15 种类型 9 亚型 14 个变型。说明南段种子植物区系地理成分复杂，联系广泛。

在科级水平上，热带性质的科有 84 科，温带性质的科有 51 个，热带成分与温带成分之比为 1.65:1，有明显的热带性质；在属级水平上，热带性质的属有 467 属，温带性质的属有 348 个，热带成分与温带成分的比为 1.34:1，热带性质比科级水平有所消退；在种级水平上，热带性质的种有 767 种，温带性质的种有 2000 种。热带成分与温带成分的比为 1:2.61，温带性质的种占优势，说明随着海拔和纬度的提升，热带成分逐渐退去，而大量的温带成分得以发育。充分证明南段因低海拔亚热带与高海拔暖温带气候共存，在种类组成上具有明显的过渡性。

高黎贡山南段科属热带成分占优，表明南段种子植物区系有明显的热带渊源，但仅分布于热带的科与属在本地区不多，缺乏典型的热带科属，表明南段仍不是典型的热带区系，而处于古热带植物区系向东亚温带植物区系的过渡。到了种级水平，中国特有成分、东亚成分和热带亚洲成分为区系主体，温带成分所占比例已经超过热带成分，该区表现为东亚植物区系温带性质。

5.1.3　区系起源

高黎贡山南段种子植物区系主要起源为热带亚洲成分、泛热带成分、北温带成分、东亚特有成分。

热带亚洲（印度—马来西亚）分布及其变型有 3 科 150 属，分别占总科属数的 1.56%、17.08%，这一分布类型的种有 618 种，占总种数的 22.02%，其中多数种类是该区低中海拔段植被的重要组成成分，表明热带亚洲（印度—马来西亚）成分是本地低中海拔区植物区系主要来源，它们经中南半岛向北迁入本区；泛热带分布及其变型有 63 科 149 属，分别占总科属数的 32.81%、16.97%，这一分布类型的种有 30 种，占总种数的 1.07%；北温带分布及其变型有 32 科 132 属，分别占总科属数 16.67%、15.03%，这一类型的种有 32 种，占总种数的 1.14%；东亚特有分布及其变型的属有 8 科 111 属，占总科属数 4.17%、12.64%，这一类型的种有 804 种，占总种数的 28.64%，其中的许多属种是该区中高海拔植被的重要组成成分，表明东亚成分是本区中高海拔地区植物区系的重要来源，它们由北而南进入本区，并在适宜其生存的中高海拔段得以很好的生存和发展。这些数据显示泛热带分布、热带亚洲分布、北温带分布、东亚特有分布是本区种子植物区系的主要来源。

高黎贡山南段种子植物区系是由古南大陆成分及古北大陆成分在漫长的地质历史过程中融合发展而来。许多源于热带亚洲和东亚成分在此产生了较为丰富的特有类群。中国特有属 14 属，占总属数 1.59%；中国特有种 1085 种，占种数 38.65%；是南段种子植物区系构成中数量最大的一种类型，它们连同泛热带、热带亚洲、北温带、东亚特有成分共同演变成现今的植物区系。

5.1.4　区系地位

从科的统计分析可知，南段有东亚特有科 8 科，占全部东亚特有科的 44.44%，分别是青荚叶科、猕猴桃科、桃叶珊瑚科、三尖杉科、旌节花科、领春木科、鞘柄木科、水青树科。多个东亚科分类上比较孤立，起源上较为古老，说明这一区域在地质历史上的古老性和东亚的一致性。

从属的统计分析可知，东亚分布及其变型的属有 111 属，占总属数的 12.54%，东亚成分比科级水平的有很大提高，其中 52 属为中国—喜马拉雅变型，10 属为中国—日本变型，为该区域属东亚植物区中国—喜马拉雅森林植物亚区提供了有力的证据。

从种的统计分析可知，东亚分布和中国特有分布共 1889 种，占总种数 67.30%，中国特有种是属于东亚植物区的范围。东亚特有种中大多属于中国—喜马拉雅变型，而在中国特有种中以云南特有和西南地区特有种占主体，高黎贡山特有种，及云南特有种的分布，进一步说明本区属于东亚植物区中国—喜马拉雅森林植物亚区的横断山脉地区的一部分。

高黎贡山南段与热带区系的联系主要以泛热带成分和热带亚洲成分为主，与温带区系的联系主要以北温带成分和东亚成分为主；就云南省内而言，与滇西狭谷区植物区系和滇缅老越边境区系联系最为密切，就全国范围而言，与西南区联系最为密切；就东亚地区而言，与中国—喜马拉雅亚区最接近。高黎贡山南段植物区系是泛北极植物区中国—喜马拉雅森林植物亚区的横断山脉地区与古热带植物区马来西亚植物亚区滇、缅、泰地区的交汇区域。

5.1.5　区系特有现象

高黎贡山南段特有现象显著，虽然缺乏中国特有科，但东亚特有科丰富，共计 8 科，占东亚特有总数的 44.44%，多个东亚科分类上比较孤立，起源上较为古老，加之大量单型科属，说明这一区域在地质历史上的古老性和与东亚区系起源的一致性，从而印证了南段是东亚植物区的一部分。

属级和种级特有现象也很明显，中国特有属 14 属（吴征镒，2006），占整个中国特有属（243）的 5.76%，占云南特有属（115 属）12.17%；中国特有种 1085 种，占总种数的 38.65%，云南特有种 305 种，占中国特有种的 28.11%，高黎贡山南段特有种 82 种，占中国特有种的 7.56%。特有度非常高，充分显示南段在云南和中国植物区系上的重要位置。

特有成分中新老兼备，古老特有成分与历史成因有关，而新生特有成分与生态成因有关。由此表明高黎贡山南段由于生态变化原因分化出大量新生成分，同时由于地质历史原因，也保存许多古老成分，所以南段是一个保留和孕育特有物种的重要场所。

5.1.6 区系比较

通过与邻近区系比较，南段是种子植物多样性较为丰富、地理成分较为复杂的区域；综合高黎贡山南北段科属种不同级的相似性比较，科和属的相似性系数 Sc 表明南段与北段区系起源相近。南北段的相似性程度按科属种依次降低，说明科属种在本地出现的时间不一致，生态环境的变化，古老类群的分化或消退，新生类群的迁入或演变都会导致这一结果。

在科、属、种三个层面上来说南段的热带成分高于北段，温带成分低于北段，这表明南段与古热带植物区系的亲缘关系较北段更为密切，而与温带东亚植物区系的亲缘关系北段较南段更加紧密。南段区系数量构成中科多种少的特点，反映南段区系相对北段有较为古老和保守的性质。此外，南段特有种比北段少，这也是因为北段的生态地理环境较为复杂，更有利于新类群的发生发展和分化，而南段则保留了较多古老特有种。

5.2 讨 论

（1）本研究在分析高黎贡山南段种子植物区系时，选择排除栽培种、中国外来入侵种和外来归化种共计 166 种（表 5.1），以尽量保持本区系的本土性，以反映本区系原貌。人类活动可以影响区系原貌，因此在进行区系演变、区系性质、区系起源研究时，要尽可能排除只能借助人类活动越过而不能自然逾越的空间障碍从到达新的自然区域（自然分布范围及扩散潜力以外的区域）或新的生态系统的外来种，本研究排除了栽培种、中国外来入侵种和归化种共计 166 种。栽培种为不见于野外的人工种植的农作物或经济作物，共计 124 种；外来入侵种本研究参照李振宇等的《中国外来入侵种》，以国外原产的物种为主，以"可引起严重或相当危害或一旦扩散后难治理"为原则，并被 IUCN（世界自然保护联盟）在 2001 列入世界上最有害的外来入侵种名单的物种，共计 24 种；归化种是指不依靠直接的人为干预而能持续繁殖，并维持种群超过一个生命周期的外来物种，它们常常只是建立自然种群，不一定形成入侵，共计 18 种。如果将栽培种、中国外来入侵种和归化种计算其中，高黎贡山南段种子植物有 203 科 965 属 2973 种（包括种下等级）。

表5.1　高黎贡山南段栽培、中国外来入侵、归化种子植物统计
A Notes of Cultivation，Invasion and Naturalization Checklist on the Seed Plants in Southern Gaoligong Mountains

种 Species	科 Families	来　源
黄蜀葵 *Abelmoschus manihot*（L.）Medicus	锦葵科 Malvaceae	栽培
金合欢 *Acacia farnesiana*（Linn.）Wild.	含羞草科 Mimosaceae	入侵
刺苞果 *Acanthospermum australe*（L.）Kuntze	菊科 Compositae	入侵
龙舌兰 *Agave Americana* L.	莎草科 Cyperaceae	栽培
金边龙舌兰 *Agave americana* var. *variegata* Nichols	莎草科 Cyperaceae	栽培
剑麻 *Agave sisalana* Perr. ex Engelm.	莎草科 Cyperaceae	栽培
藿香蓟 *Ageratum conyzoides* L.	菊科 Compositae	入侵
洋葱 *Allium cepa* L.	石蒜科 Amaryllidaceae	栽培
薤头 *Allium chinense* G. Don	石蒜科 Amaryllidaceae	栽培
葱 *Allium fistulosum* L.	石蒜科 Amaryllidaceae	栽培
蒜 *Allium sativum* Linn.	石蒜科 Amaryllidaceae	栽培
芦荟 *Aloe vera* var. *chinensis*（Haw.）Berg	百合科 Liliaceae	栽培
光叶云南草蔻 *Alpinia blepharocalyx* K. Schum. var. *glabrior*	姜科 Zingiberaceae	栽培
刺花莲子草 *Alternanthera pungens* H. B. K.	苋科 Amaranthaceae	入侵
莲子草 *Alternanthera sessilis*（L.）DC.	苋科 Amaranthaceae	归化
蜀葵 *Althaea rosea*（Linn.）Cavan.	锦葵科 Malvaceae	栽培
繁穗苋 *Amaranthus paniculatus* L.	苋科 Amaranthaceae	栽培
刺苋 *Amaranthus spinosus* L.	苋科 Amaranthaceae	入侵
苋 *Amaranthus tricolor* L.	苋科 Amaranthaceae	栽培

续　表

种 Species	科 Families	来源
魔芋 *Amorphophallus rivieri* Durieu	天南星科 Araceae	栽培
桃 *Amygdalus persica* L.	蔷薇科 Rosaceae	栽培
落葵薯 *Anredera cordifolia*（Tenore）Steenis	落葵科 Basellaceae	栽培
芹菜 *Apium graveolens* Linn.	伞形科 Umbelliferae	栽培
梅 *Armeniaca mume* Sieb.	蔷薇科 Rosaceae	栽培
杏 *Armeniaca vulgaris* Lam.	蔷薇科 Rosaceae	栽培
油簕竹 *Bambusa lapidea* McClure	禾本科 Gramineae	栽培
落葵 *Basella alba* L.	落葵科 Basellaceae	栽培
射干 *Belamcanda chinensis*（Linn.）Redouté	鸢尾科 Iridaceae	栽培
木棉 *Bombax malabaricum* DC.	木棉科 Bombacaceae	栽培
阔叶丰花草 *Borreria latifolia*（Aubl.）K. Schum.	茜草科 Rubiaceae	入侵
光叶子花 *Bougainvillea glabra* Choisy	紫茉莉科 Nyctaginaceae	栽培
青菜 *Brassica chinensis* L.	十字花科 Cruciferae	栽培
白菜 *Brassica pekinensis*（Lour.）Rupr.	十字花科 Cruciferae	栽培
洋金凤 *Caesalpinia pulcherrima*（Linn.）Sw.	苏木科 Caesalpiniaceae	栽培
木豆 *Cajanus cajan*（Linn.）Millsp.	蝶形花科 Papilionaceae	归化
普洱茶 *Camellia assamica*（Mast.）Chang	山茶科 Theaceae	归化
茶 *Camellia sinensis*（L.）O. Ktze.	山茶科 Theaceae	栽培
喜树 *Camptotheca acuminata* Decne.	蓝果树科 Nyssaceae	栽培
蕉芋 *Canna edulis* Ker	美人蕉科 Cannaceae	栽培
美人蕉 *Canna indica* L.	美人蕉科 Cannaceae	栽培
大麻 *Cannabis sativa* Linn.	大麻科 Cannabiaceae	归化
辣椒 *Capsicum annuum* L.	茄科 Solanaceae	栽培
簇生椒（变种）*Capsicum annuum* L. var. *fasciculatum*	茄科 Solanaceae	栽培
番木瓜 *Carica papaya* Linn.	番木瓜科 Caricaceae	栽培
红花 *Carthamus tinctorius* L.	菊科 Compositae	栽培
双荚决明 *Cassia bicapsularis* Linn.	苏木科 Caesalpiniaceae	栽培
光叶决明 *Cassia floribunda* Cav.	苏木科 Caesalpiniaceae	栽培

续　表

种 Species	科 Families	来源
铁刀木 *Cassia siamea* Lam.	苏木科 Caesalpiniaceae	栽培
槐叶决明 *Cassia sophera* Linn.	苏木科 Caesalpiniaceae	栽培
决明 *Cassia tora* Linn.	苏木科 Caesalpiniaceae	栽培
板栗 *Castanea mollissima* Blume	壳斗科 Fagaceae	栽培
青葙 *Celosia argentea* L.	苋科 Amaranthaceae	归化
夜香树 *Cestrum nocturnum* L.	茄科 Solanaceae	栽培
细叶芹 *Chaerophyllum villosum* Wall. ex DC.	伞形科 Umbelliferae	入侵
土荆芥 *Chenopodium ambrosioides* L.	藜科 Chenopodiaceae	入侵
茼蒿 *Chrysanthemum coronarium* L.	菊科 Compositae	栽培
香橼 *Citrus medica* L.	芸香科 Rutaceae	栽培
小粒咖啡 *Coffea arabica* Linn.	茜草科 Rubiaceae	栽培
中粒咖啡 *Coffea canephora* Pierre ex Frohn.	茜草科 Rubiaceae	栽培
大粒咖啡 *Coffea liberica* Bull ex Hiern	茜草科 Rubiaceae	栽培
薏苡 *Coix lacrymajobi* Linn.	禾本科 Gramineae	归化
芋 *Colocasia esculenta* (L). Schott	天南星科 Araceae	栽培
芋（原变种）*Colocasia esculenta* (Linn.) Schott var. *esculenta*	天南星科 Araceae	栽培
野芋（变种）*Colocasia esculentum* var. *antiquorum*	天南星科 Araceae	归化
紫芋 *Colocasia tonoimo* Nakai	天南星科 Araceae	栽培
小蓬草 *Conyza canadensis* (L.) Cronq.	菊科 Compositae	入侵
苏门白酒草 *Conyza sumatrensis* (Retz.) Walker	菊科 Compositae	入侵
朱蕉 *Cordyline fruticosa* (L.) A. Cheval.	莎草科 Cyperaceae	栽培
柳杉 *Cryptomeria fortunei* Hooibrenk ex Otto et Dietr.	杉科 Taxodiaceae	栽培
杉木 *Cunninghamia lanceolata* (Lamb.) Hook.	杉科 Taxodiaceae	栽培
姜黄 *Curcuma longa* L.	姜科 Zingiberaceae	栽培
树番茄 *Cyphomandra betacea* Sendt.	茄科 Solanaceae	栽培
毛曼陀罗 *Datura innoxia* Miller	茄科 Solanaceae	栽培
曼陀罗 *Datura stramonium* L.	茄科 Solanaceae	入侵
胡萝卜 *Daucus carota* Linn. var. *sativa* Hoffm.	伞形科 Umbelliferae	栽培

续　表

种 Species	科 Families	来源
须苞石竹 *Dianthus barbatus* L.	石竹科 Caryophyllaceae	栽培
柿 *Diospyros kaki* Thunb.	柿树科 Ebenaceae	栽培
凤眼莲 *Eichhornia crassipes*（Mart.）solms	雨久花科 Pontederiaceae	入侵
穇子 *Eleusine coracana*（L.）Gaertn.	禾本科 Gramineae	栽培
吉龙草 *Elsholtzia communis*（Coll. et Hemsl.）Diels	唇形科 Labiatae	归化
梁子菜 *Erechthites hieracifolia*（L.）Raf. ex DC.	菊科 Compositae	归化
紫茎泽兰 *Eupatorium adenophorum* Spreng.	菊科 Compositae	入侵
破坏草 *Eupatorium coelestinum* L.	菊科 Compositae	归化
飞机草 *Eupatorium odoratum* L.	菊科 Compositae	入侵
飞扬草 *Euphorbia hirta* Linn.	大戟科 Euphorbiaceae	入侵
金刚纂 *Euphorbia neriifolia* Linn.	大戟科 Euphorbiaceae	栽培
荞麦 *Fagopyrum esculentum* Moench	蓼科 Polygonaceae	栽培
菩提树 *Ficus religiosa* Linn.	桑科 Moraceae	栽培
茴香 *Foeniculum vulgare* Mill.	伞形科 Umbelliferae	栽培
倒挂金钟 *Fuchsia hybrida* Hort. ex Sieb. et Voss.	柳叶菜科 Onagraceae	栽培
辣子草 *Galinsoga parviflora* Cav.	菊科 Compositae	归化
栀子 *Gardenia jasminoides* Ellis	茜草科 Rubiaceae	栽培
银杏 *Ginkgo biloba* Linn.	银杏科 Ginkgoaceae	栽培
大豆 *Glycine max*（Linn.）Merr.	蝶形花科 Papilionaceae	栽培
海岛棉 *Gossypium barbadense* Linn.	锦葵科 Malvaceae	栽培
菊芋 *Helianthus tuberosus* L.	菊科 Compositae	栽培
美丽芙蓉 *Hibiscus indicus*（Burm. f.）HK.	锦葵科 Malvaceae	栽培
木芙蓉 *Hibiscus mutabilis* Linn.	锦葵科 Malvaceae	栽培
朱槿 *Hibiscus rosasinensis* Linn.	锦葵科 Malvaceae	栽培
长苞木槿（变种）*Hibiscus syriacus* L. var. *longibracteatus*	锦葵科 Malvaceae	栽培
木槿 *Hibiscus syriacus* Linn.	锦葵科 Malvaceae	栽培
长苞木槿 *Hibiscus syricus* Linn. var. *longibracteatus* S. Y. Hu	锦葵科 Malvaceae	栽培
番薯 *Ipomoea batatas*（Linn.）Lam.	旋花科 Convolvulaceae	栽培

续 表

种 Species	科 Families	来源
麻疯树 *Jatropha curcas* L.	大戟科 Euphorbiaceae	栽培
胡桃 *Juglans regia* Linn.	胡桃科 Juglandaceae	栽培
泡核桃 *Juglans sigillata* Dode	胡桃科 Juglandaceae	栽培
刺柏 *Juniperus formosana* Hayata	柏科 Cupressaceae	栽培
莴苣 *Lactuca sativa* L.	菊科 Compositae	栽培
生菜变种 *Lactuca sativa* Linn. var. *ramosa* Hort.	菊科 Compositae	栽培
紫薇 *Lagerstroemia indica* Linn.	千屈菜科 Lythraceae	栽培
马缨丹 *Lantana camara* Linn.	马鞭草科 Verbenaceae	入侵
银合欢 *Leucaena leucocephala* （Lam.） de Wit.	含羞草科 Mimosaceae	栽培
番茄 *Lycopersicon esculentum* Mill.	茄科 Solanaceae	栽培
赛葵 *Malvastrum coromandelianum* （Linn.） Gurcke	锦葵科 Malvaceae	归化
杧果 *Mangifera indica* Linn.	漆树科 Anacardiaceae	栽培
含羞草 *Mimosa pudica* Linn.	蝶形花科 Papilionaceae	入侵
紫茉莉 *Mirabilis jalapa* Linn.	紫茉莉科 Nyctaginaceae	栽培
桑 *Morus alba* Linn.	桑科 Moraceae	栽培
芭蕉 *Musa basjoo* Sieb. et Zucc.	芭蕉科 Musaceae	栽培
香蕉 *Musa nana* Lour.	芭蕉科 Musaceae	栽培
豆瓣菜 *Nasturtium officinale* R. Br.	十字花科 Cruciferae	栽培
莲 *Nelumbo nucifera* Gaertn.	睡莲科 Nymphaeaceae	栽培
慈竹 *Neosinocalamus* affinis （Rendle） Keng f.	禾本科 Gramineae	栽培
假酸浆 *Nicandra physaloides* （L.） Gaertn.	茄科 Solanaceae	归化
烟草 *Nicotiana tabacum* L.	茄科 Solanaceae	栽培
睡莲 *Nymphaea tetragona* Georgi	睡莲科 Nymphaeaceae	栽培
粉花月见草 *Oenothera rosea* L. Herpt. ex Ait.	柳叶菜科 Onagraceae	归化
仙人掌 *Opuntia stricta* （Haw.） Haw. var. *dillenii*	仙人掌科 Cactaceae	栽培
稻 *Oryza sativa* Linn	禾本科 Gramineae	栽培
红花酸浆草 *Oxalis griffithii* Edgew. et Hook. f.	酢浆草科 Oxalidaceae	归化
鸡蛋果 *Passiflora edulis* Sims	西番莲科 Passifloraceae	栽培

续 表

种 Species	科 Families	来源
紫苏 *Perilla frutescens*（Linn.）Britt.	唇形科 Labiatae	栽培
圆叶牵牛 *Pharbitis purpurea*（L.）Voisgt	蝶形花科 Papilionaceae	入侵
金竹 *Phyllostachys sulphurea*（Carr.）A. et C. Riv.	禾本科 Gramineae	栽培
灯笼果 *Physalis peruviana* L.	茄科 Solanaceae	栽培
垂序商陆 *Phytolacca americana* L.	商陆科 Phytolaccaceae	入侵
胡椒 *Piper nigrum* Linn.	胡椒科 Piperaceae	栽培
豌豆 *Pisum sativum* Linn.	蝶形花科 Papilionaceae	栽培
大花马齿苋 *Portulaca grandiflora* Hook.	马齿苋科 Portulacaceae	栽培
李 *Prunus salicina* Lindl.	蔷薇科 Rosaceae	栽培
番石榴 *Psidium guajava* Linn.	桃金娘科 Myrtaceae	栽培
石榴 *Punica granatum* L.	安石榴科 Punicaceae	栽培
川梨 *Pyrus pashia* Buch. – Ham. ex D. Don	蔷薇科 Rosaceae	栽培
萝卜 *Raphanus sativus* L.	十字花科 Cruciferae	栽培
蓖麻 *Ricinus communis* Linn.	大戟科 Euphorbiaceae	栽培
月季 *Rosa chinensis* Jacq.	蔷薇科 Rosaceae	栽培
甘蔗 *Saccharum officinarum* Linn.	禾本科 Gramineae	栽培
慈姑变种 *Sagittaria trifolia* var. *sinensis*（Sims.）Makino	泽泻科 Alismataceae	栽培
朱唇 *Salvia coccinea* Linn.	唇形科 Labiatae	栽培
喀西茄 *Solanum khasianum* C. B. Clark	茄科 Solanaceae	入侵
牛茄子 *Solanum surattense* Burm. f.	茄科 Solanaceae	入侵
水茄 *Solanum torvum* Swartz	茄科 Solanaceae	入侵
马铃薯 *Solanum tuberosum* Linn.	茄科 Solanaceae	栽培
假烟叶树 *Solanum verbascifolium* L.	茄科 Solanaceae	入侵
菠菜 *Spinacia oleracea* L.	藜科 Chenopodiaceae	栽培
万寿菊 *Tagetes erecta* L.	菊科 Compositae	栽培
土人参 *Talinum paniculatum*（Jacq.）Gaertn.	马齿苋科 Portulacaceae	归化
酸豆 *Tamarindus indica* Linn.	蝶形花科 Papilionaceae	栽培
黄花夹竹桃 *Thevetia peruviana*（Pers.）K. Schum.	夹竹桃科 Apocynaceae	栽培

续 表

种 Species	科 Families	来源
角叶鞘柄木原变种 *Toricellia angulata* Oliv. var. angulata	鞘柄木科 Torricelliaceae	栽培
羽芒菊 *Tridax procumbens* L.	菊科 Compositae	入侵
钝叶车轴草 *Trifolium dubium* Sibth.	蝶形花科 Papilionaceae	归化
旱金莲 *Tropaeolum majus* Linn.	旱金莲科 Tropaeolaceae	栽培
油桐 *Vernicia fordii* (Hemsl.) Airy Shaw	大戟科 Euphorbiaceae	栽培
绣球荚蒾 *Viburnum macrocephalum* Fort.	忍冬科 Caprifoliaceae	归化
蚕豆 *Vicia faba* Linn.	蝶形花科 Papilionaceae	栽培

合计: 166 (124/ 24/18)

(2) 本研究在与邻近地区区系作比较时, 在科的划分上, 各区系采用的分类系统有所差异, 被子植物分类系统有多个, 如 Eichler 系统、Hutchinson 系统、Takhtajan 系统、Cronquist 系统、张宏达分类系统、吴征镒八纲系统等, 但国内采用的分类工具书多以《中国植物志》和地方植物志为主, 如云南省地方植物志《云南植物志》, 许多工具书采用的分类系统会有所不同, 即便采用同一分类系统, 也会由于采用版本不同, 在作科属归类及统计时造成一定的差别, 所以在作区系比较时应该注意这些方面, 宜采用同一分类系统的同一版本, 并且采用属级比采用科级或种级比较更为合适。

(3) 本研究采用 Hutchinson 系统, 而没有采用吴征镒的八纲系统, 主要是因为研究所用标本采用哈钦森系统整理, 此外也是便于与北段的种子植物区系作比较。但因使用的版本不同, 导致分科的数目有所差异, 例如 293 百合科 Liliaceae 在后面的版本就分出新科 293a 葱科 Alliaceae 和 293b 天门冬科 Asparagaceae, 还有 228 马钱科 Loganiaceae 分出 228a 醉鱼草科 Buddlejaceae 和 228b 度量草科 Spigeliaceae, 统计时一科就变为三科。这样在做区系科的数目统计、区系地理成分所占比例或是计算区系相似性系数等方面, 就会得到不一样的结果, 所以本文认为在做哈钦森系统下的区系比较时, 可以把新分科归为先前科, 以便得出较为可靠的结果。如果按此计算得到的南北段区系相似性系数会不同, 分别为 84.29%、87.39%。

(4) 人类活动、物种的不断演变 (物种消失、新种产生)、地质和生态环境的变化、研究深入程度、研究水平等诸多因素都会或多或少影响区系的数据构成。如本研究过程中尚有 56 个待定种或存疑种未列入数据统计，而且高黎贡山区域广阔，有些区域标本数量和研究深度有限，加之统计及鉴定量大，难免会出现疏忽或遗漏，这些都有待不断补充与完善。同时本书认为，在较大的植物区系中，新种不断演变或被发现，记录种的消失或灭绝，加之区系生态环境变化、地质变化和人类活动的影响，区系构成也会有微小的变化，因此相对于某个特定区系的组成、性质、替代等，都会因时间的改变而有所变化的，只是这种变化在较短的时间跨度上是可以忽略的。

参考文献

［1］王荷生. 中国自然地理［M］. 北京: 科学出版社, 1992: 1 - 180.

［2］SLIK J W F, POULSENL A D & ASHTON P S. A Floristic Analysis of the Lowland Dipterocarp Forests of Borneo［J］. Journal of Biogeography, 2003, 30: 1517 - 1531.

［3］PENDRY COLIN A, DICK JAN & PULLAN MARTIN R. In Search of a Functional Flora - towards a Greater Integration of Ecology and Taxonomy［J］. Plant Ecology, 2007, 192: 161 - 167.

［4］CRISP M D, LAFFAN S, LINDER H P. Endemism in the Australian Flora［J］. Journal of Biogeography, 2001, 28, 183 - 198.

［5］HODKINSON BRENDAN P. A First Assessment of Lichen Diversity for One of North America's 'Biodiversity Hotspots' in the Southern Appalachians of Virginia［J］. Castanea, 2010, 75 (1): 126 - 1330.

［6］PEAT HELEN J, CLARKE ANDREW, CONVEY PETER. Diversity and Biogeography of the Antarctic Flora［J］. Journal of Biogeography, 2007, 34: 132 - 146.

［7］KOVAR - EDER J, KVACEK Z & MELLER B. Comparing Early to Middle Miocene Floras and Probable Vegetation Types of Oberdorf N Voitsberg (Austria), Bohemia (Czech Republic), and Wackers Dorf (Germany)［J］. Review of Palaeobotany and Palynology, 2001, 114: 83 - 125.

［8］VANDERPOORTEN ALAIN, KLEIN JEAN - PAUL. A Comparative Study of the Hydrophyte Flora from the Alpine Rhine to the Middle Rhine. Application to the Conservation of the Upper Rhine Aquatic Ecosystems［J］. Biological Conservation, 1999, 87: 163 - 172.

[9]CRANE P R, HERENDEEN P S. Cretaceous Floras Containing Angiosperm Flowers and Fruits from Eastern North America [J]. Review of Palaeobotany and Palynology, 1996, 90: 319 - 337.

[10]ROBERTO IANUZI, OSCAR ROSLER. Floristic Migration in South America During the Carboniferous: Phytogeographic and Biostratigraphic Implications [J]. Palaeogeography, Palaeoclimatology, Palaeoecology, 2000, 16 (1): 71 - 94.

[11] MORAT PHILIPPE. The Flora of New Caledonia's Calcareous Substrates [J]. Adansonia, 2001, 23 (1): 109 - 127.

[12]SKULL STEPHEN D, CONGDON ROBERT A. Floristics, Structure and Site Characteristics of Melaleuca Viridifloya (Myrtaceae) Dominated Open Woodlands of the Wet Tropics Lowlands [J]. Cunninghamia, 2008, 10 (3): 423 - 438.

[13]YADAV B L, MEENA K L. *Cleome burmannii* (Cleomaceae): A New Record to the Flora of Rajasthan, India [J]. Rheedea, 2009, 19 (1 & 2): 65 - 66.

[14] PURGER DRAGICA, CSIKY JANOS, TOPIC JASENKA. Dwarf iris, *Iris pumila L.* (Iridaceae), a New Species of the Croatian Flora [J]. Acta Botanica Croatica, 2008, 67 (1): 97 - 102.

[15]HAZIRI AGIM, MILLAKU FADIL & REXHEPI FERAT, et al. *Galinsoga ciliata* (RAF.) S. F. Blake (Asteraceae): A New Species for the Flora of Macedonia [J]. Plant Breeding and Crop Science, 2009, 1 (7): 270 - 272.

[16]吴征镒. 中国种子植物属的分布区类型 [J]. 云南植物研究. 1991, (增刊): 1 - 139.

[17]吴征镒, 等. 中国植物志 (各卷册) [M]. 北京: 科学出版社, 1956 ~ 2004.

[18]吴征镒, 周浙昆, 孙航, 等. 种子植物的分布区类型及其起源和分化 [M]. 昆明: 云南科技出版社, 2006: 1 - 145.

[19]孙航, 李志敏. 古地中海植物区系在青藏高原隆起后的演变和发展 [J]. 地球科学进展, 2003, 18 (6): 852 - 862

[20]刘经伦, 李洪潮, 朱丽娟, 崔明昆. 植物区系研究现状及展望 [J]. 云南师范大学学报 (自然科学版), 2011, 31 (3): 3 - 7

[21]陈生云, 吴桂莉, 张得钧, 等. 高山植物条纹狭蕊龙胆的分子亲缘地理

学研究 [J]. 植物分类学报, 2008, 46 (4): 573 - 585

[22]熊清华, 艾怀森. 高黎贡山自然与生物多样性研究 [M]. 北京: 科学出版社, 2006: 1 - 742.

[23]李恒, 刀志灵, 郭辉军. 高黎贡山植物 [M]. 北京: 科学出版社, 2000: 1 - 452.

[24]左家哺, 傅德志, 彭代文. 植物区系的数值分析 [M]. 北京: 中国科学技术出版社, 1996: 1 - 108.

[25]朱华. 关于地区间植物区系亲缘关系研究方法问题讨论 [J]. 武汉植物学研究, 2005, 23 (4): 399 - 400.

[26]朱华. 中国植物区系研究文献中存在的几个问题 [J]. 云南植物研究, 2007, 29 (5): 489 - 491.

[27]吴征镒, 周浙昆, 孙航, 等. 种子植物的分布区类型及其起源和分化 [M]. 昆明: 云南科技出版社, 2006: 1 - 145.

[28]高黎贡山国家级自然保护区简介 [Z]. 2008.

[29]李嵘, 刀志灵, 纪运恒, 等. 高黎贡山北段种子植物区系研究 [J]. 云南植物研究. 2007, 29 (6): 601 - 615

[30]王金亮. 高黎贡山自然保护区北段森林土壤垂直分异规律初探 [J]. 云南师范大学学报, 1993, 13 (1): 83 - 90

[31]王金亮. 高黎贡山南段森林土壤肥力特征 [J]. 云南师范大学学报, 1994, 14 (4): 95 - 101

[32]尹五元. 高黎贡山自然保护区珍稀保护植物 [J]. 西南林学院学报, 1994, 14 (1): 6 - 12

[33]孙振华, 彭声静, 欧晓昆. 高黎贡山乔木树种丰富度快速评估及其环境解释 [J]. 科学通报. 2007, 52 (增刊Ⅱ): 95 - 99.

[34]吴征镒, 等. 云南植物志 (各卷册) [M]. 北京: 科学出版社, 1976 ~ 2006.

[35]中国科学院植物研究所. 中国高等植物图鉴 (各卷朋) [M]. 北京: 科学出版社, 1995 ~ 2002.

[36]傅立国等. 中国高等植物 (各卷册) [M]. 青岛: 青岛出版社, 2001 ~ 2009.

[37]刘经伦, 盘波, 陈文华, 汪建云. 高黎贡山南段种子植物的分化度及存在度分析 [J]. 安徽农业科学, 2011. 8.

[38]王振杰, 赵建成. 河北山地植物区系与珍稀濒危植物资源 [M]. 北京: 科学出版社, 2010: 1–35.

[39]彭华. 无量山种子植物区系科属的两种不同排序 [J]. 云南植物研究, 1997, 19 (3).

[40]RAVEN P H & AXELROD D I. Angiosperm Biogeography and Past Continental Movements [J], Ann. Miss. Bot. Gard. 1974, 61 (3): 539–673.

[41]刘经伦, 崔明昆, 汪建云, 等. 高黎贡山南段种子植物区系科属的两种不同排序方法及其意义 [M]. 云南师范大学学报 (自然科学版), 2012, 32 (3): 66–73.

[42]吴征镒, 王荷生. 中国自然地理——植物地理 (上册) [M]. 北京: 科学出版社, 1983: 1–125.

[43]彭华. 无量山种子植物区系的特有现象 [J]. 云南植物研究. 1997, 19 (1): 1–14.

[44]李海涛, 杜凡, 王娟. 云南省元江自然保护区种子植物区系研究 [J]. 热带亚热带植物学报, 2008, 05.

[45]吴征镒, 孙航, 周浙昆, 等. 中国种子植物区系地理 [M]. 科学出版社, 2011: 50–219.

[46]应俊生, 张玉龙. 中国种子植物特有属 [M]. 北京. 北京出版社, 1994: 1–58.

[47]李锡文. 云南植物区系 [J]. 云南植物研究, 1985, 7 (4): 361–382.

[48]李锡文. 中国特有种子植物属在云南的两大生物多样性中心及其特征 [J]. 云南植物研究, 1994, 16 (3): 221–227.

[49]李锡文. 中国种子植物区系统计分析 [J]. 云南植物研究, 1996, 18 (4): 363–384.

[50]李嵘. 高黎贡山北段种子植物区系研究 [D]. 中国科学院昆明植物研究所博士学位论文, 2003: 60–104.

[51]尹五元. 尹五元, 舒清态, 等. 云南铜壁关自然保护区种子植物区系研究 [J]. 西北农林科技大学学报 (自然科学版), 2007, 114.

[52]和菊. 澜沧江自然保护区种子植物区系研究 [D]. 昆明: 西南林学院硕士论文, 2006: 1 - 55.

[53]汪建云. 高黎贡山植物研究 [M]. 昆明: 云南大学出版社, 2008: 63 - 83.

[54]冯建孟, 徐成东. 云南南滚河自然保护区种子植物分布区类型多样性的垂直分布格局 [J]. 西南大学学报, 2008, 30 (1): 46 - 50.

[55]张镱锂. 植物区系地理研究中的重要参数——相似性系数 [J]. 地理研究, 1998, 17 (4): 429 - 434.

[56]李振宇, 解焱. 中国外来入侵种 [M]. 北京: 中国林业出版社, 2002: 1 - 22.

[57]汤彦承, 路安民, 陈之端, 等. 现存被子植物原始类群及其植物地理学研究 [J]. 植物分类学报, 2002, 40 (3): 242 - 259.

[58]吴征镒, 周浙昆, 李德铢, 等. 世界种子植物科的分布区类型系统 [J]. 云南植物研究, 2003, 25 (3): 245 - 257.

附录：高黎贡山南段种子植物名录

名录中裸子植物按郑万钧系统，被子植物按 Hutchinson 系统。名录中包括科名（含种数）、种名（中文名和拉丁学名）、习性、海拔、区内分布、分布区类型（参照表 6.1）。

表 6.1　分布区类型及变型
Table 6.1　Distribution Types

分布区类型及变型 Distribution Types
1 广布（世界广布，Widespread = Cosmopolitan）
2 泛热带分布 Pantropic
2.1 热带亚洲、大洋洲（至新西兰）和中、南美洲（或墨西哥）间断分布 Trop. Asia, Australasia（to N. Zeal.）& C. to S. Amer.（or Mexico）disjuncted
2.2 热带亚洲、非洲和中、南美洲间断分布 Trop. Asia, Africa & C. to S. Amer. disjuncted
2S 以南半球为主的泛热带分布（Pantropic especially S. Hemisphere）
3 热带亚洲和热带美洲间断分布 Trop. Asia & Trop. Amer. Disjuncted
4 旧世界热带分布 Old World Tropics
4.1 热带亚洲、非洲（或东非、马达加斯加）和大洋洲间断分布 Trop. Asia., Africa（or E. Afr., Madagascar）& Australasia disjuncted
5 热带亚洲至热带大洋洲分布 Tropical Asia & Trop. Australasia
5.1 中国（西南）亚热带和新西兰间断分布 Chinese（SW.）Subtropics & New Zealand disjuncted
6 热带亚洲至热带非洲分布 Trop. Asia to trop. Africa
6.1 华南、西南到印度和热带非洲间断分布 S., SW. China to India & Trop. Africa disjuncted
6.2 热带亚洲和东非或马达加斯加间断分布 Trop. Asia & E. Afr. Or Madagascardisjuncted
7 热带亚洲（印度—马来西亚）分布 Trop. Asia（Indo – Malesia）
7.1 爪哇（或苏门答腊）、喜马拉雅间断或星散分布到华南、西南 Java（or Sumatra），Himalaya to S., SW. China disjuncted or diffused
7.2 热带印度至华南（尤其云南南部）分布 Trop. India to S. China（esp. S. Yunnan）
7.3 缅甸、泰国至华西南分布 Myanmar, Thailand to SW. China
7.4 越南（或中南半岛）至华南（或西南）分布 Vietnam（or Ido – Chinese Peninsula）to S. China（or SW. China）

续 表

分布区类型及变型 Distribution Types

7d 全分布区东达新几内亚（New Geainea）

8 北温带分布 North Temperate

8.2 北极—高山分布 Arctic – alpine

8.4 北温带和南温带间断分布 "全温带" N. Temp. & S. Temp. disjuncted. （"Pan – temperate"）

8.5 欧亚和南美洲温带间断分布 Eurasia & Temp. S. Amer. Disjuncted

8.6 地中海、东亚、新西兰和墨西哥—智利间断分布 Mediterranea, E. Asia, New Zealand and Mexico – Chile disjuncted

9 东亚和北美洲间断分布 E. Asia & N. Amer. Disjuncted

10 旧世界温带分布 Old World Temperate

10.1 地中海区、西亚（或中亚）和东亚间断分布 Mediterranea. W. Asia （or C Asia） & E. Asia disjuncted

10.2 地中海区和喜马拉雅间断分布 Mediterranea & Himalaya disjuncted

10.3 欧亚和南部非洲（有时也在大洋洲）间断分布 Eurasia & S. Africa （Sometimes also Australasia） disjuncted

11 温带亚洲分布 Temp. Asia

12 地中海区、西亚至中亚分布 Mediterranea, W. Asia to C. Asia

12.3 地中海区至温带—热带亚洲、大洋洲和南美洲间断分布 Mediterranea to Temp. – Trop. Asia, Australasia & S. Amer. Disjuncted

13.2 中亚至喜马拉雅和我国西南分布 C. Asia to Himalaya & S. W. China

14 东亚分布 E. Asia

14.1 中国—喜马拉雅分布 Sino – Himalaya （SH）

14.2 中国—日本分布 Sino – Japan （SJ）

15 中国特有分布 Endemic to China

15.1 高黎贡山特有分布 Endemic to Gaoligong Mountains

a 高黎贡山南段特有 Endemic to the Southern Gaoligong Mountains

b 高黎贡山至高黎贡山南段分布 Gaoligong Mountains to the Southern Gaoligong Mountains

15.2 云南特有分布 Endemic to Yunnan

a 康藏高原区至高黎贡山南段分布 Kang Tibetan plateau to the Southern Gaoligong Mountains

b 滇西峡谷区至高黎贡山南段分布 S. Yunnan valley to the Southern Gaoligong Mountains

c 滇缅老边境区至高黎贡山南段分布 Border of Yunnan, Burma, Vietnam to the Southern Gaoligong Mountains

d 金沙江河谷至高黎贡山南段分布 Jinsha River valley to the Southern Gaoligong Mountains

e 滇中高原区至高黎贡山南段分布 C. Yunnan to the Southern Gaoligong Mountains

续　表

分布区类型及变型 Distribution Types

f 澜沧红河中游以西至高黎贡山南段分布 Middle of Lancang and Red – river to the Southern Gaoligong Mountains

g 滇东北区与高黎贡山南段间断分布 N. E. Yunnan to the Southern Gaoligong Mountains disjuncted

h 滇东南区与高黎贡山南段间断分布 S. E Yunnan to the Southern Gaoligong Mountains disjuncted

i 云南广布 Whole Yunnan

15. 3 中国特有分布 Endemic to China

a 西南地区 South – West of China

b 华南地区 South of China

c 中国广布 Whole China

裸子植物 Gymnospermae

G4. 松科 Pinaceae
(7)

苍山冷杉 *Abies delavayi* Franch.
　　①习性：乔木　②海拔：3226m　③分布：泸水　腾冲　④分布区类型：15 – 3 – a
杉松 *Abies holophylla* Maxim.
　　①习性：乔木　②海拔：3226m　③分布：隆阳　④分布区类型：11
落叶松 *Larix gmelini*（Rupr.）Rupr.
　　①习性：乔木　②海拔：300～1200m　③分布：泸水　④分布区类型：11
油麦吊云杉（变种）*Picea brachytyla* var. *complanata*（Mast.）Cheng ex Rehd.
　　①习性：乔木　②海拔：2000～3200m　③分布：腾冲　④分布区类型：15 – 3 – a
华山松 *Pinus armandi* Franch.
　　①习性：乔木　②海拔：1600～2600m　③分布：腾冲　④分布区类型：15 – 3 – c
云南松 *Pinus yunnanensis* Franch.
　　①习性：乔木　②海拔：2240m　③分布：泸水　腾冲　龙陵　④分布区类型：15 – 3 – a
云南铁杉 *Tsuga dumosa*（D. Don）Eichler
　　①习性：乔木　②海拔：2200m　③分布：泸水　腾冲　④分布区类型：14 – 2

G5. 杉科 Taxodiaceae
(1)

秃杉 *Taiwania flousiana* Gaussen
　　①习性：乔木　②海拔：1540～2500m　③分布：泸水　腾冲　④分布区类型：14 – 2

G6. 柏科 Cupressaceae
(4)

垂枝柏 *Juniperus recurva* Buch. – Ham. ex D. Don
　　①习性：乔木　②海拔：3125m　③分布：泸水　④分布区类型：14 – 2
垂枝香柏 *Sabina pingii*（Cheng ex Ferre）Cheng et W. T. Wang
　　①习性：乔木　②海拔：2800m　③分布：隆阳　④分布区类型：15 – 3 – a
小果垂枝柏（变种）*Sabina recurva*（Buch. – Hamilt.）Ant. var. *coxii*（A. B. Jackson）Cheng et L. K. Fu
　　①习性：灌木　②海拔：3000m　③分布：泸水　腾冲　④分布区类型：14 – 2
高山柏 *Sabina squamata*（Buch. – Hamilt.）Ant.
　　①习性：灌木　②海拔：2500～3200m　③分布：泸水　腾冲　④分布区类型：14 – 2

G8. 三尖杉科 Cephalotaxaceae
(2)

高山三尖杉（变种）*Cephalotaxus fortunei* Hook. f. var. *alpina* Li

①习性：乔木　②海拔：2200m　③分布：腾冲　④分布区类型：15 - 3 - a

粗榧 *Cephalotaxus sinensis*（Rehd. et Wils.）Li

①习性：灌木　②海拔：1450m　③分布：腾冲　④分布区类型：15 - 3 - c

G9. 红豆杉科 Taxaceae
(2)

云南红豆杉 *Taxus yunnanensis* Cheng et L. K. Fu

①习性：乔木　②海拔：2614m　③分布：腾冲　④分布区类型：14 - 2

云南榧树 *Torreya yunnanensis* Cheng et L. K. Fu

①习性：乔木　②海拔：2000 ~ 3400m　③分布：泸水　④分布区类型：15 - 2 - b

G11. 买麻藤科 Gnetaceae
(3)

买麻藤 *Gnetum montanum* Markgr.

①习性：藤本　②海拔：1050m　③分布：泸水 龙陵　④分布区类型：7

无柄垂子买麻藤（变型）*Gnetum pendulum* C. Y. Cheng form. subsessile C. Y. Cheng

①习性：藤本　②海拔：1600m　③分布：腾冲　④分布区类型：15 - 1 - a

垂子买麻藤 *Gnetum pendulum* C. Y. Cheng

①习性：藤本　②海拔：3100m　③分布：龙陵　④分布区类型：15 - 2 - i

被子植物 Angiospermae

双子叶植物纲 Dicotyledons

1. 木兰科 Magnoliaceae
(13)

长蕊木兰 *Alcimandra cathcartii*（Hook. f. et Thoms.）Dandy

①习性：乔木　②海拔：2170m　③分布：龙陵　④分布区类型：14 - 2

滇藏木兰 *Magnolia campbellii* Hook. f. et Thoms.

①习性：乔木　②海拔：1900 ~ 2700m　③分布：泸水 腾冲 龙陵　④分布区类型：14 - 2

山玉兰 *Magnolia delavayi* Franch.

①习性：乔木　②海拔：1300m　③分布：隆阳　④分布区类型：15 - 3 - a

紫玉兰 *Magnolia liliflora* Desr.

①习性：乔木　②海拔：1400m　③分布：泸水　④分布区类型：15 - 3 - b

滇缅厚朴 *Magnolia rostrata* W. W. Smith

①习性：乔木　②海拔：1780 ~ 3000m　③分布：泸水 腾冲　④分布区类型：14 - 2

滇桂木莲 *Manglietia forrestii* W. W. Smith ex Dandy

①习性：乔木　②海拔：1653m　③分布：腾冲 隆阳　④分布区类型：15 - 3 - a

中缅木莲 *Manglietia hookeri* Cubitt. et Smith

①习性：乔木　②海拔：2181m　③分布：龙陵　④分布区类型：14 - 2

红花木莲 *Manglietia insignis* （Wall.） Bl.

①习性：乔木　②海拔：2170m　③分布：泸水 腾冲 隆阳 龙陵　④分布区类型：14－2

南亚含笑 *Michelia doltsopa* Buch.—Ham. ex DC.

①习性：乔木　②海拔：2354m　③分布：泸水 腾冲 龙陵　④分布区类型：14－2

多花含笑 *Michelia floribunda* Finet et Gagn.

①习性：乔木　②海拔：1300～2000m　③分布：泸水 腾冲 隆阳　④分布区类型：14－2

独龙含笑新种 *Michelia taronensis* C. Y. Wu

①习性：乔木　②海拔：2000～2500m　③分布：泸水　④分布区类型：15－1－b

绒叶含笑 *Michelia velutina* DC.

①习性：乔木　②海拔：1653m　③分布：龙陵　④分布区类型：14－2

光叶拟单性木兰 *Parakmeria nitida* （W. W. Smith） Law

①习性：乔木　②海拔：1800m　③分布：泸水　④分布区类型：14－2

2a. 八角科 Illiciaceae
(4)

中缅八角 *Illicium burmanicum* Wils.

①习性：乔木　②海拔：2878m　③分布：泸水 腾冲 龙陵　④分布区类型：14－2

大花八角 *Illicium macranthum* A. C. Smith

①习性：乔木　②海拔：1900～2700m　③分布：腾冲　④分布区类型：15－2－f

滇西八角 *Illicium merrillianum* A. C. Smith

①习性：乔木　②海拔：1300～1740m　③分布：腾冲　④分布区类型：14－2

野八角 *Illicium simonsii* Maxim.

①习性：乔木　②海拔：1900m　③分布：泸水 腾冲 龙陵　④分布区类型：14－2

3. 五味子科 Schisandraceae
(6)

凤庆南五味子 *Kadsura interior* A. C. Smith

①习性：藤本　②海拔：1530m　③分布：泸水 隆阳　④分布区类型：14－2

大花五味子 *Schisandra grandiflora* （Wall.） Hook. f. et Thoms.

①习性：藤本　②海拔：1580～3000m　③分布：泸水 腾冲　④分布区类型：14－2

翼梗五味子 *Schisandra henryi* C. B. Clark.

①习性：藤本　②海拔：1350m　③分布：腾冲　④分布区类型：15－3－b

铁箍散（变种） *Schisandra propinqua* var. *sinensis* Oliv.

①习性：草本　②海拔：1550～2580m　③分布：泸水 腾冲 龙陵　④分布区类型：14－2

合蕊五味子 *Schisandra propinqua* （Wall.） Baill.

①习性：藤本　②海拔：1550～2580m　③分布：泸水 腾冲 龙陵　④分布区类型：14－2

红花五味子 *Schisandra rubriflora* （Planch.） . Rehd. et Wils.

①习性：藤本　②海拔：128－3000m　③分布：腾冲　④分布区类型：14－2

3a. 水青树科 Tetracentraceae
(1)

水青树 *Tetracentron sinense* Oliv.

　　①习性：乔木　②海拔：1565m　③分布：泸水 腾冲 龙陵　④分布区类型：14－2

6. 领春木科 Eupteleaceae
(1)

领春木 *Euptelea pleiosperma* Hook. f. et Thoms.

　　①习性：乔木　②海拔：1600～3000m　③分布：泸水 腾冲　④分布区类型：14－2

11. 樟科 Lauraceae
(58)

毛尖树 *Actinodaphne forrestii*（Allen）Kosterm.

　　①习性：乔木　②海拔：1930～2120m　③分布：腾冲　④分布区类型：15－3－b

尾叶樟 *Cinnamomum caudiferum* Kosterm.

　　①习性：乔木　②海拔：1400～1500m　③分布：隆阳　④分布区类型：15－3－a

云南樟 *Cinnamomum glanduliferum*（Wall.）Nees

　　①习性：乔木　②海拔：1250～2250m　③分布：腾冲　④分布区类型：7－4

刀把木 *Cinnamomum pittosporoides* Hand.－Mazz.

　　①习性：乔木　②海拔：1800～2725m　③分布：腾冲　④分布区类型：15－3－a

黄樟 *Cinnamomum porrectum*（Roxb.）Kosterm.

　　①习性：乔木　②海拔：1200～178m　③分布：腾冲　④分布区类型：7－4

细毛樟 *Cinnamomum tenuipilum* Kosterm.

　　①习性：乔木　②海拔：1600～2700m　③分布：隆阳　④分布区类型：15－2－c

假桂皮树 *Cinnamomum tonkinense*（Lec.）A. Chev.

　　①习性：乔木　②海拔：1000～2000m　③分布：腾冲　④分布区类型：7－4

香面叶 *Lindera caudata*（Nees）Hook. f.

　　①习性：乔木　②海拔：1800～2100m　③分布：腾冲　④分布区类型：7－4

香叶树 *Lindera communis* Hemsl.

　　①习性：乔木　②海拔：1400m　③分布：泸水 腾冲 隆阳 龙陵　④分布区类型：7－3

黄脉钓樟 *Lindera flavinervia* Allen

　　①习性：乔木　②海拔：2179m　③分布：泸水 腾冲 龙陵　④分布区类型：15－2－c

绒毛钓樟 *Lindera floribunda*（Allen）H. P. Tsui

　　①习性：乔木　②海拔：1450～2500m　③分布：泸水 腾冲　④分布区类型：15－3－b

绿叶甘僵 *Lindera fruticosa* Hemsl.

　　①习性：乔木　②海拔：1280～2200m　③分布：腾冲 隆阳 龙陵　④分布区类型：14－2

无毛山胡椒（变型）*Lindera kariensis* W. W. Sm. form. glabrescens H. W. Li

　　①习性：乔木　②海拔：2800～3600m　③分布：腾冲　④分布区类型：15－2－d

更里山胡椒 *Lindera kariensis* W. W. Smith

 ①习性：乔木　②海拔：2354m　③分布：泸水　腾冲　④分布区类型：15 – 3 – a

团香果 *Lindera latifolia* Hook. f.

 ①习性：乔木　②海拔：1800m　③分布：泸水　腾冲　隆阳　龙陵　④分布区类型：14 – 2

山柿子果 *Lindera longipedunculata* Allen

 ①习性：灌木　②海拔：1653m　③分布：腾冲　④分布区类型：15 – 3 – a

黑壳楠 *Lindera megaphylla* Hemsl.

 ①习性：乔木　②海拔：2179m　③分布：腾冲　④分布区类型：15 – 3 – c

网叶山胡椒（变种）*Lindera metcalfiana* Allen var. *dictyophylla*（Allen）H. P. Tsui

 ①习性：乔木　②海拔：1800 ~ 2200m　③分布：隆阳 h　④分布区类型：7 – 4

滇粤山胡椒 *Lindera metcalfiana* Allen

 ①习性：乔木　②海拔：1800 ~ 2100m　③分布：隆阳　④分布区类型：15 – 3 – b

绒毛山胡椒 *Lindera nacusua*（D. Don）Merr.

 ①习性：灌木　②海拔：1400 ~ 2500m　③分布：龙陵　④分布区类型：7

三桠乌药 *Lindera obtusiloba* Bl. Mus. Bot.

 ①习性：灌木　②海拔：2000 ~ 2850m　③分布：泸水　④分布区类型：14

滇藏钓樟（变种）*Lindera obtusiloba* Bl. var. *heterophylla*（Meissn）H. P. Tsui

 ①习性：乔木　②海拔：2600m　③分布：腾冲　④分布区类型：14 – 2

菱叶钓樟 *Lindera supracostata* Lec.

 ①习性：乔木　②海拔：1800m　③分布：泸水　④分布区类型：15 – 3 – a

长尾钓樟（变种）*Lindera thomsonii* Allen var. *vernayana*（Allen）H. P. Tsui

 ①习性：乔木　②海拔：1950 ~ 2600m　③分布：腾冲　龙陵　④分布区类型：15 – 2 – f

三股筋香 *Lindera thomsonii* Allen

 ①习性：灌木　②海拔：1510m　③分布：腾冲　龙陵　④分布区类型：7

毛柄钓樟 *Lindera villipes* H. P. Tsui

 ①习性：乔木　②海拔：1653m　③分布：腾冲　④分布区类型：15 – 3 – a

金平木姜子 *Litsea cbinpingensis* Yang et P. H. Huang

 ①习性：乔木　②海拔：1400 ~ 1700m　③分布：隆阳　④分布区类型：15 – 2 – c

山鸡椒 *Litsea cubeba*（Lour.）Pers.

 ①习性：灌木　②海拔：2200m　③分布：泸水　腾冲　隆阳　④分布区类型：7

高山木姜子（变种）*Litsea ehunii* var. *chunii*

 ①习性：乔木　②海拔：2600m　③分布：龙陵　④分布区类型：15 – 3 – a

黄丹木姜子 *Litsea elongata*（Wall. ex Nees）Benth. et Hook. f.

 ①习性：乔木　②海拔：1653m　③分布：泸水　腾冲　龙陵　④分布区类型：7

清香木姜子 *Litsea euosma* W. W. Sm.

 ①习性：乔木　②海拔：1200 ~ 1400m　③分布：泸水　腾冲　龙陵　④分布区类型：7 – 3

滇南木姜子 *Litsea garrettii* Gamble

 ①习性：乔木　②海拔：2200m　③分布：龙陵　④分布区类型：7 – 3

潺槁木姜子 *Litsea glutinosa*（Lour.）C. B. Rob.

 ①习性：乔木　②海拔：1390 ~ 1600m　③分布：龙陵　④分布区类型：7

贡山木姜子 *Litsea gongahanensis* H. W. Li

①习性：灌木　②海拔：1653m　③分布：隆阳　④分布区类型：15－3－a

长蕊木姜子 *Litsea longistaminata*（Liou）Kosterm.

①习性：乔木　②海拔：1536m　③分布：隆阳　④分布区类型：7－4

假柿木姜子 *Litsea monopetala*（Roxb.）Pers.

①习性：乔木　②海拔：1240～1400m　③分布：泸水 龙陵　④分布区类型：7－4

红叶木姜子 *Litsea rubescens* Lec.

①习性：灌木　②海拔：1300～3100m　③分布：泸水 腾冲 隆阳　④分布区类型：7－3

绢毛木姜子 *Litsea sericea*（Nees）Hook. f.

①习性：乔木　②海拔：2313m　③分布：龙陵　④分布区类型：14－2

桂北木姜子 *Litsea subcoriacea* Yang et P. H. Huang

①习性：乔木　②海拔：2500m　③分布：泸水　④分布区类型：15－3－b

独龙木姜子 *Litsea taronensis* H. W. Li

①习性：乔木　②海拔：1350～2200m　③分布：隆阳　④分布区类型：15－3－a

黄心树 *Machilus bombycina* King ex Hook. f.

①习性：乔木　②海拔：1300m　③分布：隆阳　④分布区类型：7

灌丛润楠 *Machilus dumicola*（W. W. Smith.）H. W. Li

①习性：乔木　②海拔：1524m　③分布：泸水　④分布区类型：15－2－c

长梗润楠 *Machilus longtpedicellata* Lec.

①习性：乔木　②海拔：2354m　③分布：腾冲　④分布区类型：14－2

柳叶润楠 *Machilus salicina* Hance

①习性：灌木　②海拔：2200m　③分布：隆阳　④分布区类型：7－3

瑞丽润楠 *Machilus shweliensis* W. W. Sm.

①习性：乔木　②海拔：1850～2000m　③分布：腾冲 隆阳　④分布区类型：15－2－c

绿叶润楠 *Machilus viridis* Hand. – Mazz.

①习性：乔木　②海拔：2179m　③分布：隆阳　④分布区类型：15－3－a

滇润楠 *Machilus yunnanensis* Lec.

①习性：乔木　②海拔：2227m　③分布：腾冲 隆阳　④分布区类型：15－3－a

滇润楠（原变种）*Machilus yunnanensis* Lea. var. *yunnanensis*

①习性：乔木　②海拔：2500m　③分布：腾冲　④分布区类型：15－3－a

新樟 *Neocinnamomum delavayi*（Lec.）Liou

①习性：灌木　②海拔：2170m　③分布：泸水 隆阳　④分布区类型：15－3－a

沧江新樟 *Neocinnamomum mekongense*（Hand. – Mazz.）Kosterm.

①习性：乔木　②海拔：2200～2400m　③分布：泸水 龙陵　④分布区类型：15－3－a

金毛新木姜子 *Neolitsea chrysotricha* H. W. Li

①习性：乔木　②海拔：2500～3100m　③分布：泸水 腾冲　④分布区类型：15－1－a

团花新木姜子 *Neolitsea homilantha* Allen

①习性：灌木　②海拔：1550～2300m　③分布：泸水 腾冲　④分布区类型：15－3－a

龙陵新木姜子 *Neolitsea lunglingensis* H. W. Li

①习性：乔木　②海拔：2354m　③分布：腾冲 龙陵　④分布区类型：15－2－c

拟檫木 *Parasassafras confertiflora*（Meisn.）D. G. Long

①习性：乔木　②海拔：2300～2700m　③分布：泸水 腾冲　④分布区类型：14－2

长毛楠 *Phoebe forrestii* W. W. Sm.

①习性：乔木 ②海拔：1600～2300m ③分布：隆阳 ④分布区类型：15 - 3 - a

小叶楠 *Phoebe microphylla* H. W. Li

①习性：乔木 ②海拔：1400～1890m ③分布：腾冲 ④分布区类型：15 - 2 - h

普文楠 *Phoebe puwenensis* Cheng

①习性：乔木 ②海拔：1500～2000m ③分布：隆阳 ④分布区类型：15 - 2 - c

景东楠 *Phoebe yunnanensis* H. W. Li

①习性：乔木 ②海拔：2000～2100m ③分布：隆阳 ④分布区类型：15 - 2 - f

13. 莲叶桐科 Hernandiaceae
（2）

小果青藤（变种）*Illigera grandiflora* W. W. Sm. et J. F. Jeff. var. *microcarpa* C. Y. Wu

①习性：藤本 ②海拔：800～2100m ③分布：腾冲 ④分布区类型：15 - 2 - f

大花青藤 *Illigera grandiflora* W. W. Sm. et J. F. Jeff.

①习性：藤本 ②海拔：1300～2100m ③分布：泸水 ④分布区类型：7 - 2

15. 毛茛科 Ranunculaceae
（52）

拳卷瓜叶乌头（变种）*Aconitum hemsleyanum* Pritz. var. *circinatum* W. T. Wang

①习性：草本 ②海拔：1800～2850m ③分布：泸水 ④分布区类型：15 - 3 - a

小白撑（变种）*Aconitum nagarum* Stapf var. *heterotrichum* Fletcher et Lauener

①习性：草本 ②海拔：2250～3800m ③分布：腾冲 ④分布区类型：15 - 3 - a

无距小白撑（变种）*Aconitum nagarum* var. *heterotrichum* f. *dielsianum*（Airy Shaw）W. T. Wang

①习性：草本 ②海拔：2500～3000m ③分布：腾冲 ④分布区类型：15 - 2 - b

无距保山乌头（变种）*Aconitum nagarum* var. *ecalcaratum*（Airy Shaw）Airy Shaw

①习性：草本 ②海拔：2800～3000m ③分布：腾冲 ④分布区类型：15 - 1 - a

保山乌头 *Aconitum nagarum* Stapf.

①习性：草本 ②海拔：1600～3400m ③分布：泸水 腾冲 ④分布区类型：14 - 2

西南银莲花 *Anemone davidii* Franch.

①习性：草本 ②海拔：2400m ③分布：腾冲 ④分布区类型：15 - 3 - b

密毛银莲花（变种）*Anemone demissa* Hook. f. et Thoms. var. *major* W. T. Wang

①习性：草本 ②海拔：2900m ③分布：泸水 ④分布区类型：14 - 2

宽叶展毛银莲花（变种）*Anemone demissa* var. *villosissima* Bruhl

①习性：草本 ②海拔：2900～3700m ③分布：腾冲 ④分布区类型：15 - 3 - a

拟卵叶银莲花 *Anemone howellii* J. F. Jerr. et W. W. Sm

①习性：草本 ②海拔：1560m ③分布：腾冲 ④分布区类型：14 - 2

打破碗花 *Anemone hupehensis* Lem.

①习性：草本 ②海拔：1800～3000m ③分布：腾冲 隆阳 龙陵 ④分布区类型：15 - 3 - b

水棉花（原变种）*Anemone hupehensis* Lem. var. *hupehensis* form. alba W. T. Wang

①习性：草本 ②海拔：1500～2500m ③分布：泸水 ④分布区类型：15 - 3 - b

垂花银莲花 *Anemone mutantiflora* W. T. Wang et L. QLi

　　①习性：草本　②海拔：3200m　③分布：泸水　④分布区类型：15 – 1 – a

草玉梅 *Anemone rivularis* Buch. – Ham.

　　①习性：草本　②海拔：1650m　③分布：泸水 腾冲　④分布区类型：14 – 2

糙叶银莲花 *Anemone scabriuscula* W. T. Wang

　　①习性：草本　②海拔：2400 ~ 2900m　③分布：腾冲　④分布区类型：15 – 2 – d

野棉花 *Anemone vitifolia* Buch. – Ham.

　　①习性：草本　②海拔：1620 ~ 2000m　③分布：泸水　④分布区类型：14 – 2

铁破锣 *Beesia calthifolia*（Maxim.）Ulbr.

　　①习性：草本　②海拔：2100 ~ 2600m　③分布：泸水　④分布区类型：14 – 2

管茎驴蹄草 *Caltha fistulosa* Schipcz.

　　①习性：草本　②海拔：1500 ~ 2700m　③分布：泸水　④分布区类型：14

掌裂驴蹄草（变种）*Caltha palustris* L. var. *umbrosa* Diels

　　①习性：草本　②海拔：2400m　③分布：腾冲　④分布区类型：15 – 3 – a

空茎驴蹄草（变种）*Caltha palustris* L. var. *barthei* Hance

　　①习性：草本　②海拔：3100m　③分布：泸水　④分布区类型：14 – 1

驴蹄草 *Caltha palustris* L.

　　①习性：草本　②海拔：3300m　③分布：泸水 腾冲　④分布区类型：8

升麻 *Cimicifuga foetida* L.

　　①习性：草本　②海拔：2200 ~ 3200m　③分布：泸水 腾冲　④分布区类型：11

小木通 *Clematis armandii* Franch.

　　①习性：藤本　②海拔：1300 ~ 3000m　③分布：泸水 腾冲　④分布区类型：7 – 4

毛木通 *Clematis buchananiana* DC.

　　①习性：藤本　②海拔：1300 ~ 1950m　③分布：腾冲 龙陵　④分布区类型：14 – 2

金毛铁线莲 *Clematis chrysocoma* Franch.

　　①习性：藤本　②海拔：1850 ~ 2000m　③分布：腾冲　④分布区类型：15 – 3 – a

疏金毛铁线莲（变种）*Clematis chrysocoma* Franch. var. *glabrescens* Comb.

　　①习性：藤本　②海拔：2300m　③分布：隆阳　④分布区类型：14 – 2

滑叶藤 *Clematis fasciculiflora* Franch.

　　①习性：藤本　②海拔：2400m　③分布：泸水 隆阳　④分布区类型：7 – 4

绣球藤 *Clematis montana* Buch. – Ham. ex DC.

　　①习性：藤本　②海拔：1600 ~ 3100m　③分布：泸水 隆阳　④分布区类型：14 – 2

毛果绣球藤（变种）*Clematis montana* Buch. – Ham. ex DC. var. *trichogyna* M. C. Chang

　　①习性：藤本　②海拔：2270 ~ 3000m　③分布：泸水 腾冲　④分布区类型：15 – 3 – a

晚花绣球藤（变种）*Clematis montana* var. *wilsonii* Sprag.

　　①习性：藤本　②海拔：2100 ~ 2400m　③分布：腾冲　④分布区类型：15 – 3 – a

合苞铁线莲 *Clematis napaulensis* DC.

　　①习性：藤本　②海拔：2354m　③分布：腾冲　④分布区类型：14 – 2

裂叶铁线莲 *Clematis parviloba* Gardn. et Champ.

　　①习性：藤本　②海拔：1250 ~ 2300m　③分布：龙陵　④分布区类型：14 – 1

片马铁线莲 *Clematis pianmaensis* W. T. Wang

①习性：藤本　②海拔：2200m　③分布：泸水　④分布区类型：15－1－a

毛茛铁线莲 *Clematis ranunculoides* Franch.

①习性：藤本　②海拔：2179m　③分布：腾冲　④分布区类型：15－3－a

莓叶铁线莲 *Clematis rubifolia* Wright

①习性：藤本　②海拔：2227m　③分布：腾冲　④分布区类型：15－3－a

尾叶铁线莲 *Clematis urophylla* Franch.

①习性：藤本　②海拔：2182m　③分布：隆阳　④分布区类型：15－3－b

云贵铁线莲 *Clematis vaniotii* Levl. et Port.

①习性：藤本　②海拔：1000～2060m　③分布：腾冲　④分布区类型：15－3－a

云南铁线莲 *Clematis yunnanensis* Franch.

①习性：藤本　②海拔：2878m　③分布：泸水 腾冲 隆阳　④分布区类型：15－3－a

云南黄连 *Coptis teeta* Wall.

①习性：草本　②海拔：2340m　③分布：泸水 腾冲　④分布区类型：14－2

滇川翠雀花 *Delphinium delavayi* Franch.

①习性：草本　②海拔：1850～3000m　③分布：隆阳　④分布区类型：15－3－a

禺毛茛 *Ranunculus cantoniensis* DC.

①习性：草本　②海拔：1625m　③分布：泸水 腾冲　④分布区类型：14－1

茴茴蒜 *Ranunculus chinensis* Bunge.

①习性：草本　②海拔：1721m　③分布：泸水 隆阳　④分布区类型：14－1

铺散毛茛 *Ranunculus diffusus* DC.

①习性：草本　②海拔：1300～2000m　③分布：泸水 腾冲　④分布区类型：7

西南毛茛 *Ranunculus ficariifolius* Levl. et Vaniot

①习性：草本　②海拔：2400～3200m　③分布：腾冲　④分布区类型：15－3－b

黄毛茛 *Ranunculus laetus* Wall.

①习性：草本　②海拔：2000m　③分布：腾冲　④分布区类型：7－2

石龙芮 *Ranunculus sceleratus* L.

①习性：草本　②海拔：790m　③分布：隆阳　④分布区类型：1

毛果毛茛（变种）*Ranunculus tanguticus*（Maxim.）Ovcz. var. *dasycarpus*（Maxim.）L. Liou

①习性：草本　②海拔：3200m　③分布：隆阳　④分布区类型：15－3－c

偏翅唐松草 *Thalictrum delavayi* Franch.

①习性：草本　②海拔：1900～3000m　③分布：龙陵　④分布区类型：15－3－a

角药偏翅唐松（变种）*Thalictrum delavayi* Franch. var. *mucronatum*（Finet&Gagnep.）W. T. Wang et S. H. Wang

①习性：草本　②海拔：1900m　③分布：泸水　④分布区类型：15－3－a

多叶唐松草 *Thalictrum foliolosum* DC.

①习性：草本　②海拔：1500～2300m　③分布：腾冲 隆阳 龙陵　④分布区类型：14－2

爪哇唐松草 *Thalictrum javanicum* Bl.

①习性：草本　②海拔：2000～2100m　③分布：腾冲　④分布区类型：7－2

小喙唐松草 *Thalictrum rostellatum* Hook. f. et Thoms

①习性：草本　②海拔：3149m　③分布：泸水　④分布区类型：14－2

钩柱唐松草 *Thalictrum uncatum* Maxim.

①习性：草本　②海拔：2700～3300m　③分布：泸水　④分布区类型：15－3－c

16. 莼菜科 Cabombaceae
（1）

莼菜 *Brasenia schreberi* J. F. Gmel.

①习性：草本　②海拔：1730m　③分布：腾冲　④分布区类型：1

17. 金鱼藻科 Ceratophyllaceae
（1）

金鱼藻 *Ceratophyllum demersum* L.

①习性：草本　②海拔：1000～2000m　③分布：腾冲　④分布区类型：1

19. 小檗科 Berberidaceae
（19）

渐尖叶小檗 *Berberis acuminata* Franch.

①习性：灌木　②海拔：2270m　③分布：泸水　④分布区类型：15－3－a

可爱小檗 *Berberis amabilis* Schneid.

①习性：灌木　②海拔：1950～3200m　③分布：腾冲　④分布区类型：14－2

黑果小檗 *Berberis atrocarpa* Schneid.

①习性：灌木　②海拔：2100m　③分布：隆阳　④分布区类型：15－3－b

道孚小檗 *Berberis dawoensis* K. Meyer

①习性：灌木　②海拔：2500m　③分布：腾冲　④分布区类型：15－3－a

平滑小檗 *Berberis levis* Franch.

①习性：灌木　②海拔：1900m　③分布：腾冲　④分布区类型：15－2－b

卷叶小檗 *Berberis replicata* W. W. Smith

①习性：灌木　②海拔：1850～3500m　③分布：腾冲　④分布区类型：15－1－a

亚尖叶小檗 *Berberis subacuminata* Schneid.

①习性：灌木　②海拔：2400～2650m　③分布：泸水 隆阳　④分布区类型：15－2－h

滑小檗（变种）*Berberis sublevis* W. W. Smith var. *microcarpa*（Hook. f rt Thoms）Ahrendt

①习性：灌木　②海拔：1550m　③分布：腾冲　④分布区类型：15－1－a

光滑小檗（变种）*Berberis sublevis* W. W. Smith var. *grandifolia* Schneid

①习性：灌木　②海拔：1900m　③分布：腾冲　④分布区类型：15－1－a

近光滑小檗 *Berberis sublevis* W. W. Smith

①习性：灌木　②海拔：1850～1900m　③分布：泸水 腾冲　④分布区类型：15－1－a

潞西近光滑小檗（变种）*Berberis sublevis* W. W. Smith var. *exquisita* Ahrendt

①习性：灌木　②海拔：1800～2400m　③分布：腾冲　④分布区类型：15－2－c

川八角莲 *Dysosma veitchii*（Hemsl. et Wils.）Fu ex Ying

①习性：草本　②海拔：1950m　③分布：腾冲　④分布区类型：15－3－a

鹤庆十大功劳 *Mahonia bracteolata* Takeda

①习性：灌木 ②海拔：2179m ③分布：腾冲 隆阳 ④分布区类型：15－3－a

细齿十大功劳 *Mahonia leptodonta* Gagnep.

①习性：灌木 ②海拔：2878m ③分布：隆阳 ④分布区类型：15－3－a

长小叶十大功劳 *Mahonia lomariifolia* Takeda

①习性：灌木 ②海拔：2200m ③分布：腾冲 ④分布区类型：15－3－a

尼泊尔十大功劳 *Mahonia napaulensis* DC.

①习性：灌木 ②海拔：2878m ③分布：隆阳 ④分布区类型：14－2

景东十大功劳 *Mahonia paucijuga* C. Y. Wu

①习性：灌木 ②海拔：2950m ③分布：腾冲 ④分布区类型：15－2－f

峨眉十大功劳 *Mahonia polydonta* Fedde

①习性：灌木 ②海拔：2830～3350m ③分布：泸水 隆阳 ④分布区类型：15－3－a

独龙十大功劳 *Mahonia taronensis* Hand. － Mazz.

①习性：灌木 ②海拔：2200～2500m ③分布：泸水 ④分布区类型：15－3－a

21. 木通科 Lardizabalaceae
(7)

白木通（亚种）*Akebia trifoliata*（Thunb.）Koidz. subsp. australis（Diels）T. Shimizu
①习性：藤本 ②海拔：1550～2100m ③分布：腾冲 ④分布区类型：15－3－b
猫儿屎 *Decaisnea insignis*（Griff.）Hook. f. et Thoms.

①习性：灌木 ②海拔：2650m ③分布：泸水 隆阳 ④分布区类型：14－2

五风藤 *Holboellia fargesii* Reaub.

①习性：藤本 ②海拔：2878m ③分布：腾冲 隆阳 ④分布区类型：14－2

狭叶五风藤（变种）*Holboellia latifolia* Wall. var. *angustifolia* Hook. f. et Thoms.

①习性：藤本 ②海拔：1300～2400m ③分布：腾冲 ④分布区类型：14－2

八月瓜 *Holboellia latifolia* Wall.

①习性：藤本 ②海拔：1780m ③分布：泸水 腾冲 ④分布区类型：14－2

羊腰子新种 *Holboellia rotundifolia* C. Y. Wu，sp. nov

①习性：藤本 ②海拔：2300～2900m ③分布：龙陵 ④分布区类型：15－3－a

三叶野木瓜 *Stauntonia brunoniana* Wall. ex Hemsl.

①习性：灌木 ②海拔：1100～2300m ③分布：隆阳 ④分布区类型：7

23. 防己科 Menispermaceae
(12)

木防己 *Cocculus orbiculatus*（Linn.）DC.

①习性：灌木 ②海拔：1100～1200m ③分布：腾冲 ④分布区类型：3

毛木防己（变种）*Cocculus orbiculatus*（L.）DC. var. *mollis*（Wall. ex Hook. f. et Thoms.）Hara

①习性：藤本 ②海拔：1050～1800m ③分布：泸水 隆阳 ④分布区类型：14－2

铁藤 *Cyclea polypetala* Dunn

①习性：藤本 ②海拔：2179m ③分布：龙陵 ④分布区类型：15－3－b

四川轮环藤 *Cyclea sutchuenensis* Gagnep.

①习性：藤本 ②海拔：1200~2100m ③分布：腾冲 ④分布区类型：15-3-b

西南轮环藤 *Cyclea wattii* Diels

①习性：藤本 ②海拔：2000m ③分布：泸水 隆阳 ④分布区类型：14-2

细圆藤 *Pericampylus glaucus* （Lam.） Merr.

①习性：藤本 ②海拔：2000m ③分布：隆阳 ④分布区类型：7-4

汉防己 *Sinomenium acutum* （Thunb.） Rehd. et Wils.

①习性：藤本 ②海拔：1300~1700m ③分布：隆阳 ④分布区类型：15-3-b

白线薯 *Stephania brachyandra* Diels

①习性：草本 ②海拔：1400m ③分布：隆阳 ④分布区类型：15-2-h

荷包地不容 *Stephania dicentrinifera* Lo et M. Yang

①习性：草本 ②海拔：1250m ③分布：龙陵 ④分布区类型：15-2-f

桐叶千金藤 *Stephania hernandifolia* （Willd.） Walp.

①习性：藤本 ②海拔：1530m ③分布：腾冲 隆阳 龙陵 ④分布区类型：5

长柄地不容 *Stephania longipes* Lo

①习性：草本 ②海拔：1000~1800m ③分布：腾冲 ④分布区类型：15-2-f

青牛胆 *Tinospora sagittata* （Oliv.） Gagnep.

①习性：藤本 ②海拔：2182m ③分布：隆阳 ④分布区类型：14-2

24. 马兜铃科 Aristolochiaceae
(4)

大叶马兜铃 *Aristolochia kaempferi* Willd.

①习性：藤本 ②海拔：2000m ③分布：腾冲 隆阳 ④分布区类型：14-1

昆明马兜铃 *Aristolochia kunmingensis* C. Y. Cheng et J. S. Ma

①习性：藤本 ②海拔：2800m ③分布：腾冲 ④分布区类型：15-3-a

粉质花马兜铃 *Aristolochia transsecta* （Chatterjee） C. Y. Wu ex S. M. Hwang

①习性：藤本 ②海拔：2100m ③分布：腾冲 ④分布区类型：14-2

马蹄香 *Saruma henryi* Oliv.

①习性：草本 ②海拔：1240~2300m ③分布：腾冲 ④分布区类型：14-2

28. 胡椒科 Piperaceae
(15)

石蝉草 *Peperomia dindygulensis* Miq.

①习性：草本 ②海拔：1280m ③分布：隆阳 ④分布区类型：7

短穗草胡椒 *Peperomia duclouxii* C. DC.

①习性：草本 ②海拔：2200m ③分布：龙陵 ④分布区类型：15-3-a

豆瓣绿 *Peperomia tetraphylla* （Forst. f.） Hook. et Arn.

①习性：草本 ②海拔：1626m ③分布：泸水 腾冲 隆阳 龙陵 ④分布区类型：2

卵叶胡椒 *Piper attenuatum* Buch. – Ham. ex. Miq.

①习性：藤本 ②海拔：1620m ③分布：隆阳 ④分布区类型：14-2

蒌叶 *Piper betle* Linn.

①习性：草本　②海拔：1300m　③分布：隆阳　④分布区类型：6

苎叶 *Piper boehmeriaefolium*（Miq.）C. DC.

　　①习性：灌木　②海拔：1300～1500m　③分布：泸水　④分布区类型：7－3

光茎胡椒 *Piper glabricaule* C. DC.

　　①习性：灌木　②海拔：1200～1300m　③分布：泸水 龙陵　④分布区类型：15－2－f

荜拔 *Piper longum* Linn.

　　①习性：藤本　②海拔：710～2000m　③分布：泸水　④分布区类型：7

粗梗胡椒 *Piper macropodum* C. DC.

　　①习性：藤本　②海拔：1653m　③分布：隆阳　④分布区类型：15－2－c

短蒟 *Piper mullesua* Buchanan－Hamilton ex D. Don

　　①习性：灌木　②海拔：1550m　③分布：泸水 腾冲 隆阳 龙陵　④分布区类型：14－2

裸果胡椒 *Piper nudibaccatum* Tseng

　　①习性：藤本　②海拔：1200～1500m　③分布：泸水 龙陵　④分布区类型：15－2－f

角果胡椒 *Piper pedicellatum* C. DC.

　　①习性：藤本　②海拔：1500～1800m　③分布：隆阳　④分布区类型：7－2

肉轴胡椒 *Piper ponesheense* C. DC.

　　①习性：藤本　②海拔：1400～2000m　③分布：腾冲 龙陵　④分布区类型：7

石南藤 *Piper wallichii*（Miq.）Hand.－Mazz.

　　①习性：藤本　②海拔：1900m　③分布：泸水　④分布区类型：7

蒟子 *Piper yunnanense* Tseng

　　①习性：灌木　②海拔：1250m　③分布：泸水　④分布区类型：15－2－f

29. 三白草科 Saururaceae
(2)

蕺菜 *Houttuynia cordata* Thunb

　　①习性：草本　②海拔：1530m　③分布：泸水 腾冲　④分布区类型：14

三白草 *Saururus chinensis*（Lour.）Baill.

　　①习性：草本　②海拔：790m　③分布：隆阳　④分布区类型：14－1

30. 金粟兰科 Chloranthaceae
(1)

草珊瑚 *Sarcandra glabra*（Thunb.）Nakai

　　①习性：灌木　②海拔：1478m　③分布：隆阳　④分布区类型：14－1

32. 罂粟科 Papaveraceae
(9)

细果紫堇 *Corydalis leptocarpa* Hook. f. et Thoms.

　　①习性：草本　②海拔：1300～1800m　③分布：腾冲 隆阳　④分布区类型：7－4

翅瓣黄堇 *Corydalis pterygopetala* Hand.－Mazz.

①习性：草本　②海拔：1530m　③分布：泸水 隆阳　④分布区类型：14－2

无冠翅瓣黄堇（变种）*Corydalis pterygopetala* Hand. – Mazz. var. *ecristata* H. Chuang

①习性：草本　②海拔：2200～2950m　③分布：泸水 腾冲　④分布区类型：15－2－h

金钩如意草 *Corydalis taliensis* Franch.

①习性：草本　②海拔：1920m　③分布：隆阳 龙陵　④分布区类型：15－2－i

重三出紫堇 *Corydalis triternatifolia* C. Y. Wu

①习性：草本　②海拔：1600m　③分布：泸水 腾冲　④分布区类型：15－2－f

滇黄堇 *Corydalis yunnanensis* Franch.

①习性：草本　②海拔：2600～3200m　③分布：泸水　④分布区类型：14－2

紫金龙 *Dactylicapnos scandens*（D. Don）Hutch.

①习性：藤本　②海拔：1450m　③分布：隆阳　④分布区类型：7－4

扭果紫金龙 *Dactylicapnos torulosa*（Hook. f. et thoms.）Hutch.

①习性：藤本　②海拔：1750～2500m　③分布：腾冲 隆阳　④分布区类型：7－2

尼泊尔绿绒蒿 *Meconopsis napaulensis* DC.

①习性：草本　②海拔：2900～3900m　③分布：泸水　④分布区类型：14－2

36. 山柑科 Capparidaceae
(3)

野香橼花 *Capparis bodinieri* Levl.

①习性：灌木　②海拔：760～1600m　③分布：泸水 腾冲　④分布区类型：14－2

雷公橘 *Capparis membranifolia* Kurz

①习性：灌木　②海拔：1000～1800m　③分布：泸水 隆阳　④分布区类型：7

树头菜 *Crateva unilocularis* Buch. – Ham.

①习性：乔木　②海拔：1250～1300m　③分布：泸水　④分布区类型：7

39. 十字花科 Cruciferae
(12)

荠 *Capsella bursapastoris*（L.）Medic.

①习性：草本　②海拔：1540～2300m　③分布：腾冲　④分布区类型：8

岩生碎米荠 *Cardamine calcicola* W. W. Smith

①习性：草本　②海拔：1850m　③分布：腾冲　④分布区类型：15－3－a

露珠碎米荠 *Cardamine circaeoides* Hook. f. et Thoms.

①习性：草本　②海拔：1550m　③分布：隆阳　④分布区类型：7－4

弯曲碎米荠 *Cardamine flexuosa* With

①习性：草本　②海拔：1530m　③分布：泸水 隆阳 龙陵　④分布区类型：8

山芥菜 *Cardamine griffithii* Hook. f. et Thoms.

①习性：草本　②海拔：2200～3750m　③分布：泸水 腾冲　④分布区类型：14－2

碎米荠 *Cardamine hirsuta* L.

①习性：草本　②海拔：1300～2000m　③分布：泸水 隆阳　④分布区类型：8

钝叶碎米荠（变种）*Cardamine impatiens* L. var. *obtusifolia*（Knaf）O. E. Schulz

①习性：草本　②海拔：2200m　③分布：腾冲　④分布区类型：15－3－a

大叶碎米荠 *Cardamine macrophylla* Willd.

①习性：草本　②海拔：1300～2500m　③分布：泸水　④分布区类型：14－2

三小叶碎米荠 *Cardamine trifolialata* Hook. f. et Thoms.

①习性：草本　②海拔：2300m　③分布：泸水　④分布区类型：14－2

滇碎米荠 *Cardamine yunnanensis* Franch.

①习性：草本　②海拔：1800～2400m　③分布：泸水　④分布区类型：14－2

无瓣蔊菜 *Rorippa dubia* （Pers.）Hara

①习性：草本　②海拔：1010m　③分布：隆阳　④分布区类型：3

蔊菜 *Rorippa indica* （L.）Hiern.

①习性：草本　②海拔：1520m　③分布：腾冲　④分布区类型：7

40. 堇菜科 Violaceae
(7)

灰堇菜 *Viola canescens* Wall.

①习性：草本　②海拔：1750m　③分布：泸水　④分布区类型：14－2

紫点堇菜 *Viola duclouxii* W. Becker

①习性：草本　②海拔：2300m　③分布：隆阳　④分布区类型：15－2－e

紫花堇菜 *Viola grypoceras* A. Gray

①习性：草本　②海拔：2500m　③分布：泸水　④分布区类型：14－1

匍匐堇菜 *Viola pilosa* Blume

①习性：草本　②海拔：1400～1830m　③分布：腾冲 隆阳　④分布区类型：7－4

裸芝堇菜 *Viola prattii* W. Becker

①习性：草本　②海拔：1900～3800m　③分布：泸水 腾冲　④分布区类型：15－3－a

浅圆紫堇菜 *Viola schneideri* W. Beck.

①习性：草本　②海拔：1300～1800m　③分布：隆阳　④分布区类型：15－3－b

毛堇菜 *Viola thomsonii* Oudem.

①习性：草本　②海拔：2354m　③分布：隆阳　④分布区类型：15－3－c

42. 远志科 Polygalaceae
(6)

荷包山桂花 *Polygala arillata* Buch. – Ham. ex D. Don

①习性：灌木　②海拔：1680m　③分布：泸水 腾冲 隆阳　④分布区类型：7

肾果远志 *Polygala didyma* C. Y. Wu

①习性：灌木　②海拔：2400m　③分布：隆阳　④分布区类型：15－2－b

假黄花远志 *Polygala fallex* Hemsl.

①习性：灌木　②海拔：1700m　③分布：隆阳　④分布区类型：15－3－b

合叶草 *Polygala subopposita* S. K. Chen

①习性：草本　②海拔：560～1400m　③分布：腾冲 隆阳　④分布区类型：15－3－a

齿果草 *Salomonia cantoniensis* Lour.

①习性：草本　②海拔：1200～1800m　③分布：隆阳　④分布区类型：5

小果齿果草（变种）*Salomonia cantoniensis* var. *edentula*（DC.）Gagn.

①习性：草本　②海拔：1100～1350m　③分布：腾冲 隆阳　④分布区类型：14－2

45. 景天科 Crassulaceae
(6)

长鞭红景天 *Rhodiola fastigiata*（HK. f. et Thoms.）S. H. Fu

①习性：草本　②海拔：2800～3400m　③分布：泸水 隆阳　④分布区类型：14－2

云南红景天 *Rhodiola yunnanensis*（Franch.）S. H. Fu

①习性：草本　②海拔：2400m　③分布：泸水　④分布区类型：15－3－b

大苞景天 *Sedum amplibracteatum* K. T. Fu

①习性：草本　②海拔：1100～2800m　③分布：腾冲　④分布区类型：7－3

短尖景天 *Sedum beauverdii* Hamet

①习性：草本　②海拔：2550m　③分布：泸水　④分布区类型：15－3－a

山飘风 *Sedum major*（Hemsl.）Migo

①习性：草本　②海拔：2000m　③分布：泸水 腾冲　④分布区类型：14－2

多茎景天 *Sedum multicaule* Wall. ex Lindl.

①习性：草本　②海拔：2900m　③分布：泸水　④分布区类型：14－2

47. 虎耳草科 Saxifragaceae
(20)

落新妇 *Astilbe chinensis*（Maxim.）Franch. et Savat.

①习性：草本　②海拔：2000m　③分布：泸水　④分布区类型：14

溪畔落新妇 *Astilbe rivularis* Buch. – Ham. ex D. Don.

①习性：草本　②海拔：2300m　③分布：泸水 腾冲 隆阳　④分布区类型：7－4

多花落新妇（变种）*Astilbe rivularis* var. *myriantha*

①习性：草本　②海拔：1100～2500m　③分布：腾冲 隆阳　④分布区类型：15－3－c

狭叶落新妇（变种）*Astilbe rivularis* Buch. – Ham. ex D. Don var. *angustifoliol ata* Hara

①习性：草本　②海拔：1500～2800m　③分布：泸水　④分布区类型：14－2

岩白菜 *Bergenia purpurascens*（Hook. f. et Thoms.）Engl.

①习性：草本　②海拔：3400～4000m　③分布：泸水　④分布区类型：14－2

滇黔金腰 *Chrysosplenium cavaleriei* Levl. et Vaniot

①习性：草本　②海拔：1300～3000m　③分布：腾冲　④分布区类型：15－3－b

锈毛金腰 *Chrysosplenium davidianum* Decne. ex Maxim

①习性：草本　②海拔：1500～4100m　③分布：腾冲 隆阳　④分布区类型：15－3－a

肾萼金腰 *Chrysosplenium delavayi* Franch.

①习性：草本　②海拔：500～2800m　③分布：腾冲 隆阳　④分布区类型：14－2

绵毛金腰 *Chrysosplenium lanuginosum* Hook. f. et Thoms.

①习性：草本　②海拔：1130～1600m　③分布：腾冲 隆阳　④分布区类型：14－2

山溪金腰 *Chrysosplenium nepalense* D. Don

①习性：草本　②海拔：1900～2800m　③分布：腾冲 隆阳　④分布区类型：14－2

冠盖藤 *Pileostegia viburnoides* Hook. f. et Thoms.

①习性：灌木　②海拔：1300～1420m　③分布：泸水　④分布区类型：7

滇西鬼灯檠（变种）*Rodgersia aesculifolia* var. *henricii*（Franch.）C. Y. Wu

①习性：草本　②海拔：3000m　③分布：泸水　④分布区类型：14－2

七叶鬼灯檠 *Rodgersia aesculifolia* Batalin

①习性：草本　②海拔：1100～3400m　③分布：泸水 腾冲　④分布区类型：15－3－c

双喙虎耳草 *Saxifraga davidii* Franch.

①习性：草本　②海拔：1500～2400m　③分布：腾冲 隆阳　④分布区类型：15－3－a

异叶虎耳草 *Saxifraga diversifolia* Wall. ex Ser.

①习性：草本　②海拔：3100m　③分布：隆阳　④分布区类型：15－3－a

红毛虎耳草 *Saxifraga rufescens* Balf. f.

①习性：草本　②海拔：1000～4000m　③分布：腾冲 隆阳　④分布区类型：15－3－a

虎耳草 *Saxifraga stolonifera* Curt.

①习性：草本　②海拔：1000～4500m　③分布：腾冲 隆阳　④分布区类型：14－1

伏毛虎耳草 *Saxifraga strigosa* Wall.

①习性：草本　②海拔：2950m　③分布：泸水 隆阳　④分布区类型：14－2

近等叶虎耳草 *Saxifraga subaequifoliata* Irmsch.

①习性：草本　②海拔：2900～3600m　③分布：泸水　④分布区类型：15－2－b

黄水枝 *Tiarella polyphylla* D. Don

①习性：草本　②海拔：2300m　③分布：泸水　④分布区类型：7－4

47a. 梅花草科 Parnassiaceae

（3）

无斑梅花草 *Parnassia epunctulata* J. T. Pan

①习性：草本　②海拔：3360m　③分布：泸水　④分布区类型：15－2－e

长爪梅花草 *Parnassia farreri* W. E. Evans

①习性：草本　②海拔：2900～3400m　③分布：腾冲 隆阳　④分布区类型：15－1－b

鸡裙梅花草 *Parnassia wightiana* Wall. ex Wight et Arn.

①习性：草本　②海拔：600～2000m　③分布：腾冲　④分布区类型：14－2

47b. 扯根菜科 Penthoraceae

（1）

扯根菜 *Penthorum chinense* Pursh

①习性：草本　②海拔：1525m　③分布：隆阳　④分布区类型：14－1

48. 茅膏菜科 Droseraceae

（1）

茅膏菜 *Drosera peltata* Smith

①习性：草本　②海拔：1200～3650m　③分布：腾冲 隆阳　④分布区类型：15－3－a

53. 石竹科 Caryophyllaceae

（25）

长刚毛无心菜 *Arenaria longiseta* C. Y. Wu

①习性：草本　②海拔：3700m　③分布：泸水　④分布区类型：15－2－a

须花无心菜 *Arenaria pogonantha* W. W. Smith

①习性：草本　②海拔：2900～4200m　③分布：腾冲　④分布区类型：15－3－a

怒江无心菜 *Arenaria salweenensis* W. W. Smith

①习性：草本　②海拔：3000m　③分布：泸水　④分布区类型：15－1－a

大花福禄草 *Arenaria smithiana* Mattf.

①习性：草本　②海拔：2950m　③分布：泸水　④分布区类型：15－3－a

短瓣花 *Brachystemma calycinum* D. Don

①习性：藤本　②海拔：600～2200m　③分布：隆阳　④分布区类型：7－3

缘毛卷耳 *Cerastium furcatum* Cham. et Schlecht.

①习性：草本　②海拔：2200m　③分布：泸水　④分布区类型：11

狗筋蔓 *Cucubalus baccifer* L.

①习性：草本　②海拔：1908m　③分布：泸水 腾冲　④分布区类型：10

荷莲豆草 *Drymaria diandra* Bl.

①习性：草本　②海拔：2211m　③分布：泸水　④分布区类型：2

漆姑草 *Sagina japonica*（Sw.）Ohwi

①习性：草本　②海拔：1300～2700m　③分布：泸水　④分布区类型：11

女娄菜 *Silene aprica* Turcz. ex Fisch. et Mey.

①习性：草本　②海拔：1200～1800m　③分布：泸水 腾冲　④分布区类型：11

掌脉蝇子草 *Silene asclepiadea* France.

①习性：草本　②海拔：1200～3800m　③分布：腾冲　④分布区类型：15－3－a

坚硬女娄菜 *Silene firma* Sieb. et Zucc.

①习性：草本　②海拔：1300～1800m　③分布：腾冲　④分布区类型：14－1

宽叶变黑蝇子草（亚种）*Silene nigrescens*（Edgew.）Majumdar subsp. latifolia Bocquet

①习性：草本　②海拔：1800～2000m　③分布：腾冲 隆阳　④分布区类型：14－2

滇白前 *Silene viscidula* Franch.

①习性：草本　②海拔：1250～1800m　③分布：泸水 腾冲　④分布区类型：15－3－a

云南蝇子草 *Silene yunnanensis* Franch.

①习性：草本　②海拔：2200m　③分布：腾冲　④分布区类型：15－2－b

短瓣繁缕 *Stellaria brachypetala* Bge.

①习性：草本　②海拔：2900～3500m　③分布：泸水　④分布区类型：13

糙叶繁缕（亚型）*Stellaria monosperma* f. scabrifolia M. Mizush.

①习性：草本　②海拔：1300～3100m　③分布：泸水　④分布区类型：14－2

细柄繁缕 *Stellaria petiolaris* Hand. – Mazz.

①习性：草本　②海拔：2700～3600m　③分布：泸水　④分布区类型：15－3－a

长毛箐姑草 *Stellaria pilosa* Franch.

①习性：草本 ②海拔：2600~3800m ③分布：泸水 ④分布区类型：15－3－a

箐姑草 *Stellaria vestita* Kurz

①习性：草本 ②海拔：2182m ③分布：泸水 腾冲 ④分布区类型：7

云南繁缕（原变型）*Stellaria yunnanensis* Franch. f. yunnanensis

①习性：草本 ②海拔：1800~3200m ③分布：泸水 隆阳 ④分布区类型：15－3－a

密柔毛繁缕（变型）*Stellaria yunnanensis* Franch. form. villosa C. Y. Wu ex P. Ke

①习性：草本 ②海拔：2150m ③分布：泸水 ④分布区类型：15－3－a

千针万线草 *Stellaria yunnanensis* Franch.

①习性：草本 ②海拔：2000m ③分布：腾冲 ④分布区类型：15－3－a

藏南繁缕 *Stellaria zangnanensis* L. H. Zhou

①习性：草本 ②海拔：1350~2700m ③分布：泸水 ④分布区类型：15－3－a

王不留行 *Vaccaria segetalis*（Neck.）Garcke

①习性：草本 ②海拔：2300m ③分布：泸水 ④分布区类型：8

56. 马齿苋科 Portulacaceae

(1)

马齿苋 *Portulaca oleracea* L.

①习性：草本 ②海拔：1100m ③分布：腾冲 隆阳 ④分布区类型：1

57. 蓼科 Polygonaceae

(48)

金线草 *Antenoron filiforme*（Thunb.）Rob. et Vaut.

①习性：草本 ②海拔：750~2450m ③分布：泸水 ④分布区类型：14－2

金荞麦 *Fagopyrum dibotrys*（D. Don）Hara

①习性：草本 ②海拔：1545m ③分布：泸水 腾冲 隆阳 ④分布区类型：7－4

苦荞麦 *Fagopyrum tataricum*（L.）Gaertn.

①习性：草本 ②海拔：1476m ③分布：隆阳 ④分布区类型：8

何首乌 *Fallopia multiflora*（Thunb.）Harald.

①习性：藤本 ②海拔：1600m ③分布：隆阳 ④分布区类型：15－3－c

中华山蓼 *Oxyria sinensis* Hemsl.

①习性：草本 ②海拔：1600~3800m ③分布：腾冲 隆阳 ④分布区类型：15－3－a

钟花蓼 *Polygonum campanulatum* Hook. f.

①习性：草本 ②海拔：2227m ③分布：泸水 腾冲 ④分布区类型：14－2

绒毛钟花蓼（变种）*Polygonum campanulatum* var. *fulvidum* Hook. f.

①习性：草本 ②海拔：3000m ③分布：泸水 ④分布区类型：14－2

头花蓼 *Polygonum capitatum* Buch. – Ham. ex D. Don

①习性：草本 ②海拔：702m ③分布：泸水 腾冲 隆阳 ④分布区类型：7－4

宽叶火炭母（变种）*Polygonum chinense* L. var. *ovalifolium* Meisn.

①习性：草本 ②海拔：1626m ③分布：泸水 隆阳 龙陵 ④分布区类型：14－2

窄叶火炭母（变种）*Polygonum chinense* L. var. *paradoxum* （Levl.） A. J. Li

①习性：草本　②海拔：1662m　③分布：泸水 腾冲 隆阳　④分布区类型：15 – 3 – a

硬毛火炭母 *Polygonum chinense* L. var. hispidum Hook. f.

①习性：草本　②海拔：2200m　③分布：隆阳　④分布区类型：7 – 2

火炭母 *Polygonum chinense* L.

①习性：草本　②海拔：1404m　③分布：泸水 腾冲　④分布区类型：7

蓝药蓼 *Polygonum cyanandrum* Diels

①习性：草本　②海拔：2500 ~ 3000m　③分布：泸水　④分布区类型：15 – 3 – c

小叶蓼 *Polygonum delicatulum* Meisn.

①习性：草本　②海拔：2600 ~ 2900m　③分布：泸水　④分布区类型：12

匍枝蓼 *Polygonum emodi* Meisn

①习性：草本　②海拔：2700 ~ 3500m　③分布：泸水　④分布区类型：15 – 3 – a

细茎蓼 *Polygonum filicaule* Wall. ex Meisn.

①习性：草本　②海拔：2200 ~ 3700m　③分布：泸水　④分布区类型：12

冰川蓼 *Polygonum glaciale* （Meisn.） Hook. f.

①习性：草本　②海拔：1530m　③分布：龙陵　④分布区类型：13

硬毛蓼 *Polygonum hookeri* Meisn.

①习性：草本　②海拔：1400m　③分布：隆阳　④分布区类型：14 – 2

水蓼 *Polygonum hydropiper* Linn.

①习性：草本　②海拔：1380m　③分布：泸水 腾冲　④分布区类型：1

酸模叶蓼 *Polygonum lapathifolium* L.

①习性：草本　②海拔：686m　③分布：隆阳　④分布区类型：11

长鬃蓼 *Polygonum longisetum* De Br.

①习性：草本　②海拔：2000m　③分布：腾冲 隆阳　④分布区类型：14

小头蓼 *Polygonum microcephalum* D. Don

①习性：草本　②海拔：2000 ~ 2500m　③分布：泸水　④分布区类型：14 – 2

腺梗小头蓼（变种）*Polygonum microcephalum* D. Don var. *sphaerocephalum* （Wall. ex Meisn.） Murata

①习性：草本　②海拔：500 ~ 3200m　③分布：腾冲 隆阳　④分布区类型：14 – 2

大海拳参 *Polygonum milletii* （Lévl.） Lévl.

①习性：草本　②海拔：1900m　③分布：泸水　④分布区类型：15 – 3 – c

倒毛蓼（变种）*Polygonum molle* D. Don var. *rude* （Meisn.） A. J. Li

①习性：草本　②海拔：1600 ~ 2900m　③分布：泸水 腾冲 龙陵　④分布区类型：14 – 2

无毛蓼（变种）*Polygonum molle* D. Don var. *frondosum* （Meisn.） A. J. Li

①习性：草本　②海拔：2100 ~ 2700m　③分布：泸水　④分布区类型：14 – 2

绢毛蓼 *Polygonum molle* D. Don

①习性：草本　②海拔：2100m　③分布：泸水 腾冲 隆阳　④分布区类型：7 – 4

小蓼花 *Polygonum muricatum* Meisn.

①习性：草本　②海拔：500 ~ 3300m　③分布：腾冲 隆阳　④分布区类型：14 – 1

尼泊尔蓼 *Polygonum nepalense* Meisn.

①习性：草本　②海拔：2048m　③分布：泸水 腾冲 隆阳　④分布区类型：11

红蓼 *Polygonum orientale* L.

①习性：草本　②海拔：1700～3200m　③分布：泸水 腾冲 隆阳　④分布区类型：15－3－c

草血竭 *Polygonum paleaceum* Wall. ex HK. f.

①习性：草本　②海拔：3200m　③分布：腾冲　④分布区类型：14－2

锥序假虎杖 *Polygonum paniculatum* Blume

①习性：草本　②海拔：2100～2700m　③分布：泸水 腾冲　④分布区类型：15－2－b

杠板归 *Polygonum perfoliatum* Linn.

①习性：草本　②海拔：1680m　③分布：泸水 腾冲　④分布区类型：11

松林蓼 *Polygonum pinetorum* Hemsl.

①习性：草本　②海拔：1530m　③分布：隆阳　④分布区类型：15－3－c

习见蓼 *Polygonum plebeium* R. Br.

①习性：草本　②海拔：750～3000m　③分布：泸水　④分布区类型：4

多穗蓼 *Polygonum polystachyum* Wall. ex Meisn.

①习性：草本　②海拔：1367m　③分布：泸水　④分布区类型：12

丛枝蓼 *Polygonum posumbu* Buch. – Ham. ex D. Don

①习性：草本　②海拔：2182m　③分布：隆阳　④分布区类型：14－1

伏毛蓼 *Polygonum pubescens* Bl.

①习性：草本　②海拔：1520m　③分布：隆阳　④分布区类型：14－1

赤胫散（变种）*Polygonum rncinatum* Buch. – Ham. ex D. Don var. *sinense* Hemsl.

①习性：草本　②海拔：3150m　③分布：泸水 腾冲　④分布区类型：7－4

羽叶蓼 *Polygonum runcinatum* Buch. – Ham. ex D. Don

①习性：草本　②海拔：1900m　③分布：泸水 腾冲　④分布区类型：7

珠芽支柱蓼 *Polygonum suffultoides* A. J. Li

①习性：草本　②海拔：3200～3800m　③分布：腾冲 隆阳　④分布区类型：15－2－a

细穗支柱蓼（变种）*Polygonum suffultum* var. *pergracile*（Hemsl.）Sam.

①习性：草本　②海拔：2900～3400m　③分布：腾冲 隆阳　④分布区类型：15－3－c

柔茎蓼（变种）*Polygonum tenellum* var. *micranthum*（Meisn.）C. Y. Wu

①习性：草本　②海拔：800～1500m　③分布：腾冲 隆阳　④分布区类型：14－1

戟叶蓼 *Polygonum thunbergii* Sieb.

①习性：草本　②海拔：1500～2600m　③分布：腾冲 隆阳　④分布区类型：10

林荫蓼 *Polygonum umbrosum* Sam.

①习性：草本　②海拔：2900m　③分布：泸水　④分布区类型：15－2－b

珠芽蓼 *Polygonum viviparum* L.

①习性：草本　②海拔：3149m　③分布：隆阳　④分布区类型：15－3－c

球序蓼 *Polygonum wallichii* Meisn.

①习性：草本　②海拔：2878m　③分布：腾冲　④分布区类型：14－2

尼泊尔酸模 *Rumex nepalensis* Spreng.

①习性：草本　②海拔：1300～2100m　③分布：腾冲　④分布区类型：10

59. 商陆科 Phytolaccaceae

(3)

商陆 *Phytolacca acinosa* Roxb.

①习性：草本　②海拔：1350m　③分布：隆阳　④分布区类型：14

日本商陆 *Phytolacca japonica* Makino

　　①习性：草本　②海拔：1620m　③分布：隆阳　④分布区类型：14－1

多雄蕊商陆 *Phytolacca polyandra* Batalin

　　①习性：草本　②海拔：1450m　③分布：隆阳　④分布区类型：15－3－c

61. 藜科 Chenopodiaceae
(1)

藜 *Chenopodium album* Linn.

　　①习性：草本　②海拔：1420m　③分布：隆阳　④分布区类型：1

63. 苋科 Amaranthaceae
(10)

土牛膝 *Achyranthes aspera* L.

　　①习性：草本　②海拔：1650m　③分布：泸水 隆阳　④分布区类型：7

牛膝 *Achyranthes bidentata* Blume.

　　①习性：草本　②海拔：2210m　③分布：隆阳　④分布区类型：6

柳叶牛膝 *Achyranthes longifolia*（Makino）Makino

　　①习性：草本　②海拔：1620m　③分布：泸水　④分布区类型：14－1

少毛白花苋 *Aerva glabrata* Hook. f.

　　①习性：草本　②海拔：2500～2800m　③分布：泸水 腾冲　④分布区类型：7－2

白花苋 *Aerva sanguinolenta*（L.）Blume

　　①习性：草本　②海拔：1170m　③分布：泸水　④分布区类型：7－4

凹头苋 *Amaranthus lividus* L.

　　①习性：草本　②海拔：1530m　③分布：隆阳　④分布区类型：1

浆果苋 *Cladostachys frutescens* D. Don

　　①习性：草本　②海拔：1300～1900m　③分布：隆阳　④分布区类型：5

头花杯苋 *Cyathula capitata*（Wall.）Moq.

　　①习性：草本　②海拔：1300m　③分布：腾冲　④分布区类型：7－4

川牛膝 *Cyathula oficinalis* Kuan

　　①习性：草本　②海拔：1540～2000m　③分布：腾冲 隆阳　④分布区类型：15－3－b

云南林地苋 *Psilotrichum yunnanense* D. D. Tao

　　①习性：灌木　②海拔：800～900m　③分布：泸水　④分布区类型：15－1－a

65. 亚麻科 Linaceae
(1)

异腺草 *Anisadenia pubescens* Griff.

　　①习性：草本　②海拔：1500～2000m　③分布：腾冲　④分布区类型：15－3－a

67. 牻牛儿苗科 Geraniaceae
(7)

五叶老鹳草 *Geranium delavayi* Franch.

　①习性：草本　②海拔：2032m　③分布：隆阳　④分布区类型：15 – 3 – a

灰岩紫地榆 *Geranium franchetii* R. Knuth

　①习性：草本　②海拔：1800～3150m　③分布：泸水　④分布区类型：15 – 3 – b

齿托紫地榆 *Geranium limprichtii* Lingelsh. et Borza

　①习性：草本　②海拔：3149m　③分布：隆阳　④分布区类型：15 – 2 – b

尼泊尔老鹳草 *Geranium nepalense* Sweet

　①习性：草本　②海拔：1000～3600m　③分布：泸水 腾冲　④分布区类型：2

多花老鹳草 *Geranium polyanthes* Edgew. et HK. f.

　①习性：草本　②海拔：2900～3900m　③分布：泸水　④分布区类型：14 – 2

鼠掌老鹳草 *Geranium sibiricum* L.

　①习性：草本　②海拔：1530m　③分布：隆阳　④分布区类型：10

云南老鹳草 *Geranium yunanense* Franch.

　①习性：草本　②海拔：3200m　③分布：腾冲 隆阳　④分布区类型：15 – 2 – b

69. 酢浆草科 Oxalidaceae
(6)

小感应草 *Biophytum apodiscias* （Turcz.） Edgew. et Hook. f.

　①习性：草本　②海拔：850～1600m　③分布：腾冲　④分布区类型：14 – 2

分枝感应草 *Biophytum fruticosum* Bl.

　①习性：灌木　②海拔：1350m　③分布：泸水　④分布区类型：15 – 3 – b

山酢酱草（亚种）*Oxalis acetosella* L. subsp. griffithii （Edgew. et Hook. f.） Hara

　①习性：草本　②海拔：1480～1800m　③分布：泸水 腾冲 隆阳　④分布区类型：14

山酢浆草（亚种）*Oxalis acetosella* Linn. subsp. griffithii （Edgew. Et Hook. f.） Hara

　①习性：草本　②海拔：2300m　③分布：隆阳　④分布区类型：14 – 1

白花酢浆草 *Oxalis acetosella* L.

　①习性：草本　②海拔：1630m　③分布：腾冲　④分布区类型：8

酢浆草 *Oxalis corniculata* L.

　①习性：草本　②海拔：1530m　③分布：泸水 隆阳　④分布区类型：2

71. 凤仙花科 Balsaminaceae
(25)

锐齿凤仙 *Impatiens arguta* Hook. f. Et Thoms.

　①习性：草本　②海拔：2300m　③分布：泸水 龙陵　④分布区类型：14 – 2

伯利锐齿凤仙（变种）*Impatiens arguta* var. *bulleyana* Hook. F

　①习性：草本　②海拔：2350m　③分布：腾冲　④分布区类型：15 – 2 – b

东川凤仙花 *Impatiens blinii* Levl.

　　①习性：草本　②海拔：2100～2800m　③分布：腾冲 隆阳　④分布区类型：15－2－e

具角凤仙花 *Impatiens ceratophora* Comber

　　①习性：草本　②海拔：1700～2700m　③分布：腾冲　④分布区类型：15－2－c

高黎贡山凤仙 *Impatiens chimiliensis* Comber

　　①习性：草本　②海拔：2354m　③分布：隆阳　④分布区类型：15－1－b

棒尾凤仙花 *Impatiens clavicuspis* Hook. f. ex W. W. Smith

　　①习性：草本　②海拔：2700m　③分布：腾冲　④分布区类型：15－2－i

时底花凤仙花 *Impatiens cornucopia* Franch.

　　①习性：草本　②海拔：2660m　③分布：泸水　④分布区类型：15－2－b

金凤花 *Impatiens cyathiflora* Hook. f

　　①习性：草本　②海拔：2350m　③分布：隆阳　④分布区类型：15－2－i

束花凤仙花 *Impatiens desmantha* Hook. f.

　　①习性：草本　②海拔：2800～3500m　③分布：腾冲 隆阳　④分布区类型：15－2－e

镰萼凤仙花 *Impatiens drepanophora* Hook. f.

　　①习性：草本　②海拔：2000～2200m　③分布：腾冲　④分布区类型：14－2

同距凤仙花 *Impatiens holocentra* Hand. – Mazz.

　　①习性：草本　②海拔：2182m　③分布：隆阳　④分布区类型：15－1－b

细柄凤仙花 *Impatiens leptocaulon* Hook. f.

　　①习性：草本　②海拔：2900～3000m　③分布：隆阳　④分布区类型：15－2－b

长喙凤仙花 *Impatiens longirostris* S. H. Huang

　　①习性：草本　②海拔：2500m　③分布：腾冲 隆阳　④分布区类型：15－2－b

蒙自凤仙花 *Impatiens mengtzeana* Hook. f.

　　①习性：草本　②海拔：600～2100m　③分布：腾冲 隆阳　④分布区类型：15－2－i

片马凤仙花 *Impatiens pianmaensis* S. H. Huang

　　①习性：草本　②海拔：2400m　③分布：腾冲 隆阳　④分布区类型：15－1－a

松林凤仙花 *Impatiens pinetorum* Hook. f. ex W. W. Smith

　　①习性：草本　②海拔：2100～2400m　③分布：腾冲　④分布区类型：15－1－a

直距凤仙花 *Impatiens pseudokingii* Hand. – Mazz.

　　①习性：草本　②海拔：2000～2600m　③分布：泸水 腾冲　④分布区类型：15－2－b

辐射凤仙花 *Impatiens radiata* Hook. f.

　　①习性：草本　②海拔：1800m　③分布：腾冲 隆阳　④分布区类型：14－2

直角凤仙花 *Impatiens rectangula* Hand. – Mazz.

　　①习性：草本　②海拔：2000～3100m　③分布：腾冲　④分布区类型：15－2－b

红纹凤仙花 *Impatiens rubrostriata* Hook. f.

　　①习性：草本　②海拔：1400～3500m　③分布：腾冲　④分布区类型：15－2－i

紫花黄金凤（变种） *Impatiens siculifer* var. *porphyea* Hook. f.

　　①习性：草本　②海拔：2000m　③分布：腾冲 隆阳　④分布区类型：15－2－c

黄金凤 *Impatiens siculifer* Hook. f.

　　①习性：草本　②海拔：1500～2500m　③分布：腾冲 龙陵　④分布区类型：15－3－b

膜苞凤仙花 *Impatiens tenuibracteata* Y. L. Chen

①习性：草本　②海拔：2100~2300m　③分布：腾冲 隆阳　④分布区类型：15－3－a

微绒毛凤仙花 *Impatiens tomentella* Hook. f.

①习性：草本　②海拔：1450~2600m　③分布：腾冲 隆阳　④分布区类型：15－1－b

金黄凤仙花 *Impatiens xanthina* Comber

①习性：草本　②海拔：1900m　③分布：隆阳　④分布区类型：15－1－b

72. 千屈菜科 Lythraceae
(5)

耳基水苋 *Ammannia arenaria* H. B. K.

①习性：草本　②海拔：710m　③分布：泸水　④分布区类型：2

水苋菜 *Ammannia baccifera* Linn.

①习性：草本　②海拔：1200~1400m　③分布：隆阳　④分布区类型：4

节节菜 *Rotala indica*（Willd.）Koehne

①习性：草本　②海拔：1400~2000m　③分布：腾冲　④分布区类型：1

圆叶节节菜 *Rotala rotundifolia*（Buch. – Ham. ex Roxb.）Koehne

①习性：草本　②海拔：1830m　③分布：隆阳　④分布区类型：7

虾子花 *Woodfordia fruticosa*（Linn.）Kurz.

①习性：草本　②海拔：1220m　③分布：隆阳　④分布区类型：6

74. 海桑科 sonneratiaceae
(1)

八宝树 *Duabanga grandiflora*（Roxb. ex DC.）Walp.

①习性：乔木　②海拔：1010m　③分布：隆阳　④分布区类型：7

77. 柳叶菜科 Onagraceae
(23)

高山露珠草 *Circaea alpina* L.

①习性：草本　②海拔：2400m　③分布：隆阳　④分布区类型：7－4

高寒露珠草（亚种）*Circaea alpina* L. subsp. micrantha（Skvortsov）Bulfford

①习性：草本　②海拔：2500m　③分布：腾冲 隆阳　④分布区类型：15－3－c

高原露珠草（亚种）*Circaea alpina* subsp. imaicola

①习性：草本　②海拔：2250m　③分布：泸水 腾冲　④分布区类型：14－2

露珠草 *Circaea cordata* Royle

①习性：草本　②海拔：1650~2700m　③分布：泸水 腾冲　④分布区类型：11

南方露珠草 *Circaea mollis* S. et Z.

①习性：草本　②海拔：1550~2400m　③分布：泸水 腾冲 隆阳　④分布区类型：8

匍匐露珠草 *Circaea repens* Wallich ex Asch. et Magnus

①习性：草本　②海拔：2450m　③分布：腾冲 隆阳　④分布区类型：14－2

毛脉柳叶菜 *Epilobium amurense* Hausskn.

①习性：草本　②海拔：2060m　③分布：泸水 隆阳　④分布区类型：11

柳兰 *Epilobium angustifolium* L.

①习性：草本　②海拔：1950~3400m　③分布：泸水　④分布区类型：8

短叶柳叶菜 *Epilobium brevifolium* D. Don

①习性：草本　②海拔：1730m　③分布：腾冲　④分布区类型：14 – 2

腺茎柳叶菜（亚种）*Epilobium brevifolium* D. Don subsp. trichoneurum（Hausskn.）Raven

①习性：草本　②海拔：1300~1900m　③分布：腾冲 隆阳　④分布区类型：7

圆柱柳叶菜 *Epilobium cylindricum* D. Don

①习性：草本　②海拔：2060m　③分布：泸水 隆阳　④分布区类型：13

鳞根柳叶菜 *Epilobium gouldii* Raven

①习性：草本　②海拔：2200~3150m　③分布：泸水　④分布区类型：14 – 2

柳叶菜 *Epilobium hirsutum* L.

①习性：草本　②海拔：1450~3200m　③分布：泸水　④分布区类型：10

片马柳叶菜 *Epilobium kermodei* Raven

①习性：草本　②海拔：1300~2180m　③分布：泸水　④分布区类型：15 – 1 – b

矮生柳叶菜 *Epilobium kingdonii* Raven

①习性：草本　②海拔：3300~3700m　③分布：腾冲 隆阳　④分布区类型：15 – 3 – a

大花柳叶菜 *Epilobium laxum* Royle

①习性：草本　②海拔：1800~3000m　③分布：泸水　④分布区类型：14 – 2

高大锡金柳叶菜（亚种）*Epilobium sikkimense* subsp. ludlowianum P. H. Raven

①习性：草本　②海拔：2000m　③分布：泸水　④分布区类型：7

褐鳞柳叶菜 *Epilobium squamosum* P. H. Raven

①习性：草本　②海拔：3150m　③分布：泸水　④分布区类型：14 – 2

亚革质柳叶菜 *Epilobium subcoriaceum* Hausskn.

①习性：草本　②海拔：2900m　③分布：泸水　④分布区类型：15 – 3 – c

埋鳞柳叶菜 *Epilobium williamsii* Raven

①习性：草本　②海拔：3400~3800m　③分布：泸水　④分布区类型：14 – 2

草龙 *Ludwigia hyssopifolia*（G. Don）Exell

①习性：草本　②海拔：500~750m　③分布：泸水 隆阳　④分布区类型：4

细花丁香蓼 *Ludwigia perennis* L.

①习性：草本　②海拔：100~600m　③分布：腾冲 隆阳　④分布区类型：4

丁香蓼 *Ludwigia prostrata* Roxb.

①习性：草本　②海拔：790m　③分布：隆阳　④分布区类型：7

77a. 菱科 Trapaceae

(2)

菱 *Trapa bispinosa* Roxb.

①习性：草本　②海拔：500~1500m　③分布：腾冲 隆阳　④分布区类型：14

细果野菱 *Trapa maximowiczii* Korsh.

①习性：草本　②海拔：1730m　③分布：腾冲　④分布区类型：11

78. 小二仙草科 Haloragidaceae
(2)

穗状狐尾藻 *Myriophyllum spicatum* L.

①习性：草本 ②海拔：1730m ③分布：腾冲 ④分布区类型：1

狐尾藻 *Myriophyllum verticillatum* L.

①习性：草本 ②海拔：1850～4200m ③分布：腾冲 隆阳 ④分布区类型：1

79. 水马齿科 Callitrichaceae
(2)

沼生水马齿 *Callitriche palustris* L.

①习性：草本 ②海拔：2100m ③分布：泸水 ④分布区类型：8

水马齿 *Callitriche stagnalis* Scop.

①习性：草本 ②海拔：2210m ③分布：隆阳 ④分布区类型：1

81. 瑞香科 Thymelaeaceae
(6)

藏东瑞香 *Daphne bholua* Buch. – Ham. ex D. Don

①习性：灌木 ②海拔：2170m ③分布：泸水 腾冲 隆阳 ④分布区类型：14 – 2

少花瑞香 *Daphne depauperata* H. F. Zhou ex C. Y. Chang

①习性：草本 ②海拔：2000m ③分布：腾冲 隆阳 ④分布区类型：14 – 2

滇瑞香 *Daphne feddei* Levl.

①习性：灌木 ②海拔：1350～2650m ③分布：隆阳 ④分布区类型：15 – 2 – f

白瑞香 *Daphne papyracea* Wall. ex Steud.

①习性：灌木 ②海拔：2354m ③分布：泸水 腾冲 隆阳 龙陵 ④分布区类型：14 – 2

云南瑞香 *Daphne yunnanensis* H. F. Zhou ex C. Y. Chang

①习性：灌木 ②海拔：1500～3000m ③分布：腾冲 ④分布区类型：15 – 1 – a

滇结香 *Edgeworthia gardneri*（Wall.）Meisn.

①习性：灌木 ②海拔：1900m ③分布：泸水 腾冲 ④分布区类型：14 – 2

84. 山龙眼科 Proteaceae
(7)

山地山龙眼 *Helicia clivicola* W. W. Smith

①习性：灌木 ②海拔：1800～2130m ③分布：腾冲 ④分布区类型：15 – 2 – f

小果山龙眼 *Helicia cochinchinensis* Lour.

①习性：乔木 ②海拔：700～1700m ③分布：腾冲 ④分布区类型：7 – 4

深绿山龙眼 *Helicia nilagirica* Bedd.

①习性：乔木 ②海拔：1650m ③分布：隆阳 ④分布区类型：7

网脉山龙眼 *Helicia reticulata* W. T. Wang

①习性：乔木　②海拔：1414m　③分布：隆阳　④分布区类型：15－3－b

瑞丽山龙眼 *Helicia shweliensis* W. W. Smith

①习性：乔木　②海拔：1800~2800m　③分布：腾冲　④分布区类型：15－2－c

潞西山龙眼 *Helicia tsaii* W. T. Wang

①习性：灌木　②海拔：1500~2100m　③分布：隆阳　④分布区类型：15－2－c

浓毛山龙眼 *Helicia vestita* W. W. Smith

①习性：乔木　②海拔：650~1350m　③分布：腾冲 隆阳　④分布区类型：7－3

87. 马桑科 Coriariaceae

(1)

马桑 *Coriaria nepalensis* Wall.

①习性：灌木　②海拔：1510m　③分布：泸水　④分布区类型：14－2

88. 海桐花科 Pittosporaceae

(7)

大叶海桐 *Pittosporum adaphniphylloides* Hu et Wang

①习性：乔木　②海拔：1800m　③分布：隆阳　④分布区类型：15－3－a

岗房海桐 *Pittosporum chatterjeeanum* Gowda

①习性：灌木　②海拔：1500~1800m　③分布：泸水　④分布区类型：15－1－a

羊脆木 *Pittosporum kerrii* Craib

①习性：乔木　②海拔：750~2300m　③分布：腾冲 隆阳　④分布区类型：7－3

尼泊尔海桐 *Pittosporum napaulense*（DC.）Rehd. et Wils.

①习性：乔木　②海拔：2000m　③分布：泸水 腾冲 龙陵　④分布区类型：14－2

贫脉海桐 *Pittosporum oligophlebium* Chang et Yan

①习性：灌木　②海拔：1800m　③分布：龙陵　④分布区类型：15－1－a

柄果海桐 *Pittosporum podocarpum* Gagnep.

①习性：灌木　②海拔：800~2700m　③分布：腾冲 龙陵　④分布区类型：7

厚皮香海桐（变种）*Pittosporum rehderianum* var. *ternstroemioides*（C. Y. Wu）Z. Y. Zhang et Turland

①习性：灌木　②海拔：2400m　③分布：龙陵　④分布区类型：15－1－a

93. 大风子科 Flacourtiaceae

(3)

短柄山桂花 *Bennettiodendron brevipes* Merr.

①习性：灌木　②海拔：2227m　③分布：腾冲　④分布区类型：15－3－b

石生脚骨脆 *Casearia calciphila* C. Y. Wu et Y. C. Huang ex S. Y. Bao

①习性：灌木　②海拔：2227m　③分布：腾冲　④分布区类型：15－3－b

山桐子 *Idesia polycarpa* Maxim.

①习性：乔木　②海拔：1510m　③分布：腾冲　④分布区类型：14－1

101. 西番莲科 Passifloraceae
(4)

三开瓢 *Adenia cardiophylla* (Mast.) Engl.
　　①习性：mz 藤本　②海拔：500~1800m　③分布：龙陵　④分布区类型：7
圆叶西番莲 *Passiflora henryi* Hemsl.
　　①习性：藤本　②海拔：900m　③分布：隆阳　④分布区类型：15–2–h
山峰西番莲 *Passiflora jugorum* W. W. Smith
　　①习性：藤本　②海拔：2182m　③分布：隆阳　④分布区类型：7–3
镰叶西番莲 *Passiflora wilsonii* Hemsl.
　　①习性：藤本　②海拔：2060m　③分布：腾冲　④分布区类型：7

103. 葫芦科 Cucurbitaceae
(14)

盒子草 *Actinostemma tenerum* Griff.
　　①习性：草本　②海拔：2380m　③分布：泸水　④分布区类型：7
缅甸绞股蓝 *Gynostemma burmanicum* King ex Chakr.
　　①习性：藤本　②海拔：800~1200m　③分布：隆阳　④分布区类型：7–3
长梗绞股蓝 *Gynostemma longipes* C. Y. Wu ex C. Y. Wu et S. K. Chen
　　①习性：藤本　②海拔：2179m　③分布：隆阳　④分布区类型：15–3–c
绞股蓝 *Gynostemma pentaphyllum* (Thunb.) Makino
　　①习性：藤本　②海拔：1611m　③分布：隆阳　④分布区类型：7
毛绞股蓝 *Gynostemma pubescens* (Gagnep.) C. Y. Wu ex C. Y. Wu et S. K. Chen
　　①习性：藤本　②海拔：1695m　③分布：隆阳　④分布区类型：7–4
马爬儿 *Melothria indica* Lour.
　　①习性：草本　②海拔：500~1600m　③分布：隆阳　④分布区类型：14–2
茅瓜 *Solena amplexicaulis* (Lam.) Gandhi
　　①习性：草本　②海拔：1450m　③分布：腾冲　④分布区类型：7
滇藏茅瓜 *Solena delavayi* (Cogn.) C. Y. Wu
　　①习性：藤本　②海拔：1800m　③分布：泸水　④分布区类型：15–3–a
大苞赤瓟 *Thladiantha cordifolia* (Bl.) Cogn.
　　①习性：藤本　②海拔：1560m　③分布：腾冲　④分布区类型：7
大萼赤瓟 *Thladiantha grandisepala* A. M. Lu et Z. Y. Zhang
　　①习性：藤本　②海拔：1674m　③分布：泸水　④分布区类型：15–2–f
王瓜 *Trichosanthes cucumeroides* (Ser.) Maxim.
　　①习性：藤本　②海拔：2179m　③分布：腾冲　④分布区类型：14–1
糙点栝楼 *Trichosanthes dunniana* Lévl.
　　①习性：草本　②海拔：1520m　③分布：腾冲 龙陵　④分布区类型：15–3–b
红花栝楼 *Trichosanthes rubriflos* Thorel ex Cayla
　　①习性：藤本　②海拔：1491m　③分布：隆阳　④分布区类型：5

钮子瓜 *Zehneria maysorensis* （Wight et Arn.） Arn.

　　①习性：藤本　②海拔：1653m　③分布：腾冲　④分布区类型：7 - 4

104. 秋海棠科 Begoniaceae
(8)

酸味秋海棠 *Begonia acetosella* Craib

　　①习性：草本　②海拔：1300～1500m　③分布：龙陵　④分布区类型：15 - 3 - a

腾冲秋海棠 *Begonia clavicaulis* Irmsch.

　　①习性：草本　②海拔：1750～2100m　③分布：腾冲　④分布区类型：15 - 1 - b

齿苞秋海棠 *Begonia dentatebracteata* C. Y. Wu

　　①习性：草本　②海拔：1600～1900m　③分布：泸水　④分布区类型：15 - 1 - a

紫背天葵 *Begonia fimbristipula* Hance

　　①习性：草本　②海拔：2600m　③分布：腾冲　④分布区类型：15 - 3 - b

心叶秋海棠 *Begonia labordei* Levl.

　　①习性：草本　②海拔：1500～2100m　③分布：腾冲　④分布区类型：14 - 2

裂叶秋海棠 *Begonia palmata* D. Don Prodr.

　　①习性：草本　②海拔：1621m　③分布：隆阳　④分布区类型：15 - 2 - b

红孩儿（变种）*Begonia palmata* D. Don var. *bowringiana* （Champ. ex Benth.） J. Golding et C. Kareg.

　　①习性：草本　②海拔：1900m　③分布：隆阳　④分布区类型：7 - 3

刺毛红孩儿（变种）*Begonia palmata* D. Don var. *crassisetulosa* （Irmsch.） J. Golding et C. Kareg.

　　①习性：草本　②海拔：2179m　③分布：泸水 隆阳　④分布区类型：15 - 1 - b

108. 山茶科 Theaceae
(36)

茶梨 *Anneslea fragrans* Wall.

　　①习性：灌木　②海拔：1100～2000m　③分布：腾冲　④分布区类型：7 - 3

长尾毛蕊茶 *Camellia caudata* Wall.

　　①习性：灌木　②海拔：1300m　③分布：隆阳　④分布区类型：7

落瓣短柱茶 *Camellia kissi* Wall.

　　①习性：灌木　②海拔：1050～2000m　③分布：腾冲　④分布区类型：7

油茶 *Camellia oleifera* Abel.

　　①习性：灌木　②海拔：1500～2000m　③分布：隆阳 龙陵　④分布区类型：7 - 4

滇山茶 *Camellia reticulata* Lindl.

　　①习性：灌木　②海拔：1590m　③分布：腾冲　④分布区类型：15 - 2 - f

怒江红山茶 *Camellia saluenensis* Stapf ex Bean

　　①习性：灌木　②海拔：1300～2800m　③分布：腾冲　④分布区类型：15 - 3 - a

云南连蕊茶 *Camellia tsaii* Hu

　　①习性：灌木　②海拔：1500～2500m　③分布：腾冲 隆阳 龙陵　④分布区类型：7 - 4

滇缅离蕊茶 *Camellia wardii* Kobuski

　　①习性：灌木　②海拔：1300～2400m　③分布：腾冲　④分布区类型：7 - 3

大花红淡比（变种）*Cleyera japonica* Thunb. var. *wallichiana*（DC.）Sealy

　　①习性：灌木　②海拔：1450～1630m　③分布：泸水 腾冲　④分布区类型：15－3－a

云南凹脉柃 *Eurya cavinervis* Vesque

　　①习性：灌木　②海拔：2500～3000m　③分布：泸水 腾冲　④分布区类型：14－2

大果柃 *Eurya chukiangensis* Hu

　　①习性：灌木　②海拔：2200～3000m　③分布：腾冲 泸水　④分布区类型：15－3－a

岗柃 *Eurya groffii* Merr.

　　①习性：灌木　②海拔：1480m　③分布：泸水 腾冲 隆阳 龙陵　④分布区类型：15－3－b

贡山柃 *Eurya gungshanensis* Hu et L. K. Ling

　　①习性：乔木　②海拔：1560～2030m　③分布：泸水　④分布区类型：15－3－a

丽江柃 *Eurya handelmazzettii* H. T. Chang

　　①习性：灌木　②海拔：1500～2200m　③分布：泸水 隆阳　④分布区类型：15－2－e

景东柃 *Eurya jintungensis* Hu et L. K. Ling

　　①习性：灌木　②海拔：1450～2450m　③分布：泸水 腾冲　④分布区类型：15－2－f

滇四角柃 *Eurya paratetragonociada* Hu

　　①习性：灌木　②海拔：2500～2700m　③分布：泸水　④分布区类型：15－3－a

坚桃叶柃 *Eurya persicaefolia* Gagn.

　　①习性：乔木　②海拔：1300～2000m　③分布：泸水　④分布区类型：14－2

拟樱叶柃 *Eurya pseudocerasifera* Kobuski

　　①习性：灌木　②海拔：1800m　③分布：泸水 腾冲 隆阳 龙陵　④分布区类型：15－3－a

火棘叶柃 *Eurya pyracanthifolia* Hsu

　　①习性：灌木　②海拔：1800～2500m　③分布：泸水 腾冲　④分布区类型：15－2－c

独龙柃 *Eurya taronensis* Hu

　　①习性：灌木　②海拔：2200～2400m　③分布：腾冲　④分布区类型：15－3－a

怒江柃 *Eurya tsaii* H. T. Chang

　　①习性：灌木　②海拔：1450～2800m　③分布：泸水 龙陵　④分布区类型：15－3－a

云南柃 *Eurya yunnanensis* Hsu

　　①习性：灌木　②海拔：1500～2800m　③分布：腾冲　④分布区类型：15－2－f

黄药大头茶 *Gordonia chrysandra* Cowan

　　①习性：乔木　②海拔：1500～1800m　③分布：腾冲 隆阳　④分布区类型：14－1

长果大头茶 *Gordonia longicarpa* Chang

　　①习性：乔木　②海拔：1800m　③分布：泸水 腾冲　④分布区类型：14－1

折柄茶 *Hartia sinensis* Dunn

　　①习性：乔木　②海拔：2300m　③分布：隆阳　④分布区类型：15－2－f

银木荷 *Schima argentea* Pritz.

　　①习性：乔木　②海拔：2060m　③分布：泸水 腾冲 隆阳　④分布区类型：15－2－d

尖齿毛木荷（变种）*Schima khasiana* Dyer var. *sericans* Hand.－Mazz.

　　①习性：乔木　②海拔：2300m　③分布：泸水 腾冲 隆阳　④分布区类型：15－2－h

尖齿木荷 *Schima khasiana* Dyer

　　①习性：乔木　②海拔：2354m　③分布：泸水 腾冲 隆阳　④分布区类型：14－1

拟钝齿木荷 *Schima paracrenata* Chang

①习性：乔木　②海拔：1450~2300m　③分布：泸水 龙陵　④分布区类型：7-2

贡山木荷 *Schima sericans*（Hand. - Mazz.）Ming

①习性：乔木　②海拔：2170m　③分布：泸水 腾冲 隆阳　④分布区类型：15-2-h

西南木荷 *Schima wallichi*（DC.）Choisy

①习性：乔木　②海拔：1560m　③分布：泸水 腾冲 隆阳　④分布区类型：14-1

云南紫茎 *Stewartia yunnanensis* Chang

①习性：灌木　②海拔：1200~2600m　③分布：腾冲 隆阳 龙陵　④分布区类型：15-2-f

角柄厚皮香 *Ternstroemia biangulipes* H. T. Chang

①习性：灌木　②海拔：2180m　③分布：泸水 腾冲　④分布区类型：15-3-a

阔叶厚皮香（变种）*Ternstroemia gymnanthera*（Wight et Arn.）Sprague var. wightii（Choisy）H-M.

①习性：灌木　②海拔：1100~2700m　③分布：腾冲 隆阳　④分布区类型：7-4

厚皮香 *Ternstroemia gymnanthera*（Wight et Arn.）Beddome

①习性：灌木　②海拔：2211m　③分布：腾冲　④分布区类型：7

尖萼厚皮香 *Ternstroemia luteoflora* L. K. Ling

①习性：灌木　②海拔：750~950m　③分布：隆阳　④分布区类型：15-3-b

108b. 肋果茶科 Sladeniaceae
（1）

肋果茶 *Sladenia celastrifolia* Kurz

①习性：乔木　②海拔：1100~1900m　③分布：隆阳　④分布区类型：7-3

112. 猕猴桃科 Actinidiaceae
（4）

硬齿猕猴桃 *Actinidia callosa* Lindl.

①习性：py 灌木　②海拔：1400~2900m　③分布：泸水 腾冲　④分布区类型：15-3-b

粉叶猕猴桃 *Actinidia glaucocallosa* C. Y. Wu

①习性：py 灌木　②海拔：2300~2800m　③分布：腾冲　④分布区类型：15-2-f

疏毛猕猴桃 *Actinidia pilosula*（Fin. et Gagn.）Stapf ex Hand. - Mazz.

①习性：灌木　②海拔：1800~2500m　③分布：泸水 腾冲　④分布区类型：14-2

红茎猕猴桃 *Actinidia rubricaulis* Dunn

①习性：py 灌木　②海拔：1000~2300m　③分布：腾冲　④分布区类型：15-2-h

113. 水东哥科 Saurauiaceae
（4）

红果水东哥（新种）*Saurauia erythrocarpa* C. F. Liang et Y. S. Wang

①习性：乔木　②海拔：1300~1700m　③分布：龙陵　④分布区类型：15-3-a

尼泊尔水东哥 *Saurauia napaulensis* DC.

①习性：乔木　②海拔：1700m　③分布：泸水　④分布区类型：7-4

山地水东哥（变种）*Saurauia napaulensis* DC. var. *montana* C. F. Liang et Y. S. Wang

①习性：乔木　②海拔：1700m　③分布：隆阳　④分布区类型：15 - 3 - a

多脉水东哥（新种）*Saurauia polyneura* C. F. Liang et Y. S. Wang

①习性：乔木　②海拔：1985m　③分布：隆阳　④分布区类型：15 - 3 - a

118. 桃金娘科 Myrtaceae
(4)

乌墨 *Syzygium cumini* （L.）Skeels

①习性：乔木　②海拔：1100 ~ 1800m　③分布：泸水　④分布区类型：5

滇边蒲桃 *Syzygium forrestii* Merr. et Perry

①习性：乔木　②海拔：1653m　③分布：泸水　④分布区类型：15 - 2 - c

怒江蒲桃 *Syzygium salwinense* Merr. et Perry

①习性：乔木　②海拔：800 ~ 1800m　③分布：泸水 腾冲　④分布区类型：15 - 3 - b

四角蒲桃 *Syzygium tetragonum* Wall. ex Walp.

①习性：乔木　②海拔：1367m　③分布：腾冲 龙陵　④分布区类型：14 - 2

120. 野牡丹科 Melastomataceae
(15)

腾冲异形木 *Allomorphia howellii* （J. F. Jeff. et W. W. Smith）Diels

①习性：灌木　②海拔：1300 ~ 1500m　③分布：腾冲　④分布区类型：15 - 1 - b

柏拉木 *Blastus cochinchinensis* Lour.

①习性：灌木　②海拔：1695m　③分布：隆阳　④分布区类型：7

野牡丹 *Melastoma candidum* D. Don

①习性：灌木　②海拔：1657m　③分布：隆阳　④分布区类型：15 - 3 - a

展毛野牡丹 *Melastoma normale* D. Don

①习性：灌木　②海拔：1700m　③分布：隆阳　④分布区类型：7

百花金锦香 *Osbeckia biahuaensis* H. Li，sp. nov

①习性：灌木　②海拔：1550m　③分布：隆阳　④分布区类型：15 - 1 - b

蚂蚁花 *Osbeckia nepalensis* Hook. f.

①习性：灌木　②海拔：1300 ~ 2000m　③分布：泸水　④分布区类型：7 - 4

白蚂蚁花（变种）*Osbeckia nepalensis* var. *albiflora* Lindl.

①习性：灌木　②海拔：1300 ~ 1600m　③分布：腾冲　④分布区类型：14 - 2

星毛金锦香 *Osbeckia sikkimensis* Craib

①习性：灌木　②海拔：1340m　③分布：腾冲　④分布区类型：14 - 2

尖子木 *Oxyspora paniculata* （D. Don）DC.

①习性：灌木　②海拔：1650m　③分布：泸水 腾冲 隆阳　④分布区类型：7 - 2

偏瓣花 *Plagiopetalum esquirolii* （Levl.）Rehd.

①习性：灌木　②海拔：1400 ~ 1900m　③分布：腾冲　④分布区类型：7 - 2

光叶偏瓣花 *Plagiopetalum serratum* （Diels）Diels

①习性：灌木　②海拔：1891m　③分布：泸水 隆阳 龙陵　④分布区类型：15 - 2 - f

褚头红 *Sarcopyramis napalensis* Wall.

①习性：草本 ②海拔：1300~2900m ③分布：泸水 腾冲 ④分布区类型：7－4

楮头红 *Sarcopyramis nepalensis* Wall.

①习性：草本 ②海拔：2400m ③分布：隆阳 ④分布区类型：7

毛萼八蕊花 *Sporoxeia hirsuta*（H. L. Li）C. Y. Wu ex C. Chen

①习性：灌木 ②海拔：2500~2800m ③分布：龙陵 ④分布区类型：15－1－b

八蕊花 *Sporoxeia sciadophila* W. W. Smith

①习性：灌木 ②海拔：1400~2500m ③分布：泸水 ④分布区类型：15－1－a

121. **使君子科** Combretaceae
(7)

十蕊风车子 *Combretum roxburghii* Spreng.

①习性：灌木 ②海拔：1560m ③分布：泸水 ④分布区类型：7－3

石风车子（原变种）*Combretum wallichii* DC. var. *wallichii*

①习性：藤本 ②海拔：1000~1800m ③分布：泸水 ④分布区类型：7

毛脉石风车子（变种）*Combretum wallichii* DC. var. *pubinerve* C. Y. Wu ex T. Z. Hsu

①习性：藤本 ②海拔：960m ③分布：泸水 ④分布区类型：15－1－a

诃子 *Terminalia chebula* Retz.

①习性：乔木 ②海拔：940m ③分布：隆阳 ④分布区类型：7

硬毛千果榄仁（变种）*Terminalia myriocarpa* Vaniot Huerck et Muell. － Arg. var. *hirsuta* Craib

①习性：乔木 ②海拔：1000~1280m ③分布：泸水 ④分布区类型：7－3

千果榄仁（原变种）*Terminalia myriocarpa* Vaniot Huerck et Muell. － Arg. var. *myriocarpa*

①习性：乔木 ②海拔：900~2500m ③分布：泸水 ④分布区类型：7

千果榄仁 *Terminalia myriocarpa* Vaniot Huerck et Muell. － Arg.

①习性：乔木 ②海拔：691m ③分布：隆阳 ④分布区类型：7

123. **金丝桃科** Hypericaceae
(13)

碟花金丝桃 *Hypericum addingtonii* N. Robson

①习性：灌木 ②海拔：2878m ③分布：泸水 ④分布区类型：15－2－b

栽秧花 *Hypericum beanii* N. Robson

①习性：灌木 ②海拔：1800~2300m ③分布：泸水 腾冲 ④分布区类型：15－3－a

美丽金丝桃 *Hypericum bellum* Li

①习性：灌木 ②海拔：2305m ③分布：隆阳 ④分布区类型：14－2

岐山金丝桃 *Hypericum elatoides* R. Kelley

①习性：灌木 ②海拔：1900m ③分布：腾冲 ④分布区类型：15－3－c

挺茎遍地金 *Hypericum elodeoides* Choisy

①习性：草本 ②海拔：1330~1700m ③分布：泸水 ④分布区类型：14－2

扬子小连翘 *Hypericum faberi* R. Keller

①习性：草本 ②海拔：1800~2500m ③分布：泸水 ④分布区类型：15－3－c

川滇金丝桃 *Hypericum forrestii*（Chittenden）N. Robson

①习性：灌木　②海拔：2000m　③分布：腾冲 隆阳　④分布区类型：14 - 2

短柱金丝桃 *Hypericum hookerianum* Wight et Arn.

①习性：灌木　②海拔：1800 ~ 2200m　③分布：隆阳　④分布区类型：7

地耳草 *Hypericum japonicum* Thunb. ex Murray

①习性：草本　②海拔：1850m　③分布：泸水 腾冲　④分布区类型：5

金丝梅 *Hypericum patulum* Thunb. ex Murray

①习性：灌木　②海拔：450 ~ 2400m　③分布：隆阳　④分布区类型：15 - 3 - b

山栀子 *Hypericum pseudohenryi* N. Robson

①习性：灌木　②海拔：1650 ~ 2900m　③分布：泸水　④分布区类型：15 - 3 - a

短柄金丝桃 *Hyparicum pseudopetiolatum* R. Keller

①习性：草本　②海拔：2500 ~ 3000m　③分布：泸水　④分布区类型：7 - 4

遍地金 *Hypericum wigbtianum* Wall. ex Wight et Arn.

①习性：草本　②海拔：1400 ~ 2750m　③分布：泸水　④分布区类型：7

128. 椴树科 Tiliaceae
（11）

甜麻 *Corchorus aestuans* Linn.

①习性：草本　②海拔：11 - 1200m　③分布：泸水 隆阳　④分布区类型：15 - 3 - c

滇桐 *Craigia yunnanensis* Smith et Evans

①习性：乔木　②海拔：1000 ~ 1600m　③分布：泸水　④分布区类型：14 - 2

扁担杆 *Grewia biloba* G. Don

①习性：灌木　②海拔：1000m　③分布：隆阳　④分布区类型：15 - 3 - c

短柄扁担杆 *Grewia brachypoda* C. Y. Wu

①习性：灌木　②海拔：1000 ~ 1400m　③分布：泸水 隆阳　④分布区类型：15 - 3 - a

镰叶扁担杆 *Grewia falvata* C. Y. Wu

①习性：灌木　②海拔：800 ~ 1700m　③分布：腾冲　④分布区类型：7 - 4

黄麻叶扁担杆 *Grewia henryi* Burret

①习性：灌木　②海拔：1000 ~ 1600m　③分布：泸水　④分布区类型：15 - 3 - a

硬毛扁担杆 *Grewia rugulosa* C. Y. Wu ex H. T. Chang

①习性：灌木　②海拔：900m　③分布：隆阳　④分布区类型：15 - 2 - c

全缘椴 *Tilia integerrima* H. T. Chang

①习性：乔木　②海拔：2227m　③分布：腾冲 隆阳　④分布区类型：15 - 3 - b

小刺蒴麻 *Triumfetta annua* L.

①习性：草本　②海拔：1350 ~ 1500m　③分布：泸水　④分布区类型：15 - 3 - b

长勾刺蒴麻 *Triumfetta pilosa* Roth

①习性：灌木　②海拔：1220m　③分布：隆阳　④分布区类型：6

刺蒴麻 *Triumfetta rhomboidea* Jack.

①习性：灌木　②海拔：1210m　③分布：龙陵　④分布区类型：2

128a. 杜英科 Elaeocarpaceae
（9）

滇北杜英 *Elaeocarpus borealiyunnanensis* H. T. Chang

①习性：乔木 ②海拔：2227m ③分布：腾冲 龙陵 ④分布区类型：14-2

滇藏杜英 *Elaeocarpus braceanus* Watt ex C. B. Clarke

①习性：乔木 ②海拔：800~2400m ③分布：腾冲 ④分布区类型：7

杜英 *Elaeocarpus decipiens* Hemsl.

①习性：乔木 ②海拔：1300m ③分布：腾冲 ④分布区类型：14-1

褐毛杜英 *Elaeocarpus duclouxii* Gagn.

①习性：乔木 ②海拔：2227m ③分布：腾冲 隆阳 ④分布区类型：15-3-b

日本杜英 *Elaeocarpus japonicus* Sieb. et Zucc.

①习性：乔木 ②海拔：2179m ③分布：腾冲 ④分布区类型：14-1

披针叶杜英 *Elaeocarpus lanceaefolius* Roxb.

①习性：乔木 ②海拔：2210m ③分布：腾冲 龙陵 ④分布区类型：7

膜叶猴欢喜 *Sloanea dasycarpa* （Benth.） Hemsl.

①习性：乔木 ②海拔：1900m ③分布：腾冲 ④分布区类型：7

长叶猴欢喜（变种）*Sloanea sterculiacea* var. *assamica* （Benth.） Coode

①习性：乔木 ②海拔：1800~2400m ③分布：隆阳 ④分布区类型：7-2

苹婆猴欢喜 *Sloanea sterculiacea* （Benth.） Rehd. et Wils.

①习性：乔木 ②海拔：1980m ③分布：泸水 腾冲 隆阳 ④分布区类型：14-2

130. 梧桐科 Sterculiaceae
(7)

昂天莲 *Ambroma augusta* （Linn.） Linn. f.

①习性：灌木 ②海拔：200~1200m ③分布：隆阳 ④分布区类型：7

梧桐 *Firmiana platanifolia* （Linn. f.） Marsili

①习性：乔木 ②海拔：1500m ③分布：隆阳 ④分布区类型：14-1

山芝麻 *Helicteres angustifolia* Linn.

①习性：灌木 ②海拔：670m ③分布：隆阳 ④分布区类型：7

滇缅平当树 *Paradombeya burmanica* Staff

①习性：乔木 ②海拔：890m ③分布：泸水 ④分布区类型：15-1-b

平当树 *Paradombeya sinensis* Dunn

①习性：灌木 ②海拔：1000m ③分布：隆阳 ④分布区类型：15-3-a

梭罗树 *Reevesia pubescens* Mast.

①习性：乔木 ②海拔：2208m ③分布：泸水 腾冲 ④分布区类型：7-4

粉苹婆 *Sterculia euosma* W. W. Smith

①习性：乔木 ②海拔：2000m ③分布：腾冲 隆阳 ④分布区类型：15-3-b

132. 锦葵科 Malvaceae
(15)

刚毛黄蜀葵（变种）*Abelmoschus manihot* var. *pungens* （Roxb.） Hochr.

①习性：草本 ②海拔：1300~3000m ③分布：腾冲 ④分布区类型：14-2

磨盘草 *Abutilon indicum* （L.） Sweet

①习性：草本　②海拔：670m　③分布：泸水　④分布区类型：7

无齿华苘麻（变种）*Abutilon sinense* Oliv. var. *edentatum* Feng

①习性：灌木　②海拔：1200m　③分布：泸水　④分布区类型：15 – 1 – a

野葵 *Malva verticillata* Linn.

①习性：草本　②海拔：1780m　③分布：泸水　④分布区类型：8

黄花稔 *Sida acuta* Burm. f.

①习性：草本　②海拔：200～1400m　③分布：泸水　④分布区类型：7

小叶黄花稔（变种）*Sida alnifolia* L. var. *microhylla*（Cavan.）S. Y. Hu

①习性：灌木　②海拔：1500m　③分布：泸水　④分布区类型：7 – 2

心叶黄花稔 *Sida cordifolia* Linn.

①习性：灌木　②海拔：1000～1500m　③分布：隆阳　④分布区类型：6

白背黄花稔 *Sida rhombifolia* Linn.

①习性：灌木　②海拔：2200m　③分布：泸水 隆阳　④分布区类型：7

拔毒散 *Sida szechuensis* Matsuda

①习性：灌木　②海拔：1443m　③分布：泸水 腾冲 隆阳　④分布区类型：15 – 3 – a

中华地桃花（变种）*Urena lobata* L. var. *chinensis*（Osbeck）S. Y. Hu

①习性：草本　②海拔：1409m　③分布：隆阳　④分布区类型：15 – 3 – b

粗叶地桃花（变种）*Urena lobata* var. *scabriuscula*（DC.）Walp.

①习性：草本　②海拔：140～2000m　③分布：泸水　④分布区类型：7

云南地桃花（变种）*Urena lobata* Linn. var. *yunnanensis* S. Y. Hu

①习性：草本　②海拔：1489m　③分布：隆阳　④分布区类型：15 – 3 – a

地桃花（原变种）*Urena lobata* L. var. *lobata*

①习性：灌木　②海拔：1500m　③分布：龙陵　④分布区类型：7

地挑花 *Urena lobata* Linn.

①习性：草本　②海拔：1908m　③分布：隆阳　④分布区类型：14 – 2

波叶梵天花 *Urena repanda* Roxb.

①习性：草本　②海拔：1010m　③分布：隆阳　④分布区类型：7

133. 金虎尾科 Malpighiaceae
(1)

尖叶风筝果 *Hiptage acuminata* Wall. ex A. Juss.

①习性：灌木　②海拔：100～1400m　③分布：泸水　④分布区类型：7 – 2

135. 古柯科 Erythroxylaceae
(1)

东方古柯 *Erythroxylum sinensis* C. Y. Wu

①习性：灌木　②海拔：1450m　③分布：腾冲　④分布区类型：7 – 4

136. 大戟科 Euphorbiaceae
(28)

裂苞铁苋菜 *Acalypha brachystachya* Hornem

①习性：草本 ②海拔：1530m ③分布：龙陵 ④分布区类型：6

毛叶铁苋菜 *Acalypha mairei*（H. Levl.）C. K. Schneid.

①习性：灌木 ②海拔：700～2200m ③分布：泸水 ④分布区类型：15－3－c

西南五月茶 *Antidesma acidum* Retz

①习性：灌木 ②海拔：140～1500m ③分布：隆阳 ④分布区类型：7

棒柄花 *Cleidion brevipetiolatum* Pax et Hoffm.

①习性：乔木 ②海拔：200～1500m ③分布：泸水 ④分布区类型：14－2

圆苞大戟 *Euphorbia griffithii* HK. f.

①习性：草本 ②海拔：2200m ③分布：泸水 ④分布区类型：14－2

通奶草 *Euphorbia hypericifolia* Linn.

①习性：草本 ②海拔：2354m ③分布：隆阳 ④分布区类型：2

续随子 *Euphorbia lathylris* Linn.

①习性：草本 ②海拔：2000～2200m ③分布：腾冲 ④分布区类型：1

钩腺大戟 *Euphorbia sieboldiana* Morr. et Decne

①习性：草本 ②海拔：1400～2100m ③分布：泸水 腾冲 ④分布区类型：14－1

聚花白饭树 *Flueggea leucopyra* Willd.

①习性：灌木 ②海拔：1000～1450m ③分布：泸水 ④分布区类型：7－2

白毛算盘子 *Glochidion arborescens* Bl.

①习性：乔木 ②海拔：800～2200m ③分布：泸水 隆阳 ④分布区类型：7

革叶算盘子 *Glochidion daltonii*（Muell. Arg.）Kurz

①习性：灌木 ②海拔：600～1600m ③分布：腾冲 ④分布区类型：7

毛果算盘子 *Glochidion eriocarpum* Champ. ex Benth.

①习性：灌木 ②海拔：1220m ③分布：泸水 腾冲 ④分布区类型：7－4

厚叶算盘子 *Glochidion hirsutum*（Roxb.）Voigt

①习性：灌木 ②海拔：1500m ③分布：龙陵 ④分布区类型：7－2

里白算盘子 *Glochidion troandrum*（Blanco）C. B. Rob.

①习性：灌木 ②海拔：1450m ③分布：腾冲 隆阳 ④分布区类型：14－1

绒毛算盘子 *Glochidion velutinum* Wight

①习性：乔木 ②海拔：1366m ③分布：隆阳 ④分布区类型：7

水柳 *Homonoia riparia* Lour.

①习性：灌木 ②海拔：1300～1800m ③分布：泸水 ④分布区类型：7

中平树 *Macaranga denticulata*（Bl.）Muell. Arg.

①习性：乔木 ②海拔：1589m ③分布：隆阳 ④分布区类型：7－3

山中平树 *Macaranga hemsleyana* Pax et Hoffm.

①习性：乔木 ②海拔：1750m ③分布：隆阳 ④分布区类型：15－3－b

印度血桐 *Macaranga indica* Wight

①习性：乔木 ②海拔：1600m ③分布：隆阳 ④分布区类型：7

泡腺血桐 *Macaranga pustulata* King ex Hook. f.

①习性：乔木 ②海拔：1400m ③分布：泸水 ④分布区类型：14－2

尼泊尔野桐 *Mallotus nepalensis* Muell.－Arg.

①习性：乔木 ②海拔：1400～2000m ③分布：泸水 腾冲 ④分布区类型：14－2

粗糠柴 *Mallotus philippensis* (Lam.) Muell – Arg.

　　①习性：灌木　②海拔：1600m　③分布：泸水 腾冲　④分布区类型：5

孟连野桐（变种）*Mallotus philippensis* (Lam.) Muell. – Arg. var. *menglianensis* C. Y. Wu ex S. M. Hwang

　　①习性：乔木　②海拔：670m　③分布：隆阳　④分布区类型：15 – 2 – c

云南野桐 *Mallotus yunnanensis* Pax et Hoffm.

　　①习性：灌木　②海拔：800 ~ 2400m　③分布：泸水　④分布区类型：15 – 3 – a

山靛 *Mercurialis leiocarpa* Sieb. et Zucc.

　　①习性：草本　②海拔：300 ~ 1850m　③分布：腾冲　④分布区类型：15 – 3 – a

云南叶轮木 *Ostodes katharinae* Pax

　　①习性：乔木　②海拔：1560m　③分布：泸水 腾冲 隆阳　④分布区类型：7 – 3

绒毛叶轮木 *Ostodes kuangii* Y. T. Chang

　　①习性：乔木　②海拔：1510m　③分布：隆阳　④分布区类型：15 – 2 – c

余甘子 *Phyllanthus emblica* Linn.

　　①习性：灌木　②海拔：1210m　③分布：泸水 隆阳　④分布区类型：7

136a. 虎皮楠科 Daphniphyllaceae
(3)

纸叶虎皮楠 *Daphniphyllum chartaceum* Rosenth.

　　①习性：乔木　②海拔：1450 ~ 2100m　③分布：腾冲　④分布区类型：15 – 3 – a

西藏虎皮楠 *Daphniphyllum himalense* (Benth.) Muell. – Arg.

　　①习性：乔木　②海拔：2300m　③分布：腾冲 龙陵　④分布区类型：14 – 2

脉叶虎皮楠 *Daphniphyllum paxianum* Rosenth.

　　①习性：乔木　②海拔：475 – 2300m　③分布：腾冲　④分布区类型：15 – 3 – b

139a. 鼠刺科 Iteaceae
(1)

鼠刺 *Itea chinensis* Hook. et Arn.

　　①习性：乔木　②海拔：900m　③分布：腾冲　④分布区类型：14 – 2

141. 茶藨子科 Grossulariaceae
(6)

冰川茶藨子 *Ribes glaciale* Wall.

　　①习性：灌木　②海拔：2200 ~ 3200m　③分布：泸水 腾冲 隆阳　④分布区类型：14 – 2

曲萼茶藨子 *Ribes griffithii* Hook. f. et Thoms.

　　①习性：灌木　②海拔：2800m　③分布：泸水 腾冲　④分布区类型：14 – 2

糖茶藨子 *Ribes himalense* Royle ex Decne.

　　①习性：灌木　②海拔：2600 ~ 3600m　③分布：泸水　④分布区类型：14 – 2

光果桂叶茶藨子（变种）*Ribes laurifolium* Jancz. var. *yunnanense* L. T. Lu

　　①习性：灌木　②海拔：1300 ~ 2600m　③分布：泸水 腾冲　④分布区类型：15 – 2 – e

紫花茶藨子 *Ribes luridum* Hook. f. et Thoms.

①习性：灌木　②海拔：2200～3200m　③分布：泸水　④分布区类型：14－2

渐尖茶藨子 *Ribes takare* D. Don

①习性：灌木　②海拔：2600m　③分布：泸水　腾冲　④分布区类型：14－2

142. 绣球花科 Hydrangeaceae
（25）

密序溲疏 *Deutzia compacta* Craib

①习性：灌木　②海拔：1500～3000m　③分布：隆阳　④分布区类型：14－2

丽江溲疏 *Deutzia glomeruliflora* Franch. var. lichiangensis（Zaikonn.）S. M. Hwang

①习性：灌木　②海拔：2878m　③分布：隆阳　④分布区类型：15－3－a

西藏溲疏 *Deutzia hookeriana*（Schneid.）Airy

①习性：灌木　②海拔：2060m　③分布：隆阳　④分布区类型：14－2

长叶溲疏 *Deutzia longifolia* Franch.

①习性：灌木　②海拔：2100m　③分布：腾冲　④分布区类型：15－3－b

紫花溲疏 *Deutzia purpurascens*（Franch. ex L. Henry）Rehd.

①习性：灌木　②海拔：3100～3400m　③分布：泸水　④分布区类型：14－2

常山 *Dichroa febrifuga* Lour.

①习性：灌木　②海拔：1335m　③分布：腾冲　隆阳　④分布区类型：7－4

硬毛常山 *Dichroa hirsuta* Gagn.

①习性：灌木　②海拔：2179m　③分布：腾冲　④分布区类型：7

伞形绣球 *Hydrangea angustipetala* Hay.

①习性：灌木　②海拔：1600m　③分布：泸水　腾冲　④分布区类型：15－3－b

冠盖绣球 *Hydrangea anomala* D. Don

①习性：灌木　②海拔：1400m　③分布：泸水　腾冲　龙陵　④分布区类型：14－2

马桑绣球 *Hydrangea aspera* D. Don

①习性：藤本　②海拔：1600m　③分布：泸水　腾冲　隆阳　④分布区类型：14－2

中国绣球 *Hydrangea chinensis* Maxim.

①习性：灌木　②海拔：2060m　③分布：泸水　腾冲　隆阳　④分布区类型：15－3－b

西南绣球 *Hydrangea davidii* Franch.

①习性：灌木　②海拔：1900m　③分布：泸水　腾冲　隆阳　④分布区类型：15－3－b

银针绣球 *Hydrangea dumicola* W. W. Sm.

①习性：灌木　②海拔：1600m　③分布：腾冲　④分布区类型：15－3－b

微绒绣球 *Hydrangea heterpmalla* D. Don

①习性：灌木　②海拔：3149m　③分布：泸水　④分布区类型：14－2

白背绣球 *Hydrangea hypoglauca* Rehd.

①习性：灌木　②海拔：2000m　③分布：腾冲　④分布区类型：15－3－b

大枝绣球（变种）*Hydrangea longipes* Franch. var. *rosthornii*（Diels）W. T. Wang

①习性：灌木　②海拔：1900～2200m　③分布：龙陵　④分布区类型：15－3－b

绣球 *Hydrangea macrophylla*（Thunb.）Ser.

①习性：灌木　②海拔：2439m　③分布：隆阳　④分布区类型：14 – 1

乐思绣球 *Hydrangea rosthornii* Diels

　　①习性：灌木　②海拔：1240~2200m　③分布：泸水　④分布区类型：15 – 3 – b

独龙绣球 *Hydrangea taronensis* Hand. – Mazz.

　　①习性：灌木　②海拔：2878m　③分布：隆阳　④分布区类型：15 – 2 – i

柔毛绣球 *Hydrangea villosa* Rehd.

　　①习性：灌木　②海拔：2300m　③分布：隆阳　④分布区类型：15 – 3 – c

挂苦绣球（原变种）*Hydrangea xanthoneura* Diels var. *xanthoneura*

　　①习性：灌木　②海拔：1900m　③分布：隆阳　④分布区类型：15 – 3 – b

挂苦绣球 *Hydrangea xanthoneura* Diels

　　①习性：灌木　②海拔：1680m　③分布：腾冲　④分布区类型：15 – 3 – c

滇南山梅花 *Philadelphus henryi* Koehne

　　①习性：灌木　②海拔：1300~2200m　③分布：腾冲　④分布区类型：15 – 3 – a

泸水山梅花 *Philadelphus lushuiensis* Ku et S. M. Hwang

　　①习性：灌木　②海拔：2350m　③分布：泸水　④分布区类型：15 – 1 – a

紫萼山梅花 *Philadelphus purpurascens*（Koehne）Rehd.

　　①习性：灌木　②海拔：1800m　③分布：泸水　④分布区类型：15 – 3 – a

143. 蔷薇科 Rosaceae
（111）

黄龙尾（变种）*Agrimonia pilosa* Ldb. var. *nepalensis*（D. Don）Nakai

　　①习性：草本　②海拔：1300~2600m　③分布：泸水　④分布区类型：14 – 2

龙芽草 *Agrimonia pilosa* Ledeb.

　　①习性：草本　②海拔：1440m　③分布：泸水 腾冲　④分布区类型：10

假升麻（变种）*Aruncus sylvester* Kostel. var. *dioicus*（Walt.）Fernald

　　①习性：草本　②海拔：2400~3800m　③分布：泸水　④分布区类型：14 – 1

冬海棠 *Cerasus cerasoides*（D. Don）Sok.

　　①习性：乔木　②海拔：1600~2300m　③分布：泸水 腾冲　④分布区类型：14 – 2

红花高盆樱桃（变种）*Cerasus cerasoides*（D. Don）Sok. var. *rubea*（C. Ingram）Yü et Li

　　①习性：乔木　②海拔：1350m　③分布：隆阳　④分布区类型：14 – 2

蒙自樱桃 *Cerasus henryi*（Schneid.）Yu et Li

　　①习性：乔木　②海拔：1800m　③分布：腾冲　④分布区类型：15 – 2 – h

细齿樱桃 *Cerasus serrula*（Franch.）Yu et Li

　　①习性：乔木　②海拔：2000~3900m　③分布：隆阳　④分布区类型：15 – 3 – a

康定樱桃 *Cerasus tatsienensis*（Batal.）Yu et Li

　　①习性：灌木　②海拔：900~2600m　③分布：隆阳　④分布区类型：15 – 3 – c

川西樱桃 *Cerasus trichostoma*（Koehne）Yu et Li

　　①习性：乔木　②海拔：1653m　③分布：泸水　④分布区类型：15 – 3 – c

厚叶栒子 *Cotoneaster coriaceus* Franch.

　　①习性：灌木　②海拔：1800m　③分布：泸水　④分布区类型：15 – 3 – a

木帚栒子 *Cotoneaster dielsianus* Pritz.

　　①习性：灌木　②海拔：1940m　③分布：腾冲　④分布区类型：15 – 3 – b

小叶平枝栒子（变种）*Cotoneaster horizontalis* var. *perpusillus* Schneid.

　　①习性：灌木　②海拔：2400m　③分布：泸水　④分布区类型：15 – 3 – c

宝兴栒子 *Cotoneaster moupinensis* Franch.

　　①习性：灌木　②海拔：2500m　③分布：腾冲　④分布区类型：15 – 3 – b

两列栒子 *Cotoneaster nitidus* Jacq.

　　①习性：灌木　②海拔：1400～2500m　③分布：腾冲　④分布区类型：14 – 2

毡毛栒子 *Cotoneaster pannosus* Franch.

　　①习性：灌木　②海拔：1900m　③分布：泸水　④分布区类型：15 – 3 – a

高山栒子 *Cotoneaster subadpressus* Yu

　　①习性：灌木　②海拔：800m　③分布：隆阳　④分布区类型：15 – 3 – a

疣枝栒子 *Cotoneaster versuculosus* Diels

　　①习性：灌木　②海拔：3149m　③分布：泸水 隆阳　④分布区类型：15 – 3 – a

野山楂 *Crataegus cuneata* Sieb. et Zucc.

　　①习性：灌木　②海拔：250～2000m　③分布：隆阳　④分布区类型：14 – 1

云南山楂 *Crataegus scabrifolia*（Franch.）Rehd.

　　①习性：乔木　②海拔：1930m　③分布：泸水 隆阳　④分布区类型：15 – 3 – b

牛筋条 *Dichotomanthus tristaniaecarpa* Kurz

　　①习性：灌木　②海拔：1500～2300m　③分布：腾冲 隆阳　④分布区类型：15 – 3 – a

云南移衣 *Docynia delavayi*（Franch.）Schneid.

　　①习性：乔木　②海拔：2016m　③分布：腾冲 隆阳　④分布区类型：15 – 3 – a

移依 *Docynia indica*（Wall.）Dcne.

　　①习性：乔木　②海拔：2000～3000m　③分布：隆阳　④分布区类型：7

蛇莓 *Duchesnea indica*（Andr.）Focke

　　①习性：草本　②海拔：1470m　③分布：隆阳　④分布区类型：2

窄叶枇杷 *Eriobotrya henryi* Nakai

　　①习性：灌木　②海拔：1800～2000m　③分布：泸水　④分布区类型：7 – 3

腾越枇杷 *Eriobotrya tengyuehensis* W. W. Smith

　　①习性：乔木　②海拔：1600～2500m　③分布：腾冲　④分布区类型：14 – 2

纤细草莓 *Fragaria gracilis* Lozinsk.

　　①习性：草本　②海拔：1600～2500m　③分布：泸水　④分布区类型：15 – 3 – c

西南草莓 *Fragaria moupenensis*（Franch.）Card.

　　①习性：草本　②海拔：2182m　③分布：腾冲　④分布区类型：15 – 3 – b

粉叶黄毛草莓（变种）*Fragaria nilgerrensis* var. *mairei*（Levl.）Hand. – Mazz.

　　①习性：草本　②海拔：1000～2700m　③分布：泸水　④分布区类型：15 – 3 – c

黄毛草莓 *Fragaria nilgerrensis* Schlecht. ex Gay

　　①习性：草本　②海拔：1660m　③分布：腾冲　④分布区类型：14 – 2

柔毛路边青（变种）*Geum japonicum* Thunb. var. *chinense* F. Bolle

　　①习性：草本　②海拔：2000～2300m　③分布：隆阳　④分布区类型：15 – 3 – c

坚核桂樱 *Laurocerasus jenkinsii*（Hook. f.）Yü et Lu

①习性：乔木　②海拔：1000～1800m　③分布：腾冲　④分布区类型：14-2

墨点桂樱 *Laurocerasus phaeosticta*（Hance）Schneid.

①习性：灌木　②海拔：1500m　③分布：腾冲　④分布区类型：7

尖叶桂樱 *Laurocerasus undulata*（D. Don）Rocm.

①习性：灌木　②海拔：2227m　③分布：腾冲 隆阳　④分布区类型：7

湖北海棠 *Malus hupehensis*（Pamp.）Rehd.

①习性：乔木　②海拔：2500～2900m　③分布：腾冲　④分布区类型：15-3-c

川康绣线梅 *Neillia affinis* Hemsl.

①习性：灌木　②海拔：1100～1500m　③分布：腾冲　④分布区类型：15-3-a

短序绣线梅 *Neillia breviracemosa* T. C. Ku

①习性：灌木　②海拔：1950m　③分布：泸水　④分布区类型：15-1-a

云南绣线梅 *Neillia serratisepala* Li

①习性：灌木　②海拔：2048m　③分布：隆阳　④分布区类型：15-2-i

西康绣线梅 *Neillia thibetica* Bur. et Franch.

①习性：灌木　②海拔：2000m　③分布：隆阳　④分布区类型：15-3-a

绣线梅 *Neillia thyrsiflora* D. Don

①习性：灌木　②海拔：2100m　③分布：腾冲　④分布区类型：7-4

短梗稠李 *Padus brachypoda*（Batal.）Schneid.

①习性：乔木　②海拔：1500～2500m　③分布：腾冲　④分布区类型：15-3-c

磷木 *Padus buergeriana*（Miq.）Yü et Ku

①习性：乔木　②海拔：1300～2800m　③分布：腾冲　④分布区类型：14-2

灰叶稠李 *Padus grayana*（Maxim.）Schneid.

①习性：乔木　②海拔：1000～3725m　③分布：隆阳　④分布区类型：14

细齿稠李 *Padus obtusata*（Koehne）Yu et Ku

①习性：乔木　②海拔：2179m　③分布：腾冲　④分布区类型：15-3-b

毛果锐齿石楠（变种）*Photinia arguta* Lindl. var. *hookeri*（Dcne.）Vidal

①习性：灌木　②海拔：900m　③分布：泸水　④分布区类型：7

中华石楠 *Photinia beauverdiana* Schneid.

①习性：灌木　②海拔：2227m　③分布：腾冲　④分布区类型：15-3-b

厚叶石楠 *Photinia crassifolia* Levl.

①习性：灌木　②海拔：1700m　③分布：隆阳　④分布区类型：15-2-h

光叶石楠 *Photinia glabra*（Thunb.）Maxim.

①习性：乔木　②海拔：1800～2400m　③分布：泸水　④分布区类型：14-1

全缘石楠 *Photinia integrifolia* Lindl.

①习性：乔木　②海拔：1908m　③分布：泸水 腾冲　④分布区类型：7

倒卵叶石楠 *Photinia lasiogyna*（Franch.）Schneid.

①习性：灌木　②海拔：1960～2550m　③分布：泸水　④分布区类型：15-3-b

银背委陵菜 *Potentilla argentea* L.

①习性：草本　②海拔：1100～3600m　③分布：腾冲　④分布区类型：15-3-a

川滇委陵菜 *Potentilla fallens* Card.

①习性：草本　②海拔：2800m　③分布：泸水 腾冲　④分布区类型：15-3-a

金露梅 *Potentilla fruticosa* L.

    ①习性：灌木 ②海拔：1000~1400m ③分布：泸水 ④分布区类型：15-3-c

西南委陵菜 *Potentilla fulgens* Wall. ex Hook.

    ①习性：草本 ②海拔：2100m ③分布：泸水 腾冲 ④分布区类型：14-2

柔毛委陵菜 *Potentilla griffithii* Hook. f.

    ①习性：草本 ②海拔：2200m ③分布：腾冲 ④分布区类型：14-2

蛇含委陵菜 *Potentilla kleiniana* Wight et Arn.

    ①习性：草本 ②海拔：1850m ③分布：泸水 ④分布区类型：7

银叶委陵菜 *Potentilla leuconota* D. Don

    ①习性：草本 ②海拔：2200~3300m ③分布：泸水 腾冲 ④分布区类型：14-2

多叶委陵菜 *Potentilla polyphylla* Wall.

    ①习性：草本 ②海拔：2900~3600m ③分布：泸水 隆阳 ④分布区类型：7

窄叶火棘 *Pyracantha angustifolia* (Franch.) Schneid.

    ①习性：灌木 ②海拔：2220m ③分布：泸水 隆阳 ④分布区类型：15-3-b

杜梨 *Pyrus betulifolia* Bge.

    ①习性：乔木 ②海拔：1388m ③分布：隆阳 ④分布区类型：15-3-c

川梨钝叶（变种）*Pyrus pashia* var. *obtusata* Card.

    ①习性：乔木 ②海拔：1500m ③分布：隆阳 ④分布区类型：15-3-a

长尖叶蔷薇 *Rosa longicuspis* Bertal.

    ①习性：灌木 ②海拔：2100m ③分布：泸水 腾冲 隆阳 ④分布区类型：14-2

峨眉蔷薇 *Rosa omeiensis* Rolfe

    ①习性：灌木 ②海拔：3300m ③分布：泸水 腾冲 ④分布区类型：15-3-a

少对峨眉蔷薇（变型）*Rosa omeiensis* Rolfe f. *paucijuga* Yü et Ku

    ①习性：灌木 ②海拔：3200m ③分布：泸水 ④分布区类型：15-3-a

悬钩子蔷薇 *Rosa rubus* Levl. et Vaniot

    ①习性：灌木 ②海拔：1300m ③分布：泸水 ④分布区类型：15-3-c

绢毛蔷薇 *Rosa sericea* Lindl.

    ①习性：灌木 ②海拔：2000~3800m ③分布：泸水 ④分布区类型：14-2

藏南悬钩子 *Rubus austrotibetanus* Yü et Lu

    ①习性：灌木 ②海拔：2600m ③分布：泸水 ④分布区类型：15-3-a

齿萼悬钩子 *Rubus calycinus* Wall. ex D. Don

    ①习性：草本 ②海拔：2179m ③分布：腾冲 ④分布区类型：7-4

网纹悬钩子 *Rubus cinclidodictyus* Card.

    ①习性：灌木 ②海拔：1600~1800m ③分布：泸水 腾冲 ④分布区类型：15-3-a

山莓 *Rubus corchorifolius* L. f.

    ①习性：灌木 ②海拔：2227m ③分布：龙陵 ④分布区类型：14-1

三叶悬钩子 *Rubus delavayi* Franch.

    ①习性：灌木 ②海拔：1520m ③分布：隆阳 ④分布区类型：15-2-i

栽秧泡（变种）*Rubus ellipticus* Smith var. *obcordatus* (Franch.) Focke

    ①习性：灌木 ②海拔：2182m ③分布：泸水 腾冲 隆阳 ④分布区类型：7

凉山悬钩子 *Rubus fockeanus* hurz

①习性：草本　②海拔：2000m　③分布：泸水　④分布区类型：14-2

托叶悬钩子 *Rubus foliaceistipulatus* Yü et Lu

①习性：灌木　②海拔：2800~3000m　③分布：腾冲　④分布区类型：15-1-a

腾冲悬钩子 *Rubus forrestianus* Hand. - Mazz.

①习性：灌木　②海拔：1600~1880m　③分布：腾冲　④分布区类型：15-1-a

锈叶悬钩子 *Rubus fuscifolius* Yü et Lu

①习性：灌木　②海拔：1300~1800m　③分布：泸水 隆阳　④分布区类型：15-2-c

贡山悬钩子 *Rubus gongshanensis* Yü et Lu

①习性：灌木　②海拔：1780m　③分布：泸水　④分布区类型：15-1-b

滇藏悬钩子 *Rubus hypopitys* Focke

①习性：灌木　②海拔：1600~2400m　③分布：腾冲　④分布区类型：15-3-a

拟复盆子 *Rubus idaeopsis* Focke

①习性：灌木　②海拔：1500~2000m　③分布：腾冲　④分布区类型：15-3-b

红花悬钩子 *Rubus inopertus* (Diels) Focke

①习性：灌木　②海拔：2182m　③分布：隆阳　④分布区类型：7-4

高粱泡 *Rubus lambertianus* Scr.

①习性：灌木　②海拔：2878m　③分布：隆阳　④分布区类型：14-1

多毛悬钩子 *Rubus lasiotricos* Focke

①习性：灌木　②海拔：1653m　③分布：隆阳　④分布区类型：15-3-a

绢毛悬钩子 *Rubus linentus* Reinw.

①习性：灌木　②海拔：2160m　③分布：泸水 腾冲 隆阳　④分布区类型：7-4

棱枝细瘦悬钩子（变种）*Rubus macilentus* var. *angulatus* Delav.

①习性：灌木　②海拔：2000m　③分布：泸水　④分布区类型：15-2-b

喜阴悬钩子 *Rubus mesogaeus* Focke

①习性：灌木　②海拔：2450~2800m　③分布：泸水　④分布区类型：14-1

大乌泡 *Rubus multibracteatus* Lévl. et Vant.

①习性：灌木　②海拔：1900m　③分布：泸水 隆阳　④分布区类型：7-4

红泡刺藤 *Rubus niveus* Thunb.

①习性：灌木　②海拔：1510m　③分布：泸水　④分布区类型：7

圆锥悬钩子 *Rubus paniculatus* Smith

①习性：灌木　②海拔：2227m　③分布：腾冲 隆阳　④分布区类型：14-2

茅莓 *Rubus parvifolius* L.

①习性：灌木　②海拔：2000m　③分布：隆阳　④分布区类型：14

无刺掌叶悬钩子（变种）*Rubus pentagonus* Wall. ex Focke var. *modestus* (Focke) Yü et Lu

①习性：灌木　②海拔：2700m　③分布：泸水　④分布区类型：15-3-b

掌叶悬钩子 *Rubus pentagonus* Wall. ex Focke

①习性：灌木　②海拔：1371m　③分布：腾冲 隆阳　④分布区类型：14-2

红毛悬钩子 *Rubus pinfaensis* Levl. et Vant.

①习性：灌木　②海拔：1300~2500m　③分布：泸水　④分布区类型：15-3-b

柔毛梨叶悬钩子（变种）*Rubus pirifolius* Smith var. *permollis* Merr.

①习性：灌木　②海拔：1521m　③分布：隆阳　④分布区类型：15-3-b

毛叶悬钩子 *Rubus poliophyllus* Ktze.

　①习性：灌木　②海拔：1400m　③分布：泸水　④分布区类型：15 – 2 – f

五叶悬钩子 *Rubus quinquefoliolatus* Yü et Lu

　①习性：灌木　②海拔：2194m　③分布：隆阳　④分布区类型：14 – 2

红刺悬钩子 *Rubus rubrisetulosus* Card.

　①习性：草本　②海拔：2000m　③分布：泸水　④分布区类型：15 – 3 – a

怒江悬钩子 *Rubus salwinensis* Hand. – Mazz.

　①习性：灌木　②海拔：1800 ~ 2500m　③分布：腾冲　④分布区类型：15 – 1 – a

华西悬钩子 *Rubus stimulans* Focke

　①习性：灌木　②海拔：2000 ~ 3000m　③分布：泸水　④分布区类型：15 – 3 – a

滇西北悬钩子 *Rubus treutleri* Hook. f.

　①习性：灌木　②海拔：2415m　③分布：隆阳　④分布区类型：14 – 2

黄脉莓 *Rubus xanthoneurus* Focke

　①习性：灌木　②海拔：2182m　③分布：隆阳　④分布区类型：15 – 3 – c

冠萼花楸 *Sorbus coronata*（Card.）Yu et Tsai

　①习性：乔木　②海拔：1800 ~ 3000m　③分布：泸水　④分布区类型：14 – 2

卷边花楸 *Sorbus insignis*（Hook. f.）Hedl.

　①习性：乔木　②海拔：3020m　③分布：腾冲　④分布区类型：14 – 2

维西花楸 *Sorbus monbeigii*（Card.）Yu

　①习性：乔木　②海拔：1350m　③分布：泸水　④分布区类型：15 – 2 – b

铺地花楸 *Sorbus reducta* Diels

　①习性：灌木　②海拔：2900 ~ 4000m　③分布：隆阳　④分布区类型：15 – 3 – a

西南花楸 *Sorbus rehderiana* Koehne

　①习性：灌木　②海拔：2600m　③分布：隆阳　④分布区类型：14 – 2

鼠李叶花楸 *Sorbus rhamnoides*（Dcne.）Rehd.

　①习性：乔木　②海拔：1500 ~ 2300m　③分布：隆阳　④分布区类型：14 – 2

红毛花楸 *Sorbus rufopilosa* Schneid.

　①习性：灌木　②海拔：2900m　③分布：隆阳　④分布区类型：14 – 2

川滇花楸 *Sorbus vilmorinii* schneid.

　①习性：灌木　②海拔：3050m　③分布：隆阳　④分布区类型：15 – 3 – a

椭圆叶粉花锈线菊（变种）*Spiraea japonica* L. f. var. *ovalifolia* Franch.

　①习性：灌木　②海拔：2500 ~ 2700m　③分布：泸水　④分布区类型：15 – 3 – a

粉花绣线菊渐尖叶（变种）*Spiraea japonica* L. f. var. *acuminata* Franch.

　①习性：灌木　②海拔：2878m　③分布：隆阳　④分布区类型：15 – 3 – c

紫花绣线菊 *Spiraea purpurea* Hand. – Mazz.

　①习性：灌木　②海拔：1721m　③分布：隆阳　④分布区类型：15 – 3 – a

绒毛绣线菊 *Spiraea velutina* Franch.

　①习性：灌木　②海拔：1900m　③分布：隆阳　④分布区类型：15 – 3 – a

146. 含羞草科 Mimosaceae
（12）

光叶金合欢 *Acacia delavayi* Franch.

①习性：藤本　②海拔：160～2200m　③分布：隆阳　④分布区类型：15－3－a

盘腺金合欢（变种）*Acacia megaladena* var. *garrettii* I. C. Nielsen

①习性：灌木　②海拔：1000～1300m　③分布：泸水　④分布区类型：3

羽叶金合欢 *Acacia pennata* （L.）Willd.

①习性：灌木　②海拔：2179m　③分布：腾冲　④分布区类型：6

粉被金合欢（变种）*Acacia pruinescens* var. *luchunensis* C. Chen et H. Sun

①习性：藤本　②海拔：2000m　③分布：泸水　④分布区类型：7－4

云南相思 *Acacia yunnanensis* Franch.

①习性：灌木　②海拔：1596m　③分布：隆阳　④分布区类型：15－3－a

蒙自合欢 *Albizia bracteata* Dunn

①习性：乔木　②海拔：1427m　③分布：泸水 腾冲　④分布区类型：15－3－b

楹树 *Albizia cbinensis* （Osbeck）Merr.

①习性：乔木　②海拔：1300～1400m　③分布：泸水　④分布区类型：7

白花合欢 *Albizia crassiramea* Lace

①习性：乔木　②海拔：1500m　③分布：隆阳　④分布区类型：7－4

滇南合欢 *Albizia henryi* Ricker

①习性：乔木　②海拔：800～189m　③分布：泸水　④分布区类型：15－2－e

阔荚合欢 *Albizia lebbeck* （Linn.）Benth.

①习性：乔木　②海拔：800m　③分布：泸水　④分布区类型：5

毛叶合欢 *Albizia mollis* （Wall.）Boiv.

①习性：乔木　②海拔：1480m　③分布：泸水　④分布区类型：14－2

香合欢 *Albizia odoratissima* （Linn. f.）Benth.

①习性：乔木　②海拔：1000～1600m　③分布：隆阳　④分布区类型：7－4

147. 苏木科 Caesalpiniaceae
(8)

白花羊蹄甲 *Bauhinia acuminata* Linn.

①习性：灌木　②海拔：1400m　③分布：隆阳　④分布区类型：7

小鞍叶羊蹄甲（变种）*Bauhinia brachycarpa* var. *microphylla* （Oliv. ex Craib.）K. et S. S. L.

①习性：灌木　②海拔：1450m　③分布：泸水　④分布区类型：14－2

鞍叶羊蹄甲 *Bauhinia brachycarpa* Wall.

①习性：灌木　②海拔：1100～2700m　③分布：泸水　④分布区类型：7－2

薄荚羊蹄甲 *Bauhinia delavayi* Franch.

①习性：藤本　②海拔：1320～2100m　③分布：泸水　④分布区类型：15－3－a

囊托羊蹄甲 *Bauhinia touranensis* Gagnep.

①习性：藤本　②海拔：1000～1100m　③分布：泸水　④分布区类型：7－4

华南云实 *Caesalpinia crista* Linn.

①习性：藤本　②海拔：1600～2200m　③分布：泸水　④分布区类型：5

云实 *Caesalpinia decapetala* （Roth）Alston

①习性：藤本　②海拔：1440m　③分布：隆阳　④分布区类型：11

短叶决明 *Cassia leschenaultiana* DC.

　　①习性：草本　②海拔：1200m　③分布：泸水　④分布区类型：7

148. 蝶形花科 Papilionaceae
（83）

具苞两型豆 *Amphicarpaea edgeworthii* Benth.

　　①习性：草本　②海拔：1400m　③分布：龙陵　④分布区类型：14 - 2

肉色土圞儿 *Apios carnea*（Wall.）Benth. ex Baker

　　①习性：藤本　②海拔：1653m　③分布：腾冲 隆阳　④分布区类型：7 - 4

长果颈黄耆 *Astragalus englerianus* Ulbr.

　　①习性：草本　②海拔：2000~2900m　③分布：腾冲　④分布区类型：15 - 2 - i

细花梗杭子梢 *Campylotropis capillipes*（Franch.）Schindl.

　　①习性：灌木　②海拔：1000~3000m　③分布：隆阳　④分布区类型：15 - 3 - b

元江杭子梢 *Campylotropis henryi*（Schindl.）Schindl.

　　①习性：灌木　②海拔：650~1600m　③分布：泸水　④分布区类型：7 - 3

毛杭子 *Campylotropis hirtella*（Franch.）Schindl.

　　①习性：灌木　②海拔：1200~2200m　③分布：泸水　④分布区类型：14 - 2

腾冲杭子梢 *Campylotropis howellii* Schindl.

　　①习性：灌木　②海拔：1900~2300m　③分布：腾冲　④分布区类型：15 - 1 - a

杭子梢 *Campylotropis macrocarpa*（Bunge）Rehd.

　　①习性：灌木　②海拔：1530m　③分布：隆阳　④分布区类型：14 - 1

小雀花 *Campylotropis polyantha*（Franch.）Schindl.

　　①习性：灌木　②海拔：1525m　③分布：泸水 腾冲 隆阳　④分布区类型：15 - 3 - a

草山杭子梢 *Campylotropis prainii*（Coll. et Hemsl.）Schindl.

　　①习性：灌木　②海拔：1900m　③分布：泸水 隆阳　④分布区类型：14 - 2

小花香槐 *Cladrastis sinensis* Hemsl.

　　①习性：乔木　②海拔：700~2500m　③分布：腾冲　④分布区类型：15 - 3 - c

圆叶舞草 *Codariocalyx gyroides*（Roxb. ex Link）Hassk.

　　①习性：灌木　②海拔：500~1500m　③分布：隆阳　④分布区类型：7

翅托叶猪屎豆 *Crotalaria alata* Buch. - Ham. ex D. Don

　　①习性：灌木　②海拔：500~1400m　③分布：隆阳　④分布区类型：6

响铃豆 *Crotalaria albida* Heyne ex Roth

　　①习性：草本　②海拔：200~2800m　③分布：泸水　④分布区类型：5

假地蓝 *Crotalaria ferruginea* Grah. ex Benth.

　　①习性：草本　②海拔：1100~2000m　③分布：泸水 腾冲 隆阳　④分布区类型：7

猪屎豆 *Crotalaria pallida* Ait.

　　①习性：草本　②海拔：1700m　③分布：隆阳　④分布区类型：2

秧青 *Dalbergia assamica* Benth.

　　①习性：乔木　②海拔：900~1800m　③分布：泸水 隆阳　④分布区类型：15 - 2 - c

象鼻藤 *Dalbergia mimosoides* Franch.

①习性：乔木　②海拔：1940m　③分布：腾冲　④分布区类型：15－3－b

钝叶黄檀 *Dalbergia obtusifolia*（Baker）Prain

①习性：乔木　②海拔：800～1300m　③分布：隆阳　④分布区类型：15－2－c

斜叶黄檀 *Dalbergia pinnata*（Lour.）Prain

①习性：乔木　②海拔：500～1800m　③分布：泸水　④分布区类型：7

托叶黄檀 *Dalbergia stipulacea* Roxb.

①习性：乔木　②海拔：900～2100m　③分布：腾冲　④分布区类型：15－2－c

假木豆 *Dendrolobium triangulare*（Retz.）Schindl.

①习性：灌木　②海拔：1407m　③分布：泸水 腾冲 隆阳　④分布区类型：6

边荚鱼藤 *Derris marginata*（Roxb.）Benth.

①习性：藤本　②海拔：750m　③分布：泸水　④分布区类型：14－2

毛枝鱼藤 *Derris scabricaulis*（Franch.）Gagnep.

①习性：藤本　②海拔：1250～1400m　③分布：隆阳 龙陵　④分布区类型：15－3－b

小槐花 *Desmodium caudatum*（Thunb.）DC.

①习性：灌木　②海拔：150～1000m　③分布：泸水 腾冲　④分布区类型：14

大叶山蚂蝗 *Desmodium gangeticum*（L.）DC.

①习性：灌木　②海拔：920m　③分布：泸水　④分布区类型：4

疏果山蚂蝗 *Desmodium griffithianum* Benth.

①习性：草本　②海拔：1500～3200m　③分布：腾冲　④分布区类型：7

异果山蚂蝗 *Desmodium heterocarpon*（L.）DC.

①习性：灌木　②海拔：1200～1920m　③分布：腾冲　④分布区类型：4

大叶拿身草 *Desmodium laxiflorum* DC.

①习性：灌木　②海拔：1500～2400m　③分布：隆阳　④分布区类型：7

小叶三点金 *Desmodium microphyllum*（Thunb.）DC.

①习性：草本　②海拔：940m　③分布：泸水　④分布区类型：5

显脉山绿豆 *Desmodium reticulatum* Champ. ex Benth.

①习性：灌木　②海拔：250～1300m　③分布：腾冲　④分布区类型：7－4

滇西山蚂蝗 *Desmodium rockii* Schindl.

①习性：灌木　②海拔：1700～3000m　③分布：腾冲　④分布区类型：15－1－a

长波叶山蚂蝗 *Desmodium sequax* Wall.

①习性：灌木　②海拔：1388m　③分布：泸水　④分布区类型：7－1

心叶山黑豆 *Dumasia cordifolia* Benth. ex Baker

①习性：藤本　②海拔：1200～1600m　③分布：腾冲 龙陵　④分布区类型：14－2

硬毛山黑豆 *Dumasia hirsuta* Craib

①习性：藤本　②海拔：1700m　③分布：泸水　④分布区类型：15－3－b

柔毛黑豆 *Dumasia villosa* DC.

①习性：藤本　②海拔：1200～2500m　③分布：腾冲　④分布区类型：6

黄毛野扁豆 *Dunbaria fusca*（Wall.）Kurz

①习性：藤本　②海拔：2000～2200m　③分布：泸水　④分布区类型：7

野扁豆 *Dunbaria villosa*（Thunb.）Makino

①习性：草本　②海拔：1800～2100m　③分布：腾冲　④分布区类型：7－4

榼藤 *Entada phaseoloides*（Linn.）Merr.

　　①习性：藤本　②海拔：500~1300m　③分布：泸水　④分布区类型：7

云南榼藤子（亚种）*Entada pursaetha* subsp. sinohimalensis Grierson et D. G. Long

　　①习性：藤本　②海拔：1500m　③分布：腾冲 隆阳　④分布区类型：15 - 2 - b

鹦哥花 *Erythrina arborescens* Roxb.

　　①习性：乔木　②海拔：1900m　③分布：腾冲　④分布区类型：14 - 2

球穗千斤拔 *Flemingia strobilifere*（Linn.）Ait. f.

　　①习性：灌木　②海拔：1100~1460m　③分布：泸水 腾冲 隆阳　④分布区类型：5

空茎岩黄耆 *Hedysarum fistulosum* Hand. – Mazz.

　　①习性：灌木　②海拔：2800~3700m　③分布：泸水　④分布区类型：15 - 2 - a

云南岩黄芪 *Hedysarum limitaneum* Hand. – Mazz.

　　①习性：草本　②海拔：2000m　③分布：泸水　④分布区类型：15 - 3 - a

灰色木蓝 *Indigofera cinerascens* Franch.

　　①习性：灌木　②海拔：1600m　③分布：隆阳　④分布区类型：15 - 3 - a

长序木蓝 *Indigofera howellii* Craib et W. W. Sm.

　　①习性：灌木　②海拔：1800m　③分布：腾冲　④分布区类型：15 - 1 - a

黑叶木蓝 *Indigofera nigrescens* Kurz

　　①习性：灌木　②海拔：1400~1700m　③分布：腾冲 隆阳 龙陵　④分布区类型：15 - 3 - b

昆明木蓝 *Indigofera pampaniniana* Craib

　　①习性：灌木　②海拔：1417m　③分布：隆阳　④分布区类型：15 - 2 - e

多枝木蓝 *Indigofera ramulosissima* Hosokawa

　　①习性：灌木　②海拔：1400m　③分布：泸水　④分布区类型：14 - 2

腺毛木蓝 *Indigofera scabrida* Dunn

　　①习性：灌木　②海拔：1409m　③分布：隆阳　④分布区类型：7 - 3

茸毛木蓝 *Indigofera stachyodes* Lindl.

　　①习性：灌木　②海拔：1247m　③分布：泸水 腾冲　④分布区类型：7

腾冲木蓝 *Indigofera tenyuehensis* Tsai et Yu

　　①习性：灌木　②海拔：1000m　③分布：腾冲　④分布区类型：15 - 2 - b

鸡眼草 *Kummerowia striata*（Thunb.）Schindl.

　　①习性：草本　②海拔：1300m　③分布：泸水　④分布区类型：9

截叶铁扫帚 *Lespedeza cuneata* G. Don

　　①习性：灌木　②海拔：1525m　③分布：隆阳　④分布区类型：5

截叶铁扫帚（变种）*Lespedeza juncea* var. *sericea*（Miq.）F. B. Forbes et Hemsl.

　　①习性：灌木　②海拔：1200~3300m　③分布：泸水 腾冲 隆阳　④分布区类型：12

尖叶铁扫帚 *Lespedeza juncea*（Linn. f.）Pers.

　　①习性：灌木　②海拔：1440m　③分布：腾冲　④分布区类型：11

百脉根（变种）*Lotus corniculatus* L. var. *japonicus* Regel

　　①习性：草本　②海拔：1800m　③分布：泸水 腾冲　④分布区类型：1

灰毛岩豆藤 *Millettia cinerea* Benth.

　　①习性：藤本　②海拔：1120~2600m　③分布：隆阳　④分布区类型：7 - 2

香花崖豆藤 *Millettia dielsiana* Harms

①习性：灌木　②海拔：2227m　③分布：腾冲　④分布区类型：7-4

滇缅崖豆藤 *Millettia dorwardi* Coll. et Hemsl.

①习性：藤本　②海拔：1400~1980m　③分布：泸水 腾冲 龙陵　④分布区类型：14-2

楹藤子崖豆藤 *Millettia entadoides* Z. Wei

①习性：藤本　②海拔：2300m　③分布：隆阳　④分布区类型：15-2-c

厚果崖豆藤 *Millettia pachycarpa* Benth.

①习性：藤本　②海拔：1530m　③分布：泸水 龙陵　④分布区类型：7

疏叶崖豆（变种）*Millettia pulchra* Kurz var. *laxior*（Dunn）Z. Wei

①习性：灌木　②海拔：1100~1800m　③分布：泸水　④分布区类型：7-2

喙果崖豆藤 *Millettia tsui* Metc.

①习性：藤本　②海拔：1700m　③分布：隆阳　④分布区类型：15-3-b

白花油麻藤 *Mucuna birdwoodiana* Tutch.

①习性：藤本　②海拔：1700m　③分布：隆阳　④分布区类型：15-3-b

常春油麻藤 *Mucuna sempervirens* Hemsl.

①习性：藤本　②海拔：1820~1900m　③分布：泸水　④分布区类型：14-1

紫雀花 *Parochetus communis* Buch. – Ham. ex D. Don

①习性：草本　②海拔：2220m　③分布：腾冲　④分布区类型：6

黄花木 *Piptanthus concolor* Harrow ex Craib

①习性：草本　②海拔：2160m　③分布：泸水　④分布区类型：6

尼泊尔黄花木 *Piptanthus nepalensis*（Hook.）D. Don

①习性：灌木　②海拔：2720m　③分布：泸水　④分布区类型：14-2

围涎树 *Pithecellobium clypearia*（Jack）Benth.

①习性：乔木　②海拔：1240~1600m　③分布：隆阳 龙陵　④分布区类型：7

补骨脂 *Psoralea corylifolia* Linn.

①习性：草本　②海拔：1450~1920m　③分布：腾冲　④分布区类型：7

老虎刺 *Pterolobium punctatum* Hemsl.

①习性：灌木　②海拔：1650m　③分布：泸水 腾冲　④分布区类型：15-3-b

食用葛 *Pueraria edulis* Pamp.

①习性：藤本　②海拔：1600~2500m　③分布：泸水　④分布区类型：15-3-b

粉葛（变种）*Pueraria lobata* var. *thomsonii*（Benth.）

①习性：藤本　②海拔：1350~1400m　③分布：泸水 腾冲 龙陵　④分布区类型：7-4

葛 *Pueraria lobata*（Willd.）Ohwi

①习性：藤本　②海拔：900~1500m　③分布：泸水 隆阳　④分布区类型：10

苦葛 *Pueraria peduncularis*（Grah. ex Benth.）Benth.

①习性：草本　②海拔：1250~2000m　③分布：泸水 腾冲　④分布区类型：14-2

淡红鹿藿 *Rhynchosia rufescens*（Willd.）DC.

①习性：灌木　②海拔：1700m　③分布：隆阳　④分布区类型：7

光宿苞豆（变种）*Shuteria involucrata*（Wall.）Wight et Arn. var. *glabrata*（Wight et Arn.）Ohashi

①习性：灌木　②海拔：1530m　③分布：腾冲　④分布区类型：7

宿苞豆 *Shuteria involucrata*（Wall.）Wight et Arn.

①习性：藤本　②海拔：2200m　③分布：隆阳　④分布区类型：7

缘毛苞豆 *Smithia ciliata* Royle

　①习性：草本　②海拔：1350～1400m　③分布：腾冲　④分布区类型：7

美丽密花豆 *Spatholobus pulcher* Dunn

　①习性：藤本　②海拔：1600m　③分布：泸水　④分布区类型：15－3－b

密花豆 *Spatholobus suberectus* Dunn

　①习性：灌木　②海拔：1600m　③分布：隆阳　④分布区类型：15－3－b

猪腰豆 *Whitfordiodendron filipes*（Dunn）Dunn

　①习性：藤本　②海拔：1570m　③分布：隆阳　④分布区类型：7

150. 旌节花科 Stachyuraceae
(1)

西域旌节花 *Stachyurus himalaicus* Hook. f. et Thoms ex Benth.

　①习性：灌木　②海拔：2570m　③分布：泸水 隆阳 龙陵　④分布区类型：14－2

151. 金缕梅科 Hamamelidaceae
(5)

细青皮 *Altingia excelsa* Noronha

　①习性：乔木　②海拔：550～1700m　③分布：腾冲　④分布区类型：7

紫果蜡瓣花 *corylopsis griffithii* Hemsl.

　①习性：灌木　②海拔：1900m　③分布：腾冲　④分布区类型：14－2

云南秀柱花 *Eustigma lenticellatum* C. Y. Wu

　①习性：乔木　②海拔：2227m　③分布：腾冲 隆阳　④分布区类型：15－2－c

马蹄荷 *Exbucklandia populnea*（R. Br.）R. W. Brown.

　①习性：乔木　②海拔：2250m　③分布：腾冲 龙陵　④分布区类型：7－4

绒毛红花荷 *Rhodoleia forrestii* Chun ex Exell

　①习性：乔木　②海拔：1600～2800m　③分布：泸水 腾冲　④分布区类型：14－2

154. 黄杨科 Buxaceae
(3)

树八瓜龙（变种）*Sarcococca hookeriana* Baill. var. *digyna* Franch.

　①习性：灌木　②海拔：1600～2300m　③分布：泸水　④分布区类型：15－3－b

青香桂 *Sarcococca ruscifolia* Stapf

　①习性：灌木　②海拔：1300m　③分布：隆阳　④分布区类型：15－3－b

云南野扇花 *Sarcococca wallichii* Stapf

　①习性：灌木　②海拔：1650m　③分布：泸水 腾冲 隆阳　④分布区类型：14－2

156. 杨柳科 Salicaceae
(8)

清溪杨（变种）*Populus rotundifolia* var. *duclouxiana*（Dode）Gomb.

①习性：乔木 ②海拔：1800m ③分布：泸水 ④分布区类型：15 - 3 - c

大理柳 *Salix daliensis* C. F. Fang et S. D. Zhao

①习性：灌木 ②海拔：1380～2300m ③分布：泸水 腾冲 隆阳 龙陵 ④分布区类型：15 - 3 - b

孔目矮柳 *Salix kongmuensis* Mao et W. Z. Li

①习性：灌木 ②海拔：3500～3800m ③分布：泸水 ④分布区类型：15 - 1 - b

长花柳 *Salix longiflora* Anderss

①习性：灌木 ②海拔：2300～3400m ③分布：泸水 ④分布区类型：14 - 2

长穗柳 *Salix radinostachya* Schneid.

①习性：灌木 ②海拔：1760～1840m ③分布：腾冲 ④分布区类型：14 - 2

腾冲柳 *Salix tengchongensis* C. F. Fang

①习性：灌木 ②海拔：1680～1750m ③分布：腾冲 ④分布区类型：15 - 1 - a

四籽柳 *Salix tetrasperma* Roxb.

①习性：灌木 ②海拔：2200～3400m ③分布：泸水 隆阳 ④分布区类型：7

秋华柳 *Salix variegata* Franch.

①习性：灌木 ②海拔：2700～3200m ③分布：腾冲 ④分布区类型：15 - 3 - a

159. 杨梅科 Myricaceae
(1)

毛杨梅 *Myrica esculenta* Buch. - Ham.

①习性：乔木 ②海拔：1653m ③分布：泸水 腾冲 隆阳 龙陵 ④分布区类型：7

161. 桦木科 Betulaceae
(6)

尼泊尔桤木 *Alnus nepalensis* D. Don

①习性：乔木 ②海拔：1622m ③分布：隆阳 ④分布区类型：14 - 2

西桦 *Betula alnoides* Buch. - Ham. ex D. Don

①习性：乔木 ②海拔：2400m ③分布：泸水 隆阳 龙陵 ④分布区类型：7 - 4

长穗桦 *Betula cylindrostachya* Lindl.

①习性：乔木 ②海拔：1653m ③分布：泸水 ④分布区类型：14 - 2

贡山桦 *Betula gynoterminalis* Hsu et C. J. Wang

①习性：乔木 ②海拔：2600m ③分布：泸水 ④分布区类型：15 - 1 - b

亮叶桦 *Betula luminifera* H. Winkl.

①习性：乔木 ②海拔：1000～2500m ③分布：腾冲 ④分布区类型：15 - 3 - c

糙皮桦 *Betula utilis* D. Don

①习性：乔木 ②海拔：2220m ③分布：泸水 ④分布区类型：14 - 2

162. 榛科 Corylaceae
(4)

短尾鹅耳枥 *Carpinus londoniana* H. Winkl.

①习性：乔木　②海拔：100～1500m　③分布：腾冲 龙陵　④分布区类型：7-4

昌化鹅耳枥 *Carpinus tschonoskii* Maxima.

①习性：乔木　②海拔：1400～2400m　③分布：泸水　④分布区类型：14

滇刺榛 *Corylus ferox* Wall.

①习性：乔木　②海拔：1800～2600m　③分布：泸水 腾冲　④分布区类型：14-1

滇榛 *Corylus yunnanensis* A. Camus

①习性：灌木　②海拔：1700m　③分布：腾冲　④分布区类型：15-3-b

163. 壳斗科 Fagaceae
(23)

瓦山锥 *Castanopsis ceratacantha* Rehd. et Wils.

①习性：乔木　②海拔：1653m　③分布：隆阳　④分布区类型：7-3

高山锥 *Castanopsis delavayi* Franch.

①习性：乔木　②海拔：1920m　③分布：泸水 隆阳　④分布区类型：7-4

短刺锥 *Castanopsis echidnocarpa* Hook. f. et Thomson ex Miq.

①习性：乔木　②海拔：1200～2800m　③分布：泸水 腾冲　④分布区类型：7

红锥 *Castanopsis hystrix* A. DC. 红锥

①习性：乔木　②海拔：1653m　③分布：隆阳　④分布区类型：7

元江锥 *Castanopsis orthacantha* Franch.

①习性：乔木　②海拔：190～2700m　③分布：泸水　④分布区类型：15-3-a

龙陵锥 *Castanopsis rockii* A. Camus

①习性：乔木　②海拔：1470m　③分布：隆阳　④分布区类型：15-2-f

变色锥 *Castanopsis rufescens* （Hook. f. et Thoms.） Huang et Y. T. Chang

①习性：乔木　②海拔：1653m　③分布：隆阳　④分布区类型：14-2

青冈 *Cyclobalanopsis glauca* （Thunb.） Oerst.

①习性：乔木　②海拔：2100～2400m　③分布：泸水 隆阳　④分布区类型：14

俅江青冈 *Cyclobalanopsis kiukiangensis* Y. T. Chang

①习性：乔木　②海拔：2182m　③分布：隆阳　④分布区类型：15-3-a

薄片青冈 *Cyclobalanopsis lamellosa* （Smith） Oerst.

①习性：灌木　②海拔：2650m　③分布：泸水 龙陵　④分布区类型：7-2

曼青冈 *Cyclobalanopsis oxyodon* （Miq.） Oerst.

①习性：乔木　②海拔：1680m　③分布：隆阳　④分布区类型：14-2

白穗石栎 *Lithocarpus craibianus* Bran.

①习性：乔木　②海拔：1800～2000m　③分布：腾冲　④分布区类型：7-3

白柯 *Lithocarpus dealbatus* （Hook. f. et Thoms. ex DC.） Rehd.

①习性：乔木　②海拔：1200～1700m　③分布：泸水 龙陵　④分布区类型：7

华南石栎 *Lithocarpus fenestratus* （Roxb.） Rehd.

①习性：乔木　②海拔：1890m　③分布：泸水 隆阳　④分布区类型：7

耳叶柯 *Lithocarpus grandifolius* （D. Don） Biswas

①习性：乔木　②海拔：900m　③分布：泸水 龙陵　④分布区类型：7

硬斗石栎 *Lithocarpus hancei*（Benth）Rehd.

①习性：乔木 ②海拔：2300m ③分布：龙陵 ④分布区类型：15-3-b

厚叶石栎 *Lithocarpus pachyphyllus*（Kurz）Rehd.

①习性：乔木 ②海拔：1500~2300m ③分布：泸水 腾冲 龙陵 ④分布区类型：7

麻子壳柯 *Lithocarpus variolosus*（Fr.）Chun

①习性：乔木 ②海拔：2227m ③分布：腾冲 隆阳 龙陵 ④分布区类型：15-3-a

麻栎 *Quercus acutissima* Carruth.

①习性：乔木 ②海拔：1409m ③分布：隆阳 ④分布区类型：14

锐齿槲栎（变种）*Quercus aliena* Bl. var. *acuteserrata* Maxim. ex Wenz.

①习性：乔木 ②海拔：1510m ③分布：隆阳 ④分布区类型：15-3-c

槲树 *Quercus dentata* Thunb.

①习性：乔木 ②海拔：1653m ③分布：隆阳 ④分布区类型：14-1

大叶栎 *Quercus griffithii* Hook. f. et Thoms ex Miq.

①习性：乔木 ②海拔：1630m ③分布：腾冲 ④分布区类型：7-4

栓皮栎 *Quercus variabilis* Bl.

①习性：乔木 ②海拔：1525m ③分布：泸水 隆阳 ④分布区类型：14

165. 榆科 Ulmaceae
（6）

紫弹树 *Celtis biondii* Pamp.

①习性：乔木 ②海拔：691m ③分布：泸水 隆阳 ④分布区类型：14

四蕊朴 *Celtis tetrandra* Roxb.

①习性：乔木 ②海拔：1500~1800m ③分布：泸水 龙陵 ④分布区类型：7

狭叶山黄麻 *Trema angustifolia*（Planch）Bl.

①习性：灌木 ②海拔：1459m ③分布：隆阳 ④分布区类型：7

羽脉山黄麻 *Trema levigata* Hand.—Mazz.

①习性：乔木 ②海拔：1475m ③分布：泸水 龙陵 ④分布区类型：15-3-b

山黄麻 *Trema tomentosa*（Roxb.）Hara

①习性：乔木 ②海拔：1420m ③分布：隆阳 ④分布区类型：6

毛枝榆（变种）*Ulmus androssowii* Litw. var. *subhirsuta*（Schneid.）P. H. Huang，F. Y. Gao et L. H. Zhuo

①习性：乔木 ②海拔：1310m ③分布：泸水 ④分布区类型：14-2

167. 桑科 Moraceae
（37）

小构 *Broussonetia kazinoki* Sieb.

①习性：灌木 ②海拔：1570~2000m ③分布：泸水 腾冲 ④分布区类型：14

构树 *Broussonetia papyrifera*（L.）L' herit. ex Vent.

①习性：乔木 ②海拔：1420m ③分布：泸水 腾冲 隆阳 ④分布区类型：7

构棘 *Cudrania cochinchinensis*（Lour.）Kudo et Masam.

①习性：乔木 ②海拔：1100~1250m ③分布：泸水 隆阳 ④分布区类型：4

柘藤 *Cudrania fruticosa*（Roxb.）Wight ex Kurz

　　①习性：藤本　②海拔：1200～1800m　③分布：腾冲 龙陵　④分布区类型：7

大果榕 *Ficus auriculata* Lour.

　　①习性：乔木　②海拔：1469m　③分布：泸水　④分布区类型：7

沙坝榕 *Ficus chapaensis* Gagn.

　　①习性：灌木　②海拔：1400～1920m　③分布：泸水 腾冲 龙陵　④分布区类型：7－4

雅榕 *Ficus concinna*（Miq.）Miq.

　　①习性：乔木　②海拔：2182m　③分布：隆阳　④分布区类型：7

歪叶榕 *Ficus cyrtophylla* Wall. ex Miq.

　　①习性：灌木　②海拔：1150m　③分布：泸水 隆阳　④分布区类型：7－4

线尾榕 *Ficus filicauda* Hand.－Mazz.

　　①习性：乔木　②海拔：2200m　③分布：泸水　④分布区类型：14－2

水同木 *Ficus fistulosa* Reinw. ex Bl.

　　①习性：乔木　②海拔：900m　③分布：泸水　④分布区类型：7

绿叶冠毛榕（变种）*Ficus gasparriniana* Miq. var. *viridescens*（Levl. et Vant.）Corner

　　①习性：灌木　②海拔：1300～2200m　③分布：泸水 腾冲 龙陵　④分布区类型：7－4

冠毛榕 *Ficus gasparriniana* Miq.

　　①习性：灌木　②海拔：1360m　③分布：隆阳　④分布区类型：14－2

菱叶冠毛榕（变种）*Ficus gasparriniana* Miq. var. *laceratifolia*（Lévl. et Vant.）Corner

　　①习性：灌木　②海拔：1460m　③分布：泸水　④分布区类型：14－2

藤榕 *Ficus hederacea* Roxb.

　　①习性：乔木　②海拔：1100m　③分布：泸水　④分布区类型：7

尖叶榕 *Ficus henryi* Warb. ex Diels

　　①习性：乔木　②海拔：1450～2000m　③分布：隆阳　④分布区类型：15－3－b

异叶榕 *Ficus heteromorpha* Hemsl.

　　①习性：灌木　②海拔：1300m　③分布：腾冲　④分布区类型：15－3－c

粗叶榕 *Ficus hirta* Vahl

　　①习性：灌木　②海拔：540～1400m　③分布：隆阳　④分布区类型：7

对叶榕 *Ficus hispida* Linn.

　　①习性：乔木　②海拔：1000m　③分布：泸水 龙陵　④分布区类型：5

壶托榕 *Ficus ischnopoda* Miq.

　　①习性：灌木　②海拔：2179m　③分布：泸水　④分布区类型：7

瘤枝榕 *Ficus maclellandi* King

　　①习性：乔木　②海拔：700～1200m　③分布：泸水 隆阳　④分布区类型：7

薄果森林榕（变种）*Ficus neriifolia* J. E. Sm. var. *fieldingii*（Miq.）Corner

　　①习性：乔木　②海拔：1450m　③分布：泸水 腾冲 龙陵　④分布区类型：14－2

森林榕 *Ficus neriifolia* J. E. Sm.

　　①习性：乔木　②海拔：2300m　③分布：泸水 腾冲 隆阳 龙陵　④分布区类型：14－2

棒果森林榕（变种）*Ficus neriifolia* Smith var. *trilepis*（Miq.）Corner

　　①习性：乔木　②海拔：1540m　③分布：腾冲 隆阳　④分布区类型：14－2

苹果榕 *Ficus oligodon* Miq.

①习性：乔木　②海拔：1450m　③分布：隆阳　④分布区类型：7－4

琴叶榕 *Ficus pandurata* Hance

①习性：灌木　②海拔：1465m　③分布：隆阳　④分布区类型：7－4

柔毛聚果榕（变种）*Ficus racemosa* L. var. *miquelli*（King）Corner

①习性：乔木　②海拔：1100～1700m　③分布：泸水 龙陵　④分布区类型：7

珍珠榕（变种）*Ficus sarmentosa* Buch. – Ham. ex J. E. Smith. var. *henryi*（King ex Oliv.）Corner

①习性：藤本　②海拔：900～2500m　③分布：泸水　④分布区类型：15－3－b

鸡嗉子榕 *Ficus semicordata* Buch. —Ham. ex J. E. Sm.

①习性：乔木　②海拔：1320m　③分布：泸水 腾冲 隆阳　④分布区类型：7－4

竹叶榕 *Ficus stenophylla* Hemsl.

①习性：灌木　②海拔：1680m　③分布：腾冲　④分布区类型：7－4

地果 *Ficus tikoua* Bur.

①习性：藤本　②海拔：1920m　③分布：隆阳　④分布区类型：14－2

斜叶榕（亚种）*Ficus tinctoria* Forst. f. subsp. *gibbosa*（Bl.）Corner

①习性：乔木　②海拔：900～1500m　③分布：泸水　④分布区类型：7

绿黄葛树 *Ficus virens* Ait.

①习性：乔木　②海拔：1600～2300m　③分布：泸水　④分布区类型：5

黄葛树（变种）*Ficus virens* Ait. var. *sublanceolata*（Miq.）Corner

①习性：乔木　②海拔：1653m　③分布：泸水　④分布区类型：5

滇榕 *Ficus yunnanensis* S. S. Chang

①习性：藤本　②海拔：1800m　③分布：腾冲　④分布区类型：15－2－f

鸡桑 *Morus australis* Poir.

①习性：灌木　②海拔：1450～2700m　③分布：泸水 腾冲　④分布区类型：14

蒙桑 *Morus mongolica* Schneid.

①习性：乔木　②海拔：800～1800m　③分布：泸水　④分布区类型：14－2

川桑 *Morus notabilis* Schneid.

①习性：乔木　②海拔：1300～2000m　③分布：泸水　④分布区类型：15－3－a

169. 荨麻科 Urticaceae
（68）

序叶苎麻（变种）*Boehmeria clidemioides* Miq. var. *diffusa*（Wedd.）Hand. – Mazz.

①习性：草本　②海拔：1350～1600m　③分布：泸水 腾冲 龙陵　④分布区类型：7－4

灰绿长叶苎麻（变种）*Boehmeria macrophylla* Hornem. var. *canescens*（Wedd.）Long

①习性：灌木　②海拔：1300～1900m　③分布：泸水　④分布区类型：7－4

水苎麻 *Boehmeria macrophylla* Hornem.

①习性：灌木　②海拔：1400～2000m　③分布：泸水 腾冲 龙陵　④分布区类型：7－4

腋球苎麻 *Boehmeria malabarica* Wedd.

①习性：灌木　②海拔：1450m　③分布：泸水　④分布区类型：7

虫蚁菜 *Chamabainia cuspidata* Wight 微柱麻

①习性：草本　②海拔：2300m　③分布：泸水 隆阳　④分布区类型：14－2

长叶水麻 *Debregeasia longifolia* （Burm. f. ） Wedd.

    ①习性：乔木　②海拔：2650m　③分布：腾冲　④分布区类型：7

水麻 *Debregeasia orientalis* C. J. Chen

    ①习性：灌木　②海拔：1650～2100m　③分布：泸水　④分布区类型：14－1

单蕊麻（亚种）*Droguetia iners* subsp. iners

    ①习性：草本　②海拔：2182m　③分布：隆阳　④分布区类型：7－1

华南楼梯草 *Elatostema balansae* Gagn.

    ①习性：草本　②海拔：1300m　③分布：腾冲　④分布区类型：7－4

短梗楼梯草 *Elatostema brevipedunculatum* W. T. Wang

    ①习性：草本　②海拔：2500～2600m　③分布：腾冲　④分布区类型：15－2－c

骤尖楼梯草 *Elatostema cuspidatum* Wight

    ①习性：草本　②海拔：1530m　③分布：泸水 腾冲　④分布区类型：14－2

盘托楼梯草 *Elatostema dissectum* Wedd.

    ①习性：草本　②海拔：1300～1500m　③分布：腾冲　④分布区类型：14－2

梨序楼梯草 *Elatostema ficoides* Wedd.

    ①习性：草本　②海拔：900～2000m　③分布：腾冲　④分布区类型：14－2

疏晶楼梯草 *Elatostema hookerianum* Wedd.

    ①习性：草本　②海拔：2120m　③分布：腾冲　④分布区类型：14－2

楼梯草 *Elatostema involucratum* Franch.

    ①习性：草本　②海拔：2160m　③分布：腾冲　④分布区类型：14－2

狭叶楼梯草（变种）*Elatostema lineolatum* var. *majus* Wedd.

    ①习性：灌木　②海拔：2179m　③分布：腾冲　④分布区类型：14－2

多序楼梯草 *Elatostema macintyrei* Dunn

    ①习性：灌木　②海拔：900m　③分布：泸水　④分布区类型：14－2

微毛楼梯草 *Elatostema microtrichum* W. T. Wang

    ①习性：草本　②海拔：2150m　③分布：腾冲　④分布区类型：15－2－c

羽裂楼梯草（变型）*Elatostema monandrum* （D. Don） Hara form. pinnatifidum （Hook. f. ） Hara

    ①习性：草本　②海拔：2000～2300m　③分布：泸水 腾冲　④分布区类型：14－2

异叶楼梯草 *Elatostema monandrum* （D. Don） Hara

    ①习性：草本　②海拔：2227m　③分布：泸水 腾冲　④分布区类型：14－2

托叶楼梯草 *Elatostema nasutum* Hook. f.

    ①习性：草本　②海拔：1300～2000m　③分布：泸水 腾冲　④分布区类型：14－2

钝叶楼梯草 *Elatostema obtusum* Wedd.

    ①习性：草本　②海拔：2354m　③分布：泸水 腾冲 隆阳　④分布区类型：14－2

粗角楼梯草 *Elatostema pachyceras* W. T. Wang

    ①习性：草本　②海拔：2420m　③分布：隆阳　④分布区类型：15－2－i

宽角楼梯草 *Elatostema platyceras* W. T. Wang

    ①习性：草本　②海拔：1700m　③分布：泸水　④分布区类型：15－1－a

宽叶楼梯草 *Elatostema platyphyllum* Wedd.

    ①习性：灌木　②海拔：1650m　③分布：腾冲 隆阳 龙陵　④分布区类型：14－2

石生楼梯草 *Elatostema rupestre* （Buch. － Ham. ） Wedd.

①习性：草本　②海拔：1621m　③分布：隆阳　④分布区类型：14-2

俞氏楼梯草 *Elatostema yui* W. T. Wang

①习性：草本　②海拔：1900~2000m　③分布：泸水　④分布区类型：15-1-b

大蝎子草 *Girardinia diversifolia*（Link）Friis

①习性：草本　②海拔：1542m　③分布：泸水 隆阳　④分布区类型：6

密疣果蝎子草（亚种）*Girardinia longispica* subsp. *conferta* C. J. Chen

①习性：草本　②海拔：1900~2400m　③分布：腾冲　④分布区类型：15-2-f

糯米团 *Gonostegia hirta*（Bl.）Miq.

①习性：草本　②海拔：1360m　③分布：泸水 隆阳　④分布区类型：5

珠芽艾麻 *Laportea bulbifera*（Sieb. et Zucc.）Wedd.

①习性：草本　②海拔：2200~2400m　③分布：泸水 腾冲　④分布区类型：11

假楼梯草 *Lecanthus peduncularis*（Wall. ex Royle）Wedd.

①习性：草本　②海拔：1530m　③分布：泸水 腾冲 龙陵　④分布区类型：6

水丝麻 *Maoutia puya*（Hook.）Wedd.

①习性：灌木　②海拔：890~1000m　③分布：泸水　④分布区类型：7

滇藏紫麻（亚种）*Oreocnide frutescens*（Thunb.）Miq. subsp. *occidentalis* C. J. Chen

①习性：灌木　②海拔：1450~2500m　③分布：泸水 龙陵　④分布区类型：7-4

紫麻 *Oreocnide frutescens*（Thunb.）Miq.

①习性：灌木　②海拔：1600m　③分布：隆阳　④分布区类型：7-4

红紫麻 *Oreocnide rubescens*（Bl.）Miq.

①习性：灌木　②海拔：2179m　③分布：腾冲　④分布区类型：7-4

异被赤车 *Pellionia heteroloba* Wedd.

①习性：草本　②海拔：1200~2000m　③分布：泸水 腾冲　④分布区类型：14-2

圆瓣冷水花 *Pilea angulata*（Bl.）Bl.

①习性：草本　②海拔：2182m　③分布：腾冲　④分布区类型：7

顶叶冷水花 *Pilea approximata* C. B. Clarke

①习性：草本　②海拔：2200~3100m　③分布：腾冲　④分布区类型：14-2

耳基冷水花 *Pilea auricularis* C. J. Chen

①习性：草本　②海拔：1340~2500m　③分布：龙陵　④分布区类型：15-3-a

五萼冷水花 *Pilea boniana* Gagnep.

①习性：草本　②海拔：2160m　③分布：隆阳　④分布区类型：14-2

多苞冷水花 *Pilea bracteosa* Wedd.

①习性：草本　②海拔：1300~2100m　③分布：腾冲　④分布区类型：14-2

翠茎冷水花 *Pilea hilliana* Hand. - Mazz.

①习性：草本　②海拔：1626m　③分布：腾冲　④分布区类型：15-3-a

角萼翠茎冷水花（变种）*Pilea hilliana* Hand. - Mazz. var. *corniculata* H. W. Li

①习性：草本　②海拔：2400m　③分布：腾冲　④分布区类型：15-1-a

近全缘叶冷水花（变种）*Pilea howelliana* Hand. - Mazz. var. *longipedunculata*（Chien et C. J. Chen）H. W. Li

①习性：草本　②海拔：1450~2800m　③分布：泸水　④分布区类型：15-2-f

泡果冷水花 *Pilea howelliana* Hand. - Mazz.

①习性：草本　②海拔：1500～2100m　③分布：腾冲　④分布区类型：15－2－c

鱼眼果冷水花 *Pilea longipedunculata* Chien et C. J. Chen

①习性：草本　②海拔：2200m　③分布：隆阳　④分布区类型：14－2

大叶冷水花 *Pilea martinii*（Levl.）Hand. – Mazz.

①习性：草本　②海拔：1400～2100m　③分布：泸水 腾冲 隆阳　④分布区类型：14－2

长序冷水花 *Pilea melastomoides*（Poir.）Wedd.

①习性：草本　②海拔：1240～1500m　③分布：泸水 腾冲　④分布区类型：7

念珠冷水花 *Pilea monilifera* Hand. – Mazz.

①习性：草本　②海拔：2227m　③分布：腾冲　④分布区类型：15－3－b

镜面草 *Pilea peperomioides* Diels

①习性：草本　②海拔：800～2800m　③分布：泸水　④分布区类型：15－2－b

假冷水花 *Pilea pseudonotata* C. J. Chen

①习性：灌木　②海拔：2400m　③分布：泸水　④分布区类型：7－4

透茎冷水花 *Pilea pumila*（L.）A. Gray

①习性：草本　②海拔：2354m　③分布：隆阳　④分布区类型：8

怒江冷水花 *Pilea salwinensis*（Hand. – Mazz.）C. J. Chen

①习性：草本　②海拔：1900m　③分布：泸水　④分布区类型：15－2－b

细齿冷水花 *Pilea scripta*（Buch. – Ham. ex D. Don）Wedd.

①习性：草本　②海拔：1400～2100m　③分布：泸水　④分布区类型：14－2

镰叶冷水花 *Pilea semisessilis* Hand. – Mazz.

①习性：草本　②海拔：1550～2000m　③分布：泸水　④分布区类型：15－3－b

粗齿冷水花 *Pilea sinofasciata* C. J. Chen

①习性：草本　②海拔：1500～1800m　③分布：腾冲　④分布区类型：15－3－b

少鳞冷水花（变种）*Pilea squamosa* C. J. Chen var. *sparsa* C. J. Chen

①习性：草本　②海拔：1900～2200m　③分布：泸水　④分布区类型：15－2－b

阴生冷水花 *Pilea umbrosa* Bl.

①习性：草本　②海拔：2200～3400m　③分布：泸水　④分布区类型：14－2

疣果冷水花 *Pilea verrucosa* Hand. – Mazz.

①习性：草本　②海拔：2182m　③分布：隆阳　④分布区类型：15－3－b

雅致雾水葛 *Pouzolzia elegans* Wedd.

①习性：灌木　②海拔：1450～2300m　③分布：隆阳　④分布区类型：15－3－b

红雾水葛 *Pouzolzia sanguinea*（Bl.）Merr.

①习性：灌木　②海拔：2100m　③分布：泸水 腾冲　④分布区类型：7

雾水葛 *Pouzolzia zeylanica*（L.）Benn.

①习性：草本　②海拔：1450m　③分布：泸水 隆阳　④分布区类型：7

藤麻 *Procris wightiana* Wall. ex Wedd.

①习性：草本　②海拔：1350～1500m　③分布：泸水　④分布区类型：6

肉被麻 *Sarcochlamys pulcherrimus* Gaudich.

①习性：灌木　②海拔：1350m　③分布：腾冲　④分布区类型：7－4

小果荨麻 *Urtica atrichocaulis*（Hand. – Mazz.）C. J. Chen

①习性：草本　②海拔：1800m　③分布：腾冲　④分布区类型：15－3－a

滇藏荨麻 *Urtica maieri* Levl.

　　①习性：草本　②海拔：1500～2900m　③分布：泸水　④分布区类型：14－2

察隅荨麻 *Urtica zayuensis* C. J. Chen

　　①习性：灌木　②海拔：1450～2000m　③分布：泸水　④分布区类型：14－2

171. 冬青科 Aquifoliaceae
(25)

长梗黑果冬青（变种）*Ilex atrata* W. W. Sm. var. *wangii* S. Y. Hu

　　①习性：乔木　②海拔：2000～2400m　③分布：腾冲　④分布区类型：15－3－a

密花冬青 *Ilex confertiflora* Marr.

　　①习性：乔木　②海拔：1300～1500m　③分布：腾冲 龙陵　④分布区类型：15－1－a

弯尾冬青 *Ilex cyrtura* Merr.

　　①习性：乔木　②海拔：2179m　③分布：泸水　④分布区类型：14－2

陷脉冬青 *Ilex delavayi* Franch.

　　①习性：乔木　②海拔：1800～2000m　③分布：泸水　④分布区类型：15－3－a

高山陷脉冬青（变种）*Ilex delavayi* Franch var. *exalta* Cumber

　　①习性：乔木　②海拔：2700m　③分布：泸水　④分布区类型：14－2

双核枸骨 *Ilex dipyrena* Wall.

　　①习性：乔木　②海拔：1800～2300m　③分布：泸水　④分布区类型：14－2

枪叶冬青 *Ilex euryoides* C. J. Tseng

　　①习性：灌木　②海拔：2600m　③分布：腾冲 龙陵　④分布区类型：14－2

毛背高冬青（变种）*Ilex excelsa* (Wall.) Hook. f. var. *hypotricha* (Loes.) S. Y. Hu

　　①习性：乔木　②海拔：1680m　③分布：腾冲 龙陵　④分布区类型：7－2

狭叶冬青 *Ilex fargesii* Franch.

　　①习性：乔木　②海拔：2500～2950m　③分布：泸水　④分布区类型：15－3－b

滇西冬青 *Ilex forrestii* Comber

　　①习性：灌木　②海拔：1600～2000m　③分布：腾冲　④分布区类型：15－2－b

无毛滇西冬青（变种）*Ilex forrestii* comber var. *glabra* S. Y. Hu

　　①习性：乔木　②海拔：2227m　③分布：腾冲 隆阳　④分布区类型：15－2－e

毛薄叶冬青变型 *Ilex fragilis* f. kingii Loes.

　　①习性：灌木　②海拔：2000～3100m　③分布：泸水　④分布区类型：14－2

长叶枸骨 *Ilex georgei* Comber

　　①习性：灌木　②海拔：1800～2100m　③分布：腾冲 隆阳　④分布区类型：15－3－a

贡山冬青 *Ilex hookeri* King

　　①习性：灌木　②海拔：2878m　③分布：腾冲　④分布区类型：14－2

阔叶冬青 *Ilex latifrons* Chun

　　①习性：乔木　②海拔：1653m　③分布：隆阳　④分布区类型：15－3－b

长尾冬青 *Ilex longecaudata* Comber

　　①习性：乔木　②海拔：2354m　③分布：龙陵　④分布区类型：15－3－a

黑毛冬青 *Ilex melanotricha* Merr.

①习性：乔木　②海拔：2080～2300m　③分布：腾冲　④分布区类型：14－2

皱叶枸骨 *Ilex perryana* S. Y. Hu

①习性：灌木　②海拔：1500～3000m　③分布：泸水 腾冲　④分布区类型：14－2

多脉冬青 *Ilex polyneura*（Hand. – Mazz.）S. Y. Hu

①习性：乔木　②海拔：1300～2600m　③分布：腾冲 泸水 龙陵　④分布区类型：15－3－a

点叶冬青 *Ilex punctatilimba* C. Y. Wu ex Y. R. Li

①习性：乔木　②海拔：1800m　③分布：泸水 腾冲　④分布区类型：15－3－a

锡金冬青 *Ilex sikkimensis* Kurz

①习性：乔木　②海拔：2000～2200m　③分布：腾冲　④分布区类型：14－2

拟长尾冬青 *Ilex sublongecaudata* C. J. Tseng et S. Liu ex Y. R. Li

①习性：乔木　②海拔：1680～2600m　③分布：腾冲 龙陵　④分布区类型：15－2－b

微脉冬青 *Ilex venulosa* Hook. f.

①习性：乔木　②海拔：1240～1400m　③分布：腾冲　④分布区类型：14－2

独龙冬青 *Ilex yuiana* S. Y. Hu

①习性：灌木　②海拔：1280～2300m　③分布：腾冲　④分布区类型：15－3－a

云南冬青 *Ilex yunnanensis* Franch.

①习性：灌木　②海拔：2000～3000m　③分布：腾冲 隆阳　④分布区类型：14－2

173. 卫矛科 Celastraceae
(21)

大芽南蛇藤 *Celastrus gemmatus* Loes.

①习性：藤本　②海拔：1900～2000m　③分布：隆阳　④分布区类型：15－3－b

硬毛南蛇藤 *Celastrus hirsutus* Comber

①习性：藤本　②海拔：2182m　③分布：泸水 腾冲　④分布区类型：14－2

毛枝南蛇藤 *Celastrus hookeri* Prain

①习性：藤本　②海拔：1840～3000m　③分布：泸水 腾冲　④分布区类型：14－2

独子藤 *Celastrus monospermus* Roxb.

①习性：藤本　②海拔：1200～1900m　③分布：腾冲　④分布区类型：7－4

显柱南蛇藤 *Celastrus stylosus* Wall.

①习性：藤本　②海拔：1350～2300m　③分布：腾冲 龙陵　④分布区类型：14－2

凹脉卫矛 *Euonymus balansae* Sprague

①习性：灌木　②海拔：1700m　③分布：腾冲　④分布区类型：15－2－b

角果卫矛 *Euonymus ceratophorus* Loes.

①习性：灌木　②海拔：1450～2200m　③分布：泸水　④分布区类型：15－2－g

岩坡卫矛 *Euonymus clivicolus* W. W. Smith

①习性：灌木　②海拔：2900～3400m　③分布：泸水　④分布区类型：14－2

滇藏冷地卫矛（变种）*Euonymus frigidus* Wall. var. *wardii*（W. W. Smith）Blakelock

①习性：灌木　②海拔：2500～3400m　③分布：泸水 腾冲　④分布区类型：14－2

冷地卫矛 *Euonymus frigidus* Wall. ex Roxb.

①习性：灌木　②海拔：1400～2300m　③分布：泸水 腾冲　④分布区类型：14－2

假角果卫矛（变种）*Euonymus frigidus* Wall. ex Roxb. var. *cornutoides*（Loes.）C. Y. Cheng

　　①习性：灌木　②海拔：2200~2400m　③分布：泸水 腾冲　④分布区类型：14-2

常春卫矛 *Euonymus hederaceus* Champ. ex Benth.

　　①习性：藤本　②海拔：2354m　③分布：隆阳　④分布区类型：15-3-b

疏花卫矛 *Euonymus laxiflorus* Champ. ex Benth.

　　①习性：藤本　②海拔：2300m　③分布：泸水　④分布区类型：15-2-h

中华卫矛 *Euonymus nitidus* Benth.

　　①习性：灌木　②海拔：1500~2300m　③分布：泸水 腾冲 隆阳 龙陵　④分布区类型：15-3-b

喙果卫矛 *Euonymus rostratus* W. W. Smith

　　①习性：灌木　②海拔：2100m　③分布：泸水 腾冲　④分布区类型：15-3-a

柳叶卫矛 *Euonymus salicifolius* Loes.

　　①习性：灌木　②海拔：1680~1750m　③分布：腾冲　④分布区类型：15-1-a

茶叶卫矛 *Euonymus theifolius* Wall.

　　①习性：灌木　②海拔：2415m　③分布：隆阳　④分布区类型：14-2

脉瓣卫矛 *Euonymus tignens* Wall.

　　①习性：乔木　②海拔：2150~2400m　③分布：龙陵　④分布区类型：14-2

游藤卫矛 *Euonymus vagans* Wall. ex Roxb.

　　①习性：灌木　②海拔：2227m　③分布：泸水 腾冲 隆阳　④分布区类型：14-2

荚蒾卫矛 *Euonymus viburnoides* Prain

　　①习性：灌木　②海拔：2878m　③分布：隆阳　④分布区类型：14-2

昆明山海棠 *Tripterygium hypoglaucum*（Lévl.）Hutch.

　　①习性：灌木　②海拔：1800m　③分布：泸水 腾冲　④分布区类型：15-3-c

173a. 十齿花科 Dipentodontaceae
(1)

十齿花 *Dipentodon sinicus* Dunn

　　①习性：灌木　②海拔：2010m　③分布：泸水 腾冲 龙陵　④分布区类型：14

179. 茶茱萸科 Icacinaceae
(2)

薄核藤 *Natsiatum herpeticum* Buch. – Ham. ex. Arn.

　　①习性：灌木　②海拔：2400m　③分布：泸水　④分布区类型：14-2

毛假柴龙树 *Nothapodytes tomentosa* C. Y. Wu

　　①习性：乔木　②海拔：1000~2500m　③分布：腾冲　④分布区类型：15-2-i

182. 铁青树科 Olacaceae
(1)

青皮木 *Schoepfia jasminodora* Sieb. et Zucc.

①习性：灌木　②海拔：1850m　③分布：隆阳　④分布区类型：14－1

185. 桑寄生科 Loranthaceae
(9)

五蕊寄生 *Dendrophthoe pentandra*（L.）Miq.
　①习性：灌木　②海拔：1300～2200m　③分布：泸水　④分布区类型：7－4
大苞鞘花 *Elytranthe albida*（Blume）Blume
　①习性：灌木　②海拔：1000～22000m　③分布：泸水 腾冲　④分布区类型：7
五瓣寄生 *Helixanthera parasitica* Lour.
　①习性：灌木　②海拔：1300～2000m　③分布：泸水 隆阳 龙陵　④分布区类型：7－4
椆树桑寄生 *Loranthus delavayi* Van Tiegn.
　①习性：灌木　②海拔：1700～2300m　③分布：腾冲 龙陵　④分布区类型：14－2
鞘花 *Macrosolen cochinchinensis*（Lour.）Van Tiegn.
　①习性：灌木　②海拔：1100～1830m　③分布：泸水 隆阳 龙陵　④分布区类型：7
滇藏梨果寄生 *Scurrula buddleioides*（Desr.）G. Don
　①习性：灌木　②海拔：1250～1500m　③分布：泸水 腾冲　④分布区类型：14－2
柳树寄生 *Taxillus delavayi*（Van Tiegh.）Danser
　①习性：灌木　②海拔：1500～2700m　③分布：泸水 腾冲　④分布区类型：14－2
龙陵寄生 *Taxillus sericus* Danser
　①习性：灌木　②海拔：1650～2700m　③分布：腾冲 龙陵　④分布区类型：14－2
怒江寄生 *Taxillus vestitus*（Wall.）Danser
　①习性：灌木　②海拔：1600～2300m　③分布：腾冲　④分布区类型：14－2

185a. 槲寄生科 Viscaceae
(3)

卵叶槲寄生（变种）*Viscum album* L. var. *meridianum* Danser
　①习性：灌木　②海拔：2400～2600m　③分布：泸水　④分布区类型：14－2
扁枝槲寄生 *Viscum articulatum* Burm. f.
　①习性：草本　②海拔：1200m　③分布：腾冲 龙陵　④分布区类型：5
枫香槲寄生 *Viscum liquidambaricolum* Hayata
　①习性：草本　②海拔：1300～2300m　③分布：泸水　④分布区类型：7－4

186. 檀香科 Santalaceae
(4)

多脉寄生藤 *Dendrotrophe polyneura*（Hu）D. D. Tao
　①习性：藤本　②海拔：1650～2200m　③分布：龙陵　④分布区类型：7－3
滇沙针（变种）*Osyris wightiana* Wall. ex Wight var. *stipitata*（Lecomte）Tam 滇香针
　①习性：灌木　②海拔：1373m　③分布：隆阳　④分布区类型：15－2－i
沙针 *Osyris wightiana* Wall.

①习性：灌木　②海拔：1560m　③分布：泸水 隆阳　④分布区类型：7

檀梨 *Pyrularia edulis*（Wall.）A. DC.

①习性：乔木　②海拔：1910m　③分布：腾冲 隆阳 龙陵　④分布区类型：14 - 2

189. 蛇菰科 Balanophoraceae
(1)

疏花蛇菰 *Balanophora laxiflora* Hemsl.

①习性：草本　②海拔：1300 ~ 2800m　③分布：泸水 隆阳　④分布区类型：7 - 4

190. 鼠李科 Rhamnaceae
(10)

云南勾儿茶 *Berchemia yunnanensis* Franch.

①习性：藤本　②海拔：2100m　③分布：泸水　④分布区类型：15 - 3 - a

毛咀签 *Gouana javanica* Miq.

①习性：藤本　②海拔：1000m　③分布：隆阳　④分布区类型：7 - 4

刺鼠李 *Rhamnus dumetorum* Schneid.

①习性：灌木　②海拔：1600 ~ 2900m　③分布：泸水 隆阳　④分布区类型：15 - 3 - c

高山亮叶鼠李（变种）*Rhamnus hemsleyana* Schneid. var. *yunnanensis* C. Y. Wu ex Y. L. Chen

①习性：灌木　②海拔：1450 ~ 2000m　③分布：龙陵　④分布区类型：15 - 3 - a

尼泊尔鼠李 *Rhamnus napalansis*（Wall.）Laws.

①习性：灌木　②海拔：1200 ~ 1800m　③分布：腾冲　④分布区类型：14 - 2

紫色鼠李 *Rhamnus purpureus* Edgew.

①习性：乔木　②海拔：2800m　③分布：腾冲　④分布区类型：15 - 3 - b

多脉鼠李 *Rhamnus sargentina* Schneid.

①习性：灌木　②海拔：2900m　③分布：腾冲　④分布区类型：15 - 3 - b

帚枝鼠李 *Rhamnus virgata* Roxb.

①习性：灌木　②海拔：1900m　③分布：腾冲　④分布区类型：14 - 2

疏花雀梅藤 *Sageretia laxiflora* Hand. – Mazz.

①习性：灌木　②海拔：2179m　③分布：隆阳　④分布区类型：15 - 3 - b

滇刺枣 *Ziziphus mauritiana* Lam.

①习性：灌木　②海拔：691m　③分布：泸水 腾冲 隆阳　④分布区类型：4

191. 胡颓子科 Elaeagnaceae
(2)

越南胡颓子 *Elaeagnus tonkinensis* Serv.

①习性：灌木　②海拔：2400 ~ 2600m　③分布：腾冲 隆阳 龙陵　④分布区类型：7 - 4

牛奶子 *Elaeagnus umbellata* Thunb.

①习性：灌木　②海拔：1450 ~ 2000m　③分布：泸水　④分布区类型：10

193. 葡萄科 Vitaceae
(21)

毛乌蔹莓（变种）*Cayratia japonica*（Thunb.）Gagnep. var. *mollus*（Wall）Momiyana
　①习性：藤本　②海拔：1400m　③分布：隆阳　④分布区类型：7 - 2

乌蔹莓 *Cayratia japonica*（Thunb.）Gagnep.
　①习性：藤本　②海拔：1780m　③分布：腾冲　④分布区类型：7 - 4

华中乌蔹莓 *Cayratia oligocarpa*（Levl. et Vant）Gagnep.
　①习性：藤本　②海拔：400~2000m　③分布：泸水　④分布区类型：15 - 3 - c

三叶爬山虎 *Parthenocissus semicordata*（Wall.）Planch.
　①习性：藤本　②海拔：1680~2000m　③分布：泸水 腾冲　④分布区类型：7 - 4

七小叶崖爬藤 *Tetrastigma delavayi* Gagnep.
　①习性：藤本　②海拔：1500m　③分布：腾冲　④分布区类型：7 - 4

柔毛崖爬藤（变种）*Tetrastigma henryi* Gagnep. var. *mollifolium* W. T. Wang
　①习性：藤本　②海拔：1320m　③分布：隆阳　④分布区类型：15 - 2 - b

叉须崖爬藤 *Tetrastigma hypoglaucum* Planch ex Franch.
　①习性：藤本　②海拔：2100m　③分布：泸水　④分布区类型：15 - 3 - b

龙陵崖爬藤 *Tetrastigma lunglingense* C. Y. Wu et W. T. Wang
　①习性：藤本　②海拔：1800m　③分布：泸水　④分布区类型：15 - 1 - a

崖爬藤 *Tetrastigma obtectum*（Wall.）Planch.
　①习性：藤本　②海拔：1400~2600m　③分布：腾冲　④分布区类型：14 - 2

毛叶崖爬藤（变种）*Tetrastigma obtectum* var. *pilosum* Gagnep.
　①习性：藤本　②海拔：1450~2000m　③分布：泸水　④分布区类型：15 - 3 - b

柔毛网脉崖爬藤（变种）*Tetrastigma retinervium* Planch. var. *pubescens* C. L. Li
　①习性：藤本　②海拔：2182m　③分布：隆阳　④分布区类型：15 - 3 - b

俅江酸模籽岩藤（变种）*Tetrastigma rumicispermum*（Laws.）Planch. var. *kiujiangense*（C. Y. Wu ex W. T. Wang）C. L. Li
　①习性：藤本　②海拔：1300~3000m　③分布：龙陵　④分布区类型：15 - 3 - a

喜马拉雅崖爬藤 *Tetrastigma rumicispermum*（Laws.）Planch.
　①习性：藤本　②海拔：1300~2700m　③分布：隆阳 龙陵　④分布区类型：7 - 4

锈毛喜马拉雅崖爬藤（变种）*Tetrastigma rumicispermum*（Laws.）Planch. var. lasiogynum（W. T. Wang）C. L. Li
　①习性：藤本　②海拔：1750m　③分布：隆阳　④分布区类型：15 - 2 - c

狭叶崖爬藤 *Tetrastigma serrulatum*（Roxb.）Planch.
　①习性：藤本　②海拔：2300m　③分布：隆阳　④分布区类型：14 - 2

毛叶云南爬藤（变种）*Tetrastigma yunnanense* Gagnep. var. *mollisimum* C. Y. Wu ex W. T. Wang
　①习性：藤本　②海拔：1450~1900m　③分布：龙陵　④分布区类型：15 - 3 - a

云南崖爬藤 *Tetrastigma yunnanense* Gagnep.
　①习性：藤本　②海拔：2220m　③分布：隆阳　④分布区类型：15 - 3 - a

桦叶葡萄 *Vitis betulifolia* Diels et Gilg

①习性：藤本　②海拔：1900m　③分布：泸水　④分布区类型：15 – 3 – b

蘡薁 *Vitis bryoniaefolia* Bge.

①习性：藤本　②海拔：1350m　③分布：隆阳　④分布区类型：15 – 3 – c

毛葡萄 *Vitis heyneana* Roem. & Schult.

①习性：藤本　②海拔：1530m　③分布：泸水 隆阳　④分布区类型：15 – 3 – c

俞藤 *Yua thomsonii*（Laws.）C. L. Li

①习性：藤本　②海拔：2016m　③分布：龙陵　④分布区类型：14 – 2

194. 芸香科 Rutaceae
（28）

臭节草 *Boenninghausenia albiflora*（Hook.）Reichb. ex Meisn.

①习性：草本　②海拔：2878m　③分布：泸水 腾冲　④分布区类型：14

石椒草 *Boenninghausenia sessilicarpa* Levl.

①习性：草本　②海拔：1500 ~ 3000m　③分布：泸水 腾冲　④分布区类型：15 – 3 – a

光滑黄皮 *Clausena lenis* Drake

①习性：乔木　②海拔：691m　③分布：泸水　④分布区类型：14 – 2

云南黄皮 *Clausena yunnanensis* Huang

①习性：乔木　②海拔：1600m　③分布：隆阳　④分布区类型：15 – 3 – b

臭辣吴萸 *Evodia fargesii* Dode

①习性：乔木　②海拔：2182m　③分布：隆阳　④分布区类型：15 – 3 – c

无腺吴萸 *Evodia fraxinifolia*（D. Don）Hook. f.

①习性：乔木　②海拔：1500 ~ 2300m　③分布：腾冲 龙陵　④分布区类型：14 – 2

三桠苦 *Evodia lepta*（Spreng.）Merr.

①习性：灌木　②海拔：2182m　③分布：腾冲　④分布区类型：7

吴茱萸 *Evodia rutaecarpa*（Juss.）Benth.

①习性：乔木　②海拔：1310 ~ 2100m　③分布：隆阳　④分布区类型：14 – 2

棱子吴萸 *Evodia subtrigonosperma* Huang

①习性：乔木　②海拔：2182m　③分布：隆阳　④分布区类型：15 – 3 – a

牛斜吴萸 *Evodia trichotoma*（Lour.）Pierre

①习性：乔木　②海拔：2181m　③分布：龙陵　④分布区类型：14 – 2

蓝果山小桔 *Glycosmis cyanocarpa*（Bl.）Spneng.

①习性：乔木　②海拔：1230m　③分布：泸水　④分布区类型：7

千里香 *Murraya paniculata*（L.）Jack.

①习性：乔木　②海拔：1100m　③分布：泸水 隆阳　④分布区类型：7

乔木茵芋 *Skimmia arborescens* Anders.

①习性：乔木　②海拔：2300m　③分布：泸水 腾冲 隆阳 龙陵　④分布区类型：7 – 4

多脉茵芋 *Skimmia multinervia* Huang

①习性：乔木　②海拔：2878m　③分布：泸水 腾冲 隆阳　④分布区类型：15 – 3 – a

飞龙掌血 *Toddalia asiatica*（Linn.）Lam.

①习性：灌木　②海拔：1550m　③分布：隆阳　④分布区类型：7

毛叶刺花椒（变种）*Zanthoxylum acanthopodium* DC. var. *timbor* Hook. f.

①习性：灌木　②海拔：1300～2100m　③分布：龙陵　④分布区类型：7－4

刺花椒 *Zanthoxylum acanthopodium* DC.

①习性：灌木　②海拔：691m　③分布：泸水 龙陵　④分布区类型：7－4

毛竹叶花椒 *Zanthoxylum armatum* DC. var. *ferrugineum*（Rehd. et Wils.）Huang

①习性：灌木　②海拔：1361m　③分布：隆阳　④分布区类型：15－3－b

竹叶花椒 *Zanthoxylum armatum* DC.

①习性：乔木　②海拔：1650m　③分布：腾冲　④分布区类型：15－3－b

花椒 *Zanthoxylum bungeanum* Maxim.

①习性：灌木　②海拔：2200～2300m　③分布：泸水　④分布区类型：15－3－c

云南花椒 *Zanthoxylum khasianum* Hook. f.

①习性：乔木　②海拔：2300m　③分布：隆阳　④分布区类型：14－2

大花花椒 *Zanthoxylum macranthum*（Hand. – Mazz.）Huang

①习性：灌木　②海拔：2200m　③分布：泸水　④分布区类型：15－3－b

两面针 *Zanthoxylum nitidum*（Roxb.）DC.

①习性：灌木　②海拔：1800～2200m　③分布：腾冲　④分布区类型：5

异叶花椒 *Zanthoxylum ovalifolium* Wight

①习性：灌木　②海拔：2182m　③分布：腾冲　④分布区类型：15－3－c

尖叶花椒 *Zanthoxylum oxyphyllum* Edgew.

①习性：灌木　②海拔：1600～1800m　③分布：泸水 腾冲 龙陵　④分布区类型：14－2

花椒簕 *Zanthoxylum scandens* Bl.

①习性：灌木　②海拔：2182m　③分布：隆阳　④分布区类型：7－1

花椒勒 *Zanthoxylum scandense* Bl.

①习性：灌木　②海拔：1550～1850m　③分布：泸水 腾冲 龙陵　④分布区类型：7

毡毛花椒 *Zanthoxylum tomentellum* Hook. f.

①习性：灌木　②海拔：1900m　③分布：隆阳　④分布区类型：14－2

195. 苦木科 Simaroubaceae

(1)

鸦胆子 *Brucea javanica*（Linn.）Merr.

①习性：乔木　②海拔：1600～2400m　③分布：泸水　④分布区类型：5

197. 楝科 Meliaceae

(5)

灰毛浆果楝 *Cipadessa cinerascens*（Pell.）Hand. – Mazz.

①习性：灌木　②海拔：1300m　③分布：泸水 腾冲 隆阳　④分布区类型：7－4

红椿 *Toona ciliate* Roem.

①习性：乔木　②海拔：1600m　③分布：泸水 隆阳　④分布区类型：5

紫椿 *Toona microcarpa*（C. DC.）Harms

①习性：乔木　②海拔：1500m　③分布：隆阳　④分布区类型：7

老虎楝 *Trichilia connaroides*（Wight et Arn.）Bentv.

①习性：乔木 ②海拔：1200~1900m ③分布：泸水 ④分布区类型：7-4

割舌树 *Walsura robusta* Roxb.

①习性：乔木 ②海拔：1590m ③分布：隆阳 ④分布区类型：7

198. 无患子科 Sapindaceae

(4)

长柄异木患 *Allophylus longipes* Radlk.

①习性：灌木 ②海拔：2400~3000m ③分布：龙陵 ④分布区类型：7-4

倒地铃 *Cardiospermum halicacabum* Linn.

①习性：藤本 ②海拔：650m ③分布：隆阳 ④分布区类型：2

车桑子 *Dodonaea viscosa*（Linn.）Jacq.

①习性：灌木 ②海拔：1010m ③分布：隆阳 ④分布区类型：2

栾树 *Koelreuteria paniculata* Laxm.

①习性：乔木 ②海拔：1653m ③分布：隆阳 ④分布区类型：15-3-c

200. 槭树科 Aceraceae

(11)

太白深灰槭（亚种）*Acer caesium* subsp. *giraldii*（Pax）E. Murr.

①习性：乔木 ②海拔：2000~3200m ③分布：泸水 ④分布区类型：15-3-b

小叶青皮槭（变种）*Acer cappadocicum* var. *sinicum* Rehd.

①习性：乔木 ②海拔：2100m ③分布：隆阳 ④分布区类型：15-3-b

青榨槭 *Acer davidii* Franch.

①习性：乔木 ②海拔：2120m ③分布：腾冲 ④分布区类型：15-3-c

云南扇叶槭（变种）*Acer flabellatum* Rehd. var. *yunnanense*（Rehd.）Fang

①习性：乔木 ②海拔：1850~2200m ③分布：泸水 腾冲 龙陵 ④分布区类型：14-2

光叶槭 *Acer laevigatum* Wall.

①习性：乔木 ②海拔：2179m ③分布：腾冲 ④分布区类型：14-2

楠叶槭 *Acer machilifolium* Hu et Cheng

①习性：乔木 ②海拔：2227m ③分布：龙陵 ④分布区类型：15-3-b

飞蛾槭 *Acer oblongum* Wall. ex DC.

①习性：乔木 ②海拔：1500m ③分布：隆阳 ④分布区类型：7-4

五裂槭 *Acer oliverianum* Pax

①习性：乔木 ②海拔：1682m ③分布：泸水 ④分布区类型：15-3-b

权叶槭 *Acer robustum* Pax

①习性：乔木 ②海拔：2354m ③分布：腾冲 ④分布区类型：15-3-c

中华槭 *Acer sinense* Pax

①习性：乔木 ②海拔：1400~3000m ③分布：泸水 腾冲 ④分布区类型：15-3-c

五脉毛叶槭（变种）*Acer stachyophyllum* Hiern var. *pentaneurum*（Fang et W. K. Hu）Fang

①习性：乔木 ②海拔：2179m ③分布：腾冲 ④分布区类型：15-3-a

201. 清风藤科 Sabiaceae
(6)

龙陵清风藤（亚种）*Sabia campanulata* Wall. ex Roxb. subsp. metcalfiana（L. Chen）Y. F. Wu
　①习性：灌木　②海拔：2000m　③分布：隆阳　④分布区类型：15 – 2 – b
钟花清风藤 *Sabia campanulata* Wall. ex Roxb.
　①习性：藤本　②海拔：1300～2500m　③分布：腾冲 隆阳　④分布区类型：14 – 1
长叶清风藤 *Sabia dielsii* Lévl.
　①习性：灌木　②海拔：1300m　③分布：泸水　④分布区类型：15 – 3 – a
簇花清风藤 *Sabia fasciculata* Lecomte ex L. Chen
　①习性：藤本　②海拔：1300～2000m　③分布：腾冲 隆阳　④分布区类型：14 – 2
小花清风藤 *Sabia parviflora* Wall. ex Roxb.
　①习性：藤本　②海拔：1550～2800m　③分布：泸水 隆阳　④分布区类型：7
云南清风藤 *Sabia yunnanensis* Franch.
　①习性：藤本　②海拔：1440m　③分布：隆阳　④分布区类型：15 – 3 – a

201a. 泡花树科 Meliosmaceae
(6)

南亚泡花树 *Meliosma arnottiana* Walp.
　①习性：乔木　②海拔：1400～2400m　③分布：泸水　④分布区类型：7
泡花树 *Meliosma cuneifolia* Franch.
　①习性：乔木　②海拔：1550m　③分布：腾冲 隆阳　④分布区类型：15 – 3 – b
泸水泡花树 *Meliosma mannii* Lace
　①习性：乔木　②海拔：950～1400m　③分布：泸水　④分布区类型：14 – 2
西南泡花树 *Meliosma thomsonii* King ex Brandis
　①习性：乔木　②海拔：1300～2000m　③分布：腾冲 隆阳　④分布区类型：14 – 2
贡山泡花树 *Meliosma wallichii* Planch. ex Hook. f.
　①习性：乔木　②海拔：1700～2400m　③分布：泸水 腾冲　④分布区类型：14 – 2
云南泡花树 *Meliosma yunnanensis* Franch.
　①习性：乔木　②海拔：1600～2500m　③分布：泸水　④分布区类型：14 – 2

204. 省沽油科 Staphyleaceae
(6)

野鸦椿 *Euscaphis japonica*（Thunb.）Dippel
　①习性：灌木　②海拔：1500m　③分布：腾冲 隆阳　④分布区类型：14 – 1
腺齿省沽油 *Staphylea shweliensis* W. W. Smith
　①习性：乔木　②海拔：2700m　③分布：腾冲　④分布区类型：15 – 1 – a
云南瘿椒树 *Tapiscia yunnanensis* W. C. Cheng et C. D. Chun
　①习性：乔木　②海拔：1500～2300m　③分布：腾冲 隆阳　④分布区类型：15 – 2 – c

硬毛山香圆 *Turpinia affinis* Merr. et Perry

①习性：乔木　②海拔：1450～1800m　③分布：泸水 腾冲 隆阳　④分布区类型：15－3－b

越南山香圆 *Turpinia cochinchinensis*（Lour.）Merr.

①习性：乔木　②海拔：1550m　③分布：泸水 腾冲 龙陵　④分布区类型：7

大果山香圆 *Turpinia pomifera*（Roxb.）DC.

①习性：乔木　②海拔：350～650m　③分布：腾冲 隆阳　④分布区类型：7

205. 漆树科 Anacardiaceae
（14）

厚皮树 *Lannea coromandelica*（Houtt.）Merr.

①习性：乔木　②海拔：1100～2300m　③分布：腾冲 隆阳　④分布区类型：7

藤漆 *Pegia nitida* Colobr.

①习性：藤本　②海拔：500～1750m　③分布：泸水 隆阳 龙陵　④分布区类型：7

黄连木 *Pistacia chinensis* Bunge

①习性：乔木　②海拔：1560m　③分布：泸水 龙陵　④分布区类型：7

清香木 *Pistacia weinmannifolia* J. Possonex Franch.

①习性：乔木　②海拔：1400m　③分布：泸水 隆阳　④分布区类型：14－2

盐肤木 *Rhus chinensis* Mill

①习性：乔木　②海拔：1510m　③分布：隆阳　④分布区类型：7

滨盐肤木（变种）*Rhus chinensis* Mill. var. roxburghii（DC.）Rehd.

①习性：乔木　②海拔：2300m　③分布：腾冲　④分布区类型：15－3－b

尖叶漆 *Toxicodendron acuminatum*（DC.）C. Y. Wu et T. L. Ming

①习性：乔木　②海拔：1650～2600m　③分布：腾冲 隆阳　④分布区类型：14－2

小漆树 *Toxicodendron delavayi*（Franch.）F. A. Barkl.

①习性：灌木　②海拔：1800m　③分布：隆阳　④分布区类型：15－3－a

大花漆 *Toxicodendron grandiflorum* C. Y. Wu et T. L. Ming

①习性：灌木　②海拔：2227m　③分布：腾冲 隆阳　④分布区类型：15－3－a

长梗大花漆（变种）*Toxicodendron grandiflorum* C. Y. Wu et T. L. Ming var. *longipes*（Franch.）C. Y. Wu et T. L.

①习性：灌木　②海拔：700～2500m　③分布：腾冲 隆阳　④分布区类型：15－3－a

镇康裂果漆（变种）*Toxicodendron griffithii*（Hook. f.）O. Kuntze var. *barbatum* C. Y. Wu et T. L. Ming

①习性：乔木　②海拔：2400m　③分布：泸水 腾冲　④分布区类型：15－2－c

小果裂果漆（变种）*Toxicodendron griffithii*（Hook. f.）O. Kuntze var. *microcarpum* C. Y. Wu et T. L. Ming

①习性：灌木　②海拔：1400～1800m　③分布：腾冲 隆阳　④分布区类型：15－3－c

野漆 *Toxicodendron succedaneum*（L.）O. Kuntze

①习性：乔木　②海拔：1400～1680m　③分布：腾冲 隆阳　④分布区类型：14

小果绒毛漆（变种）*Toxicodendron wallichii*（Hook. f.）O. Kuntze var. *microcarpum* C. C. Huang ex T. L. Ming

①习性：乔木　②海拔：1100～2400m　③分布：泸水　④分布区类型：14

207. 胡桃科 Juglandaceae

（3）

爪哇黄杞 *Engelhardia aceriflora* （Reinw.）Bl.
　　①习性：乔木　②海拔：1550m　③分布：腾冲　④分布区类型：7
毛叶黄杞 *Engelhardia colebrookiana* Lindl. ex Wall.
　　①习性：乔木　②海拔：1000～2300m　③分布：泸水 龙陵　④分布区类型：7
云南黄杞 *Engelhardia spicata* Lesch.
　　①习性：乔木　②海拔：1400m　③分布：泸水 隆阳　④分布区类型：14－2

209. 山茱萸科 Cornaceae

（5）

灯台树 *Bothrocaryum controversum* （Hemsl.）Pojark.
　　①习性：乔木　②海拔：1600～1900m　③分布：腾冲 龙陵　④分布区类型：14
山茱萸 *Cornus officinalis* Sieb. et Zucc.
　　①习性：灌木　②海拔：400～1500m　③分布：腾冲 隆阳　④分布区类型：14－1
头状四照花 *Dendrobenthamia capitata* （Wall.）Hutch.
　　①习性：乔木　②海拔：1450～2000m　③分布：腾冲 隆阳　④分布区类型：14－2
梾木 *Swida macrophpla* （Wall.）Sojak
　　①习性：乔木　②海拔：1600～2100m　③分布：腾冲 隆阳　④分布区类型：14－1
长圆叶梾木 *Swida oblonga* （Wall.）Sojak
　　①习性：灌木　②海拔：1600～2300m　③分布：腾冲 隆阳　④分布区类型：14－2

209a. 青荚叶科 Helwingiaceae

（6）

中华青荚叶 *Helwingia chinensis* Batal.
　　①习性：灌木　②海拔：1500m　③分布：泸水 腾冲　④分布区类型：15－3－b
窄叶青荚叶（变种）*Helwingia chinensis* Batal. var. *stenophylla* （Merr.）Fang et Soong
　　①习性：灌木　②海拔：2000～2500m　③分布：腾冲 隆阳　④分布区类型：15－2－b
小西域青荚叶（变种）*Helwingia himalaica* Hook. f. et Thoms ex C. B. Clarke var. *parvifolia* Li
　　①习性：乔木　②海拔：1500m　③分布：泸水　④分布区类型：15－2－i
桃叶青荚叶（变种）*Helwingia himalaica* Hook. f. et Thoms. ex Clarke var. *prunifolia* Fang et Soong
　　①习性：灌木　②海拔：2340m　③分布：隆阳　④分布区类型：15－2－b
西域青荚叶 *Helwingia himalaica* Hook. f. et Thoms. ex C. B. Clarke
　　①习性：乔木　②海拔：2300m　③分布：泸水　④分布区类型：14－2
青荚叶 *Helwingia japonica* （Thunb.）Dietr.
　　①习性：乔木　②海拔：1500～2100m　③分布：泸水 腾冲 龙陵　④分布区类型：14－1

209b. 桃叶珊瑚科 Aucubaceae

（4）

细齿桃叶珊瑚 *Aucuba chlorascens* F. T. Wang

①习性：乔木　②海拔：1300~2800m　③分布：龙陵　④分布区类型：15-3-a

伏毛桃叶珊瑚 *Aucuba himalaica* Hook. f. et Thoms.

①习性：乔木　②海拔：2000m　③分布：腾冲 龙陵　④分布区类型：14-2

柔毛云南桃叶珊瑚（变种）*Aucuba yunnanensis* C. Y. Wu var. *pubigera* C. Y. Wu et Pao

①习性：灌木　②海拔：1800m　③分布：龙陵　④分布区类型：15-2-f

云南桃叶珊瑚 *Aucuba yunnanensis* C. Y. Wu

①习性：灌木　②海拔：2150~2400m　③分布：腾冲 龙陵　④分布区类型：15-2-f

210. 八角枫科 Alangiaceae
(4)

高山八角枫 *Alangium alpinum* (C. B. Clarke) W. W. Smith et Cave

①习性：乔木　②海拔：1490~2100m　③分布：腾冲　④分布区类型：14-2

伏毛八角枫（亚种）*Alangium chinense* (Lour.) Harms subsp. *strigosum* Fang

①习性：乔木　②海拔：2179m　③分布：泸水　④分布区类型：15-3-b

八角枫 *Alangium chinense* (Lour.) Harms

①习性：灌木　②海拔：1600m　③分布：泸水　④分布区类型：6

云南八角枫 *Alangium yunnanense* C. Y. Wu ex Fang et al.

①习性：灌木　②海拔：2400m　③分布：泸水　④分布区类型：15-2-c

211. 蓝果树科 Nyssaceae
(3)

华南蓝果树 *Nyssa javanica* (Bl.) Wanger.

①习性：乔木　②海拔：1500~1750m　③分布：腾冲　④分布区类型：7

瑞丽蓝果树 *Nyssa shweliensis* (W. W. Smith) Airy-Shaw

①习性：乔木　②海拔：1680~1850m　③分布：腾冲　④分布区类型：15-2-f

蓝果树 *Nyssa sinensis* Oliv.

①习性：乔木　②海拔：1653m　③分布：隆阳　④分布区类型：15-3-b

212. 五加科 Araliaceae
(46)

锈毛吴茱萸五加（变种）*Acanthopanax evodiaefolius* Franch. var. *ferrugineus*

①习性：灌木　②海拔：1450m　③分布：泸水 腾冲　④分布区类型：15-3-b

吴茱萸叶五加（变种）*Acanthopanax evodiaefolius* Franch. var. *evodiaefolius*

①习性：乔木　②海拔：1300~2800m　③分布：腾冲 隆阳　④分布区类型：15-3-b

白簕 *Acanthopanax trifoliatus* (Linn.) Merr.

①习性：灌木　②海拔：1510m　③分布：泸水 腾冲 龙陵　④分布区类型：14

虎刺楤木 *Aralia armata* (Wall.) Seem.

①习性：灌木　②海拔：1400~1600m　③分布：腾冲　④分布区类型：7

景东楤木 *Aralia gintungensis* C. Y. Wu ex K. M. Feng

①习性：灌木　②海拔：2400~2900m　③分布：龙陵　④分布区类型：15－2－f

腾冲楤木 *Aralia tengyuehensis* C. Y. Wu

①习性：灌木　②海拔：1400m　③分布：腾冲　④分布区类型：15－2－c

罗伞 *Brassaiopsis glomerulata*（Bl.）Regel

①习性：灌木　②海拔：1300~2300m　③分布：泸水　④分布区类型：7－4

浅裂罗伞 *Brassaiopsis hainla*（Buch. – Ham.）Seem.

①习性：灌木　②海拔：1200m　③分布：腾冲 隆阳　④分布区类型：14－2

多花掌叶树 *Brassaiopsis polyacantha*（Wall.）Banesji

①习性：乔木　②海拔：1650m　③分布：泸水　④分布区类型：15－1－b

瑞丽罗伞 *Brassaiopsis shweliensis* W. W. Smith

①习性：灌木　②海拔：1800m　③分布：腾冲 隆阳　④分布区类型：15－2－c

柱瓣柏那参 *Brassaiopsis suberipetala* K. M. Feng et Y. R. Li

①习性：乔木　②海拔：2250~2800m　③分布：泸水 腾冲　④分布区类型：15－1－a

翅叶掌叶树 *Euaraliopsis dumicola*（W. W. Smith）Hutch.

①习性：灌木　②海拔：1700~2000m　③分布：腾冲　④分布区类型：15－2－c

榕叶掌叶树 *Euaraliopsis ficifolia*（Dunn）Hutch.

①习性：灌木　②海拔：1680m　③分布：泸水　④分布区类型：15－3－b

浅裂掌叶树 *Euaraliopsis hainla*（Ham.）Hutch.

①习性：乔木　②海拔：1450m　③分布：泸水 龙陵　④分布区类型：14－2

粗毛掌叶树 *Euaraliopsis hispida*（Seem.）Hutch.

①习性：灌木　②海拔：1400~2500m　③分布：龙陵　④分布区类型：14－2

常春藤（变种）*Hedera nepalensis* var. *sinensis*（Tobl.）Rehd.

①习性：藤本　②海拔：1300~2400m　③分布：泸水 腾冲 隆阳　④分布区类型：15－3－c

尼泊尔常春藤 *Hedera nepalensis* K. Koch

①习性：藤本　②海拔：2500m　③分布：腾冲 隆阳　④分布区类型：14－2

大参 *Macropanax Oreophilus* Miq.

①习性：乔木　②海拔：2400m　③分布：泸水　④分布区类型：15－3－b

长梗常春木 *Merrilliopanax listeri*（King）Li

①习性：灌木　②海拔：2273m　③分布：泸水 腾冲 隆阳　④分布区类型：14－2

异叶梁王茶 *Nothopanax davidii*（Franch.）Harms ex Diels

①习性：灌木　②海拔：1500~2000m　③分布：泸水 腾冲　④分布区类型：15－3－b

掌叶梁王茶 *Nothopanax delavayi*（Franch.）Harms ex Diels

①习性：灌木　②海拔：1600m　③分布：隆阳　④分布区类型：15－3－b

珠子参 *Panax bipinnatifidus* Seem.

①习性：草本　②海拔：1200~3300m　③分布：腾冲 隆阳　④分布区类型：14－2

狭叶竹节参（变种）*Panax japonicus* var. *angustifolium*（Burkill）Cheng et Chu

①习性：草本　②海拔：2000~3640m　③分布：腾冲 龙陵　④分布区类型：14－2

竹节参 *panax japonicus* C. A. Mey

①习性：草本　②海拔：3125m　③分布：腾冲　④分布区类型：14

羽叶三七（变种）*Panax pseudoginseng* Wall. var. *bipinnatifidus*（Seem.）Li

①习性：草本　②海拔：2800~3200m　③分布：腾冲　④分布区类型：14－2

秀丽假人参（变种）*Panax pseudo – ginseng* Wall. var. *elegantior*（Burkill）Hoo & Tseng
　　①习性：草本　②海拔：2354m　③分布：隆阳　④分布区类型：15 – 3 – c
单枝五叶参（变种）*Pentapanax leschenaultii* var. *simplex* K. M. Feng et Y. R. Li
　　①习性：乔木　②海拔：1800m　③分布：泸水　④分布区类型：15 – 2 – c
五叶参 *Pentapanax leschenaultii*（Wight Arn.）Seem.
　　①习性：乔木　②海拔：2200～3300m　③分布：腾冲　④分布区类型：7
总序五叶参 *Pentapanax racemosus* Seem.
　　①习性：乔木　②海拔：2500m　③分布：泸水　④分布区类型：7 – 2
云南五叶参 *Pentapanax yunnanensis* Franch.
　　①习性：灌木　②海拔：2000m　③分布：腾冲 隆阳　④分布区类型：15 – 2 – b
短序鹅掌柴 *Schefflera bodinieri*（Levl.）Rehd.
　　①习性：灌木　②海拔：1300～1900m　③分布：隆阳　④分布区类型：15 – 3 – b
中华鹅掌柴 *Schefflera chinensis*（Dunn）Li
　　①习性：乔木　②海拔：1350～1400m　③分布：泸水　④分布区类型：15 – 2 – f
穗序鹅掌柴 *Schefflera delavayi*（Franch.）Harm. ex Diels
　　①习性：乔木　②海拔：1800m　③分布：龙陵　④分布区类型：15 – 3 – b
离柱鹅掌柴 *Schefflera hypoleucoides* Harms
　　①习性：乔木　②海拔：1409m　③分布：隆阳　④分布区类型：15 – 2 – c
凹脉鹅掌柴 *Schefflera impressa*（C. B. Clarke）Harms
　　①习性：乔木　②海拔：1800m　③分布：泸水　④分布区类型：14 – 2
光叶凹脉鹅掌柴（变种）*Schefflera impressa*（C. B. Clarke）Harms var. *glabrescens* Tseng et Hoo
　　①习性：乔木　②海拔：2500～3000m　③分布：泸水 腾冲　④分布区类型：15 – 3 – a
大叶鹅掌柴 *Schefflera macrophylla*（Dunn）Vig.
　　①习性：乔木　②海拔：2100m　③分布：腾冲　④分布区类型：15 – 2 – f
星毛鸭脚木 *Schefflera minutistellata* Merr. ex Li
　　①习性：灌木　②海拔：2000～2400m　③分布：腾冲　④分布区类型：15 – 3 – b
鹅掌柴 *Schefflera octophylla*（Lour.）Harms
　　①习性：乔木　②海拔：100～2100m　③分布：腾冲 隆阳　④分布区类型：7
瑞丽鹅掌柴 *Schefflera shweliensis* W. W. Smith
　　①习性：灌木　②海拔：1900m　③分布：泸水 腾冲 龙陵　④分布区类型：15 – 2 – f
细序鹅掌柴 *Schefflera tenuis* Li
　　①习性：灌木　②海拔：1300～1700m　③分布：隆阳　④分布区类型：15 – 2 – b
密脉鹅掌柴 *Schefflera venulosa*（Wight et Arn.）Harms
　　①习性：灌木　②海拔：1540m　③分布：泸水　④分布区类型：7
西藏鹅掌柴 *Schefflera wardii* Marq. et Shaw
　　①习性：灌木　②海拔：2179m　③分布：腾冲　④分布区类型：15 – 3 – a
云南鹅掌柴 *Schefflera yunnanensis* Li
　　①习性：灌木　②海拔：1600m　③分布：泸水　④分布区类型：15 – 1 – b
刺通草 *Trevesia palmata*（Roxb.）Vis.
　　①习性：乔木　②海拔：2088m　③分布：泸水　④分布区类型：7
多蕊木 *Tupidanthus calyptratus* Hook. f. et Thoms.

①习性：藤本　②海拔：1650m　③分布：腾冲　④分布区类型：7

212a. 鞘柄木科 Toricelliaceae
（1）

有齿鞘柄木（变种）*Toricellia angulata* Oliv. var. *intermedia*（Harms.）Hu
　　①习性：灌木　②海拔：440～1800m　③分布：腾冲 隆阳　④分布区类型：15－3－c

213. 伞形科 Umbelliferae
（47）

隆蕚当归 *Angelica oncosepala* Hand. – Mazz.
　　①习性：草本　②海拔：3500m　③分布：腾冲　④分布区类型：15－2－i
积雪草 *Centella asiatica*（L.）Urban
　　①习性：草本　②海拔：1530m　③分布：泸水 腾冲 腾冲　④分布区类型：2
蛇床 *Cnidium monnieri*（Linn.）Cuss.
　　①习性：草本　②海拔：1500m　③分布：隆阳　④分布区类型：8
鸭儿芹 *Cryptotaenia japonica* Hassk.
　　①习性：草本　②海拔：200～2400m　③分布：腾冲　④分布区类型：14－1
印度独活 *Heracleum barmanicum* Kurz
　　①习性：草本　②海拔：1445－1600m　③分布：腾冲　④分布区类型：14－2
小果印度独活（变种）*Heracleum barmanicum* Kurz var. *microcarpum* C. Y. Wu
　　①习性：草本　②海拔：1500m　③分布：腾冲　④分布区类型：15－1－a
思茅独活 *Heracleum henryi* Wolff
　　①习性：草本　②海拔：1300～1760m　③分布：泸水 隆阳　④分布区类型：15－2－c
贡山独活 *Heracleum kingdoni* Wolff
　　①习性：草本　②海拔：2200～2850m　③分布：泸水　④分布区类型：15－1－b
狭翅独活 *Heracleum stenopterum* Diels
　　①习性：草本　②海拔：2800～3900m　③分布：腾冲 隆阳　④分布区类型：15－2－d
缅甸天胡荽 *Hydrocotyle burmanica* Kurz
　　①习性：草本　②海拔：1626m　③分布：腾冲　④分布区类型：14－2
中华天胡荽 *Hydrocotyle chinensis*（Dunn）Craib
　　①习性：草本　②海拔：1060～2900m　③分布：腾冲 隆阳　④分布区类型：15－3－b
中缅天胡荽 *Hydrocotyle forrestii* Wolff
　　①习性：草本　②海拔：2200m　③分布：隆阳　④分布区类型：14－1
盾叶天胡荽 *Hydrocotyle peltatum* D. D. Tao et al. sp. nov.
　　①习性：草本　②海拔：2000m　③分布：隆阳　④分布区类型：15－1－a
柄花天胡荽 *Hydrocotyle podantha* Molk.
　　①习性：草本　②海拔：1450～2300m　③分布：腾冲 隆阳　④分布区类型：7
怒江天胡荽 *Hydrocotyle salwinica* Shan et S. L. Lioa
　　①习性：草本　②海拔：2288m　③分布：隆阳　④分布区类型：15－3－a
天胡荽 *Hydrocotyle sibthorpioides* Lam.

①习性：草本　②海拔：2400m　③分布：隆阳　④分布区类型：7 - 4

破铜钱（变种）*Hydrocotyle sibthorpioides* Lam. var. *batrachium*（Hance）Hand. - Mazz. ex Shan

①习性：草本　②海拔：150 ~ 2500m　③分布：腾冲 隆阳　④分布区类型：14 - 2

肾叶天胡荽 *Hydrocotyle wilfordi* Maxim.

①习性：草本　②海拔：1300 ~ 1700m　③分布：腾冲 隆阳　④分布区类型：14

尖叶藁本 *Ligusticum acuminatum* Franch.

①习性：草本　②海拔：2600m　③分布：泸水 隆阳　④分布区类型：15 - 3 - a

短片藁本 *Ligusticum brachylobum* Franch.

①习性：草本　②海拔：2100m　③分布：腾冲　④分布区类型：15 - 3 - a

蕨叶藁本 *Ligusticum pteridophyllum* Franch.

①习性：草本　②海拔：2900 ~ 3300m　③分布：泸水　④分布区类型：15 - 3 - a

短辐水芹 *Oenanthe benghalensis* Benth. et Hook.

①习性：草本　②海拔：1540m　③分布：腾冲 隆阳　④分布区类型：14

多裂水芹 *Oenanthe dielsii* de Boiss.

①习性：草本　②海拔：1450 ~ 2000m　③分布：腾冲　④分布区类型：15 - 3 - b

高山水芹 *Oenanthe hookeri* C. B. Clarke

①习性：草本　②海拔：2500 ~ 2750m　③分布：腾冲　④分布区类型：14 - 2

水芹 *Oenanthe javanica*（Bl.）DC.

①习性：草本　②海拔：2300m　③分布：腾冲　④分布区类型：14 - 1

线叶水芹 *Oenanthe linearis* Wall. ex DC.

①习性：草本　②海拔：1850m　③分布：泸水　④分布区类型：7

蒙自水芹 *Oenanthe rivularis* Dunn

①习性：草本　②海拔：1000 ~ 2000m　③分布：泸水　④分布区类型：15 - 3 - c

卵叶水芹 *Oenanthe rosthornii* Diels

①习性：草本　②海拔：1400 ~ 4000m　③分布：腾冲 隆阳　④分布区类型：15 - 3 - b

多裂叶水芹 *Oenanthe thomsonii* C. B. Clarke

①习性：草本　②海拔：2800m　③分布：腾冲　④分布区类型：14 - 2

杏叶茴芹 *Pimpinella candolleana* Wight et Arn.

①习性：草本　②海拔：1600m　③分布：泸水　④分布区类型：7 - 2

走茎异叶茴芹（变种）*Pimpinella diversifolia* DC. var. *stolonifera* Hand. - Mazz.

①习性：草本　②海拔：2354m　③分布：隆阳　④分布区类型：14 - 2

腾冲茴芹 *Pimpinella feddei* W. C. Wu et C. Y. Wu

①习性：草本　②海拔：976 - 3100m　③分布：腾冲　④分布区类型：15 - 2 - a

德钦茴芹 *Pimpinella kingdon - wardii* H. Wolff

①习性：草本　②海拔：1800 ~ 3200m　③分布：隆阳　④分布区类型：15 - 2 - a

景东茴芹 *Pimpinella liana* Hiroe

①习性：草本　②海拔：2280m　③分布：隆阳　④分布区类型：15 - 2 - b

巍山茴芹 *Pimpinella weishanensis* Shan et Pu

①习性：草本　②海拔：1800 ~ 2500m　③分布：隆阳　④分布区类型：15 - 3 - a

裸茎囊瓣芹 *Pternopetalum nudicaule*（de Boiss.）Hand. - Mazz.

①习性：草本　②海拔：1200 ~ 2400m　③分布：腾冲 隆阳　④分布区类型：15 - 3 - b

膜蕨囊瓣芹 *Pternopetalum trichomanifolium*（Franch.）Hand. – Mazz.

　　①习性：草本　②海拔：680～2400m　③分布：腾冲 隆阳　④分布区类型：15 – 3 – b

五匹青 *Pternopetalum vulgare*（Dunn）Hand. – Mazz.

　　①习性：草本　②海拔：1400～3500m　③分布：泸水 腾冲　④分布区类型：15 – 3 – b

川滇变豆菜 *Sanicula astrantiifolia* Wolff ex Kretsch.

　　①习性：草本　②海拔：1469m　③分布：腾冲　④分布区类型：15 – 3 – a

变豆菜 *Sanicula chinensis* Bunge

　　①习性：草本　②海拔：200～2300m　③分布：腾冲 隆阳　④分布区类型：11

天蓝变豆菜 *Sanicula coerulescens* Franch.

　　①习性：草本　②海拔：820～1550m　③分布：腾冲 隆阳　④分布区类型：15 – 3 – a

软雀花 *Sanicula elata* Hamilt.

　　①习性：草本　②海拔：1750m　③分布：腾冲 隆阳　④分布区类型：6

肾叶变豆菜 *Sanicula hacquetioides* Franch.

　　①习性：草本　②海拔：3500m　③分布：腾冲　④分布区类型：15 – 3 – b

直刺变豆菜 *Sanicula orthacantha* S. Moore

　　①习性：草本　②海拔：2182m　③分布：隆阳　④分布区类型：15 – 3 – c

竹叶西风芹 *Seseli mairei* Wolff

　　①习性：草本　②海拔：1200～3200m　③分布：腾冲 隆阳　④分布区类型：15 – 3 – b

小窃衣 *Torilis japonica*（Houtt.）DC.

　　①习性：草本　②海拔：1400～3200m　③分布：腾冲　④分布区类型：10

窃衣 *Torilis scabra*（Thunb.）DC.

　　①习性：草本　②海拔：1520m　③分布：隆阳　④分布区类型：14 – 1

214. 桤叶树科 Clethraceae

(4)

云南桤叶树 *Clethra delavayi* Franch.

　　①习性：灌木　②海拔：2400m　③分布：泸水 龙陵　④分布区类型：14 – 2

大花云南桤叶树（变种）*Clethra delavayi* Franch. var. *yuiana*（S. Y. Hu）C. Y. Wu et L. C. Hu

　　①习性：灌木　②海拔：2450～3250m　③分布：腾冲　④分布区类型：15 – 2 – i

毛叶云南桤叶树（变种）*Clethra delavayi* Franch. var. *lanata* S. Y. Hu

　　①习性：灌木　②海拔：3200～4000m　③分布：腾冲 隆阳　④分布区类型：15 – 1 – b

披针桤叶树（变种）*Clethra monostachya* Rehd. et Wils. var. *lancilimba*（C. Y. Wu）C. Y. Wu et L. C. Hu

　　①习性：灌木　②海拔：1800～3200m　③分布：腾冲　④分布区类型：15 – 2 – f

215. 杜鹃花科 Ericaceae

(109)

膜叶锦绦花 *Cassiope membranifolia* R. C. Fang

　　①习性：灌木　②海拔：3600m　③分布：泸水　④分布区类型：15 – 1 – a

岩须 *Cassiope selaginoides* Hook. f. et Thoms.

　　①习性：灌木　②海拔：2600～3800m　③分布：腾冲 隆阳　④分布区类型：14 – 2

怒江金叶子 *Craibiodendron forrestii* W. W. Smith

　　①习性：灌木　②海拔：1200～1500m　③分布：泸水　④分布区类型：15－1－b

柳叶金叶子 *Craibiodendron henryi* W. W. Smith

　　①习性：乔木　②海拔：2179m　③分布：腾冲　④分布区类型：15－2－f

云南金叶子 *Craibiodendron yunnanense* W. W. Smith

　　①习性：灌木　②海拔：1900m　③分布：泸水 腾冲　④分布区类型：14－2

灯笼树 *Enkianthus chinensis* Franch.

　　①习性：灌木　②海拔：1780～2000m　③分布：泸水 腾冲　④分布区类型：15－3－b

毛叶吊钟花 *Enkianthus deflexus*（Griff.）Schneid.

　　①习性：灌木　②海拔：1600～3700m　③分布：腾冲 泸水　④分布区类型：14－2

苍山白珠 *Gaultheria cardiosepala* Hand.－Mazz.

　　①习性：灌木　②海拔：2850～3600m　③分布：泸水 腾冲　④分布区类型：14－2

粗糙丛林白珠（变种）*Gaultheria dumicola* W. W. Smith var. *aspera* Airy－Shaw

　　①习性：灌木　②海拔：1400～2300m　③分布：泸水　④分布区类型：14－2

高山丛林白珠（变种）*Gaultheria dumicola* W. W. Smith var. *petanoneuron* Airy－Shaw

　　①习性：灌木　②海拔：2700m　③分布：泸水 腾冲 隆阳　④分布区类型：15－3－a

丛林白珠 *Gaultheria dumicola* W. W. Smith

　　①习性：灌木　②海拔：2300m　③分布：泸水 腾冲 龙陵　④分布区类型：15－2－c

地檀香 *Gaultheria forretii* Diels

　　①习性：灌木　②海拔：1711m　③分布：隆阳　④分布区类型：15－3－a

芳香白珠 *Gaultheria fragrantissima* Wall.

　　①习性：灌木　②海拔：2649m　③分布：腾冲 隆阳　④分布区类型：7

尾叶白珠 *Gaultheria griffithiana* Wight

　　①习性：灌木　②海拔：2160m　③分布：泸水 隆阳　④分布区类型：14－2

狭叶红粉白珠（变种）*Gaultheria hookeri* C. B. Clarke var. *angustifolia* C. B. Clarke

　　①习性：灌木　②海拔：2000～2400m　③分布：腾冲　④分布区类型：14－2

红粉白珠 *Gaultheria hookeri* C. B. Clarke

　　①习性：灌木　②海拔：2900m　③分布：泸水 腾冲 隆阳　④分布区类型：14－2

绿背白珠 *Gaultheria hypochlora* Airy－Shaw

　　①习性：灌木　②海拔：2500～3800m　③分布：腾冲 隆阳　④分布区类型：14－2

滇白珠（变种）*Gaultheria leucocarpa* Bl. var. *crenulata*（Kurz）T. Z. Hsu

　　①习性：灌木　②海拔：1798m　③分布：隆阳　④分布区类型：15－3－b

短穗白珠 *Gaultheria notabilis* Anth.

　　①习性：灌木　②海拔：1000～24000m　③分布：腾冲　④分布区类型：15－1－a

铜钱叶白珠 *Gaultheria nummularioides* D. Don

　　①习性：灌木　②海拔：1820m　③分布：腾冲　④分布区类型：7－1

五雄白珠 *Gaultheria semiinfera*（C. B. Clarke）Airy－Shaw

　　①习性：灌木　②海拔：2000～2600m　③分布：泸水　④分布区类型：14－2

华白珠 *Gaultheria sinensis* Anth.

　　①习性：灌木　②海拔：2500～3800m　③分布：泸水　④分布区类型：14－2

四裂白珠 *Gaultheria tetramera* W. W. Smith

①习性：灌木　②海拔：3200m　③分布：腾冲　④分布区类型：14－2

圆叶珍珠花 *Lyonia doyonensis*（Hand. － Mazz.）Hand. － Mazz.

①习性：灌木　②海拔：1653m　③分布：泸水 腾冲 隆阳　④分布区类型：14－2

大萼珍珠花 *Lyonia macrocalyx*（Anth.）Airy － Shaw

①习性：灌木　②海拔：1500～3200m　③分布：腾冲 隆阳 龙陵　④分布区类型：14－2

毛果珍珠花（变种）*Lyonia ovalifolia*（Wall.）Drude var. *hebecarpa*（Franch. ex Forb. et Hemsl.）Chun

①习性：灌木　②海拔：1371m　③分布：腾冲 隆阳　④分布区类型：15－3－b

小果米饭花（变种）*Lyonia ovalifolia* Drude var. *elliptica*（Sieb. et Zucc.）Hand. － Mazz.

①习性：灌木　②海拔：1450m　③分布：隆阳　④分布区类型：14－1

珍珠花 *Lyonia ovalifolia*（Wall.）Drude

①习性：乔木　②海拔：1653m　③分布：泸水 腾冲 隆阳　④分布区类型：7－4

狭叶珍珠花（变种）*Lyonia ovalifolia* var. *lanceolata*（Wall.）Hand. － Mazz.

①习性：乔木　②海拔：1300～2500m　③分布：腾冲 隆阳　④分布区类型：14－2

短序毛花（变种）*Lyonia villosa*（Wall. ex C. B. Clarke）Hand. － Mazz. var. *sphaerantha*（Hand. － Mazz.）

①习性：灌木　②海拔：1800～2800m　③分布：泸水　④分布区类型：14－2

毛叶珍珠花 *Lyonia villosa*（Wall. ex C. B. Clarke）Hand. － Mazz.

①习性：灌木　②海拔：2700～3200m　③分布：腾冲　④分布区类型：14－2

毛花松下兰（变种）*Monotropa hypopitys* L. var. *hirsuta* Roth

①习性：灌木　②海拔：1550～4000m　③分布：隆阳　④分布区类型：8

松下兰 *Monotropa hypopitys* Linn.

①习性：草本　②海拔：2500m　③分布：腾冲 隆阳　④分布区类型：9

美丽马醉木 *Pieris formosa*（Wall.）D. Don

①习性：灌木　②海拔：1500～2800m　③分布：泸水 腾冲 隆阳　④分布区类型：14－2

光柱迷人杜鹃（变种）*Rhododendron agastum* Balf. f. et W. W. Smith var. *pennivenium*（Balf. f. et W. W. Smith）T. L.

①习性：灌木　②海拔：2400～3300m　③分布：腾冲　④分布区类型：14－2

滇西桃叶杜鹃（亚种）*Rhododendron annae* Franch. subsp. laxiflorum（Balf. f. et Forrest）T. L. Ming

①习性：灌木　②海拔：1600m　③分布：腾冲　④分布区类型：14－2

团花杜鹃 *Rhododendron anthosphaerum* Diels

①习性：灌木　②海拔：2000～3500m　③分布：腾冲　④分布区类型：14－2

窄叶杜鹃 *Rhododendron araiophyllum* Balf. f. et W. W. Smith

①习性：灌木　②海拔：2000～3200m　③分布：腾冲　④分布区类型：14－2

夺目杜鹃 *Rhododendron arizelum* Balf. f. et Forrest

①习性：灌木　②海拔：2000～4000m　③分布：腾冲　④分布区类型：14－2

矮柱杜鹃 *Rhododendron brachyanthum* Franch.

①习性：灌木　②海拔：2900～3500m　③分布：腾冲　④分布区类型：15－3－a

绿柱杜鹃（亚种）*Rhododendron brachyanthum* Franch. subsp. hypolepidotum（Franch.）Cullen

①习性：灌木　②海拔：2900～3600m　③分布：腾冲 隆阳　④分布区类型：14－2

卵叶杜鹃 *Rhododendron callimorphum* Balf. f. et W. W. Smith

①习性：灌木　②海拔：3100～4000m　③分布：泸水 腾冲　④分布区类型：14－2

白花卵叶杜鹃（变种）*Rhododendron callimorphum* var. *myiagrum*（Balf. f. et Forrest）Chamb. ex Cullen et

Chamb.

①习性：灌木　②海拔：3000m　③分布：泸水 腾冲　④分布区类型：15－1－b

美被杜鹃 *Rhododendron calostrotum* Balf. f. et K. Ward

①习性：灌木　②海拔：3400m　③分布：腾冲 隆阳　④分布区类型：14－2

美丽弯果杜鹃（亚种）*Rhododendron campylocarpum* subsp. *caloxanthum*（Balf. f. et Forrest）Chamb.

①习性：灌木　②海拔：2900m　③分布：腾冲 隆阳　④分布区类型：14－2

弯柱杜鹃 *Rhododendron campylogymum* Franch.

①习性：灌木　②海拔：2900～3900m　③分布：泸水　④分布区类型：14－2

绢毛杜鹃 *Rhododendron chaetomallum* Balf. f. et Forrest

①习性：灌木　②海拔：2800～4000m　③分布：腾冲　④分布区类型：14－2

香花白杜鹃 *Rhododendron ciliiipes* Hutch.

①习性：灌木　②海拔：1650m　③分布：腾冲　④分布区类型：15－2－b

高尚大白杜鹃（亚种）*Rhododendron decorum* Franch. subsp. disprepes（Balf. f. et W. W. Sm.）T. L. Ming

①习性：灌木　②海拔：2300m　③分布：腾冲 龙陵　④分布区类型：14－2

大白杜鹃 *Rhododendron decorum* Franch.

①习性：灌木　②海拔：2649m　③分布：腾冲 隆阳　④分布区类型：14－2

马缨花 *Rhododendron delavayi* Franch.

①习性：灌木　②海拔：2250m　③分布：腾冲 隆阳　④分布区类型：14－2

狭叶马缨花（变种）*Rhododendron delavayi* Franch. var. *peramoenum*（Balf. f. et Forrest）T. L. Ming

①习性：灌木　②海拔：1450m　③分布：腾冲 龙陵　④分布区类型：14－2

杯萼两色杜鹃（变种）*Rhododendron dichroanthum* Diels var. *scyphocalyx*（Balf. f. et Forrest）Cowan

①习性：灌木　②海拔：2900m　③分布：泸水 腾冲　④分布区类型：14－2

可喜杜鹃（亚种）*Rhododendron dichroanthum* Diels subsp. *apodectum*（Balf. f. et W. W. Smith）Cowan

①习性：灌木　②海拔：2600～3600m　③分布：腾冲　④分布区类型：15－1－b

泡泡叶杜鹃 *Rhododendron edgeworthii* Hook. f.

①习性：灌木　②海拔：2878m　③分布：腾冲　④分布区类型：14－2

绵毛房杜鹃 *Rhododendron faceteum* Balf. f. et K. Ward

①习性：灌木　②海拔：2850m　③分布：泸水 腾冲　④分布区类型：14－2

侧乳黄杜鹃 *Rhododendron fictolacteum* Balf. f.

①习性：灌木　②海拔：2950m　③分布：泸水 腾冲 隆阳　④分布区类型：14－2

淡黄杜鹃 *Rhododendron flavidum* Franch.

①习性：灌木　②海拔：2700m　③分布：泸水　④分布区类型：15－1－a

镰果杜鹃 *Rhododendron fulvum* Balf. f. et W. W. Smith

①习性：灌木　②海拔：3000m　③分布：腾冲　④分布区类型：14－2

灰白杜鹃 *Rhododendron genestierianum* Forrest

①习性：灌木　②海拔：1880～3000m　③分布：腾冲 隆阳　④分布区类型：14－2

贡山杜鹃 *Rhododendron gongshanense* T. L. Ming

①习性：灌木　②海拔：2878m　③分布：隆阳　④分布区类型：15－1－b

朱红大杜鹃 *Rhododendron griersonianum* Balf. f. et Forrest

①习性：灌木　②海拔：1680～2700m　③分布：腾冲　④分布区类型：15－1－a

粗毛杜鹃 *Rhododendron habrotrichum* Balf. f. et W. W. Smith

①习性：灌木　②海拔：3000m　③分布：腾冲　④分布区类型：15－1－a

亮鳞杜鹃 *Rhododendron heliolepis* Franch.

①习性：灌木　②海拔：3650～4150m　③分布：泸水 腾冲　④分布区类型：14－2

独龙杜鹃 *Rhododendron keleticum* Balf. f. et Forrest

①习性：灌木　②海拔：3000m　③分布：腾冲 隆阳　④分布区类型：15－1－b

星毛杜鹃 *Rhododendron kyawi* Lace et W. W. Smith

①习性：灌木　②海拔：1500～2700m　③分布：泸水　④分布区类型：14－2

常绿糙毛杜鹃 *Rhododendron lepidostylum* Balf. f. et Forrest

①习性：灌木　②海拔：3050～3650m　③分布：腾冲　④分布区类型：15－1－a

薄叶马银花 *Rhododendron leptothrium* Balf. f. et W. W. Sm.

①习性：灌木　②海拔：2300m　③分布：泸水 腾冲 隆阳　④分布区类型：14－2

长萼杜鹃 *Rhododendron longicalyx* Fang f.

①习性：灌木　②海拔：1600m　③分布：腾冲　④分布区类型：15－1－b

蜡叶杜鹃 *Rhododendron lukiangense* Franch.

①习性：灌木　②海拔：1850～2300m　③分布：腾冲 隆阳　④分布区类型：15－3－a

厚叶隐脉杜鹃（亚种）*Rhododendron maddenii* Hook. f. subsp. crussum（Franch）Cullen

①习性：灌木　②海拔：1450～2600m　③分布：泸水 腾冲　④分布区类型：14－2

滇隐脉杜鹃（亚种）*Rhododendron maddenii* Hook. f. subsp. crassum（Franch.）Cullen

①习性：灌木　②海拔：2600～3200m　③分布：腾冲 隆阳　④分布区类型：14－2

羊毛杜鹃 *Rhododendron mallotum* Balf. f. et K. Ward

①习性：灌木　②海拔：3000～3600m　③分布：泸水　④分布区类型：14－2

腺房红萼杜鹃（变种）*Rhododendron meddianum* Forrest var. *atrokermesinum* Tagg

①习性：灌木　②海拔：3000～33000m　③分布：泸水　④分布区类型：15－1－a

红萼杜鹃 *Rhododendron meddianum* Forrest

①习性：灌木　②海拔：2620～3700m　③分布：腾冲　④分布区类型：15－1－a

大萼杜鹃 *Rhododendron megacalyx* Balf. f. et K. Ward

①习性：灌木　②海拔：2200～2700m　③分布：泸水　④分布区类型：14－2

招展杜鹃 *Rhododendron megeratum* Balf. f. et Forrest

①习性：灌木　②海拔：2500～3300m　③分布：泸水　④分布区类型：14－2

弯月杜鹃 *Rhododendron mekongense* Franch.

①习性：灌木　②海拔：2500～3300m　③分布：腾冲　④分布区类型：14－2

异鳞杜鹃 *Rhododendron micromeres* Tagg

①习性：灌木　②海拔：2400～3250m　③分布：腾冲 隆阳　④分布区类型：14－2

亮毛杜鹃 *Rhododendron microphyton* Franch.

①习性：灌木　②海拔：1300～2300m　③分布：泸水 腾冲 隆阳　④分布区类型：7－4

毛棉杜鹃花 *Rhododendron moulmainense* Hook. f.

①习性：灌木　②海拔：1653m　③分布：泸水 腾冲 隆阳　④分布区类型：7－4

火红杜鹃 *Rhododendron neriiflorum* Franch.

①习性：灌木　②海拔：2400～3600m　③分布：腾冲 隆阳　④分布区类型：14－2

云上杜鹃 *Rhododendron pachypodum* Balf. f. et W. W. Smith

①习性：灌木　②海拔：2800～3100m　③分布：腾冲 隆阳　④分布区类型：15－2－i

复毛杜鹃 *Rhododendron preptum* Balf. f. et Forrest

　　①习性：灌木　②海拔：3200～3300m　③分布：腾冲　④分布区类型：7－3

大树杜鹃 *Rhododendron protistum* var. *giganteum*（Forrest ex Tagg）Chamb. ex Cullen et Chamb

　　①习性：乔木　②海拔：2390m　③分布：腾冲　④分布区类型：15－1－b

翘首杜鹃 *Rhododendron protistum* Balf. f. et Forrest

　　①习性：乔木　②海拔：1560～2500m　③分布：腾冲　④分布区类型：14－2

褐叶杜鹃 *Rhododendron pseudociliiipes* Cullen

　　①习性：灌木　②海拔：2400～3050m　③分布：泸水　④分布区类型：15－1－b

红晕杜鹃 *Rhododendron roseatum* Hutch.

　　①习性：灌木　②海拔：2000～3000m　③分布：腾冲　④分布区类型：15－1－b

红棕杜鹃 *Rhododendron rubiginosum* Franch.

　　①习性：灌木　②海拔：2500～3300m　③分布：腾冲 隆阳　④分布区类型：15－3－a

糙叶杜鹃 *Rhododendron scabrifolium* Franch.

　　①习性：灌木　②海拔：2000～2600m　③分布：腾冲　④分布区类型：15－3－a

裂萼杜鹃 *Rhododendron schistocalyx* Balf. f. et Forrest

　　①习性：灌木　②海拔：3000～3300m　③分布：腾冲　④分布区类型：15－1－a

银灰杜鹃 *Rhododendron sidereum* Balf. f.

　　①习性：灌木　②海拔：2200～2600m　③分布：腾冲　④分布区类型：14－2

杜鹃 *Rhododendron simsii* Planch.

　　①习性：灌木　②海拔：1000～2600m　③分布：泸水 腾冲　④分布区类型：7－3

凸尖杜鹃 *Rhododendron sinogrande* Balf. f. et W. W. Sm.

　　①习性：乔木　②海拔：2900m　③分布：腾冲　④分布区类型：14－2

纯红杜鹃 *Rhododendron sperabile* Balf. f. et Farrer

　　①习性：灌木　②海拔：2600～3050m　③分布：泸水　④分布区类型：14－2

爆杖花 *Rhododendron spinuliferum* Franch.

　　①习性：灌木　②海拔：1900～2500m　③分布：腾冲　④分布区类型：15－3－a

长蒴杜鹃 *Rhododendron stenaulum* Balf. f. et W. W. Smith

　　①习性：乔木　②海拔：1600～2300m　③分布：腾冲 隆阳　④分布区类型：14－2

多趣杜鹃 *Rhododendron stewartianum* Diels

　　①习性：灌木　②海拔：2900～4200m　③分布：腾冲 隆阳　④分布区类型：14－2

硫磺杜鹃 *Rhododendron sulfureum* Franch.

　　①习性：灌木　②海拔：3000m　③分布：腾冲 隆阳　④分布区类型：14－2

白喇叭杜鹃 *Rhododendron taggianum* Hutch.

　　①习性：灌木　②海拔：1780～2100m　③分布：腾冲　④分布区类型：14－2

光柱杜鹃 *Rhododendron tanastylum* Balf. f. et K. Ward

　　①习性：灌木　②海拔：1300～2200m　③分布：泸水 腾冲　④分布区类型：7－3

糙毛杜鹃 *Rhododendron trichocladum* Franch.

　　①习性：灌木　②海拔：2000～3200m　③分布：腾冲　④分布区类型：14－2

云南三花杜鹃（亚种）*Rhododendron triflorum* Hook. f. subsp. multiflorum R. C. Fang

　　①习性：灌木　②海拔：2500～3000m　③分布：隆阳　④分布区类型：15－2－b

越桔杜鹃 *Rhododendron vaccinioides* Hook. f.

①习性：灌木 ②海拔：1400~2100m ③分布：泸水 ④分布区类型：14-1

毛柄杜鹃 *Rhododendron valentinianum* Forrest ex Hutch.

①习性：灌木 ②海拔：2400~3000m ③分布：腾冲 ④分布区类型：14-2

柳条杜鹃 *Rhododendron virgatum* Hook. f.

①习性：灌木 ②海拔：1500~3150m ③分布：腾冲 隆阳 ④分布区类型：14-2

鲜黄杜鹃 *Rhododendron xanthostephanum* Merr.

①习性：灌木 ②海拔：1300~2700m ③分布：腾冲 隆阳 ④分布区类型：14-2

云南杜鹃 *Rhododendron yunnanense* Franch.

①习性：乔木 ②海拔：2200~4000m ③分布：泸水 腾冲 ④分布区类型：14-2

白面杜鹃 *Rhododendron zaleucum* Balf. f. et W. W. Smith

①习性：灌木 ②海拔：2800~3400m ③分布：泸水 腾冲 ④分布区类型：15-1-a

215a. 鹿蹄草科 Pyrolaceae
(2)

普通鹿蹄草 *Pyrola decorata* H. Andr.

①习性：草本 ②海拔：900~3100m ③分布：腾冲 隆阳 ④分布区类型：7

大理鹿蹄草 *Pyrola forrestiana* H. Andr.

①习性：草本 ②海拔：2200~2450m ③分布：腾冲 ④分布区类型：15-3-a

216. 越桔科 Vacciniaceae
(19)

灯笼花 *Agapetes lacei* Craib

①习性：灌木 ②海拔：2227m ③分布：泸水 ④分布区类型：15-1-b

绒毛灯笼花（变种）*Agapetes lacei* Craib var. *tomentella* Airy-Shaw

①习性：灌木 ②海拔：2100~3000m ③分布：腾冲 ④分布区类型：15-1-b

白花树萝卜 *Agapetes mannii* Hemsl.

①习性：灌木 ②海拔：2600m ③分布：泸水 ④分布区类型：14-2

长圆叶树萝卜 *Agapetes oblonga* Craib

①习性：灌木 ②海拔：1300~2600m ③分布：泸水 腾冲 龙陵 ④分布区类型：14-2

灯台越桔 *Vaccinium bulleyanum*（Diels）Sleumer

①习性：灌木 ②海拔：2000~2400m ③分布：腾冲 隆阳 ④分布区类型：15-1-a

团叶越桔 *Vaccinium chaetothrix* Sleumer

①习性：灌木 ②海拔：2500~2800m ③分布：腾冲 隆阳 ④分布区类型：14-2

苍山越桔 *Vaccinium delavayi* Franch.

①习性：灌木 ②海拔：2400~3850m ③分布：泸水 腾冲 龙陵 ④分布区类型：14-2

树生越桔 *Vaccinium dendrocharis* Hand.-Mazz.

①习性：灌木 ②海拔：2200~3800m ③分布：泸水 腾冲 ④分布区类型：14-2

柔毛云南越桔（变种）*Vaccinium duclouxii*（Levl.）Hand.-Mazz. var. *pubipes* C. Y. Wu

①习性：灌木 ②海拔：1653m ③分布：泸水 腾冲 隆阳 ④分布区类型：15-2-b

云南越桔 *Vaccinium duclouxii*（Levl.）Hand.-Mazz.

①习性：灌木　②海拔：1550～2600m　③分布：腾冲 隆阳　④分布区类型：15－3－a

樟叶越桔 *Vaccinium dunalianum* Wight

①习性：灌木　②海拔：2010m　③分布：腾冲　④分布区类型：14－2

尾叶越桔（变种）*Vaccinium dunalianum* var. *urophyllum* Rehd. et Wils.

①习性：灌木　②海拔：1400～3100m　③分布：泸水 腾冲　④分布区类型：14－2

隐距越桔 *Vaccinium exaristatum* Kurz

①习性：乔木　②海拔：500～1500m　③分布：腾冲 隆阳　④分布区类型：7－4

软骨边越桔 *Vaccinium gaultheriifolium*（Griff.）Hook. f. ex C. B. Clarke

①习性：灌木　②海拔：1300～2500m　③分布：腾冲 隆阳　④分布区类型：14－2

卡钦越桔 *Vaccinium kachinense* Brandis

①习性：灌木　②海拔：2100～2600m　③分布：腾冲　④分布区类型：14－2

白果越桔 *Vaccinium leucobotrys*（Nutt.）Nicholson

①习性：灌木　②海拔：2100～2800m　③分布：泸水　④分布区类型：14－2

江南越桔 *Vaccinium mandarinorum* Diels

①习性：灌木　②海拔：2300～2900m　③分布：腾冲 隆阳　④分布区类型：15－3－b

毛萼越桔 *Vaccinium pubicalyx* Franch.

①习性：灌木　②海拔：1300～2700m　③分布：腾冲 隆阳　④分布区类型：7－3

岩生越桔 *Vaccinium scopulorum* W. W. Smith

①习性：灌木　②海拔：1500～3300m　③分布：腾冲 龙陵　④分布区类型：14－2

218. 水晶兰科 Monotropaceae
（2）

球果水晶兰 *Cheilotheca humilis*（D. Don）H. Keng

①习性：草本　②海拔：2800～3500m　③分布：腾冲　④分布区类型：15－3－a

水晶兰 *Monotropa ubiflora* L.

①习性：草本　②海拔：1800m　③分布：隆阳　④分布区类型：8

219. 岩梅科 Diapensiaceae
（2）

喜马拉雅岩梅 *Diapensia himalaica* HK. f. et Thoms

①习性：灌木　②海拔：2600m　③分布：泸水　④分布区类型：14－2

红花岩梅 *Diapensia purpurea* Diels

①习性：灌木　②海拔：2600～3550m　③分布：泸水　④分布区类型：15－3－a

221. 柿树科 Ebenaceae
（4）

岩柿 *Diospyros dumetorum* W. W. Smith

①习性：乔木　②海拔：1525m　③分布：隆阳　④分布区类型：15－3－a

腾冲柿 *Diospyros forrestii* Anth.

①习性：灌木　②海拔：1000～2100m　③分布：腾冲　④分布区类型：15－1－a

野柿（变种）*Diospyros kaki* Thunb. var. *silvestris* Makino

①习性：乔木　②海拔：1400m　③分布：腾冲 隆阳　④分布区类型：15－3－b

君迁子 *Diospyros lotus* L.

①习性：乔木　②海拔：1653m　③分布：隆阳　④分布区类型：15－3－b

222. 山榄科 Sapotaceae
（3）

大肉实树 *Sarcosperma arboreum* Hook. f.

①习性：乔木　②海拔：1450m　③分布：隆阳　④分布区类型：7

肉实树 *Sarcosperma laurinum*（Benth.）Hook. f.

①习性：乔木　②海拔：1500m　③分布：腾冲 隆阳　④分布区类型：7－4

瑞丽刺榄 *Xantolis shweliensis*（W. W. Smith）Vaniot Royen

①习性：灌木　②海拔：1200m　③分布：腾冲 隆阳　④分布区类型：15－2－c

223. 紫金牛科 Myrsinaceae
（28）

硃砂根（原变种）*Ardisia crenata* Sims var. *crenata*

①习性：灌木　②海拔：90～2400m　③分布：隆阳　④分布区类型：14

硃砂根 *Ardisia crenata* Sims

①习性：灌木　②海拔：2300m　③分布：隆阳　④分布区类型：14

红凉伞（变种）*Ardisia crenata* Sims var. *bicolor*（Walker）C. Y. Wu et C. Chen

①习性：灌木　②海拔：1653m　③分布：隆阳　④分布区类型：14

百两金 *Ardisia crispa*（Thunb.）A. DC.

①习性：灌木　②海拔：2878m　③分布：隆阳　④分布区类型：14－1

珍珠伞 *Ardisia maculosa* Mez

①习性：灌木　②海拔：1650m　③分布：隆阳　④分布区类型：7－4

南紫金牛 *Ardisia neriifolia* Wall.

①习性：灌木　②海拔：1250～1800m　③分布：腾冲　④分布区类型：7－2

南方紫金牛 *Ardisia thyrsiflora* D. Don

①习性：灌木　②海拔：600～1800m　③分布：腾冲 隆阳　④分布区类型：7

雪下红 *Ardisia villosa* Roxb.

①习性：灌木　②海拔：1900m　③分布：隆阳　④分布区类型：7

纽子果 *Ardisia virens* Kurz

①习性：灌木　②海拔：1560m　③分布：隆阳　④分布区类型：7

多花酸藤子 *Embelia floribunda* Wall.

①习性：藤本　②海拔：1900m　③分布：泸水 腾冲　④分布区类型：14－2

皱叶酸藤子 *Embelia gamblei* Kurz ex C. B. Clarke

①习性：灌木　②海拔：2179m　③分布：泸水 腾冲　④分布区类型：14－2

厚叶白花酸藤果（变种）*Embelia ribes* Burn. f. var. pachyphylla Chun

①习性：灌木　②海拔：1510m　③分布：隆阳　④分布区类型：15－3－b

白花酸藤果 *Embelia ribes* Burm. f.

①习性：灌木　②海拔：1900m　③分布：泸水 腾冲 隆阳　④分布区类型：7

短梗酸藤子 *Embelia sessiliflora* Kurz

①习性：灌木　②海拔：1625m　③分布：隆阳　④分布区类型：7

大叶酸藤子 *Embelia subcoriacea*（C. B. Clarke）Mez.

①习性：灌木　②海拔：2227m　③分布：泸水 龙陵　④分布区类型：7

平叶酸藤子 *Embelia undulata*（Wall.）Mez

①习性：灌木　②海拔：1300～1600m　③分布：泸水 龙陵　④分布区类型：7

密齿酸藤子 *Embelia vestita* Roxb.

①习性：灌木　②海拔：1419m　③分布：腾冲 隆阳　④分布区类型：14－2

坚髓杜茎山 *Maesa ambigua* C. Y. Wu et C. Chen

①习性：灌木　②海拔：1500m　③分布：隆阳　④分布区类型：14－2

银叶杜茎山 *Maesa argentea*（Wall.）A. DC.

①习性：灌木　②海拔：1900m　③分布：隆阳　④分布区类型：14－2

灰叶杜茎山 *Maesa chisia* D. Don

①习性：灌木　②海拔：1880m　③分布：隆阳　④分布区类型：14－2

隐纹杜茎山 *Maesa manipurensis* Mez

①习性：灌木　②海拔：1980m　③分布：腾冲 龙陵　④分布区类型：14－2

毛脉杜茎山 *Maesa marionae* Merr.

①习性：灌木　②海拔：1250～1800m　③分布：腾冲 隆阳　④分布区类型：14－2

山地杜茎山金珠柳 *Maesa montana* A. DC.

①习性：灌木　②海拔：1957m　③分布：泸水 隆阳　④分布区类型：7

小叶杜茎山 *Maesa parvifolia* A. DC.

①习性：灌木　②海拔：1650m　③分布：隆阳　④分布区类型：7－4

纹果杜茎山（变种）*Maesa striata* Mez var. *opaca* Pitard

①习性：灌木　②海拔：1300～1800m　③分布：腾冲 隆阳　④分布区类型：7－4

针齿铁仔 *Myrsine semiserrata* Wall.

①习性：灌木　②海拔：2300m　③分布：泸水 腾冲 隆阳 龙陵　④分布区类型：14－2

狭叶密花树（变种）*Rapanea kwangsiensis* Walker var. *lanceolata* C. Y. Wu et C. Chen

①习性：灌木　②海拔：1510m　③分布：隆阳　④分布区类型：15－2－i

密花树 *Rapanea neriifolia*（Sieb. et Zucc.）Mez

①习性：灌木　②海拔：1600m　③分布：隆阳　④分布区类型：14

224. 安息香科 Styracaceae

(7)

赤杨叶 *Alniphyllum fortunei*（Hemsl.）Makino

①习性：乔木　②海拔：1653m　③分布：隆阳　④分布区类型：7

双齿山茉莉 *Huodendron biaristatum*（W. W. Sm）Rehd.

①习性：灌木　②海拔：2037m　③分布：龙陵　④分布区类型：7－4

银叶安息香 *Styrax argentifolius* Li

　　①习性：乔木　②海拔：1653m　③分布：隆阳　④分布区类型：7 - 4

野茉莉 *Styrax japonicus* Sieb. et Zucc.

　　①习性：草本　②海拔：1530m　③分布：腾冲　④分布区类型：14

瓦山安息香 *Styrax perkineiae* Rehd.

　　①习性：灌木　②海拔：500 ~ 2500m　③分布：腾冲 隆阳　④分布区类型：15 - 3 - a

毛柱野茉利 *Styrax perkinsiae* Rehd.

　　①习性：灌木　②海拔：1850 ~ 3200m　③分布：泸水 腾冲　④分布区类型：15 - 3 - a

栓叶安息香 *Styrax suberifolia* Hook. et Arn.

　　①习性：乔木　②海拔：1653m　③分布：隆阳　④分布区类型：15 - 3 - b

225. 山矾科 Symplocaceae
(19)

薄叶山矾 *Symplocos anomala* Brand

　　①习性：乔木　②海拔：2878m　③分布：腾冲 龙陵　④分布区类型：14

总状山矾 *Symplocos botryantha* Franch.

　　①习性：乔木　②海拔：1100 ~ 1650m　③分布：腾冲 隆阳　④分布区类型：15 - 3 - b

华山矾 *Symplocos chinensis* (Lour.) Druce

　　①习性：灌木　②海拔：1000m　③分布：腾冲　④分布区类型：15 - 3 - b

坚木山矾 *Symplocos dryophila* Clarke

　　①习性：灌木　②海拔：3125m　③分布：泸水 腾冲　④分布区类型：14 - 2

团花山矾 *Symplocos glomerata* King ex Gamble

　　①习性：乔木　②海拔：2075m　③分布：龙陵　④分布区类型：7 - 1

毛山矾 *Symplocos groffii* Merr.

　　①习性：乔木　②海拔：800 ~ 2100m　③分布：隆阳　④分布区类型：15 - 3 - b

海桐山矾 *Symplocos heishanensis* Hayata

　　①习性：乔木　②海拔：1500m　③分布：隆阳　④分布区类型：15 - 3 - b

滇南山矾 *Symplocos hookeri* Clarke

　　①习性：乔木　②海拔：1100 ~ 2100m　③分布：腾冲　④分布区类型：7

黄牛奶树 *Symplocos laurina* (Retz.) Wall.

　　①习性：乔木　②海拔：2182m　③分布：隆阳　④分布区类型：7

倒披针叶山矾 *Symplocos oblanceolata* Y. F. Wu

　　①习性：乔木　②海拔：1500m　③分布：腾冲　④分布区类型：15 - 2 - h

白檀 *Symplocos paniculata* (Thunb.) Miq.

　　①习性：乔木　②海拔：1900m　③分布：腾冲　④分布区类型：14

吊钟山矾 *Symplocos punctulata* Masamune et Syozi

　　①习性：灌木　②海拔：900m　③分布：腾冲 隆阳　④分布区类型：15 - 3 - b

珠仔树 *Symplocos racemosa* Roxb.

　　①习性：灌木　②海拔：130 ~ 1600m　③分布：腾冲 隆阳　④分布区类型：7

多花山矾 *Symplocos ramosissima* Wall. ex G. Don

①习性：乔木　②海拔：2354m　③分布：泸水 腾冲　④分布区类型：14－2

四川山矾 *Symplocos setchuensis* Brand

①习性：乔木　②海拔：2878m　③分布：隆阳　④分布区类型：15－3－b

沟槽山矾 *Symplocos sulcata* Kurz

①习性：灌木　②海拔：1590m　③分布：隆阳　④分布区类型：7

茶叶山矾 *Symplocos theaefolia* D. Don

①习性：乔木　②海拔：1000～2800m　③分布：腾冲　④分布区类型：14－2

绿枝山矾 *Symplocos viridissima* Brand

①习性：灌木　②海拔：600～1500m　③分布：腾冲 隆阳　④分布区类型：7

滇灰木 *Symplocos yunnanensis* Brand

①习性：乔木　②海拔：1200～2000m　③分布：腾冲 隆阳　④分布区类型：15－2－c

228. 马钱科 Loganiaceae
(2)

离药蓬莱葛 *Gardneria distincta* P. Y. Li

①习性：灌木　②海拔：2700m　③分布：腾冲　④分布区类型：15－2－c

光叶蓬莱葛 *Gardneria glabra* Wall. ex D. Don

①习性：藤本　②海拔：2700m　③分布：腾冲 隆阳　④分布区类型：14－1

228a. 醉鱼草科 Buddlejaceae
(9)

白背枫 *Buddleja asiatica* Lour.

①习性：灌木　②海拔：200～3000m　③分布：隆阳　④分布区类型：7

腺叶醉鱼草 *Buddleja delavayi* Gagn.

①习性：灌木　②海拔：2000～3000m　③分布：腾冲 隆阳　④分布区类型：7

瑞丽醉鱼草 *Buddleja forrestii* Diels

①习性：灌木　②海拔：2100～3200m　③分布：泸水 腾冲 龙陵　④分布区类型：14－2

宽管醉鱼草 *Buddleja latiflora* S. Y. Pao

①习性：灌木　②海拔：3000～3200m　③分布：腾冲 隆阳　④分布区类型：15－1－a

大序醉鱼草 *Buddleja macrostachya* Wall. ex Benth.

①习性：灌木　②海拔：1500～2800m　③分布：泸水 隆阳　④分布区类型：7

酒药花醉鱼草 *Buddleja myriantha* Diels

①习性：灌木　②海拔：1450～2700m　③分布：泸水 隆阳　④分布区类型：14－2

密蒙花 *Buddleja officinalis* Maxim.

①习性：灌木　②海拔：700～2800m　③分布：泸水 隆阳　④分布区类型：14－2

无柄醉鱼草 *Buddleja sessilifolia* B. S. Sun ex S. Y. Pao

①习性：灌木　②海拔：2800m　③分布：隆阳　④分布区类型：15－1－b

大理醉鱼草 *Buddleja talieasis* W. W. Smith

①习性：灌木　②海拔：1489m　③分布：隆阳　④分布区类型：15－2－b

228b. 度量草科 Spigeliaceae
(1)

大叶度量草 Mitreola pedicellata Benth.

①习性：草本 ②海拔：800~2100m ③分布：泸水 ④分布区类型：15 – 3 – b

229. 木犀科 Oleaceae
(22)

香白蜡树 Fraxinus sikkimensis（Lingelsh.）Hand. – Mazz.

①习性：乔木 ②海拔：2200m ③分布：泸水 腾冲 ④分布区类型：14 – 2

红素馨 Jasminum beesianum Forrest et Diels

①习性：藤本 ②海拔：1900~2900m ③分布：腾冲 ④分布区类型：15 – 3 – a

双子素馨 Jasminum dispermum Wall.

①习性：灌木 ②海拔：1700~2100m ③分布：腾冲 龙陵 ④分布区类型：14 – 2

丛林素馨 Jasminum duclouxii（Levl.）Rehd.

①习性：灌木 ②海拔：2179m ③分布：泸水 腾冲 隆阳 龙陵 ④分布区类型：15 – 3 – a

清香藤 Jasminum lanceolarium Roxb.

①习性：灌木 ②海拔：1000~2100m ③分布：隆阳 ④分布区类型：14

小萼素馨 Jasminum microcalyx Hance

①习性：灌木 ②海拔：2000m ③分布：腾冲 隆阳 ④分布区类型：7 – 4

素方花 Jasminum officinale Linn.

①习性：灌木 ②海拔：2179m ③分布：腾冲 ④分布区类型：15 – 3 – a

多花素馨 Jasminum polyanthum Franch.

①习性：藤本 ②海拔：2227m ③分布：腾冲 隆阳 ④分布区类型：15 – 3 – a

滇素馨 Jasminum subhumile W. W. Smith

①习性：灌木 ②海拔：1400m ③分布：泸水 腾冲 ④分布区类型：14 – 2

川素馨 Jasminum urophyllum Hemsl.

①习性：灌木 ②海拔：900~2200m ③分布：腾冲 隆阳 ④分布区类型：15 – 3 – b

盈江素馨 Jasminum yingjiangense P. Y. Bai

①习性：藤本 ②海拔：800m ③分布：腾冲 隆阳 ④分布区类型：15 – 2 – c

长叶女贞 Ligustrum compactum（Wall. ex G. Don）Hook. f.

①习性：灌木 ②海拔：2100m ③分布：泸水 ④分布区类型：14 – 2

散生女贞 Ligustrum confusum Decne.

①习性：乔木 ②海拔：1337m ③分布：隆阳 ④分布区类型：14

紫药女贞 Ligustrum delavayanum Hariot

①习性：灌木 ②海拔：1550m ③分布：泸水 腾冲 龙陵 ④分布区类型：15 – 3 – a

细女贞 Ligustrum gracile Rehd.

①习性：灌木 ②海拔：1400m ③分布：泸水 ④分布区类型：15 – 3 – a

女贞 Ligustrum lucidum Ait.

①习性：乔木 ②海拔：130~3000m ③分布：腾冲 隆阳 ④分布区类型：15 – 3 – c

小蜡 *Ligustrum sinense* Lour.

①习性：灌木　②海拔：2179m　③分布：腾冲　④分布区类型：15 – 3 – b

滇桂小蜡（变种）*Ligustrum sinense* Lour var. *concavum* M. C. Chang

①习性：灌木　②海拔：500 ~ 1200m　③分布：腾冲 隆阳　④分布区类型：15 – 3 – a

兴仁女贞 *Ligustrum xingrenense* D. J. Liu

①习性：灌木　②海拔：400 ~ 1600m　③分布：腾冲 隆阳　④分布区类型：15 – 3 – a

云南木犀榄 *Olea yuennanensis* Hand. – Mazz.

①习性：灌木　②海拔：1300m　③分布：隆阳　④分布区类型：7 – 3

尾叶桂花 *Osmanthus caudatifolius* P. Y. Bai et J. H. Pang

①习性：乔木　②海拔：1600 ~ 1700m　③分布：泸水　④分布区类型：15 – 1 – a

平顶桂花 *Osmanthus corymbosus* H. W. Li

①习性：乔木　②海拔：1300 ~ 1700m　③分布：泸水　④分布区类型：15 – 2 – c

230. 夹竹桃科 Apocynaceae
（12）

贵州香花藤 *Aganosma navaillei*（Levl.）Tsiang

①习性：灌木　②海拔：1400m　③分布：泸水　④分布区类型：15 – 3 – a

鸡骨常山 *Alstonia yunnanensis* Diels

①习性：灌木　②海拔：1100 ~ 2400m　③分布：腾冲 隆阳　④分布区类型：15 – 3 – b

云南清明花 *Beaumontia yunnanensis* Tsiang et W. C. Chen

①习性：藤本　②海拔：2000m　③分布：腾冲 隆阳　④分布区类型：15 – 2 – b

毛叶藤仲 *Chonemorpha valvata* Chatt.

①习性：藤本　②海拔：900 ~ 1600m　③分布：腾冲 隆阳　④分布区类型：7 – 3

腰骨藤 *Ichnocarpus frutescens*（L.）W. T. Aiton

①习性：藤本　②海拔：1000m　③分布：隆阳　④分布区类型：5

景东山橙 *Melodinus khasianus* Hook. f.

①习性：灌木　②海拔：1600 ~ 2900m　③分布：泸水　④分布区类型：7 – 2

小花藤 *Microchites polyantha*（Bl.）Miq.

①习性：灌木　②海拔：300 ~ 800m　③分布：腾冲 隆阳　④分布区类型：7

贵州络石 *Trachelospermum bodinieri*（Levl.）Woods. ex Rehd.

①习性：藤本　②海拔：1200 ~ 1900m　③分布：泸水 腾冲　④分布区类型：7

乳儿绳 *Trachelospermum cathayanum* Schneid.

①习性：藤本　②海拔：1400 ~ 2100m　③分布：泸水 腾冲　④分布区类型：15 – 3 – b

络石 *Trachelospermum jasminoides*（Lindl.）Lem.

①习性：藤本　②海拔：1450m　③分布：泸水　④分布区类型：15 – 3 – a

云南络石 *Trachelospermum yunnanense* Tsiang et P. T. Li

①习性：藤本　②海拔：1700 ~ 1900m　③分布：腾冲 隆阳　④分布区类型：15 – 2 – c

个溥 *Wrightia sikkimensis* Gamble

①习性：乔木　②海拔：1500m　③分布：泸水　④分布区类型：14 – 2

231. 萝藦科 Asclepiadaceae
（32）

牛角瓜 *Calotropis gigantea* （L.）Dry. ex Ait. f.
    ①习性：灌木 ②海拔：1100～1400m ③分布：泸水 ④分布区类型：7

西藏吊灯花 *Ceropegia pubescens* Wall.
    ①习性：藤本 ②海拔：2000m ③分布：腾冲 隆阳 ④分布区类型：14－2

古钩藤 *Cryptolepis buchananii* Roem. et Schult.
    ①习性：藤本 ②海拔：500～1500m ③分布：腾冲 隆阳 ④分布区类型：7

大理白前 *Cynanchum forrestii* Schltr.
    ①习性：草本 ②海拔：1800m ③分布：腾冲 ④分布区类型：15－3－b

朱砂藤 *Cynanchum officinale* （Hemsl.）Tsiang et Zhang
    ①习性：灌木 ②海拔：1653m ③分布：隆阳 ④分布区类型：15－3－b

青羊参 *Cynanchum otophyllum* Schneid.
    ①习性：草本 ②海拔：1400m ③分布：泸水 龙陵 ④分布区类型：14－2

尖叶眼树莲 *Dischidia australis* Tsiang et P. T. Li
    ①习性：藤本 ②海拔：500m ③分布：腾冲 隆阳 ④分布区类型：15－3－b

云南眼树莲 *Dischidia chinghungensis* Tsiang et P. T. Li
    ①习性：灌木 ②海拔：1500～2000m ③分布：腾冲 隆阳 ④分布区类型：15－2－c

纤冠藤 *Gongronema nepalense* （Wall.）Decne.
    ①习性：藤本 ②海拔：1600m ③分布：腾冲 ④分布区类型：7－2

勐腊藤 *Goniostemma punctatum* Tsiang et P. T. Li
    ①习性：灌木 ②海拔：800m ③分布：腾冲 隆阳 ④分布区类型：15－2－c

大叶匙羹藤 *Gymnema tingens* Spreng.
    ①习性：藤本 ②海拔：1000m ③分布：腾冲 隆阳 ④分布区类型：7

云南匙羹藤 *Gymnema yunnanense* Tsiang
    ①习性：藤本 ②海拔：1000～2000m ③分布：腾冲 隆阳 ④分布区类型：15－2－c

球兰 *Hoya carnosa* （Linn. f.）R. Br.
    ①习性：灌木 ②海拔：1450～1700m ③分布：腾冲 隆阳 ④分布区类型：14－2

黄花球兰 *Hoya fusca* Wall.
    ①习性：灌木 ②海拔：2600m ③分布：泸水 腾冲 ④分布区类型：7

蜂出巢 *Hoya multiflora* Blume
    ①习性：灌木 ②海拔：1000m ③分布：腾冲 隆阳 ④分布区类型：7

凸脉球兰 *Hoya nervosa* Tsiang et P. T. Li
    ①习性：灌木 ②海拔：1900m ③分布：腾冲 隆阳 ④分布区类型：15－2－c

怒江球兰 *Hoya salweenica* Tsiang et P. T. Li
    ①习性：藤本 ②海拔：1300m ③分布：腾冲 ④分布区类型：15－1－b

云南牛奶菜 *Marsdenia balansae* Cost.
    ①习性：灌木 ②海拔：1200～2800m ③分布：隆阳 ④分布区类型：7－4

锈毛牛奶菜 *Marsdenia ferruginea* C. Y. Wu sp. nov. ined.

①习性：藤本 ②海拔：1000m ③分布：泸水 ④分布区类型：15 – 2 – c

球花牛奶菜 *Marsdenia globifera* Tsiang

①习性：灌木 ②海拔：600m ③分布：腾冲 隆阳 ④分布区类型：15 – 3 – b

大白药 *Marsdenia griffithii* Hook. f.

①习性：藤本 ②海拔：2040 ~ 2550m ③分布：腾冲 ④分布区类型：7 – 2

海枫屯 *Marsdenia officinalis* Tsiang et P. T. Li

①习性：灌木 ②海拔：1800m ③分布：腾冲 隆阳 ④分布区类型：15 – 3 – b

喙柱牛奶菜 *Marsdenia oreophila* W. W. Sm.

①习性：灌木 ②海拔：2878m ③分布：泸水 ④分布区类型：15 – 3 – a

蓝叶藤 *Marsdenia tinctoria* R. Br.

①习性：灌木 ②海拔：1800m ③分布：泸水 ④分布区类型：7

漾濞牛奶菜 *Marsdenia yaungpienensis* Tsiang et P. T. Li

①习性：藤本 ②海拔：1600m ③分布：腾冲 隆阳 ④分布区类型：15 – 2 – b

青蛇藤 *Periploca calophylla* (Woght) Falc.

①习性：灌木 ②海拔：1300 ~ 2300m ③分布：泸水 ④分布区类型：14 – 2

多花青蛇藤 *Periploca floribunda* Tsiang

①习性：灌木 ②海拔：1200 ~ 2600m ③分布：泸水 腾冲 ④分布区类型：15 – 2 – c

黑龙骨 *Periploca forrestii* Schltr.

①习性：灌木 ②海拔：2182m ③分布：泸水 ④分布区类型：15 – 3 – c

大花藤 *Raphistemma pulchellum* (Roxb.) Wall.

①习性：灌木 ②海拔：900m ③分布：腾冲 ④分布区类型：7

阔叶娃儿藤 *Tylophora astephanoides* Tsiang et P. T. Li

①习性：藤本 ②海拔：1070m ③分布：腾冲 隆阳 ④分布区类型：15 – 2 – c

通天连 *Tylophora koi* Merr.

①习性：灌木 ②海拔：1000m ③分布：腾冲 隆阳 ④分布区类型：7 – 4

云南娃儿藤 *Tylophora yunnanensis* Schltr.

①习性：灌木 ②海拔：2182m ③分布：隆阳 ④分布区类型：15 – 3 – a

232. 茜草科 Rubiaceae
(103)

茜树 *Aidia cochinchinensis* Lour.

①习性：乔木 ②海拔：1190m ③分布：龙陵 ④分布区类型：5

瑞丽茜树 *Aidia shweliensis* (Anth.) W. C. Chen

①习性：灌木 ②海拔：1800 ~ 2000m ③分布：腾冲 隆阳 ④分布区类型：15 – 2 – b

疏毛短萼齿木（变种）*Brachytome hirtellata* Hu var. *glabrescens* W. C. Chen

①习性：灌木 ②海拔：1000 ~ 2200m ③分布：腾冲 隆阳 ④分布区类型：15 – 3 – a

弯管花 *Chassalia curviflora* Thwaites

①习性：灌木 ②海拔：800 ~ 2500m ③分布：腾冲 ④分布区类型：7 – 1

虎刺 *Damnacanthus indicus* Gaertn. f.

①习性：灌木 ②海拔：2240m ③分布：泸水 腾冲 隆阳 ④分布区类型：7 – 3

狗骨柴 *Diplospora dubia*（Lindl.）Masam.

　　①习性：灌木　②海拔：1469m　③分布：隆阳　④分布区类型：14-1

滇小叶葎 *Galium asperifolium* Wall. ex Roxb.

　　①习性：草本　②海拔：1500~1800m　③分布：腾冲 隆阳　④分布区类型：7

小叶葎（变种）*Galium asperifolium* Wall. ex Roxb. var. *sikkimense*（Gand.）Cuf.

　　①习性：草本　②海拔：1300~1800m　③分布：泸水 腾冲 隆阳　④分布区类型：14-2

六叶葎（亚种）*Galium asperuloides* Edgew. subsp. hoffmeisteri（Klotzsch）Hara

　　①习性：草本　②海拔：2227m　③分布：泸水 腾冲　④分布区类型：14-2

四叶葎 *Galium bungei* Steud.

　　①习性：草本　②海拔：1780~2400m　③分布：腾冲 隆阳　④分布区类型：14

狭叶拉拉藤（变种）*Galium elegans* Wall. ex Roxb. var. angustifolium Cuf.

　　①习性：草本　②海拔：2354m　③分布：隆阳　④分布区类型：15-3-c

小红参 *Galium elegans* Wall. ex Roxb.

　　①习性：草本　②海拔：2878m　③分布：隆阳　④分布区类型：7

肾柱拉拉藤（变种）*Galium elegans* Wall. ex Roxb. var. *nephrostigmaticum*（Diels）W. C. Chen

　　①习性：草本　②海拔：1500m　③分布：泸水 腾冲　④分布区类型：15-3-a

广西拉拉藤（变种）*Galium elegans* var. *glabriusculum* Req. ex DC.

　　①习性：草本　②海拔：1100~2900m　③分布：腾冲 隆阳　④分布区类型：14-2

小叶猪殃殃 *Galium trifidum* Linn.

　　①习性：草本　②海拔：2500m　③分布：腾冲　④分布区类型：8

金草 *Hedyotis acutanula* Champ. ex Benth.

　　①习性：草本　②海拔：1500m　③分布：隆阳　④分布区类型：7-4

耳草 *Hedyotis auricularia* Linn.

　　①习性：草本　②海拔：1653m　③分布：泸水　④分布区类型：4

金毛耳草 *Hedyotis chrysotricha*（Palib.）Merr.

　　①习性：草本　②海拔：1350~1700m　③分布：泸水　④分布区类型：15-3-b

伞房花耳草 *Hedyotis corymbosa*（Linn.）Lam.

　　①习性：草本　②海拔：1540~2000m　③分布：隆阳　④分布区类型：2

肋腺耳草 *Hedyotis costata*（Roxb.）Kurz

　　①习性：草本　②海拔：1200~1800m　③分布：泸水　④分布区类型：7

白花蛇舌草 *Hedyotis diffusa* Willd.

　　①习性：草本　②海拔：1448m　③分布：隆阳　④分布区类型：7

攀茎耳草 *Hedyotis scandens* Roxb.

　　①习性：灌木　②海拔：2100m　③分布：泸水　④分布区类型：7

纤花耳草 *Hedyotis tenelliflora* Bl.

　　①习性：灌木　②海拔：1500m　③分布：腾冲 隆阳　④分布区类型：7

长节耳草 *Hedyotis uncinella* Hook. et Arn.

　　①习性：草本　②海拔：2000~2400m　③分布：腾冲　④分布区类型：15-2-f

红芽大戟 *Knoxia corymbosa* Willd.

　　①习性：草本　②海拔：900~1400m　③分布：泸水　④分布区类型：5

红大戟 *Knoxia valerianoides* Thorel ex Pitard

①习性：草本　②海拔：1100~1600m　③分布：腾冲　④分布区类型：15 – 2 – i

梗花粗叶木 *Lasianthus biermanni* King ex Hook. f.

①习性：灌木　②海拔：2179m　③分布：隆阳　④分布区类型：14 – 2

西南粗叶木 *Lasianthus henryi* Hutchins.

①习性：灌木　②海拔：1650m　③分布：隆阳　④分布区类型：15 – 3 – a

虎克粗叶木 *Lasianthus hookeri* C. B. Clarke ex Hook. f.

①习性：灌木　②海拔：1000~1600m　③分布：腾冲 隆阳　④分布区类型：7

日本粗叶木 *Lasianthus japonicus* Miq.

①习性：灌木　②海拔：200~1800m　③分布：腾冲 隆阳　④分布区类型：14 – 1

绒毛野丁香（变种）*Leptodermis potanini* Batalin var. *tamentosa* H. Winkl.

①习性：灌木　②海拔：1440m　③分布：隆阳　④分布区类型：15 – 3 – a

野丁香 *Leptodermis potanini* Batalin

①习性：灌木　②海拔：2200m　③分布：腾冲 隆阳　④分布区类型：15 – 3 – b

蒙自野丁香 *Leptodermis tomentella* H. Winkl. ex Lo

①习性：灌木　②海拔：1500~2000m　③分布：腾冲 隆阳　④分布区类型：15 – 2 – h

馥郁滇丁香 *Luculia gratissima* (Wall.) Sweet

①习性：乔木　②海拔：1900m　③分布：泸水　④分布区类型：7

滇丁香 *Luculia pinciana* Hook.

①习性：灌木　②海拔：1662m　③分布：泸水 腾冲 隆阳　④分布区类型：14 – 2

鸡冠滇丁香 *Luculia yunnanensis* Hu

①习性：灌木　②海拔：1900m　③分布：泸水　④分布区类型：15 – 2 – f

盖裂果 *Mitracarpus villosus* (Sw.) DC. Prodr.

①习性：草本　②海拔：1500m　③分布：腾冲 隆阳　④分布区类型：2

鸡眼藤 *Morinda parvifolia* Bartl. ex DC.

①习性：藤本　②海拔：1300~1800m　③分布：腾冲 隆阳　④分布区类型：7

短裂玉叶金花 *Mussaenda breviloba* S. Moore

①习性：灌木　②海拔：1300m　③分布：腾冲 隆阳　④分布区类型：15 – 2 – f

展枝玉叶金花 *Mussaenda divaricata* Hutch.

①习性：灌木　②海拔：1600m　③分布：腾冲 隆阳　④分布区类型：15 – 3 – b

楠藤 *Mussaenda erosa* Champ.

①习性：灌木　②海拔：1000m　③分布：隆阳　④分布区类型：7 – 4

南玉叶金花 *Mussaenda henryi* Hutchins.

①习性：乔木　②海拔：1662m　③分布：隆阳　④分布区类型：15 – 3 – b

粗毛玉叶金花 *Mussaenda hirsutula* Miq.

①习性：藤本　②海拔：700~1600m　③分布：腾冲　④分布区类型：15 – 3 – a

大叶玉叶金花 *Mussaenda macrophylla* Wall.

①习性：灌木　②海拔：1300~1500m　③分布：龙陵　④分布区类型：7 – 4

多毛玉叶金花 *Mussaenda mollissima* C. Y. Wu. ex H. Wu

①习性：灌木　②海拔：1427m　③分布：隆阳　④分布区类型：15 – 2 – c

玉叶金花 *Mussaenda pubescens* Ait. f.

①习性：灌木　②海拔：1400m　③分布：隆阳　④分布区类型：15 – 3 – b

单裂玉叶金花 *Mussaenda simpliciloba* Hand. – Mazz.

　　①习性：灌木　②海拔：1220m　③分布：泸水　④分布区类型：15 – 3 – a

红脉玉叶金花 *Mussaenda treutleri* Stapf

　　①习性：灌木　②海拔：1250m　③分布：泸水　④分布区类型：14 – 1

贡山玉叶金花 *Mussaenda treutleria* Stapf

　　①习性：灌木　②海拔：1653m　③分布：泸水　④分布区类型：14

短柄腺萼木 *Mycetia brevipes* How ex Lo

　　①习性：灌木　②海拔：1500m　③分布：腾冲 隆阳　④分布区类型：15 – 1 – b

毛腺萼木 *Mycetia hirta* Hutch.

　　①习性：灌木　②海拔：1626m　③分布：隆阳　④分布区类型：15 – 3 – b

长花腺萼木 *Mycetia longiflora* How ex Lo

　　①习性：灌木　②海拔：1150 ~ 1700m　③分布：泸水　④分布区类型：15 – 2 – f

华腺萼木 *Mycetia sinensis*（Hemsl.）Craib

　　①习性：灌木　②海拔：1600m　③分布：腾冲 隆阳　④分布区类型：15 – 3 – b

密脉木 *Myrioneuron fabri* Hemsl.

　　①习性：草本　②海拔：1500m　③分布：腾冲 隆阳　④分布区类型：15 – 3 – b

越南密脉木 *Myrioneuron tonkinensis* Pitard

　　①习性：草本　②海拔：1500m　③分布：隆阳　④分布区类型：14 – 2

薄叶新耳 *Neanotis hirsuta*（L. f.）Lewis

　　①习性：草本　②海拔：2182m　③分布：泸水 腾冲　④分布区类型：7 – 2

西南新耳草 *Neanotis wightiana*（Wall. ex Wight et Arn.）Lewis

　　①习性：草本　②海拔：1340 ~ 2100m　③分布：泸水 腾冲　④分布区类型：7 – 2

疏果新藏丁香 *Neohymenopogon oligocarpus*（Li）S. S. R. Bennet

　　①习性：灌木　②海拔：1800m　③分布：隆阳 龙陵　④分布区类型：15 – 2 – f

石丁香 *Neohymenopogon parasiticus*（Wall.）S. S. R. Bennet

　　①习性：乔木　②海拔：2208m　③分布：腾冲　④分布区类型：14 – 2

广东蛇根草 *Ophiorrhiza cantoniensis* Hance

　　①习性：草本　②海拔：1200 ~ 2500m　③分布：泸水 腾冲　④分布区类型：15 – 2 – h

独龙蛇根草 *Ophiorrhiza dulongensis* Lo

　　①习性：草本　②海拔：2200m　③分布：泸水　④分布区类型：15 – 1 – b

日本蛇根草 *Ophiorrhiza japonica* Bl.

　　①习性：草本　②海拔：1800m　③分布：泸水　④分布区类型：14

蛇根草 *Ophiorrhiza mungos* L.

　　①习性：草本　②海拔：1240 ~ 1500m　③分布：泸水　④分布区类型：7 – 4

垂花蛇根草 *Ophiorrhiza nutans* C. B. Clarke

　　①习性：草本　②海拔：1600m　③分布：腾冲 隆阳　④分布区类型：14 – 2

美丽蛇根草 *Ophiorrhiza rosea* Hook. f.

　　①习性：草本　②海拔：1300 ~ 2100m　③分布：腾冲 隆阳　④分布区类型：7

高原蛇根草 *Ophiorrhiza succirubra* King ex Hook. f.

　　①习性：草本　②海拔：1450 ~ 2700m　③分布：腾冲 隆阳　④分布区类型：14 – 2

瓦氏蛇根草 *Ophiorrhiza wallichii* Hook. f.

　　①习性：草本　②海拔：1600m　③分布：泸水　④分布区类型：15 – 3 – a

琼滇鸡爪簕 *Oxyceros griffithii*（Hook. f.）W. C. Chen

　　①习性：草本　②海拔：1500m　③分布：隆阳　④分布区类型：15 – 2 – c

耳叶鸡矢藤 *Paederia cavaleriei* Levl.

　　①习性：灌木　②海拔：300 ~ 1400m　③分布：腾冲 隆阳　④分布区类型：15 – 3 – c

毛鸡矢藤（变种）*Paederia scandens* var. *tomentosa*（Bl.）Hand. – Mazz.

　　①习性：藤本　②海拔：2227m　③分布：腾冲 隆阳　④分布区类型：7 – 4

鸡矢藤 *Paederia scandens*（Lour.）Merr.

　　①习性：藤本　②海拔：1650 ~ 2300m　③分布：腾冲 龙陵　④分布区类型：7

云南鸡矢藤 *Paederia yunnanensis*（Lévl.）Rehd.

　　①习性：藤本　②海拔：1409m　③分布：隆阳　④分布区类型：15 – 3 – a

南山花 *Prismatomeris connata* Y. Z. Ruan

　　①习性：灌木　②海拔：2540m　③分布：泸水　④分布区类型：15 – 3 – b

聚果九节 *Psychotria morindoides* Hutch.

　　①习性：灌木　②海拔：2179m　③分布：腾冲　④分布区类型：7 – 4

山矾叶九节 *Psychotria symplocifolia* Kurz

　　①习性：灌木　②海拔：1653m　③分布：隆阳　④分布区类型：7 – 2

假九节 *Psychotria tutcheri* Dunn

　　①习性：灌木　②海拔：2182m　③分布：隆阳　④分布区类型：7 – 4

云南九节 *Psychotria yunnanensis* Hutch.

　　①习性：灌木　②海拔：800 ~ 2300m　③分布：腾冲 隆阳　④分布区类型：15 – 3 – b

金剑草 *Rubia alata* Roxb.

　　①习性：草本　②海拔：1640m　③分布：泸水 腾冲　④分布区类型：15 – 3 – b

中华茜草 *Rubia chinensis* Regel et Maack

　　①习性：藤本　②海拔：2200 ~ 3300m　③分布：泸水　④分布区类型：11

茜草 *Rubia cordifolia* L.

　　①习性：草本　②海拔：1510m　③分布：泸水　④分布区类型：14 – 2

长叶茜草 *Rubia dolichophylla* Schrenk

　　①习性：草本　②海拔：1400 ~ 2600m　③分布：泸水 腾冲　④分布区类型：15 – 3 – b

镰叶茜草 *Rubia falciformis* Lo

　　①习性：草本　②海拔：1100m　③分布：腾冲 隆阳　④分布区类型：15 – 2 – c

梵茜草 *Rubia manjith* Roxb. ex Flem.

　　①习性：藤本　②海拔：1510m　③分布：腾冲　④分布区类型：14 – 2

钩毛茜草 *Rubia oncotricha* Hand. – Mazz.

　　①习性：草本　②海拔：1100 ~ 2600m　③分布：泸水　④分布区类型：15 – 3 – a

柄花茜草 *Rubia podantha* Diels

　　①习性：草本　②海拔：1573m　③分布：腾冲　④分布区类型：15 – 3 – a

对叶茜草 *Rubia siamensis* Craib

　　①习性：藤本　②海拔：2200 ~ 2500m　③分布：腾冲 隆阳　④分布区类型：7 – 3

多花茜草 *Rubia wallichiana* Decne.

　　①习性：藤本　②海拔：300 ~ 1500m　③分布：隆阳　④分布区类型：7 – 2

鸡仔木 Sinoadina racemosa（Sieb. et Zucc.）Ridsd.

①习性：灌木　②海拔：680m　③分布：泸水　④分布区类型：15 - 3 - b

尖萼乌口树 Tarenna acutisepala How ex W. C. Chen

①习性：灌木　②海拔：680m　③分布：隆阳　④分布区类型：15 - 3 - b

假桂乌口树 Tarenna attenuata（Voigt）Hutch.

①习性：灌木　②海拔：15 - 1200m　③分布：腾冲 隆阳　④分布区类型：7

披针叶乌口树 Tarenna lancilimba W. C. Chen

①习性：灌木　②海拔：130～970m　③分布：腾冲 隆阳　④分布区类型：7 - 4

岭罗麦 Tarennoidea wallichii（Hook. f.）Tirveng. et C. Sastre

①习性：乔木　②海拔：680m　③分布：隆阳　④分布区类型：7

攀茎钩藤 Uncaria scandens（Smith）Hutch.

①习性：藤本　②海拔：1300m　③分布：腾冲 隆阳　④分布区类型：15 - 3 - b

大钩藤 Uncaria wangii F. C. How

①习性：藤本　②海拔：1250m　③分布：泸水　④分布区类型：15 - 2 - c

西藏水锦树 Wendlandia grandis（Hook. f.）Cowan

①习性：乔木　②海拔：1300～1800m　③分布：腾冲 隆阳　④分布区类型：14 - 2

屏边水锦树 Wendlandia pingpienensis How

①习性：乔木　②海拔：1400m　③分布：隆阳　④分布区类型：15 - 2 - c

悬花水锦树（变种）Wendlandia scabra kurz var. dependens Cowan

①习性：灌木　②海拔：1500～2100m　③分布：泸水　④分布区类型：7

粗叶水锦树 Wendlandia scabra Kurz

①习性：灌木　②海拔：1100～2000m　③分布：泸水　④分布区类型：7

美丽水锦树 Wendlandia speciosa Cowan

①习性：乔木　②海拔：1653m　③分布：泸水 腾冲 隆阳　④分布区类型：7 - 2

美毛红皮水锦树（亚种）Wendlandia tinctoria（Roxb.）DC. subsp. callitricha（Cowan）W. C. Chen

①习性：灌木　②海拔：1100m　③分布：隆阳 龙陵　④分布区类型：14 - 2

麻栗水锦树（亚种）Wendlandia tinctoria subsp. handelii（Cowan）

①习性：灌木　②海拔：1000m　③分布：泸水 隆阳　④分布区类型：15 - 3 - b

东方水锦树（亚种）Wendlandia tinctoria（Roxb.）DC. subsp. orientalis Cowan

①习性：灌木　②海拔：280～2032m　③分布：腾冲 隆阳　④分布区类型：7

水锦树 Wendlandia uvariifolia Hance

①习性：灌木　②海拔：1100～1900m　③分布：泸水　④分布区类型：15 - 3 - b

233. 忍冬科 Caprifoliaceae

(46)

云南双盾木 Dipelta yunnanensis Franch.

①习性：灌木　②海拔：2200m　③分布：腾冲　④分布区类型：15 - 3 - b

鬼吹箫 Leycesteria formosa Wall.

①习性：灌木　②海拔：2180m　③分布：泸水 腾冲 龙陵　④分布区类型：14 - 2

纤细鬼吹箫 Leycesteria gracilis（Kurz）Airy - Shaw

①习性：灌木　②海拔：2194m　③分布：泸水 腾冲　④分布区类型：14－2

绵毛鬼吹箫 *Leycesteria stipulata* （Hook. f. et Thoms.）Fritsch

①习性：灌木　②海拔：1300～1950m　③分布：腾冲 隆阳　④分布区类型：14－2

淡红忍冬 *Lonicera aeuminata* Wall.

①习性：藤本　②海拔：2878m　③分布：泸水 腾冲　④分布区类型：7－4

锈毛忍冬 *Lonicera ferruginea* Rehd.

①习性：藤本　②海拔：1600～1980m　③分布：泸水 腾冲 隆阳　④分布区类型：15－3－b

黄褐毛忍冬 *Lonicera fulvotomentosa* Hsu et S. C. Cheng

①习性：藤本　②海拔：850～1300m　③分布：腾冲 隆阳　④分布区类型：15－3－a

大果忍冬 *Lonicera hildebrandiana* Coll. et Hemsl.

①习性：藤本　②海拔：1070～2300m　③分布：腾冲 隆阳　④分布区类型：7－3

菰腺忍冬 *Lonicera hypoglauca* Miq.

①习性：藤本　②海拔：1000～1800m　③分布：隆阳　④分布区类型：14－1

卵叶忍冬 *Lonicera inodora* W. W. Smith

①习性：灌木　②海拔：2000～2500m　③分布：腾冲　④分布区类型：15－1－a

忍冬 *Lonicera japonica* Thunb.

①习性：藤本　②海拔：1550m　③分布：泸水　④分布区类型：15－3－b

柳叶忍冬 *Lonicera lanceolata* Wall.

①习性：灌木　②海拔：2800～3400m　③分布：泸水　④分布区类型：14－2

异毛忍冬（变种）*Lonicera macrantha* （D. Don）Spreng. var. *heterotricha* Hsu et H. J. Wang

①习性：藤本　②海拔：350～1250m　③分布：腾冲 隆阳　④分布区类型：15－3－b

越桔叶忍冬 *Lonicera myrtillus* Hook. f. et Thoms.

①习性：灌木　②海拔：2400～4000m　③分布：腾冲　④分布区类型：13

绢柳林忍冬 *Lonicera virgultorum* W. W. Smith

①习性：灌木　②海拔：2400～2550m　③分布：腾冲 龙陵　④分布区类型：15－2－b

华西忍冬 *Lonicera webbiana* Wall. ex DC

①习性：灌木　②海拔：3149m　③分布：隆阳　④分布区类型：10

血满草 *Sambucus adnata* Wall.

①习性：草本　②海拔：1500m　③分布：隆阳　④分布区类型：15－3－c

接骨草 *Sambucus chinensis* Lindl.

①习性：草本　②海拔：1825m　③分布：泸水　④分布区类型：7－4

淡红荚蒾 *Viburnum acuminatum* Wall. ex DC.

①习性：灌木　②海拔：1700～2900m　③分布：泸水　④分布区类型：14－2

蓝黑果荚蒾 *Viburnum atrocyaneum* C. B. Clarke

①习性：灌木　②海拔：1250～2300m　③分布：泸水 腾冲　④分布区类型：7

桦叶荚蒾 *Viburnum betulifolium* Batal.

①习性：灌木　②海拔：1300～3100m　③分布：腾冲 隆阳　④分布区类型：15－3－c

滇缅荚蒾 *Viburnum burmanicum* （Rehd.）C. Y. Wu ex Hsu

①习性：灌木　②海拔：1900m　③分布：隆阳　④分布区类型：14－2

多毛漾濞荚蒾（变种）*Viburnum chingii* P. S. Hsu var. *limitaneum* （W. W. Smith）P. S. Hsu.

①习性：灌木　②海拔：1500～2900m　③分布：泸水 腾冲 龙陵　④分布区类型：14－2

漾濞荚蒾 *Viburnum chingii* P. S. Hsu

　　①习性：灌木　②海拔：1450～2300m　③分布：腾冲 龙陵　④分布区类型：15－2－i

肉叶荚蒾（变种）*Viburnum chingii* Hsu var. *carnosulum*（W. W. Smith）Hsu

　　①习性：灌木　②海拔：1800～2500m　③分布：腾冲 隆阳 龙陵　④分布区类型：15－2－b

漾濞荚蒾 *Viburnum chingii* Hsu

　　①习性：灌木　②海拔：2000～3200m　③分布：腾冲 隆阳　④分布区类型：14－2

樟叶荚蒾 *Viburnum cinnamomifolium* Rehd.

　　①习性：灌木　②海拔：1000～1500m　③分布：腾冲 隆阳　④分布区类型：15－3－a

水红木 *Viburnum cylindricum* Buch. – Ham. ex D. Don

　　①习性：灌木　②海拔：2340m　③分布：泸水 腾冲 隆阳 龙陵　④分布区类型：7

紫药红荚蒾 *Viburnum erbescens* Wall. var. *prattii*（Graebn.）Rehd.

　　①习性：灌木　②海拔：2300m　③分布：隆阳　④分布区类型：15－3－c

小红荚蒾（变种）*Viburnum erubescens* Wall. var. *parvum* Hsu et S. C. Shu

　　①习性：灌木　②海拔：2200～3000m　③分布：泸水　④分布区类型：15－2－b

红荚蒾 *Viburnum erubescens* Wall.

　　①习性：灌木　②海拔：1600m　③分布：腾冲 隆阳　④分布区类型：14－2

珍珠荚蒾（变种）*Viburnum foetidum* Wall. var. *ceanothoides*（C. H. Wright）Hand. – Mazz.

　　①习性：灌木　②海拔：1600m　③分布：腾冲　④分布区类型：15－3－a

直角荚蒾（变种）*Viburnum foetidum* Wall. var. *rectangulatum*（Graebn.）Rehd.

　　①习性：灌木　②海拔：850～1300m　③分布：泸水 腾冲　④分布区类型：15－3－b

臭荚蒾 *Viburnum foetidum* Wall.

　　①习性：灌木　②海拔：2227m　③分布：腾冲 隆阳　④分布区类型：7

圆叶荚蒾（亚种）*Viburnum glomeratum* Maxim. subsp. *rotundifolium*（Hsu）Hsu

　　①习性：灌木　②海拔：1400m　③分布：隆阳　④分布区类型：15－2－a

聚花荚蒾 *Viburnum glomeratum* Maxim.

　　①习性：灌木　②海拔：1300m　③分布：隆阳　④分布区类型：14－2

厚绒荚蒾 *Viburnum inopinatum* Craib

　　①习性：灌木　②海拔：700～1400m　③分布：腾冲 隆阳　④分布区类型：7－3

甘肃荚蒾 *Viburnum kansuense* Batal.

　　①习性：灌木　②海拔：2700～3600m　③分布：泸水　④分布区类型：15－3－c

西域荚蒾 *Viburnum mullaha* Buch. – Ham. ex D. Don

　　①习性：灌木　②海拔：2200～2800m　③分布：腾冲 隆阳　④分布区类型：14－2

心叶荚蒾 *Viburnum nervosum* D. Don

　　①习性：灌木　②海拔：2200～3100m　③分布：泸水 腾冲　④分布区类型：14－2

少花荚蒾 *Viburnum oliganthum* Batal.

　　①习性：灌木　②海拔：2000m　③分布：泸水 隆阳　④分布区类型：15－3－b

鳞斑荚蒾 *Viburnum punctatum* Buch. – Ham. ex D. Don

　　①习性：灌木　②海拔：700～1700m　③分布：腾冲 隆阳　④分布区类型：7－1

亚高山荚蒾 *Viburnum subalpinum* Hand. – Mazz.

　　①习性：灌木　②海拔：2500～3300m　③分布：泸水　④分布区类型：15－2－b

边沿荚蒾（变种）*Viburnum subalpinum* Hand. – Mazz. var. *limitaneum*（W. W. Smith）Hsu

①习性：灌木　②海拔：1600～2600m　③分布：腾冲 隆阳　④分布区类型：14－2

腾越荚蒾 *Viburnum tengyuehense*（W. W. Smith）Hsu

①习性：灌木　②海拔：1500～2000m　③分布：腾冲　④分布区类型：15－2－c

横脉荚蒾 *Viburnum trabeculosum* C. Y. Wu ex Hsu

①习性：灌木　②海拔：2000～2200m　③分布：腾冲 隆阳　④分布区类型：15－2－c

235. 败酱科 Valerianaceae
（5）

髯毛缬草 *Valeriana barbulata* Diels

①习性：草本　②海拔：2500～4000m　③分布：隆阳　④分布区类型：15－3－a

瑞香缬草 *Valeriana daphniflora* Hand. – Mazz.

①习性：草本　②海拔：2000～2950m　③分布：泸水 腾冲　④分布区类型：15－3－a

柔垂缬草 *Valeriana flaccidissima* Maxim.

①习性：草本　②海拔：1500～2000m　③分布：隆阳　④分布区类型：15－3－b

长序缬草 *Valeriana hardwickii* Wall.

①习性：草本　②海拔：1400～2000m　③分布：泸水 腾冲　④分布区类型：7

蜘蛛香 *Valeriana jatamansi* Jones

①习性：草本　②海拔：1250m　③分布：龙陵　④分布区类型：14－2

236. 川续断科 Dipsacaceae
（2）

川续断 *Dipsacus asperoides* C. Y. Cheng et T. M. Ai

①习性：草本　②海拔：1320～2200m　③分布：泸水 腾冲　④分布区类型：15－3－c

双参 *Triplostegia glandulifera* Wall. ex DC.

①习性：草本　②海拔：2000m　③分布：泸水　④分布区类型：7－4

238. 菊科 Compositae
（150）

宽叶下田菊（变种）*Adenostemma lavenia* var. *latifolium*（D. Don）Hand. – Mazz.

①习性：草本　②海拔：500～2300m　③分布：泸水　④分布区类型：14

下田菊 *Adenostemma lavenia*（L.）O. Kuntze

①习性：草本　②海拔：2182m　③分布：泸水 腾冲 隆阳　④分布区类型：5

狭叶兔儿风 *Ainsliaea angustifolia* Hook. f. et Thoms. ex C. B. Clarke

①习性：草本　②海拔：1780～3500m　③分布：泸水 腾冲 隆阳 龙陵　④分布区类型：14－2

异叶兔儿风 *Ainsliaea foliosa* Hand. – Mazz.

①习性：草本　②海拔：2354m　③分布：隆阳　④分布区类型：15－3－a

宽穗兔儿风 *Ainsliaea fortifolia*（D. Don）Schultz – Bip.

①习性：草本　②海拔：2878m　③分布：隆阳　④分布区类型：15－2－d

光拟黄毛兔儿风（变种）*Ainsliaea fulvioides* H. Chuang var. *glabriachenia* H. Chuang

①习性：草本 ②海拔：2500~3000m ③分布：泸水 ④分布区类型：15 - 2 - b

黄毛兔儿风 *Ainsliaea fulvipes* J. F. Jeffrey et W. W. Smith

①习性：草本 ②海拔：1500~2300m ③分布：泸水 腾冲 ④分布区类型：15 - 2 - c

贡山兔儿风 *Ainsliaea gongshanensis* H. Chuang, sp. Nov.

①习性：草本 ②海拔：1400~2100m ③分布：腾冲 隆阳 ④分布区类型：15 - 3 - b

长穗兔儿风 *Ainsliaea henryi* Diels

①习性：草本 ②海拔：2194m ③分布：泸水 隆阳 ④分布区类型：15 - 3 - b

宽叶兔儿风 *Ainsliaea latifolia*（D. Don）Sch. - Bip.

①习性：草本 ②海拔：2179m ③分布：隆阳 ④分布区类型：7

反卷兔耳风 *Ainsliaea reflexa* Merr.

①习性：草本 ②海拔：2800m ③分布：泸水 ④分布区类型：7 - 4

细穗兔儿风 *Ainsliaea spicata* Vaniot

①习性：草本 ②海拔：1100~2000m ③分布：腾冲 ④分布区类型：7 - 2

云南兔儿风 *Ainsliaea yunnanensis* Franch.

①习性：草本 ②海拔：1700~2700m ③分布：腾冲 隆阳 ④分布区类型：15 - 3 - a

黄腺香青 *Anaphalis aureopunctata* Lingelsh et Borza

①习性：草本 ②海拔：3300m ③分布：泸水 腾冲 隆阳 ④分布区类型：15 - 3 - c

蛛毛香青 *Anaphalis busua*（Ham.）DC.

①习性：草本 ②海拔：1500~2800m ③分布：腾冲 隆阳 ④分布区类型：14 - 2

旋叶香青 *Anaphalis contorta*（D. Don）Hook. f.

①习性：草本 ②海拔：1900m ③分布：泸水 ④分布区类型：14 - 2

线叶珠光香青（变种）*Anaphalis margaritacea*（L.）Benth. et Hook. f. var. *japonica*（Sch. . - Bip.）Makino

①习性：草本 ②海拔：2700m ③分布：泸水 ④分布区类型：14

珠光香青 *Anaphalis margaritacea*（L.）Benth. et Hook. f.

①习性：草本 ②海拔：1900m ③分布：泸水 ④分布区类型：9

尼泊尔香青 *Anaphalis nepalensis*（Spreng.）Hand. - Mazz.

①习性：草本 ②海拔：2000~2800m ③分布：泸水 ④分布区类型：14 - 2

伞房尼泊尔香青（变种）*Anaphalis nepalensis*（Spreng.）Hand. - Mazz. var. *corymbosa*（Franch.）Hand. - Mazz. in

①习性：草本 ②海拔：2900m ③分布：泸水 ④分布区类型：15 - 3 - c

锐叶香青 *Anaphalis oxyphylla* Ling et Shih

①习性：草本 ②海拔：3149m ③分布：隆阳 ④分布区类型：15 - 1 - b

山黄菊 *Anisopappus chinensis*（L.）Hook. et Arn.

①习性：草本 ②海拔：800~2100m ③分布：腾冲 ④分布区类型：15 - 3 - b

牛蒡 *Arctium lappa* L.

①习性：草本 ②海拔：1840~2200m ③分布：泸水 ④分布区类型：8

牛尾蒿 *Artemisia dubia* Wall. ex Bess.

①习性：草本 ②海拔：1800~2500m ③分布：隆阳 ④分布区类型：11

牡蒿 *Artemisia japonica* Thunb.

①习性：草本 ②海拔：1800~2200m ③分布：腾冲 ④分布区类型：11

灰苞蒿 *Artemisia roxburghiana* Bess.

①习性：草本　②海拔：4000m　③分布：泸水　④分布区类型：14 - 2

中华宽叶山蒿（变种）*Artemisia stolonifera*（Maxim.）Komar. var. *sinensis* Pamp.

①习性：草本　②海拔：2600m　③分布：泸水　④分布区类型：14 - 1

藏腺毛蒿 *Artemisia thellungiana* Pamp.

①习性：草本　②海拔：1200～2500m　③分布：泸水　④分布区类型：14 - 2

云南蒿 *Artemisia yunnanensis* J. F. Jeffrey ex Diels

①习性：草本　②海拔：2400～3200m　③分布：隆阳　④分布区类型：15 - 3 - a

三脉紫菀 *Aster ageratoides* Turcz.

①习性：草本　②海拔：2878m　③分布：泸水　④分布区类型：14

耳叶紫菀 *Aster auriculatus* Franch.

①习性：草本　②海拔：1450～2100m　③分布：泸水　④分布区类型：15 - 3 - a

密叶紫菀 *Aster pycnophyllus* W. W. Smith

①习性：草本　②海拔：3100m　③分布：泸水　④分布区类型：14 - 2

金盏银盘 *Bidens biternata*（Lour.）Merr. et Sherff

①习性：草本　②海拔：1800m　③分布：隆阳　④分布区类型：4

白花鬼针草（变种）*Bidens pilosa* L. var. *radiata* Sch. - Bip.

①习性：草本　②海拔：1400～1560m　③分布：泸水　④分布区类型：3

鬼针草 *Bidens pilosa* L.

①习性：草本　②海拔：650m　③分布：泸水 腾冲　④分布区类型：1

异芒菊 *Blainvillea acmella*（L.）Philipson

①习性：草本　②海拔：1450m　③分布：腾冲　④分布区类型：2

密花艾纳香 *Blumea densiflora* DC.

①习性：草本　②海拔：1500～2800m　③分布：腾冲 隆阳　④分布区类型：7

毛毡草 *Blumea hieracifolia*（D. Don）DC.

①习性：草本　②海拔：1000m　③分布：泸水　④分布区类型：15 - 3 - b

六耳铃 *Blumea laciniata*（Roxb.）DC.

①习性：草本　②海拔：400～800m　③分布：腾冲 隆阳　④分布区类型：7

假东风草 *Blumea riparia*（Bl.）DC.

①习性：草本　②海拔：2000～2200m　③分布：腾冲 隆阳　④分布区类型：15 - 2 - c

天名精 *Carpesium abrotanoides* L.

①习性：草本　②海拔：1400～2100m　③分布：泸水 腾冲　④分布区类型：11

烟管头草 *Carpesium cernuum* L.

①习性：草本　②海拔：1800m　③分布：泸水　④分布区类型：10

小花天名精 *Carpesium minum* Hemsl.

①习性：草本　②海拔：1300～1420m　③分布：隆阳　④分布区类型：15 - 3 - b

绵毛尼泊尔天名精（变种）*Carpesium nepalense* var. lanatum（Hook. f. et T. Thoms. ex C. B. Clarke）Kitam.

①习性：草本　②海拔：1800～2700m　③分布：腾冲　④分布区类型：15 - 3 - c

尼泊尔天名精 *Carpesium nepalense* Less.

①习性：草本　②海拔：2182m　③分布：隆阳　④分布区类型：14 - 2

暗花金挖耳 *Carpesium triste* Maxim.

①习性：草本　②海拔：2600m　③分布：泸水　④分布区类型：11

石胡荽 *Centipeda minima*（L.）A. Br. et Aschers.

　　①习性：草本　②海拔：800m　③分布：泸水　④分布区类型：5

灰蓟 *Cirsium griseum* Levl.

　　①习性：草本　②海拔：2200～3000m　③分布：腾冲　④分布区类型：15－3－a

刺苞蓟 *Cirsium henryi*（Franch.）Diels

　　①习性：草本　②海拔：2150m　③分布：泸水　④分布区类型：15－3－a

陕西蓟 *Cirsium shansiense* Petrak

　　①习性：草本　②海拔：1800m　③分布：腾冲　④分布区类型：15－3－b

尼泊尔藤菊 *Cissampelopsis buimalia*（Buch. – Ham. ex D. Don）C. Jeffrey et Y. L. Chen

　　①习性：藤本　②海拔：2100m　③分布：腾冲　④分布区类型：14－2

膜叶菊藤 *Cissampelopsis corifolia* C. Jeffery et Y. L. Chen

　　①习性：草本　②海拔：1800～3000m　③分布：腾冲　④分布区类型：14－2

熊胆草 *Conyza blinii* Levl.

　　①习性：草本　②海拔：600～2100m　③分布：隆阳　④分布区类型：15－3－a

白酒草 *Conyza japonica*（Thunb.）Less.

　　①习性：草本　②海拔：1300～1650m　③分布：腾冲　④分布区类型：7

野茼蒿 *Crassocephalum crepidioides*（Benth.）S. Moore

　　①习性：草本　②海拔：650m　③分布：泸水 腾冲　④分布区类型：6

鱼眼草 *Dichrocephala auriculata*（Thunb.）Durce

　　①习性：草本　②海拔：1530m　③分布：泸水 腾冲　④分布区类型：6

小鱼眼草 *Dichrocephala benthamii* C. B. Clarke

　　①习性：草本　②海拔：1350～3200m　③分布：腾冲 隆阳　④分布区类型：7－2

菊叶鱼眼草 *Dichrocephala chrysanthemifolia* DC.

　　①习性：草本　②海拔：1320～2000m　③分布：腾冲 隆阳　④分布区类型：6

长柄厚喙菊 *Dubyaea rubra* Stebbins

　　①习性：草本　②海拔：3100～3600m　③分布：腾冲 隆阳　④分布区类型：15－3－a

鳢肠 *Eclipta prostrata*（L.）L.

　　①习性：草本　②海拔：686m　③分布：隆阳　④分布区类型：2

地胆草 *Elephantopus scaber* L.

　　①习性：草本　②海拔：1300m　③分布：腾冲 隆阳　④分布区类型：2

一点红 *Emilia sonchifolia*（L.）DC.

　　①习性：草本　②海拔：600～2100m　③分布：隆阳　④分布区类型：6

短葶飞蓬 *Erigeron breviscapus*（Vant.）Hand. – Mazz.

　　①习性：草本　②海拔：1200～3500m　③分布：腾冲 隆阳　④分布区类型：15－3－b

华泽兰 *Eupatorium chinense* L.

　　①习性：草本　②海拔：1950～2300m　③分布：泸水　④分布区类型：15－3－c

异叶泽兰 *Eupatorium heterophyllum* DC.

　　①习性：草本　②海拔：2100～2400m　③分布：腾冲 隆阳　④分布区类型：14－2

裂叶泽兰（变种）*Eupatorium japonicum* Thunb. var. tripartitum Makino

　　①习性：草本　②海拔：2100m　③分布：泸水　④分布区类型：15－3－c

白头婆 *Eupatorium japonicum* Thunb.

①习性：草本　②海拔：1210m　③分布：腾冲　④分布区类型：14 – 1

鼠麹草 *Gnaphalium affina* D. Don

①习性：草本　②海拔：1510m　③分布：泸水　④分布区类型：7

秋鼠麹草 *Gnaphalium hypoleucum* DC.

①习性：草本　②海拔：2100m　③分布：泸水　④分布区类型：7

匙叶鼠麹草 *Gnaphalium pensylvanicum* Willd.

①习性：草本　②海拔：1000m　③分布：腾冲 隆阳　④分布区类型：2

木耳菜 *Gynura cusimbua*（D. Don）S. Moore

①习性：草本　②海拔：1400 ~ 2150m　③分布：腾冲 泸水　④分布区类型：7

菊三七 *Gynura japonica*（Thunb.）Juel.

①习性：草本　②海拔：1200 ~ 2800m　③分布：泸水　④分布区类型：14 – 1

羊耳菊 *Inula cappa*（Buch. – Ham.）DC.

①习性：灌木　②海拔：1653m　③分布：泸水 腾冲　④分布区类型：7

泽兰旋复花 *Inula eupatorioides* DC.

①习性：灌木　②海拔：1400 ~ 1600m　③分布：隆阳　④分布区类型：7 – 4

水朝阳草 *Inula helianthus – aquatica* C. Y. Wu ex Ling

①习性：灌木　②海拔：1200 ~ 2800m　③分布：腾冲　④分布区类型：15 – 3 – c

显脉旋复花 *Inula nervosa* Wall.

①习性：草本　②海拔：1450m　③分布：腾冲　④分布区类型：7 – 4

细叶小苦荬 *Ixeridium gracile*（DC.）Shih

①习性：草本　②海拔：1800 ~ 1900m　③分布：泸水　④分布区类型：14 – 2

马兰 *Kalimeris indica*（L.）Sch. – Bip.

①习性：草本　②海拔：1700m　③分布：腾冲　④分布区类型：15 – 3 – c

异叶莴苣 *Lactuca diversifolia* Vaniot

①习性：草本　②海拔：2480m　③分布：泸水　④分布区类型：15 – 3 – b

大花莴苣 *Lactuca grandiflora* Franch.

①习性：草本　②海拔：3100m　③分布：隆阳　④分布区类型：15 – 1 – a

翼齿六棱菊 *Laggera pterodonta*（DC.）Benth.

①习性：草本　②海拔：1000m　③分布：腾冲 隆阳　④分布区类型：6

华火绒草 *Leontopodium sinense* Hemsl.

①习性：草本　②海拔：2300m　③分布：泸水　④分布区类型：15 – 3 – a

缅甸橐吾 *Ligularia chimiliensis* Chang

①习性：草本　②海拔：3600m　③分布：泸水　④分布区类型：14 – 2

大黄橐吾 *Ligularia duciformis*（C. Winkl.）Hand. —Mazz.

①习性：草本　②海拔：3200m　③分布：隆阳　④分布区类型：15 – 3 – b

隐舌橐吾 *Ligularia franchetiana*（Levl.）Hand. – Mazz.

①习性：草本　②海拔：3500 ~ 4000m　③分布：腾冲 隆阳　④分布区类型：14 – 2

单舌橐吾 *Ligularia oligonema* Hand. – Mazz.

①习性：草本　②海拔：3100 ~ 4000m　③分布：泸水　④分布区类型：15 – 2 – b

独舌橐吾 *Ligularia rockiana* Hand. – Mazz.

①习性：草本　②海拔：2950 ~ 3100m　③分布：泸水　④分布区类型：15 – 2 – b

橐吾 *Ligularia sibirica* （L.） Cass.

　　①习性：草本　②海拔：373－2200m　③分布：腾冲 隆阳　④分布区类型：8

横叶橐吾 *Ligularia transversifolia* Hand. – Mazz.

　　①习性：草本　②海拔：3188m　③分布：隆阳　④分布区类型：14－2

小舌菊 *Microglossa pyrifolia* （Lam.） O. Kuntze

　　①习性：灌木　②海拔：400～1800m　③分布：腾冲 隆阳　④分布区类型：7

圆舌粘冠草 *Myriactis nepalensis* Less.

　　①习性：草本　②海拔：1250～3400m　③分布：泸水　④分布区类型：14－2

狐狸草 *Myriactis wallichii* Less.

　　①习性：草本　②海拔：2182m　③分布：泸水 腾冲　④分布区类型：14－2

粘冠草 *Myriactis wightii* DC.

　　①习性：草本　②海拔：2900m　③分布：腾冲 隆阳　④分布区类型：14－2

多裂紫菊 *Notoseris henryi* （Dunn） Shih

　　①习性：草本　②海拔：2600～2900m　③分布：泸水 腾冲　④分布区类型：15－3－b

蕨叶假福王草 *Paraprenanthes polypodifolia* （Franch.） Chang

　　①习性：草本　②海拔：1880m　③分布：泸水　④分布区类型：15－3－a

兔儿风蟹甲草 *Parasenecio ainsliiflorus* （Franch.） Y. L. Chen

　　①习性：草本　②海拔：1500m　③分布：泸水　④分布区类型：15－3－a

戟状蟹甲草 *Parasenecio hastiformis* Y. L. Chen

　　①习性：草本　②海拔：2400m　③分布：腾冲 隆阳　④分布区类型：15－2－d

毛裂蜂斗菜 *Petasites tricholobus* Franch.

　　①习性：草本　②海拔：1780～2400m　③分布：腾冲 隆阳　④分布区类型：15－3－c

滇苦菜 *Picris divaricata* Vaniot

　　①习性：草本　②海拔：1400～2540m　③分布：腾冲 隆阳　④分布区类型：15－3－a

毛连菜 *Picris hieracioides* L.

　　①习性：草本　②海拔：1450～2300m　③分布：泸水　④分布区类型：10

长褐毛毛连菜（变种）*Picris hieracloides* L. subsp. *fuscipilosa* Hand. – Mazz.

　　①习性：草本　②海拔：1900～2350m　③分布：泸水　④分布区类型：15－3－a

西南垂序苣 *Prenanthes henryi* Dunn

　　①习性：草本　②海拔：2600～2900m　③分布：泸水 腾冲　④分布区类型：15－3－c

云南福王草 *Prenanthes yakoensis* J. F. Jeffrey ex Diels

　　①习性：藤本　②海拔：1300～2800m　③分布：腾冲　④分布区类型：15－1－b

秋分草 *Rhynchospermum verticillatum* Reinw.

　　①习性：草本　②海拔：1450～1950m　③分布：腾冲　④分布区类型：7

大坪风毛菊 *Saussurea chetchozensis* Franch.

　　①习性：草本　②海拔：2354m　③分布：隆阳　④分布区类型：15－3－a

大理风毛菊 *Saussurea delavayi* Franch.

　　①习性：草本　②海拔：3500m　③分布：泸水　④分布区类型：15－2－b

三角叶风毛菊 *Saussurea deltoides* （DC.） Sch. – Bip.

　　①习性：草本　②海拔：1300～2600m　③分布：泸水 腾冲　④分布区类型：7－4

密花千里光 *Senecio densiflorus* Wall. ex DC.

①习性：灌木 ②海拔：1300～2500m ③分布：泸水 隆阳 ④分布区类型：14－2
纤花千里光 *Senecio graciliflorus* DC.

①习性：草本 ②海拔：2000～3200m ③分布：腾冲 隆阳 ④分布区类型：14－2
菊状千里光 *Senecio laetus* Edgew.

①习性：草本 ②海拔：2227m ③分布：腾冲 ④分布区类型：14－2
蕨叶千里光 *Senecio pteridophyllus* Franch.

①习性：草本 ②海拔：2700～2900m ③分布：泸水 腾冲 ④分布区类型：15－2－b
蕨齿千里光 *Senecio pteropodus* W. W. Sm.

①习性：草本 ②海拔：2150～4100m ③分布：泸水 ④分布区类型：15－2－e
赤褐脉千里光 *Senecio rufinervis* DC.

①习性：草本 ②海拔：1860～2000m ③分布：腾冲 ④分布区类型：15－2－e
千里光 *Senecio scandens* Buch. － Ham.

①习性：草本 ②海拔：1400m ③分布：泸水 隆阳 ④分布区类型：7－4
三舌千里光 *Senecio triligulatus* Buch. － Ham. ex D. Don

①习性：草本 ②海拔：1850m ③分布：泸水 隆阳 ④分布区类型：15－2－c
弯齿千里光 *Senecio wightii* （DC. ex Wight） Benth. ex C. B. Clarke

①习性：草本 ②海拔：2950～3100m ③分布：泸水 ④分布区类型：15－3－b
薄叶麻花头 *Serratula marginata* Taush.

①习性：草本 ②海拔：1500m ③分布：泸水 ④分布区类型：15－3－a
豨莶 *Siegesbeckia orientalis* L.

①习性：草本 ②海拔：1300～1450m ③分布：泸水 隆阳 ④分布区类型：8
无腺腺梗豨莶 *Siegesbeckia pubescens* Makino form. eglandulosa Ling et Hwang

①习性：草本 ②海拔：500～1600m ③分布：腾冲 ④分布区类型：15－3－c
蒲儿根 *Sinosenecio oldhamianus* （Maxim.） B. Nord.

①习性：草本 ②海拔：1640～2700m ③分布：泸水 ④分布区类型：11
苣荬菜 *Sonchus arvensis* L.

①习性：草本 ②海拔：300～2300m ③分布：腾冲 隆阳 ④分布区类型：1
南苦苣菜 *Sonchus lingianus* Shih

①习性：草本 ②海拔：2100m ③分布：腾冲 隆阳 ④分布区类型：15－3－b
苦苣菜 *Sonchus oleraceus* L.

①习性：草本 ②海拔：1750m ③分布：泸水 ④分布区类型：1
栉齿细莴苣 *Stenoseris triflora* Chang et Shih

①习性：草本 ②海拔：2100～2600m ③分布：腾冲 隆阳 ④分布区类型：15－2－c
翅柄合耳菊 *Synotis alata* （wall. ex DC.） C. Jeffrey et Y. L. Chen

①习性：草本 ②海拔：1900～4000m ③分布：腾冲 隆阳 ④分布区类型：7－2
密花合耳菊 *Synotis cappa* （Buch. － Ham. ex D. Don） C. Jeffrey et Y. L. Chen

①习性：草本 ②海拔：1450～2300m ③分布：腾冲 ④分布区类型：7－4
昆明合耳菊 *Synotis cavaleriei* （Levl.） C. Jeffrey et Y. L. Chen

①习性：草本 ②海拔：1500m ③分布：腾冲 隆阳 ④分布区类型：15－3－a
红缨合耳菊 *Synotis erythropappa* （Bur. et Franch.） C. Jeffrey et Y. L. Chen

①习性：草本 ②海拔：1500～3900m ③分布：泸水 ④分布区类型：15－3－b

聚花合耳菊 *Synotis glomerata*（F. J. Jeffrey）C. Jeffrey et Y. L. Chen

　　①习性：草本　②海拔：2500～3300m　③分布：腾冲　④分布区类型：15－1－b

丽江合耳菊 *Synotis lucorum*（Franch.）C. Jeffrey et Y. L. Chen

　　①习性：草本　②海拔：2000m　③分布：腾冲 隆阳　④分布区类型：15－2－b

锯叶合耳菊 *Synotis nagensium*（C. B. Clarke）C. Jeffrey et Y. L. Chen

　　①习性：草本　②海拔：1300～2000m　③分布：腾冲　④分布区类型：14－2

腺毛合耳菊 *Synotis saluenensis*（Diels）C. Jeffrey et Y. L. Chen

　　①习性：草本　②海拔：1000～3000m　③分布：泸水 腾冲　④分布区类型：7－4

林荫合耳菊 *Synotis sciatrephes*（W. W. Smith）C. Jeffrey et Y. L. Chen

　　①习性：草本　②海拔：2878m　③分布：隆阳　④分布区类型：15－2－b

三舌合耳菊 *Synotis triligulata*（Buch. – Ham. ex D. Don）C. Jeffrey et Y. L. Chen

　　①习性：草本　②海拔：1200～2100m　③分布：泸水 腾冲　④分布区类型：7

黄白合耳菊 *Synotis xantholeuca*（Hand. – Mazz.）C. Jeffrey et Y. L. Chen

　　①习性：草本　②海拔：2200～2700m　③分布：腾冲 隆阳　④分布区类型：15－2－d

蒲公英 *Taraxacum mongolicum* Hand. – Mazz.

　　①习性：草本　②海拔：1000～3000m　③分布：腾冲 隆阳　④分布区类型：11

白缘蒲公英 *Taraxacum platypecidum* Diels

　　①习性：草本　②海拔：1600m　③分布：泸水　④分布区类型：11

喜斑鸠菊 *Vernonia blanda*（Wall.）DC.

　　①习性：灌木　②海拔：1880～1980m　③分布：腾冲　④分布区类型：7

夜香牛 *Vernonia cinerea*（L.）Less.

　　①习性：灌木　②海拔：1500～1800m　③分布：泸水　④分布区类型：7－4

叉枝斑鸠菊 *Vernonia divergens*（DC.）Edgew.

　　①习性：灌木　②海拔：1250～1500m　③分布：隆阳　④分布区类型：7－3

斑鸠菊 *Vernonia esculenta* Hemsl.

　　①习性：灌木　②海拔：1700m　③分布：隆阳　④分布区类型：15－3－a

展枝斑鸠菊 *Vernonia extensa*（Wall.）DC.

　　①习性：灌木　②海拔：2227m　③分布：泸水 腾冲 龙陵　④分布区类型：14－2

滇缅斑鸠菊 *Vernonia parishii* Hook. f.

　　①习性：灌木　②海拔：900～2700m　③分布：泸水 腾冲　④分布区类型：7－4

柳叶斑鸠菊 *Vernonia saligna*（Wall.）DC.

　　①习性：草本　②海拔：1300～2200m　③分布：泸水 龙陵　④分布区类型：7

茄叶斑鸠菊 *Vernonia solanifolia* Benth.

　　①习性：灌木　②海拔：1653m　③分布：隆阳　④分布区类型：7

大叶斑鸠菊 *Vernonia volkameriifolia*（Wall.）DC.

　　①习性：灌木　②海拔：1365m　③分布：泸水 隆阳　④分布区类型：7

麻叶蟛蜞菊 *Wedelia urticifolia* DC.

　　①习性：草本　②海拔：1000～1600m　③分布：泸水　④分布区类型：15－3－a

褐黄鸦菜 *Youngia fusca*（Babcock）Babcock et Stebbins

　　①习性：草本　②海拔：1450～2500m　③分布：隆阳　④分布区类型：15－2－e

黄鹌菜 *Youngia japonica*（L.）DC.

①习性：草本　②海拔：1200～1900m　③分布：腾冲 隆阳　④分布区类型：14－2

羽裂黄鹌菜 *Youngia paleacea*（Diels）Babcock et Stebbins

①习性：草本　②海拔：2050～2900m　③分布：腾冲 隆阳　④分布区类型：15－3－a

239. 龙胆科 Gentianaceae

（34）

纤枝喉毛花 *Comastoma stellariifolium*（Franch. ex Hemsl.）Holub

①习性：草本　②海拔：2800～4100m　③分布：腾冲 隆阳　④分布区类型：14－2

杯药草 *Cotylanthera paucisquama* C. B. Clarke

①习性：草本　②海拔：2227m　③分布：腾冲　④分布区类型：14－2

大花蔓龙胆 *Crawfurdia angustata* C. B. Clark

①习性：草本　②海拔：2878m　③分布：隆阳　④分布区类型：14－2

云南蔓龙胆 *Crawfurdia campanulacea* Wall. et Griff. ex C. B. Clarke

①习性：草本　②海拔：1600～2700m　③分布：泸水 腾冲 龙陵　④分布区类型：15－2－f

繁缕状龙胆 *Gentiana alsinoides* Franch.

①习性：草本　②海拔：2700～3350m　③分布：腾冲 隆阳　④分布区类型：15－3－a

异药龙胆 *Gentiana anisostemon* Marq.

①习性：草本　②海拔：3600～4300m　③分布：腾冲 隆阳　④分布区类型：15－2－d

缅甸龙胆 *Gentiana burmensis* Marq.

①习性：草本　②海拔：1930～3600m　③分布：泸水　④分布区类型：15－1－b

头花龙胆 *Gentiana cephalantha* Franch. ex Hemsl.

①习性：草本　②海拔：2878m　③分布：泸水 腾冲　④分布区类型：15－3－b

粗茎秦艽 *Gentiana crassicaulis* Duthie ex Burk.

①习性：草本　②海拔：2878m　③分布：隆阳　④分布区类型：15－3－c

苍白龙胆 *Gentiana forrestii* Marq.

①习性：草本　②海拔：2878m　③分布：隆阳　④分布区类型：15－2－b

密枝龙胆 *Gentiana franchetiana* Kusnez.

①习性：草本　②海拔：1400～2300m　③分布：腾冲 隆阳　④分布区类型：15－3－a

帚枝龙胆 *Gentiana intricata* Marq.

①习性：草本　②海拔：2000～3500m　③分布：隆阳　④分布区类型：15－2－d

亚麻状龙胆 *Gentiana linoides* Franch. ex Hemsl.

①习性：草本　②海拔：3000～4000m　③分布：腾冲 隆阳　④分布区类型：15－2－b

马耳山龙胆 *Gentiana maeulchanensis* Franch.

①习性：草本　②海拔：2500～3600m　③分布：腾冲 隆阳　④分布区类型：15－2－b

寡流苏龙胆 *Gentiana mairei* Levl.

①习性：草本　②海拔：2450～3925m　③分布：腾冲 隆阳　④分布区类型：15－2－g

念珠脊龙胆 *Gentiana moniliformis* Marq.

①习性：草本　②海拔：2100m　③分布：腾冲　④分布区类型：15－1－a

小龙胆 *Gentiana parvula* H. Smith

①习性：草本　②海拔：1200～2800m　③分布：龙陵　④分布区类型：15－3－a

外弯龙胆 *Gentiana recurvata* C. B. Clarke

　　①习性：草本　②海拔：1500m　③分布：腾冲 隆阳　④分布区类型：14－2

红花龙胆 *Gentiana rhodantha* Franch. ex Hemsl.

　　①习性：草本　②海拔：1600m　③分布：隆阳　④分布区类型：15－3－b

滇龙胆草 *Gentiana rigescens* Franch. ex Hemsl.

　　①习性：草本　②海拔：1100～2600m　③分布：腾冲 隆阳　④分布区类型：15－3－b

大理龙胆 *Gentiana taliensis* Balf. f. et Forrest

　　①习性：草本　②海拔：1800～2700m　③分布：龙陵　④分布区类型：15－3－a

椭圆叶花锚 *Halenia elliptica* D. Don

　　①习性：草本　②海拔：1450～2300m　③分布：泸水　④分布区类型：11

黑紫獐牙菜 *Swertia atroviolacea* H. Smith

　　①习性：草本　②海拔：3400m　③分布：泸水　④分布区类型：15－2－b

獐牙菜 *Swertia bimaculata*（Sieb. et Zucc.）Hook. f. et Thoms C. B. Clark

　　①习性：草本　②海拔：1980m　③分布：腾冲 隆阳 龙陵　④分布区类型：7－4

西南獐牙菜 *Swertia cincta* Burk.

　　①习性：草本　②海拔：2270～3750m　③分布：泸水　④分布区类型：15－3－a

心叶獐牙菜 *Swertia cordata*（G. Don）Wall. ex C. B. Clarke

　　①习性：草本　②海拔：1700～2080m　③分布：腾冲　④分布区类型：14－2

大籽獐牙菜 *Swertia macrosperma*（C. B. Clark）C. B. Clark

　　①习性：草本　②海拔：2878m　③分布：泸水 腾冲　④分布区类型：14－2

青叶胆 *Swertia mileensis* T. N. Ho et W. L. Shi

　　①习性：草本　②海拔：2305m　③分布：隆阳　④分布区类型：15－2－c

显脉獐牙菜 *Swertia nervosa*（G. Don）Wall. ex C. B. Clarke

　　①习性：草本　②海拔：2182m　③分布：隆阳　④分布区类型：14－2

片马獐牙菜 *Swertia pianmaensis* T. N. Ho et S. W. Liu

　　①习性：草本　②海拔：2182m　③分布：泸水　④分布区类型：15－1－a

察隅开獐牙菜 *Swertia zayuensis* T. N. Ho et S. W. Liu

　　①习性：草本　②海拔：2400m　③分布：腾冲 隆阳　④分布区类型：15－3－a

峨眉双蝴蝶 *Tripterospermum cordatum*（Marq.）H. Smith

　　①习性：草本　②海拔：2182m　③分布：隆阳　④分布区类型：15－3－c

毛萼双蝴蝶 *Tripterospermum hirticalyx* C. Y. Wu ex C. J. Wu

　　①习性：草本　②海拔：1400～2100m　③分布：腾冲 隆阳　④分布区类型：15－3－b

黄秦艽 *Veratrilla baillonii* Franch.

　　①习性：草本　②海拔：3400～3800m　③分布：腾冲 隆阳　④分布区类型：14－2

239a. 睡菜科 Menyanthaceae

(2)

睡菜 *Menyanthes trifoliata* L.

　　①习性：草本　②海拔：450～3600m　③分布：腾冲 隆阳　④分布区类型：8

金银莲花 *Nymphoides indica*（L.）O. Kuntze

①习性：草本　②海拔：500～1530m　③分布：腾冲 隆阳　④分布区类型：1

240. 报春花科 Primulaceae
(33)

莲叶点地梅 *Androsace henryi* Oliv.

　　①习性：草本　②海拔：2500～2950m　③分布：腾冲 隆阳　④分布区类型：14－2

藜状珍珠菜 *Lysimachia chenopodioides* Watt ex Hook. f.

　　①习性：草本　②海拔：200～3200m　③分布：腾冲 隆阳　④分布区类型：14－2

临时救 *Lysimachia congestiflora* Hemsl.

　　①习性：草本　②海拔：2320m　③分布：泸水　④分布区类型：7－4

延叶珍珠菜 *Lysimachia decurrens* Forst. f.

　　①习性：草本　②海拔：2182m　③分布：隆阳　④分布区类型：14

小寸金黄（变种）*Lysimachia deltoidea* Wight. var. *cinerascens* Franch.

　　①习性：草本　②海拔：1600～2500m　③分布：泸水 腾冲　④分布区类型：7－3

锈毛过路黄 *Lysimachia drymarifolia* Franch.

　　①习性：草本　②海拔：1400～3500m　③分布：腾冲 隆阳　④分布区类型：15－3－a

多枝香草 *Lysimachia laxa* Baudo

　　①习性：草本　②海拔：1500～2700m　③分布：泸水 腾冲　④分布区类型：7

长蕊珍珠菜 *Lysimachia lobelioides* Wall.

　　①习性：草本　②海拔：1530m　③分布：隆阳　④分布区类型：7

小果排草 *Lysimachia mcrocarpa* Hand. – Mazz. ex C. Y. Wu

　　①习性：草本　②海拔：1900m　③分布：隆阳　④分布区类型：14－2

小果香草 *Lysimachia microcarpa* C. Y. Wu

　　①习性：草本　②海拔：1500～2150m　③分布：泸水 腾冲　④分布区类型：14－2

小叶珍珠菜 *Lysimachia parvifolia* Franch.

　　①习性：草本　②海拔：1300m　③分布：腾冲 隆阳　④分布区类型：15－3－b

多育星宿菜 *Lysimachia prolifera* Klatt

　　①习性：草本　②海拔：2700m　③分布：腾冲　④分布区类型：14－2

粗壮珍珠菜 *Lysimachia robusta* Hand. – Mazz.

　　①习性：草本　②海拔：2400m　③分布：腾冲　④分布区类型：15－1－b

茄花香草 *Lysimachia solaniflora* C. Y. Wu

　　①习性：草本　②海拔：1250m　③分布：腾冲 隆阳　④分布区类型：15－2－c

腾冲过路黄 *Lysimachia tengyuehensis* Hand. – Mazz.

　　①习性：草本　②海拔：2400m　③分布：腾冲　④分布区类型：15－1－b

大理独花报春 *Omphalogramma delavayi*（Franch.）Franch.

　　①习性：草本　②海拔：3300～4000m　③分布：泸水　④分布区类型：15－2－b

乳黄雪山报春 *Primula agleniana* Balf. f. et Forr.

　　①习性：草本　②海拔：2900～4000m　③分布：腾冲 隆阳　④分布区类型：14－2

细辛叶报春 *Primula asarifolia* Fletcher

　　①习性：草本　②海拔：2600m　③分布：腾冲　④分布区类型：15－2－b

滇缅灯台报春 *Primula burmanica* Balf. f. et Kingdon – Ward

　　①习性：草本　②海拔：1500m　③分布：腾冲 隆阳　④分布区类型：14 – 2

粉花报春（亚种）*Primula calliantha* Franch. subsp. bryophila（Balf. f. et Farrer）W. W. Smith et Forr.

　　①习性：草本　②海拔：3800 ~ 4000m　③分布：泸水　④分布区类型：14 – 2

腾冲灯台报春 *Primula chrysochlora* Balf. f. et Ward

　　①习性：草本　②海拔：1600 ~ 1800m　③分布：腾冲　④分布区类型：15 – 1 – a

灰绿报春（亚种）*Primula cinerascens* subsp. sinomollis（Balf. f. et Forrest）W. W. Sm. et Forrest

　　①习性：草本　②海拔：1800 ~ 2700m　③分布：腾冲 龙陵　④分布区类型：15 – 1 – a

滇北球花报春（亚种）*Primula denticulata* subsp. *sinodenticulata*

　　①习性：草本　②海拔：1500 ~ 3000m　③分布：腾冲 龙陵　④分布区类型：14 – 2

紫心报春 *Primula euosma* Craib

　　①习性：草本　②海拔：2400 ~ 2800m　③分布：腾冲　④分布区类型：14 – 2

泽地灯台报春 *Primula helodoxa* Balf. f.

　　①习性：草本　②海拔：1600 ~ 2400m　③分布：腾冲　④分布区类型：15 – 1 – a

云南卵叶报春 *Primula Klaveriana* Forr.

　　①习性：草本　②海拔：3000 ~ 3300m　③分布：腾冲 隆阳　④分布区类型：14 – 2

灰毛报春 *Primula mollis* Nutt ex Hook.

　　①习性：草本　②海拔：2400 ~ 2800m　③分布：泸水 腾冲　④分布区类型：14 – 2

鄂报春 *Primula obconica* Hance

　　①习性：草本　②海拔：3300m　③分布：腾冲 隆阳　④分布区类型：15 – 3 – b

糙叶铁梗报春（变种）*Primula sinolisteri* Balf. f. var. *asper* W. W. Sm. et Fletcher

　　①习性：草本　②海拔：2000 ~ 2400m　③分布：腾冲　④分布区类型：15 – 2 – c

华柔毛报春 *Primula sinomollis* Balf. f.

　　①习性：草本　②海拔：1800 ~ 2700m　③分布：腾冲 隆阳　④分布区类型：15 – 2 – b

群居粉报春 *Primula socialis* Chen et C. M. Hu

　　①习性：草本　②海拔：2950m　③分布：腾冲　④分布区类型：15 – 1 – a

苣叶报春 *Primula sonchifolia* Franch.

　　①习性：草本　②海拔：3000 ~ 4600m　③分布：腾冲 隆阳　④分布区类型：14 – 2

大理报春 *Primula taliensis* Forr.

　　①习性：草本　②海拔：2878m　③分布：隆阳　④分布区类型：15 – 2 – b

242. 车前草科 Plantaginaceae
(4)

车前 *Plantago asiatica* L.

　　①习性：草本　②海拔：800 ~ 3200m　③分布：隆阳　④分布区类型：14

平车前 *Plantago depressa* Willd.

　　①习性：草本　②海拔：5 – 4500m　③分布：腾冲 隆阳　④分布区类型：13

大车前 *Plantago major* L.

　　①习性：草本　②海拔：1730m　③分布：腾冲　④分布区类型：10

小车前 *Plantago minuta* Pall.

①习性：草本　②海拔：1220～3000m　③分布：泸水　腾冲　隆阳　④分布区类型：14－2

243. 桔梗科 Campanulaceae
（17）

细萼沙参（亚种）*Adenophora capiflaris* Hemsl. subsp. leptosepala（Diels）Hong
①习性：草本　②海拔：2200～3600m　③分布：腾冲　隆阳　④分布区类型：15－3－a

云南沙参 *Adenophora khasiana*（Hook. f. et Thoms.）Coll. et Hemsl.
①习性：草本　②海拔：1850～2800m　③分布：腾冲　④分布区类型：14－2

球果牧根草 *Asyneuma chinense* Hong
①习性：草本　②海拔：1300～3400m　③分布：泸水　④分布区类型：15－3－b

灰毛风铃草 *Campanula cana* Wall.
①习性：草本　②海拔：1500～1800m　③分布：腾冲　④分布区类型：14－2

西南风铃草 *Campanula colorata* Wall.
①习性：草本　②海拔：1300～1800m　③分布：泸水　④分布区类型：14－2

金钱豹 *Campanumoea javanica* Bl.
①习性：草本　②海拔：400～2200m　③分布：泸水　腾冲　④分布区类型：7－4

小花轮钟草 *Campanumoea parviflora*（Wall.）Benth.
①习性：草本　②海拔：1500m　③分布：腾冲　④分布区类型：7

滇缅党参 *Codonopsis chimiliensis* Anthony
①习性：草本　②海拔：2800～4300m　③分布：泸水　④分布区类型：15－1－b

鸡旦参 *Codonopsis convolulacea* Kurz
①习性：草本　②海拔：1450～3100m　③分布：腾冲　龙陵　④分布区类型：14－2

珠子参（变种）*Codonopsis convolvulacea* Kurz. var. *forrestii*（Diels）Ballard
①习性：草本　②海拔：2000～3200m　③分布：腾冲　泸水　隆阳　④分布区类型：14－2

鸡蛋参 *Codonopsis convolvulacea* Kurz.
①习性：草本　②海拔：1000～3100m　③分布：腾冲　隆阳　④分布区类型：7－2

心叶党参 *Codonopsis cordifolioidea* Tsoong
①习性：草本　②海拔：1300～1800m　③分布：泸水　④分布区类型：15－2－b

片马党参 *Codonopsis pianmaensis* S. H. Huang
①习性：草本　②海拔：3500m　③分布：泸水　④分布区类型：15－1－a

胀萼蓝钟花 *Cyananthus inflatus* Hook. f. et Thoms.
①习性：草本　②海拔：2200m　③分布：隆阳　④分布区类型：14－2

短萼紫锤草 *Lobelia brevisepala*（Y. S. Lian）Lam.
①习性：草本　②海拔：1000～1600m　③分布：腾冲　隆阳　④分布区类型：15－2－b

袋果草 *Peracarpa carnosa* Hook. f. et Thoms.
①习性：草本　②海拔：3000m　③分布：泸水　腾冲　④分布区类型：14

蓝花参 *Wahlenbergia marginata*（Thunb.）A. DC.
①习性：草本　②海拔：2100m　③分布：泸水　④分布区类型：14

244. 半边莲科 Lobeliaceae
（8）

江南山梗菜 *Lobelia davidii* Franch.

①习性：草本　②海拔：1460~2300m　③分布：泸水　④分布区类型：15－3－b

微毛野烟 *Lobelia doniana* Skottsb.

①习性：灌木　②海拔：1300~2200m　③分布：腾冲　④分布区类型：14－2

紫燕草 *Lobelia hybrida* C. Y. Wu

①习性：草本　②海拔：1780~3000m　③分布：腾冲 隆阳 龙陵　④分布区类型：15－2－c

毛萼山梗菜 *Lobelia pleotricha* Diels

①习性：草本　②海拔：500~3000m　③分布：腾冲 隆阳　④分布区类型：15－2－b

西南山梗菜 *Lobelia sequinii* Levl. et Van.

①习性：草本　②海拔：2227m　③分布：腾冲 隆阳　④分布区类型：15－3－b

顶花半边莲 *Lobelia terminalis* C. B. Clarke

①习性：草本　②海拔：200~850m　③分布：腾冲 隆阳　④分布区类型：7

山紫锤草 *Pratia montana*（Reinw.）Hassk.

①习性：草本　②海拔：1300~2600m　③分布：龙陵　④分布区类型：7

铜锤玉带草 *Pratia nummularia*（Lam.）A. Br. et Aschors

①习性：草本　②海拔：1800m　③分布：泸水 腾冲 隆阳　④分布区类型：3

249. 紫草科 Boraginaceae
（12）

长蕊斑种草 *Antiotrema dunnianum*（Diels）Hand. – Mazz.

①习性：草本　②海拔：1800~2700m　③分布：泸水　④分布区类型：15－3－a

柔弱斑种草 *Bothriospermum tenellum*（Hornem.）Fisch. et Mey.

①习性：草本　②海拔：1600m　③分布：隆阳　④分布区类型：11

倒提壶 *Cynoglossum amabile* Stapf et Drumm.

①习性：草本　②海拔：2100m　③分布：泸水　④分布区类型：14－2

小花琉璃草（亚种）*Cynoglossum lanceolatum* Forsk. ssp. eulanceolatum Brand.

①习性：草本　②海拔：2600m　③分布：腾冲　④分布区类型：6

小花琉璃草 *Cynoglossum lanceolatum* Forsk.

①习性：草本　②海拔：1510m　③分布：隆阳　④分布区类型：6

西南琉璃草 *Cynoglossum wallichii* G. Don

①习性：草本　②海拔：1300~3600m　③分布：腾冲 隆阳　④分布区类型：13

琉璃草 *Cynoglossum zeylanicum*（Vahl）Thunb. ex Lehm.

①习性：草本　②海拔：1469m　③分布：泸水 腾冲　④分布区类型：11

大叶假鹤虱 *Eritrichium brachytubum*（Diels）Lian et J. Q. Wang

①习性：草本　②海拔：2300~3800m　③分布：泸水 腾冲 隆阳　④分布区类型：14－2

异型假鹤虱 *Eritrichium difforme* Lian et J. Q. Wang

①习性：草本　②海拔：3149m　③分布：隆阳　④分布区类型：15－3－a

易门滇紫草 *Onosma decastichum* Y. L. Liu

①习性：草本　②海拔：1250m　③分布：腾冲 隆阳　④分布区类型：15－2－e

毛束草 *Trichodesma calycosum* Coll. et Hemsl.

①习性：灌木　②海拔：1100~2200m　③分布：泸水　④分布区类型：14－2

毛脉附地菜 *Trigonotis microcarpa*（Wall.）Benth.

　　①习性：草本　②海拔：2850m　③分布：泸水　④分布区类型：14－2

249a. 厚壳树科 Ehretiaceae
（1）

西南粗糠树 *Ehretia corylifolia* C. H. Wright

　　①习性：灌木　②海拔：3000m　③分布：泸水　④分布区类型：15－3－a

250. 茄科 Solanaceae
（14）

赛莨菪 *Anisodus carniolicoides*（C. Y. Wu et C. Chen）D'Arcy et Z. Y. Zhang

　　①习性：草本　②海拔：3000～3600m　③分布：腾冲　④分布区类型：15－3－a

红丝线 *Lycianthes biflora*（Loureiro）Bitter

　　①习性：灌木　②海拔：1469m　③分布：隆阳　④分布区类型：7

密毛红丝线（变种）*Lycianthes biflora*（Lour.）Bitter var. *subtusochracea* Bitter

　　①习性：草本　②海拔：1200～1700m　③分布：腾冲 隆阳　④分布区类型：15－2－i

单花红丝线 *Lycianthes lysimachioides*（Wall.）Bitter

　　①习性：草本　②海拔：1320～1600m　③分布：泸水 腾冲　④分布区类型：14－2

大齿红丝线 *Lycianthes macrodon*（Wallichex Nees）Bitter

　　①习性：草本　②海拔：1500m　③分布：腾冲　④分布区类型：15－3－a

滇红丝线 *Lycianthes yunnanensis*（Bitter）C. Y. Wu et S. C. Huang

　　①习性：灌木　②海拔：1350m　③分布：腾冲　④分布区类型：15－3－b

茄参 *Mandragora caulescens* C. B. Clarke

　　①习性：草本　②海拔：3200～4000m　③分布：泸水　④分布区类型：14－2

苦蘵 *Physalis angulata* L.

　　①习性：草本　②海拔：1600m　③分布：腾冲 隆阳　④分布区类型：3

少花龙葵 *Solanum americanum* Mill.

　　①习性：草本　②海拔：650m　③分布：隆阳　④分布区类型：1

刺天茄 *Solanum indicum* Linn.

　　①习性：灌木　②海拔：1462m　③分布：泸水 腾冲　④分布区类型：1

龙葵 *Solanum nigrum* L.

　　①习性：草本　②海拔：1350～1500m　③分布：泸水 腾冲　④分布区类型：1

海桐叶白英 *Solanum pittosporifolium* Hemsl.

　　①习性：灌木　②海拔：1450～2300m　③分布：泸水　④分布区类型：15－3－b

旋花茄 *Solanum spirale* Roxb.

　　①习性：灌木　②海拔：1000～1900m　③分布：泸水 龙陵　④分布区类型：7

黄果茄 *Solanum xanthocarpum* Schrad. et Wendl.

　　①习性：草本　②海拔：1280m　③分布：隆阳　④分布区类型：6

251. 旋花科 Convolvulaceae
(8)

亮叶银背藤 *Argyreia splendens*（Roxb.）Sweet.
　①习性：藤本　②海拔：1000～1400m　③分布：泸水 隆阳　④分布区类型：14－2

马蹄金 *Dichondra repens* Forst.
　①习性：草本　②海拔：1650m　③分布：隆阳　④分布区类型：2

毛果薯 *Ipomoea eriocarpa* R. Br.
　①习性：草本　②海拔：500～1600m　③分布：泸水　④分布区类型：4

小心叶薯 *Ipomoea obscura*（Linn.）Ker－Gawl.
　①习性：草本　②海拔：580～1000m　③分布：腾冲 隆阳　④分布区类型：4

山土瓜 *Merremia hungaiensis*（Lingelsh. et Borza）R. C. Fang
　①习性：草本　②海拔：1653m　③分布：隆阳　④分布区类型：15－3－a

掌叶鱼黄草 *Merremia vitifolia*（Burm. f.）Hall. f.
　①习性：草本　②海拔：2227m　③分布：腾冲 隆阳　④分布区类型：7

飞蛾藤 *Porana racemosa* Roxb.
　①习性：灌木　②海拔：1400～1700m　③分布：泸水 腾冲 隆阳　④分布区类型：7－4

大果飞蛾藤（变种）*Porana sinensis* var. *delavayi*（Gagn. et Courch.）Rehd.
　①习性：灌木　②海拔：1000～2200m　③分布：泸水 腾冲 隆阳　④分布区类型：15－3－c

251a. 菟丝子科 Cuscutaceae
(2)

菟丝子 *Cuscuta chinensis* Lam.
　①习性：草本　②海拔：1470m　③分布：隆阳　④分布区类型：4

大花菟丝子 *Cuscuta reflexa* Roxb.
　①习性：草本　②海拔：1300～2700m　③分布：泸水 腾冲 隆阳　④分布区类型：7

252. 玄参科 Scrophulariaceae
(56)

来江藤 *Brandisia hancei* Hook. f.
　①习性：灌木　②海拔：1940～2600m　③分布：泸水　④分布区类型：15－3－b

幌菊 *Ellisiophyllum pinnatum*（Wall.）Makino
　①习性：草本　②海拔：1850m　③分布：腾冲　④分布区类型：14

鞭打绣球 *Hemiphragma heterophyllum* Wall.
　①习性：草本　②海拔：1660m　③分布：泸水 腾冲 隆阳　④分布区类型：7－4

抱茎石龙尾 *Limnophila connata*（Buch.－Ham. ex D. Don）Hand.－Mazz.
　①习性：草本　②海拔：1200～1600m　③分布：腾冲　④分布区类型：14－2

钟萼草 *Lindenbergia philippensis*（Chum.）Benth.
　①习性：草本　②海拔：1000～2000m　③分布：泸水　④分布区类型：7

野地钟萼草 *Lindenbergia ruderalis*（Vahl）O. Ktze.

①习性：草本　②海拔：800～2600m　③分布：腾冲　④分布区类型：7

长蒴母草 *Lindernia anagallis*（Burm. f.）Pennell

①习性：草本　②海拔：790m　③分布：隆阳　④分布区类型：15－3－b

狭叶母草 *Lindernia angustifolia*（Benth.）Wettst.

①习性：草本　②海拔：710m　③分布：泸水　④分布区类型：14

泥花草 *Lindernia antipoda*（L.）Alston

①习性：草本　②海拔：1409m　③分布：隆阳　④分布区类型：5

母草 *Lindernia crustacea*（L.）F. Muell

①习性：草本　②海拔：1000m　③分布：腾冲 隆阳　④分布区类型：2

尖果母草 *Lindernia hyssopioides*（L.）Haines

①习性：草本　②海拔：1600m　③分布：腾冲　④分布区类型：7

宽叶母草 *Lindernia nummularifolia*（D. Don）Wettst.

①习性：草本　②海拔：1300～1350m　③分布：隆阳　④分布区类型：14－2

陌上菜 *Lindernia procumbens*（Krock.）Philcox

①习性：草本　②海拔：790m　③分布：隆阳　④分布区类型：10

细茎母草 *Lindernia pusilla*（Willd.）Boldingh

①习性：草本　②海拔：850～1550m　③分布：泸水　④分布区类型：6

旱田草 *Lindernia ruellioides*（Colsm.）Pennell

①习性：草本　②海拔：1721m　③分布：隆阳　④分布区类型：5

琴叶通泉草 *Mazus celsioides* Hand. - Mazz.

①习性：草本　②海拔：2000m　③分布：腾冲 隆阳　④分布区类型：15－3－a

低矮通泉草 *Mazus humilis* Hand. - Mazz.

①习性：草本　②海拔：1300～1400m　③分布：泸水　④分布区类型：15－3－a

通泉草 *Mazus japonicus*（Thunb.）O. Kuntze

①习性：草本　②海拔：2878m　③分布：隆阳　④分布区类型：7

通泉草多枝（变种）*Mazus pumilus* var. *delavayi*（Bonati）T. L. Chin ex D. Y. Hong

①习性：草本　②海拔：1200～3300m　③分布：泸水　④分布区类型：14－2

西藏通泉草 *Mazus surculosus* D. Don

①习性：草本　②海拔：1200～3300m　③分布：泸水　④分布区类型：14－2

匐生沟酸浆 *Mimulus bodinieri* Vant.

①习性：草本　②海拔：1900m　③分布：腾冲　④分布区类型：15－2－f

四川沟酸浆 *Mimulus szechuanensis* Pai

①习性：草本　②海拔：1300～3900m　③分布：泸水　④分布区类型：15－3－a

沟酸浆 *Mimulus tenellus* Bunge

①习性：草本　②海拔：1650m　③分布：隆阳　④分布区类型：11

高大沟酸浆（变种）*Mimulus tenellus* var. *procerus*（Grant）Hand. - Mazz.

①习性：草本　②海拔：3400～4300m　③分布：腾冲 隆阳　④分布区类型：15－3－a

尼泊尔沟酸浆（变种）*Mimulus tenellus* Bunge var. *nepalensis*（Benth.）Tsoong

①习性：草本　②海拔：1320～2300m　③分布：泸水 腾冲　④分布区类型：14－1

腋花马先蒿 *Pedicularis axillaris* Franch.

①习性：草本　②海拔：2230~4000m　③分布：泸水 隆阳　④分布区类型：15-3-a

短盔马先蒿 *Pedicularis brachycrania* Li

①习性：草本　②海拔：3500m　③分布：泸水　④分布区类型：15-3-a

杜氏马先蒿 *Pedicularis duclouxii* Bonati

①习性：草本　②海拔：3149m　③分布：隆阳　④分布区类型：14-2

中国纤细马先蒿（亚种）*Pedicularis gracilis* Wall. subsp. sinensis（Li）Tsoong

①习性：草本　②海拔：1500m　③分布：泸水　④分布区类型：15-3-b

纤细马先蒿 *Pedicularis gracilis* Wall.

①习性：草本　②海拔：2500m　③分布：腾冲 隆阳　④分布区类型：14-2

矮马先蒿 *Pedicularis humilis* Bonati

①习性：草本　②海拔：3100~4500m　③分布：隆阳　④分布区类型：15-2-a

澜沧马先蒿 *Pedicularis monbeigiana* Bonati

①习性：草本　②海拔：2700~4000m　③分布：泸水　④分布区类型：15-3-a

尖果马先蒿 *Pedicularis oxycarpa* Franch. ex Maxim.

①习性：草本　②海拔：3300m　③分布：隆阳　④分布区类型：15-3-a

之形喙马先蒿 *Pedicularis sigmoidea* Franch.

①习性：草本　②海拔：3000~4300m　③分布：腾冲　④分布区类型：15-2-a

维氏马先蒿 *Pedicularis vialii* Franch.

①习性：草本　②海拔：2500~3800m　③分布：腾冲 隆阳　④分布区类型：14-2

松蒿 *Phtheirospermum japonicum*（Thunb.）Kanitz

①习性：草本　②海拔：1380~2300m　③分布：腾冲　④分布区类型：11

细裂叶松蒿 *Phtheirospermum tanuisectum* Bur.

①习性：草本　②海拔：1900~3000m　③分布：腾冲　④分布区类型：15-3-c

大花玄参 *Scrophularia delavayi* Franch.

①习性：草本　②海拔：3800m　③分布：腾冲　④分布区类型：15-3-a

高玄参 *Scrophularia elatior* Benth.

①习性：草本　②海拔：2000~3000m　③分布：腾冲 隆阳　④分布区类型：14-2

高山玄参 *Scrophularia hypsophila* Hand. - Mazz.

①习性：草本　②海拔：2900~4000m　③分布：腾冲　④分布区类型：15-1-b

单齿玄参 *Scrophularia mandarinorum* Franch.

①习性：草本　②海拔：1800~3800m　③分布：泸水　④分布区类型：15-3-a

阴行草 *Siphonostegia chinensis* Benth.

①习性：草本　②海拔：1200~1500m　③分布：腾冲 隆阳　④分布区类型：10

延伸蝴蝶草 *Torenia ascendens* D. D. Tao sp. nov. ined.

①习性：草本　②海拔：840m　③分布：泸水　④分布区类型：15-1-a

长叶蝴蝶草 *Torenia asiatica* L.

①习性：草本　②海拔：1850m　③分布：腾冲　④分布区类型：7

单色蝴蝶草 *Torenia concolor* Lindl.

①习性：草本　②海拔：1900m　③分布：腾冲 隆阳　④分布区类型：15-3-b

黄花蝴蝶草 *Torenia flava* Buch. - Ham.

①习性：草本　②海拔：1500~2000m　③分布：隆阳　④分布区类型：7

光叶蝴蝶草 *Torenia glabra* Osbeck

　　①习性：草本　②海拔：1300~1780m　③分布：腾冲　④分布区类型：15－3－b

紫萼蝴蝶草 *Torenia violacea*（Azaola）Pennell

　　①习性：草本　②海拔：2000m　③分布：泸水　④分布区类型：7

多枝婆婆纳 *Veronica javanica* Bl.

　　①习性：草本　②海拔：1320~1600m　③分布：泸水　④分布区类型：6

疏花婆婆纳 *Veronica laxa* Benth.

　　①习性：草本　②海拔：1900~2500m　③分布：腾冲　④分布区类型：7－2

阿拉伯婆婆纳 *Veronica persica* Poir.

　　①习性：草本　②海拔：1650m　③分布：腾冲 隆阳　④分布区类型：15－3－b

水苦荬 *Veronica undulata* Wall.

　　①习性：草本　②海拔：2000m　③分布：腾冲 隆阳　④分布区类型：14

云南婆婆纳 *Veronica yunnanensis* Hong

　　①习性：草本　②海拔：2500~4000m　③分布：泸水 腾冲　④分布区类型：15－2－b

美穗草 *Veronicastrum brnnonianum*（Benth.）Hong

　　①习性：草本　②海拔：2878m　③分布：泸水 腾冲 隆阳　④分布区类型：14－2

云南腹水草 *Veronicastrum yunnanense*（W. W. Smith）Yamazaki

　　①习性：草本　②海拔：2100m　③分布：腾冲 隆阳　④分布区类型：15－3－a

美丽桐 *Wightia speciosissima*（D. Don.）Merr.

　　①习性：乔木　②海拔：1800~2500m　③分布：隆阳　④分布区类型：7

253. 列当科 Orobanchaceae
(1)

列当 *Orobanche coerulescens* Steph.

　　①习性：草本　②海拔：1900~2000m　③分布：隆阳　④分布区类型：11

254. 狸藻科 Lentibulariaceae
(4)

挖耳草 *Utricularia bifida* L.

　　①习性：草本　②海拔：1000~1350m　③分布：腾冲 隆阳　④分布区类型：5

禾叶挖耳草 *Utricularia graminfolia* Vahl

　　①习性：草本　②海拔：100~2100m　③分布：腾冲　④分布区类型：7

尖萼挖耳草 *Utricularia scandens* Benj.

　　①习性：草本　②海拔：2900m　③分布：腾冲　④分布区类型：6

圆叶挖耳草 *Utricularia striatula* J. Smith

　　①习性：草本　②海拔：2650~3150m　③分布：泸水 腾冲　④分布区类型：6

256. 苦苣苔科 Gesneriaceae
(36)

显苞芒毛苣苔 *Aeschynanthus bracteatus* Wall. ex A. DC.

①习性：草本　②海拔：1300～3000m　③分布：泸水　④分布区类型：14－2

束花芒毛苣苔 *Aeschynanthus hookeri* Clarke

①习性：灌木　②海拔：1450m　③分布：腾冲 隆阳　④分布区类型：14－2

毛花芒毛苣苔 *Aeschynanthus lasianthus* W. T. Wang

①习性：灌木　②海拔：1800m　③分布：隆阳　④分布区类型：15－2－b

倒披针叶芒毛苣苔（变种）*Aeschynanthus linearifolius* C. E. C. Fischer var. *oblanceolatus* (Anthony) W. T. Wang

①习性：灌木　②海拔：2500～2700m　③分布：泸水 腾冲 龙陵　④分布区类型：14－2

条叶芒毛苣苔 *Aeschynanthus linearifolius* C. E. C. Fisch.

①习性：灌木　②海拔：2227m　③分布：腾冲　④分布区类型：14－2

线条芒毛苣苔 *Aeschynanthus lineatus* Craib

①习性：草本　②海拔：1600～2500m　③分布：腾冲　④分布区类型：7－3

具斑芒毛苣苔 *Aeschynanthus maculatus* Lindl.

①习性：灌木　②海拔：1800～2300m　③分布：腾冲　④分布区类型：14－2

大花芒毛苣苔 *Aeschynanthus mimetes* Burtt

①习性：草本　②海拔：2179m　③分布：腾冲　④分布区类型：14－2

细芒毛苣苔 *Aeschynanthus novogracilis* W. T. Wang

①习性：草本　②海拔：2227m　③分布：腾冲　④分布区类型：14－2

尾叶芒毛苣苔 *Aeschynanthus stenosepalus* Anthony

①习性：灌木　②海拔：1350～2000m　③分布：腾冲 隆阳　④分布区类型：15－3－a

华丽芒毛苣苔 *Aeschynanthus superbus* Clarke

①习性：灌木　②海拔：1200～1550m　③分布：泸水　④分布区类型：14－2

腾冲芒毛苣苔 *Aeschynanthus tengchungensis* W. T. Wang

①习性：草本　②海拔：2010m　③分布：腾冲 隆阳　④分布区类型：15－1－a

狭花芒毛苣苔 *Aeschynanthus wardii* Merr.

①习性：灌木　②海拔：2000m　③分布：腾冲 隆阳　④分布区类型：14－2

凸瓣苣苔 *Ancylostemon convexus* Craib

①习性：草本　②海拔：2400～3000m　③分布：腾冲　④分布区类型：15－2－b

云南粗筒苣苔 *Briggsia forrestii* Craib

①习性：草本　②海拔：1600～3000m　③分布：腾冲 隆阳　④分布区类型：15－2－c

长叶粗筒苣苔 *Briggsia longifolia* Craib

①习性：草本　②海拔：2120～2500m　③分布：腾冲　④分布区类型：15－2－f

卧茎唇柱苣苔 *Chirita lachenensis* Clarke

①习性：草本　②海拔：2182m　③分布：隆阳　④分布区类型：14－2

大叶唇柱苣苔 *Chirita macrophylla* Wall.

①习性：草本　②海拔：1800～2800m　③分布：泸水 腾冲　④分布区类型：14－2

斑叶唇柱苣苔 *Chirita pumila* D. Don

①习性：草本　②海拔：1626m　③分布：泸水 腾冲 隆阳 龙陵　④分布区类型：7－4

美丽唇柱苣苔 *Chirita speciosa* Kurz

①习性：草本　②海拔：1600m　③分布：腾冲　④分布区类型：7－3

珊瑚苣苔 *Corallodiscus cordatulus* (Craib.) Burtt.

①习性：草本　②海拔：1000～2300m　③分布：腾冲 隆阳　④分布区类型：15－3－c

大理珊瑚苣苔 *Corallodiscus taliensis* （Craib）Burtt

①习性：草本　②海拔：1500～2400m　③分布：泸水　④分布区类型：15－2－b

片马长蒴苣苔 *Didymocarpus praeterius* Burtt et Davidson

①习性：草本　②海拔：1840～2200m　③分布：泸水 腾冲 隆阳　④分布区类型：15－1－a

云南长蒴苣苔 *Didymocarpus yunnanensis* （Franch.）W. W. Smith

①习性：草本　②海拔：2210m　③分布：腾冲 龙陵　④分布区类型：15－3－a

疏脉半蒴苣苔（变种）*Hemiboea cavaleriei* var. *paucinervis* W. T. Wang et Z. Y. Li

①习性：草本　②海拔：2182m　③分布：隆阳　④分布区类型：7－4

紫花苣苔 *Loxostigma griffithii* （Wight）Clarke

①习性：草本　②海拔：1350～2300m　③分布：龙陵　④分布区类型：7－4

澜沧紫花苣苔 *Loxostigma mekongense* （Franch.）Burtt

①习性：草本　②海拔：2200m　③分布：泸水　④分布区类型：15－2－b

滇西吊石苣苔 *Lysionotus forrestii* W. W. Smith

①习性：灌木　②海拔：2182m　③分布：泸水 腾冲　④分布区类型：15－3－a

纤细吊石苣苔 *Lysionotus gracils* W. W. Smith

①习性：灌木　②海拔：2000～2550m　③分布：泸水 腾冲 龙陵　④分布区类型：14－2

齿叶吊石苣苔 *Lysionotus serratus* D. Don

①习性：灌木　②海拔：1650m　③分布：隆阳　④分布区类型：14－2

短柄吊石苣苔 *Lysionotus sessilifolius* Hand. – Mazz.

①习性：灌木　②海拔：1250～1800m　③分布：腾冲 隆阳　④分布区类型：15－2－b

毛枝吊石苣苔 *Lysionotus wardii* W. W. Smith

①习性：灌木　②海拔：2182m　③分布：隆阳　④分布区类型：14－2

蛛毛喜鹊苣苔 *Ornithoboea arachnoidea* （Diels）Craib

①习性：草本　②海拔：1800～2700m　③分布：腾冲　④分布区类型：7－3

蛛毛苣苔 *Paraboea sinensis* （Oliv.）Burtt

①习性：灌木　②海拔：2100m　③分布：腾冲 隆阳　④分布区类型：7－4

滇泰石蝴蝶 *Petrocosmea kerrii* Craib

①习性：草本　②海拔：1200～2400m　③分布：腾冲　④分布区类型：7－3

尖舌苣苔 *Rhynchoglossum obliquum* Bl.

①习性：草本　②海拔：1450～2200m　③分布：腾冲　④分布区类型：7

257. 紫葳科 Bignoniaceae

(6)

滇楸（变型）*Catalpa fargesii* Bur. f. duclouxii （Dode）Gilmour

①习性：乔木　②海拔：1700～2800m　③分布：腾冲 龙陵　④分布区类型：15－3－b

灰楸（原变型）*Catalpa fargesii* Bur form. fargesii

①习性：乔木　②海拔：2200m　③分布：腾冲　④分布区类型：15－3－c

灰楸 *Catalpa fargesii* Bur.

①习性：乔木　②海拔：1500m　③分布：腾冲　④分布区类型：15－3－c

梓 *Catalpa ovata* G. Don

    ①习性：乔木　②海拔：2240m　③分布：隆阳　④分布区类型：14 - 1

菜豆树 *Radermachera sinica* （Hance） Hemsl.

    ①习性：乔木　②海拔：340 ~ 750m　③分布：腾冲 隆阳　④分布区类型：14 - 2

滇菜豆树 *Radermachera yunnanensis* C. Y. Wu et W. C. Yin

    ①习性：乔木　②海拔：1600m　③分布：泸水　④分布区类型：15 - 3 - a

259. **爵床科** Acanthaceae
（29）

白接骨 *Asystasiella neesiana* （Wall.） Lindau

    ①习性：草本　②海拔：1590m　③分布：龙陵　④分布区类型：7 - 4

假杜鹃 *Barleria cristata* L.

    ①习性：灌木　②海拔：700 ~ 1100m　③分布：泸水　④分布区类型：7

杜根藤 *Calophanoides quadrifaria* （Nees） Ridl.

    ①习性：草本　②海拔：850 ~ 1600m　③分布：腾冲 隆阳　④分布区类型：7

瑞丽叉花草 *Diflugossa scoriarum* （W. W. Sm.） E. Hossain

    ①习性：草本　②海拔：1510 ~ 3000m　③分布：腾冲 龙陵　④分布区类型：15 - 2 - c

腾越疏花马兰 *Diflugossa tengyuehensis* C. Y. Wu

    ①习性：草本　②海拔：1500 ~ 1830m　③分布：腾冲　④分布区类型：15 - 2 - c

圆苞金足花 *Goldfussia pentstemonoides* Nees

    ①习性：草本　②海拔：1800 ~ 2400m　③分布：隆阳　④分布区类型：7

细穗金足草 *Goldfussia psilostachys* （C. B. Clarke ex C. B. Clarke） Bremek.

    ①习性：草本　②海拔：1900 ~ 2200m　③分布：隆阳　④分布区类型：15 - 2 - f

腾越金足草 *Goldfussia tengyuehensis* C. Y. Wu

    ①习性：草本　②海拔：1830 ~ 2000m　③分布：腾冲　④分布区类型：15 - 2 - c

三花枪刀药 *Hypoestes triflora* Roem. et Schult.

    ①习性：草本　②海拔：1170m　③分布：腾冲　④分布区类型：12

叉序草 *Isoglossa collina* （T. Anders.） B. Hansen

    ①习性：草本　②海拔：1900m　③分布：腾冲　④分布区类型：15 - 3 - b

地皮消 *Pararuellia delavayana* （Baill.） E. Hossain

    ①习性：草本　②海拔：1525m　③分布：腾冲 隆阳　④分布区类型：15 - 3 - a

鞭穗地皮消 *Pararuellia flagelliformis* （Roxb.） Bremek.

    ①习性：草本　②海拔：2400m　③分布：泸水　④分布区类型：15 - 3 - b

九头狮子草 *Peristrophe japonica* （Thunb.） Bremek.

    ①习性：灌木　②海拔：1000 ~ 1300m　③分布：泸水　④分布区类型：15 - 1 - a

毛脉火焰花 *Phlogacanthus pubinervius* T. Anders.

    ①习性：灌木　②海拔：1600m　③分布：隆阳　④分布区类型：14 - 2

云南山壳骨 *Pseuderanthemum graciliflorum* （Nees） Ridley

    ①习性：灌木　②海拔：1170m　③分布：泸水　④分布区类型：7

翅柄马蓝 *Pteracanthus alatus* （Nees） Bremek.

①习性：草本　②海拔：2500m　③分布：腾冲　④分布区类型：15 - 2 - b

云南马蓝 *Pteracanthus yunnanensis*（Diels）C. Y. Wu et C. C. Hu

①习性：草本　②海拔：1400～2400m　③分布：腾冲　④分布区类型：15 - 2 - f

滇灵枝草 *Rhinacanthus beesianus* Diels

①习性：草本　②海拔：2100～2400m　③分布：腾冲 隆阳　④分布区类型：15 - 2 - b

爵床 *Rostellularia procumbens*（L.）Nees

①习性：草本　②海拔：850～2400m　③分布：泸水 腾冲 隆阳　④分布区类型：5

孩儿草 *Rungia pectinata*（Linn.）Nees

①习性：草本　②海拔：1200～1600m　③分布：腾冲　④分布区类型：7 - 4

匍匐鼠尾黄 *Rungia stolonifera* C. B. Clarke

①习性：草本　②海拔：1510～2600m　③分布：腾冲　④分布区类型：15 - 2 - i

密花紫云菜 *Strobilanthes densa* R. Ben.

①习性：草本　②海拔：1700～2180m　③分布：泸水　④分布区类型：15 - 2 - b

腾冲马蓝 *Strobilanthes euantha* J. R. I. Wood

①习性：草本　②海拔：1500～2000m　③分布：腾冲 隆阳　④分布区类型：15 - 1 - a

锡金马蓝 *Strobilanthes inflata* T. Anderson

①习性：草本　②海拔：1700m　③分布：腾冲 隆阳　④分布区类型：14 - 2

合页草 *Strobilanthes kingdonii* J. R. I. Wood

①习性：灌木　②海拔：800～1200m　③分布：腾冲 隆阳　④分布区类型：7 - 1

匍枝紫云菜 *Strobilanthes stolonifera* R. Ben.

①习性：灌木　②海拔：1500m　③分布：腾冲 隆阳　④分布区类型：15 - 2 - b

肖笼鸡 *Tarphochlamys affinis*（Griff.）Bremek.

①习性：草本　②海拔：1000m　③分布：腾冲 隆阳　④分布区类型：7

红花山牵牛 *Thunbergia coccinea* Wall.

①习性：藤本　②海拔：800～2100m　③分布：腾冲 隆阳　④分布区类型：7

羽脉山牵牛 *Thunbergia lutea* T. Anders.

①习性：藤本　②海拔：2000～2150m　③分布：腾冲 龙陵　④分布区类型：14 - 2

263. 马鞭草科 Verbenaceae
(27)

木紫珠 *Callicarpa arborea* Roxb.

①习性：乔木　②海拔：1450m　③分布：泸水 腾冲 隆阳　④分布区类型：7

绵毛紫珠 *Callicarpa erioclona* Schau.

①习性：灌木　②海拔：1417m　③分布：隆阳　④分布区类型：7

杜虹花 *Callicarpa formosana* Rolfe

①习性：灌木　②海拔：1700m　③分布：隆阳　④分布区类型：7 - 4

老鸦糊 *Callicarpa giraldii* Hesse ex Rehd.

①习性：灌木　②海拔：1300～2300m　③分布：泸水 隆阳　④分布区类型：15 - 3 - b

大叶紫珠 *Callicarpa macrophylla* Vahl

①习性：灌木　②海拔：1480m　③分布：隆阳　④分布区类型：7

红紫珠 *Callicarpa rubella* Lindl. f. angustata Pei

　　①习性：灌木　②海拔：1230m　③分布：隆阳　④分布区类型：7

狭叶红紫珠（变型）*Callicarpa rubella* Lindl. form. angustata Pei

　　①习性：灌木　②海拔：120～3500m　③分布：泸水 腾冲 隆阳　④分布区类型：14－2

锥花莸 *Caryopteris paniculata* C. B. Clarke

　　①习性：灌木　②海拔：2800m　③分布：隆阳　④分布区类型：7

臭牡丹 *Clerodendrum bungei* Steud.

　　①习性：灌木　②海拔：1350m　③分布：隆阳　④分布区类型：7－4

灰毛大青 *Clerodendrum canescens* Wall.

　　①习性：灌木　②海拔：220～880m　③分布：腾冲 隆阳　④分布区类型：7－3

腺茉莉 *Clerodendrum colebrookianum* Walp.

　　①习性：灌木　②海拔：1450～2100m　③分布：腾冲　④分布区类型：7－4

重瓣臭茉莉 *Clerodendrum philippinum* Schauer

　　①习性：灌木　②海拔：1000～2000m　③分布：泸水 隆阳　④分布区类型：7

臭茉莉（变种）*Clerodendrum philippinum* Schauer var. *simplex* Moldenke

　　①习性：灌木　②海拔：650～1500m　③分布：泸水　④分布区类型：15－3－b

三对节 *Clerodendrum serratum*（L.）Moon

　　①习性：灌木　②海拔：1200～2300m　③分布：腾冲　④分布区类型：6

海州常山 *Clerodendrum trichotomum* Thunb.

　　①习性：灌木　②海拔：1960～2400m　③分布：腾冲　④分布区类型：14－1

光叶海州常山（变种）*Clerodendrum trichotomum* var. *fargesii*（Dode）Rehder

　　①习性：灌木　②海拔：1000m　③分布：腾冲 隆阳　④分布区类型：14－2

滇常山 *Clerodendrum yunnanense* Hu ex Hand. － Mazz.

　　①习性：灌木　②海拔：2200m　③分布：泸水　④分布区类型：15－3－a

过江藤 *Phyla nodiflora*（L.）Greene

　　①习性：草本　②海拔：300～1880m　③分布：腾冲 隆阳　④分布区类型：2

间序豆腐柴 *Premna interrupta* Wall.

　　①习性：灌木　②海拔：2200m　③分布：腾冲 隆阳　④分布区类型：14－2

狐臭柴 *Premna puberula* Pamp.

　　①习性：灌木　②海拔：700～1800m　③分布：腾冲 隆阳　④分布区类型：15－3－c

总序豆腐柴 *Premna racemosa* Wall.

　　①习性：灌木　②海拔：1800m　③分布：腾冲 隆阳　④分布区类型：14－2

黄绒豆腐柴 *Premna velutina* C. Y. Wu

　　①习性：灌木　②海拔：1500m　③分布：腾冲 隆阳　④分布区类型：15－2－b

马鞭草 *Verbena officinalis* L.

　　①习性：草本　②海拔：1480m　③分布：泸水 腾冲　④分布区类型：1

金沙荆 *Vitex duclouxii* P. Dop

　　①习性：灌木　②海拔：1500m　③分布：腾冲 隆阳　④分布区类型：15－3－a

长叶荆 *Vitex lanceifolia* S. C. Huang

　　①习性：灌木　②海拔：1300～2400m　③分布：腾冲　④分布区类型：15－2－f

黄荆 *Vitex negundo* Linn.

①习性：草本　②海拔：1000~1200m　③分布：腾冲 隆阳　④分布区类型：2

蔓荆 *Vitex trifolia* Linn.

①习性：灌木　②海拔：1500m　③分布：腾冲 隆阳　④分布区类型：5

263a. **透骨草科** Phrymaceae
(1)

北美透骨草 *Phryma leptostachya* L.

①习性：草本　②海拔：1500m　③分布：腾冲　④分布区类型：9

264. **唇形科** Labiatae
(78)

弯花筋骨草 *Ajuga campylantha* Diels

①习性：草本　②海拔：2800~3500m　③分布：腾冲　④分布区类型：15 - 2 - a

痢止蒿 *Ajuga forrestii* Diels

①习性：草本　②海拔：1700~3200m　③分布：腾冲 隆阳　④分布区类型：15 - 3 - a

匍枝筋骨草 *Ajuga lobata* D. Don

①习性：草本　②海拔：1500~3000m　③分布：泸水 腾冲　④分布区类型：14 - 2

紫背金盘 *Ajuga nipponensis* Makino

①习性：草本　②海拔：1100~2300m　③分布：隆阳　④分布区类型：14

心叶石蚕 *Cardioteucris cordifolia* C. Y. Wu

①习性：草本　②海拔：1900m　③分布：隆阳　④分布区类型：15 - 3 - a

齿唇铃子香 *Chelonopsis odontochila* Diels

①习性：灌木　②海拔：1400~1950m　③分布：泸水　④分布区类型：15 - 3 - a

风轮菜 *Clinopodium chinense* (Benth.) O. Ktze.

①习性：草本　②海拔：1350m　③分布：隆阳　④分布区类型：14 - 1

异色风轮菜 *Clinopodium discolor* (Diels) C. Y. Wu et Hsuan

①习性：草本　②海拔：1400~1600m　③分布：泸水 隆阳　④分布区类型：15 - 3 - a

细风轮菜 *Clinopodium gracile* (Benth.) Matsum.

①习性：草本　②海拔：2100m　③分布：腾冲 隆阳　④分布区类型：7 - 4

寸金草 *Clinopodium megalanthum* (Diels) C. Y. Wu et Hsuan

①习性：草本　②海拔：1300~3200m　③分布：腾冲　④分布区类型：15 - 3 - b

灯笼草 *Clinopodium polycephalum* (Vaniot) C. Y. Wu et Hsuan

①习性：草本　②海拔：1830m　③分布：泸水 腾冲 隆阳　④分布区类型：14 - 1

匍匐风轮菜 *Clinopodium repens* (Buch. - Ham. ex D. Don) Wall ex Benth

①习性：草本　②海拔：1900m　③分布：隆阳　④分布区类型：14

火把花（变种） *Colquhounia coccinea* Wall. var. *mollis* (Schlecht.) Prain

①习性：灌木　②海拔：1450~3000m　③分布：腾冲 隆阳　④分布区类型：14 - 2

簇序草 *Craniotome furcata* (Link) O. Ktze.

①习性：草本　②海拔：2182m　③分布：泸水 腾冲 隆阳　④分布区类型：7 - 4

四方蒿 *Elsholtzia blanda* Benth.

①习性：草本　②海拔：1450～1850m　③分布：泸水 腾冲　④分布区类型：7 – 4

香薷 *Elsholtzia ciliata*（Thunb.）Hyland.

①习性：草本　②海拔：1350～2300m　③分布：泸水 腾冲 隆阳　④分布区类型：8

野草香 *Elsholtzia cypriani*（Pavol.）C. Y. Wu et S. Chow

①习性：草本　②海拔：1300～1700m　③分布：泸水 腾冲　④分布区类型：15 – 3 – b

密花香薷 *Elsholtzia densa* Benth.

①习性：草本　②海拔：2200m　③分布：泸水 隆阳　④分布区类型：14 – 2

野苏子 *Elsholtzia flava*（Benth.）Benth.

①习性：灌木　②海拔：2400m　③分布：泸水 腾冲　④分布区类型：14 – 2

鸡骨柴 *Elsholtzia fruticosa*（D. Don）Rehd.

①习性：灌木　②海拔：1800～2400m　③分布：泸水　④分布区类型：14 – 2

异叶香薷 *Elsholtzia heterophylla* Diels

①习性：草本　②海拔：1200～2400m　③分布：腾冲 隆阳　④分布区类型：14 – 2

水香薷 *Elsholtzia kachinensis* Prain

①习性：草本　②海拔：1200～2800m　③分布：腾冲　④分布区类型：14 – 2

大黄药 *Elsholtzia penduliflora* W. W. Smith

①习性：灌木　②海拔：1100～2000m　③分布：腾冲 隆阳　④分布区类型：15 – 2 – b

长毛香薷 *Elsholtzia pilosa*（Benth.）Benth.

①习性：草本　②海拔：1300～1800m　③分布：隆阳　④分布区类型：14 – 2

野拔子 *Elsholtzia rugulosa* Hemsl.

①习性：草本　②海拔：1450m　③分布：泸水 腾冲 隆阳　④分布区类型：15 – 3 – a

穗状香薷 *Elsholtzia stachyodes*（Link）C. Y. Wu

①习性：草本　②海拔：800～2800m　③分布：泸水　④分布区类型：14 – 2

白香薷 *Elsholtzia winitiana* Craib

①习性：草本　②海拔：800～2200m　③分布：腾冲 隆阳　④分布区类型：7 – 4

广防风 *Epimeredi indica*（Linn.）Rothm.

①习性：草本　②海拔：2400m　③分布：泸水　④分布区类型：7

全唇花 *Holocheila longipedunculata* S. Chow

①习性：草本　②海拔：1600～2200m　③分布：腾冲 隆阳　④分布区类型：15 – 2 – i

益母草 *Leonurus artemisia*（Lour.）S. Y. Hu

①习性：草本　②海拔：1478m　③分布：隆阳　④分布区类型：2

绣球防风 *Leucas ciliata* Benth.

①习性：草本　②海拔：702m　③分布：腾冲　④分布区类型：14 – 2

线叶白绒草 *Leucas lavandulifolia* Smith

①习性：草本　②海拔：950～1400m　③分布：腾冲 隆阳　④分布区类型：6

卵叶白绒草 *Leucas martinicensis* B. Br.

①习性：草本　②海拔：1100～1500m　③分布：泸水　④分布区类型：3

白绒草 *Leucas mollissima* Wall.

①习性：草本　②海拔：1000m　③分布：泸水　④分布区类型：7

米团花 *Leucosceptrum canum* Smith

①习性：草本　②海拔：1510m　③分布：泸水 腾冲 隆阳　④分布区类型：7 – 4

华西龙头草 *Meehania fargesii*（Levl）C. Y. Wu

　　①习性：草本　②海拔：1900~3500m　③分布：隆阳　④分布区类型：15-3-a

走茎华西龙头草（变种）*Meehania fargesii*（Levl.）C. Y. Wu var. *radicans*（Vaniot）C. Y. Wu

　　①习性：草本　②海拔：1200~1800m　③分布：腾冲　④分布区类型：15-3-b

蜜蜂花 *Melissa axillaris*（Benth.）Bakh. f.

　　①习性：草本　②海拔：1350m　③分布：泸水 隆阳　④分布区类型：7-4

云南冠唇花 *Microtoena delavayi* Prain

　　①习性：草本　②海拔：2200m　③分布：腾冲　④分布区类型：15-2-f

木里冠唇花 *Microtoena muliensis* C. Y. Wu

　　①习性：草本　②海拔：2700m　③分布：泸水　④分布区类型：15-3-a

狭萼冠唇花 *Microtoena stenocalyx* C. Y. Wu et Hsuan

　　①习性：草本　②海拔：2000~2400m　③分布：腾冲 隆阳　④分布区类型：15-2-c

小鱼仙草 *Mosla dianthera*（Buch. - Ham.）Maxim.

　　①习性：草本　②海拔：1250m　③分布：腾冲 隆阳　④分布区类型：7-4

穗花荆芥 *Nepeta laevigata*（D. Don）Hand. - Mazz.

　　①习性：草本　②海拔：680m　③分布：泸水　④分布区类型：13

钩萼草 *Notochaete hamosa* Benth.

　　①习性：草本　②海拔：2182m　③分布：泸水 腾冲 隆阳 龙陵　④分布区类型：14-2

假糙苏 *Paraphlomis javanica*（Bl.）Prain

　　①习性：草本　②海拔：320~1350m　③分布：腾冲 隆阳　④分布区类型：7

黑花糙苏 *Phlomis melanantha* Diels

　　①习性：草本　②海拔：3000~3300m　③分布：泸水 腾冲　④分布区类型：15-3-a

假轮状糙苏 *Phlomis pararotata* Sun

　　①习性：草本　②海拔：3600~4200m　③分布：泸水　④分布区类型：15-1-b

珍珠菜 *Pogostemon auricularius*（Linn.）Kassk.

　　①习性：草本　②海拔：300~1700m　③分布：腾冲 隆阳　④分布区类型：7

短冠刺蕊草 *Pogostemon brevicorollus* Sun

　　①习性：草本　②海拔：1200~2300m　③分布：隆阳 龙陵　④分布区类型：15-3-a

黑刺蕊草 *Pogostemon nigrescens* Dunn

　　①习性：草本　②海拔：1450m　③分布：腾冲 龙陵　④分布区类型：15-2-f

硬毛夏枯草 *Prunella hispida* Benth.

　　①习性：草本　②海拔：1500~3800m　③分布：腾冲 隆阳　④分布区类型：14-2

夏枯草 *Prunella vulgaris* Linn.

　　①习性：草本　②海拔：1400~2900m　③分布：隆阳　④分布区类型：10

腺花香茶菜 *Rabdosia adenantha*（Diels）Hara

　　①习性：草本　②海拔：1600~2300m　③分布：腾冲 隆阳　④分布区类型：15-3-a

香茶菜 *Rabdosia amethystoides*（Benth.）Hara

　　①习性：草本　②海拔：2200~2700m　③分布：腾冲 隆阳　④分布区类型：14-2

细锥香茶菜 *Rabdosia coetsa*（Buch. - Ham. ex D. Don）Hara

　　①习性：草本　②海拔：1300~1780m　③分布：隆阳　④分布区类型：7-4

毛萼香茶菜 *Rabdosia eriocalyx*（Dunn）Hara

①习性：草本　②海拔：1300m　③分布：泸水　④分布区类型：15 – 3 – a

扇脉香茶菜 *Rabdosia flabelliformis* C. Y. Wu

①习性：草本　②海拔：1900 ~ 2100m　③分布：泸水　④分布区类型：15 – 3 – a

淡黄香茶菜 *Rabdosia flavida*（Hand. – Mazz.）Hara

①习性：草本　②海拔：1653m　③分布：隆阳　④分布区类型：15 – 3 – a

紫萼香茶菜 *Rabdosia forrestii*（Diels）Hara

①习性：草本　②海拔：2650 ~ 3300m　③分布：泸水　④分布区类型：15 – 3 – a

刚毛香茶菜 *Rabdosia hispida*（Benth.）Hara

①习性：草本　②海拔：1300 ~ 1500m　③分布：泸水 隆阳　④分布区类型：14 – 2

宽花香茶菜 *Rabdosia latiflora* C. Y. Wu et H. W. Li

①习性：草本　②海拔：2182m　③分布：泸水 隆阳　④分布区类型：15 – 2 – b

狭基线纹香茶菜（变种）*Rabdosia lophanthoides* var. *gerardianus*（Benth.）H. Hara

①习性：草本　②海拔：900 ~ 2700m　③分布：泸水 腾冲　④分布区类型：7

黄花香茶菜 *Rabdosia sculponeata*（Vaniot）Hara

①习性：草本　②海拔：1300 ~ 2100m　③分布：腾冲 隆阳　④分布区类型：15 – 3 – a

牛尾草 *Rabdosia ternifolia*（D. Don）Hara

①习性：草本　②海拔：900 ~ 2200m　③分布：泸水　④分布区类型：7

荔枝草 *Salvia plebeia* R. Br.

①习性：草本　②海拔：2800m　③分布：腾冲 隆阳　④分布区类型：5

粘毛鼠尾草 *Salvia roborowskii* Maxim.

①习性：草本　②海拔：2500 ~ 3700m　③分布：隆阳　④分布区类型：15 – 3 – c

云南鼠尾草 *Salvia yunnanensis* C. H. Wright

①习性：草本　②海拔：1800 ~ 2900m　③分布：腾冲 隆阳　④分布区类型：15 – 3 – a

裂叶荆芥 *Schizonepeta tenuifolia*（Benth.）Briq.

①习性：草本　②海拔：800 ~ 2700m　③分布：腾冲　④分布区类型：14 – 1

异色黄芩 *Scutellaria discolor* Wall. ex Benth.

①习性：草本　②海拔：610 ~ 1800m　③分布：泸水 腾冲　④分布区类型：7

韩信草 *Scutellaria indica* Linn.

①习性：草本　②海拔：820 ~ 1500m　③分布：泸水　④分布区类型：14

假韧黄芩 *Scutellaria pseudotenax* C. Y. Wu et C. Chen

①习性：草本　②海拔：1600 ~ 1900m　③分布：腾冲 隆阳　④分布区类型：15 – 2 – b

荨麻叶黄芩 *Scutellaria urticifolia* C. Y. Wu et H. W. Li

①习性：草本　②海拔：2227m　③分布：腾冲 隆阳　④分布区类型：15 – 2 – b

盈江鼠尾草 *Scutellaria yingjakensis* Sun

①习性：草本　②海拔：800 ~ 1600m　③分布：腾冲　④分布区类型：15 – 2 – c

筒冠花 *Siphocranion macranthum*（Hook. f.）C. Y. Wu

①习性：草本　②海拔：2179m　③分布：腾冲　④分布区类型：14 – 2

西南水苏 *Stachys kouyangensis*（Vaniot）Dunn

①习性：草本　②海拔：960 ~ 2800m　③分布：隆阳　④分布区类型：15 – 3 – b

直花水苏 *Stachys strictiflora* C. Y. Wu

①习性：草本　②海拔：2100m　③分布：腾冲　④分布区类型：15 – 2 – b

铁轴草 *Teucrium quadrifarium* Buch. – Ham.

　　①习性：灌木　②海拔：1600～1900m　③分布：腾冲 隆阳　④分布区类型：7－1

大唇血见愁（变种）*Teucrium viscidum* Bl. var. *macrostephanum* C. Y. Wu et S. Chow

　　①习性：草本　②海拔：1800～2500m　③分布：泸水　④分布区类型：15－3－b

单子叶植物纲 Monocotyledoneae

266. 水鳖科 Hydrocharitaceae
(7)

无尾水筛 *Blyxa aubertii* Rich.

　　①习性：草本　②海拔：1600m　③分布：腾冲 隆阳　④分布区类型：4

水筛 *Blyxa japonica*（Miq.）Maxim.

　　①习性：草本　②海拔：2000m　③分布：腾冲 隆阳　④分布区类型：7－4

黑藻 *Hydrilla verticillata*（L. f.）Royle

　　①习性：草本　②海拔：1000～3000m　③分布：泸水 腾冲 隆阳　④分布区类型：1

水鳖 *Hydrocharis dubia*（Bl.）Backer

　　①习性：草本　②海拔：500～2100m　③分布：泸水 腾冲 隆阳　④分布区类型：1

海菜花（原变种）*Ottelia acuminata*（Gagnep.）Dandy var. *acuminata*

　　①习性：草本　②海拔：500～2700m　③分布：腾冲 隆阳　④分布区类型：15－3－a

龙舌草 *Ottelia alismoides*（Linn.）Pers.

　　①习性：草本　②海拔：500～1800m　③分布：腾冲 隆阳　④分布区类型：10

苦草 *Vallisneria natans*（Lour.）Hara

　　①习性：草本　②海拔：500～2400m　③分布：腾冲 隆阳　④分布区类型：8

267. 泽泻科 Alismataceae
(5)

东方泽泻 *Alisma orientale*（Samuel.）Juz.

　　①习性：草本　②海拔：2050m　③分布：泸水 腾冲 隆阳　④分布区类型：10

泽泻 *Alisma plantagoaquatica* Linn.

　　①习性：草本　②海拔：800～1600m　③分布：泸水 腾冲 隆阳　④分布区类型：10

矮慈姑 *Sagittaria pygmaea* Miq.

　　①习性：草本　②海拔：500～2500m　③分布：腾冲　④分布区类型：14－1

腾冲慈姑 *Sagittaria tengtsungensis* H. Li

　　①习性：草本　②海拔：1730m　③分布：泸水 腾冲　④分布区类型：14－2

剪刀草 *Sagittaria trifolia* L.

　　①习性：草本　②海拔：1400m　③分布：泸水 腾冲 隆阳　④分布区类型：7

276. 眼子菜科 Potamogetonaceae
(9)

菹草 *Potamogeton crispus* Linn.

①习性：草本　②海拔：1500～2300m　③分布：泸水 腾冲 隆阳　④分布区类型：1

眼子菜 *Potamogeton distinctus* A. Benn.

①习性：草本　②海拔：1510m　③分布：腾冲　④分布区类型：8

光叶眼子菜 *Potamogeton lucens* Linn.

①习性：草本　②海拔：1000～1300m　③分布：泸水 腾冲 隆阳　④分布区类型：1

浮叶眼子菜 *Potamogeton natans* Linn.

①习性：草本　②海拔：1850m　③分布：腾冲　④分布区类型：1

篦齿眼子菜 *Potamogeton pectinatus* Linn.

①习性：草本　②海拔：1600～3000m　③分布：泸水 腾冲 隆阳　④分布区类型：8

穿叶眼子菜 *Potamogeton perfoliatus* Linn.

①习性：草本　②海拔：1500m　③分布：泸水 腾冲　④分布区类型：8

小眼子菜 *Potamogeton pusillus* Linn.

①习性：草本　②海拔：1575m　③分布：泸水 腾冲 隆阳　④分布区类型：1

鸭子草 *Potamogeton tepperi* Benn.

①习性：草本　②海拔：1200～3300m　③分布：泸水 腾冲 隆阳　④分布区类型：8

竹叶眼子菜 *Potamogeton wrightii* Morong

①习性：草本　②海拔：300～1200m　③分布：泸水 腾冲 隆阳　④分布区类型：1

278. 角果藻科 Zannichelliaceae
(1)

角果藻 *Zannichellia palustris* Linn.

①习性：草本　②海拔：800～2200m　③分布：腾冲 隆阳　④分布区类型：1

279. 茨藻科 Najadaceae
(2)

大茨藻 *Najas marina* Linn.

①习性：草本　②海拔：1500～1900m　③分布：腾冲　④分布区类型：1

小茨藻 *Najas minor* All.

①习性：草本　②海拔：1300～1901m　③分布：泸水 腾冲 隆阳　④分布区类型：8

280. 鸭跖草科 Commelinaceae
(19)

饭包草 *Commelina bengalensis* Linn.

①习性：草本　②海拔：1600m　③分布：泸水 腾冲 隆阳　④分布区类型：6

鸭跖草 *Commelina communis* Linn.

①习性：草本　②海拔：1750m　③分布：隆阳　④分布区类型：9

节节草 *Commelina diffusa* Burm. f.

①习性：草本　②海拔：1479m　③分布：隆阳　④分布区类型：1

地地藕 *Commelina maculata* Edgew.

①习性：草本　②海拔：1653m　③分布：泸水 腾冲　④分布区类型：14 - 2

大苞鸭跖草 *Commelina paludosa* Blume

①习性：草本　②海拔：2179m　③分布：泸水 腾冲　④分布区类型：7

露水草 *Cyanotis arachoidea* C. B. Clarke

①习性：草本　②海拔：1240 ~ 2600m　③分布：腾冲　④分布区类型：7

四孔草 *Cyanotis cristata*（L.）D. Don

①习性：草本　②海拔：920 ~ 2750m　③分布：泸水 隆阳　④分布区类型：6

蓝耳草 *Cyanotis vaga*（Lour.）Roem. et Schult.

①习性：草本　②海拔：1500 ~ 2700m　③分布：泸水 腾冲 隆阳　④分布区类型：6

毛果网籽草 *Dictyospermum scaberrimum*（Bl.）J. K. Morton

①习性：草本　②海拔：1400 ~ 2000m　③分布：泸水 隆阳　④分布区类型：7

紫背鹿衔草 *Murdannia divergens*（C. B. Clarke）Fruckn.

①习性：草本　②海拔：1100 ~ 2900m　③分布：泸水 腾冲　④分布区类型：14 - 2

裸花水竹叶 *Murdannia nudiflora*（L.）Brenan

①习性：草本　②海拔：790m　③分布：隆阳　④分布区类型：10

粗柄杜若 *Pollia hasskarlii* R. S. Rao

①习性：草本　②海拔：1450m　③分布：龙陵　④分布区类型：7 - 4

长柄杜若 *Pollia siamensis*（Craib）Faden

①习性：草本　②海拔：1220 ~ 1540m　③分布：隆阳　④分布区类型：7

孔药花 *Porandra ramosa* Hong

①习性：草本　②海拔：1523m　③分布：隆阳 龙陵　④分布区类型：15 - 2 - i

钩毛子草 *Rhopalephora scaberrima*（Blume）Faden

①习性：草本　②海拔：1400m　③分布：泸水 隆阳　④分布区类型：7

竹叶吉祥草 *Spatholirion longifolium*（Gagnep.）Dunn

①习性：草本　②海拔：1200 ~ 2500m　③分布：腾冲　④分布区类型：14 - 2

红毛竹叶子（亚种）*Streptolirion volubile* Edgew. subsp. khasianum（C. B. Clarke）Hong

①习性：草本　②海拔：1100 ~ 3000m　③分布：隆阳　④分布区类型：14

竹叶子 *Streptolirion volubile* Edgew.

①习性：草本　②海拔：1900m　③分布：泸水 腾冲 隆阳　④分布区类型：11

竹叶子（亚种）*Streptolirion volubile* subsp. volubile

①习性：草本　②海拔：2060m　③分布：隆阳　④分布区类型：11

283. 黄眼草科 Xyridaceae
(2)

黄谷精（变种）*Xyris capensis* var. schoenoides（Mart.）Nilsson

①习性：草本　②海拔：1600 ~ 2600m　③分布：腾冲　④分布区类型：7 - 1

南非黄眼草 *Xyris capensis* Thunb.

①习性：草本　②海拔：1730m　③分布：腾冲　④分布区类型：15 - 3 - b

285. 谷精草科 Eriocaulaceae
(4)

云南谷精草 *Eriocaulon brownianum* Mart.

①习性：草本　②海拔：1300m　③分布：腾冲　④分布区类型：7

蒙自谷精草 *Eriocaulon henryanum* Ruhl.

①习性：草本　②海拔：1950～3400m　③分布：泸水 腾冲　④分布区类型：15－2－h

褐色谷精草 *Eriocaulon pullum* T. Koyama

①习性：草本　②海拔：800～1500m　③分布：泸水　④分布区类型：15－3－b

丝叶谷精草 *Eriocaulon setaceum* Linn.

①习性：草本　②海拔：800～1501m　③分布：腾冲　④分布区类型：15－3－b

287. 芭蕉科 Musaceae
(1)

野芭蕉 *Musa itinerans* Cheesman

①习性：草本　②海拔：1400～1900m　③分布：隆阳　④分布区类型：7

290. 姜科 Zingiberaceae
(17)

艳山姜 *Alpinia zerumbet* (Pers) Burtt & Smith

①习性：草本　②海拔：1510m　③分布：隆阳　④分布区类型：7

九翅豆蔻 *Amomum maximum* Roxb.

①习性：草本　②海拔：2400m　③分布：隆阳　④分布区类型：7

距药姜 *Cautleya gracilis* (Smith) Dandy

①习性：草本　②海拔：2878m　③分布：泸水 腾冲　④分布区类型：14－2

长圆闭鞘姜 *Costus oblongus* S. Q. Tong

①习性：草本　②海拔：1420m　③分布：隆阳　④分布区类型：15－2－c

郁金 *Curcuma aromatica* Salisb.

①习性：草本　②海拔：1600～3000m　③分布：泸水　④分布区类型：14－2

舞花姜 *Globba racemosa* Smith

①习性：草本　②海拔：2227m　③分布：腾冲 龙陵　④分布区类型：14－2

碧江姜花 *Hedychium bijingense* T. L. Wu et Senjen

①习性：草本　②海拔：2011m　③分布：泸水 腾冲 隆阳　④分布区类型：15－2－c

红姜花 *Hedychium coccineum* Smith

①习性：草本　②海拔：1400m　③分布：隆阳　④分布区类型：7－2

黄姜花 *Hedychium flavum* Roxb.

①习性：草本　②海拔：1240～1700m　③分布：泸水　④分布区类型：14－2

圆瓣姜花 *Hedychium forrestii* Diels

①习性：草本　②海拔：1653m　③分布：腾冲　④分布区类型：15－3－a

小花姜花 *Hedychium sinoaureum* Stapf.

①习性：草本　②海拔：2400m　③分布：腾冲　④分布区类型：14－2

草果药 *Hedychium spicatum* Ham. ex Smith

①习性：草本　②海拔：1660m　③分布：泸水　④分布区类型：14－2

毛姜花 *Hedychium villosum* Wall.

①习性：草本 ②海拔：1630m ③分布：隆阳 ④分布区类型：7-4

滇姜花 *Hedychium yunnanense* Gagnep.

①习性：草本 ②海拔：1450m ③分布：隆阳 ④分布区类型：7-4

长柄象牙参 *Roscoea debilis* Gagnep.

①习性：草本 ②海拔：2200~2400m ③分布：腾冲 隆阳 ④分布区类型：15-2-b

绵枣象牙参 *Roscoea scillifolia*（Gagnep.）Cowley

①习性：草本 ②海拔：2600~3400m ③分布：腾冲 ④分布区类型：15-2-b

藏象牙参 *Roscoea tibetica* Bat.

①习性：草本 ②海拔：2220m ③分布：腾冲 ④分布区类型：14-2

293. 百合科 Liliaceae
(45)

大百合 *Cardiocrinum giganteum*（Wall）Makino

①习性：草本 ②海拔：2354m ③分布：腾冲 隆阳 ④分布区类型：14-2

山菅 *Dianella ensifolia*（L.）DC.

①习性：草本 ②海拔：1653m ③分布：泸水 ④分布区类型：5

散斑竹根七 *Disporopsis aspera*（Hua）Engl. ex Krause

①习性：草本 ②海拔：2000m ③分布：隆阳 ④分布区类型：15-3-b

深裂竹根七 *Disporopsis pernyi*（Hua）Diels

①习性：草本 ②海拔：2354m ③分布：隆阳 ④分布区类型：15-3-b

长蕊万寿竹 *Disporum bodinieri*（Lévl. et Vaniot）F. T. Wang

①习性：草本 ②海拔：2300m ③分布：隆阳 ④分布区类型：15-3-c

短蕊万寿竹 *Disporum brachystemon* Wang et Taing

①习性：草本 ②海拔：1300~2400m ③分布：隆阳 ④分布区类型：15-3-b

万寿竹 *Disporum cantoniense*（Lour.）Merr.

①习性：草本 ②海拔：1510m ③分布：泸水 ④分布区类型：7-4

宝铎草 *Disporum sessile* D. Don

①习性：草本 ②海拔：2182m ③分布：隆阳 ④分布区类型：14

西南萱草 *Hemerocallis forrestii* Diels

①习性：草本 ②海拔：1846m ③分布：隆阳 ④分布区类型：15-3-a

萱草 *Hemerocallis fulva*（L.）L.

①习性：草本 ②海拔：1300m ③分布：隆阳 ④分布区类型：15-3-b

山慈菇 *Iphigenia indica* Kunth

①习性：草本 ②海拔：1010m ③分布：隆阳 ④分布区类型：5

野百合 *Lilium brownii* N. E. Brown ex Miellez

①习性：草本 ②海拔：1100~2400m ③分布：腾冲 ④分布区类型：15-3-c

紫斑百合 *Lilium nepalense* D. Don

①习性：草本 ②海拔：2800~3100m ③分布：泸水 腾冲 ④分布区类型：14-2

禾叶山麦冬 *Liriope graminifolia*（L.）Baker

①习性：草本 ②海拔：2050m ③分布：腾冲 隆阳 ④分布区类型：15-3-c

山麦冬 *Liriope spicata* （Thunb.） Lour.

　　①习性：草本　②海拔：1400m　③分布：腾冲 隆阳　④分布区类型：14 - 1

美丽豹子花 *Nomocharis basilissa* Farrer ex W. E. Evans

　　①习性：草本　②海拔：2500 ~ 3000m　③分布：泸水　④分布区类型：14 - 2

滇西豹子花 *Nomocharis farreri* （W. E. Evans） Harrow

　　①习性：草本　②海拔：3400m　③分布：泸水　④分布区类型：14 - 2

云南豹子花 *Nomocharis saluenensis* Balf. f.

　　①习性：草本　②海拔：2600 ~ 3300m　③分布：腾冲　④分布区类型：14 - 2

钟花假百合 *Notholirion campanulatum* Cotton et Stearn

　　①习性：草本　②海拔：2900 ~ 3700m　③分布：泸水 腾冲　④分布区类型：14 - 2

短药沿阶草（变种） *Ophiopogon bockianus* Diels var. *angustifoliatus* Wang et Tang

　　①习性：草本　②海拔：2354m　③分布：隆阳　④分布区类型：15 - 3 - b

沿阶草 *Ophiopogon bodinieri* Lévl.

　　①习性：草本　②海拔：2901m　③分布：泸水　④分布区类型：14 - 1

大沿阶草 *Ophiopogon grandis* W. W. Smith

　　①习性：草本　②海拔：1560m　③分布：泸水 腾冲　④分布区类型：15 - 3 - a

间型沿阶草 *Ophiopogon intermedius* D. Don

　　①习性：草本　②海拔：3149m　③分布：泸水 隆阳　④分布区类型：7

麦冬 *Ophiopogon japonicus* （L. f.） Ker - Gawl.

　　①习性：草本　②海拔：1510m　③分布：隆阳　④分布区类型：14

泸水沿阶草 *Ophiopogon lushuiensis* S. C. Chen

　　①习性：草本　②海拔：2400m　③分布：泸水　④分布区类型：15 - 1 - a

卷瓣沿阶草 *Ophiopogon revolutus* Wang et Dai

　　①习性：草本　②海拔：1611m　③分布：隆阳　④分布区类型：15 - 2 - c

狭叶沿阶草 *Ophiopogon stenophyllus* （Merr.） Rodrig.

　　①习性：草本　②海拔：900 ~ 1400m　③分布：腾冲　④分布区类型：15 - 3 - b

四川沿阶草 *Ophiopogon szechuanensis* Wang et Tang

　　①习性：草本　②海拔：2878m　③分布：隆阳　④分布区类型：15 - 3 - a

滇西沿阶草 *Ophiopogon yunnanensis* S. C. Chen

　　①习性：草本　②海拔：1700m　③分布：泸水　④分布区类型：15 - 1 - a

大盖球子草 *Peliosanthes macrostegia* Hance

　　①习性：草本　②海拔：1000m　③分布：泸水　④分布区类型：15 - 3 - b

棒丝黄精 *Polygonatum cathcartii* Baker

　　①习性：草本　②海拔：2500 ~ 3450m　③分布：腾冲　④分布区类型：14 - 2

卷叶黄精 *Polygonatum cirrhifolium* （Wall.） Royle

　　①习性：草本　②海拔：1250m　③分布：泸水 腾冲 隆阳　④分布区类型：14 - 2

滇黄精 *Polygonatum kingianum* Coll. et Hemsl.

　　①习性：草本　②海拔：1721m　③分布：隆阳　④分布区类型：7 - 4

节根黄精 *Polygonatum nodosum* Hua

　　①习性：草本　②海拔：1700 ~ 2000m　③分布：隆阳　④分布区类型：15 - 3 - c

格脉黄精 *Polygonatum tessellatum* Wang et Tang

①习性：草本　②海拔：1510m　③分布：腾冲　④分布区类型：14－2

吉祥草 *Reineckia carnea*（Andr.）Kunth

①习性：草本　②海拔：2750～2850m　③分布：泸水 腾冲 隆阳　④分布区类型：14－1

高大鹿药 *Smilacina atropurpurea*（Franch.）Wang et Tang

①习性：草本　②海拔：2500～3600m　③分布：泸水 腾冲 隆阳　④分布区类型：15－3－b

西南鹿药 *Smilacina fusca* Wall.

①习性：草本　②海拔：1300～2050m　③分布：泸水 腾冲　④分布区类型：14－2

长柱鹿药 *Smilacina oleracea*（Baker）Hook. f. et Thoms.

①习性：草本　②海拔：1621m　③分布：泸水 腾冲　④分布区类型：14－2

紫花鹿药 *Smilacina purpurea* Wall.

①习性：草本　②海拔：3200～3800m　③分布：泸水 腾冲　④分布区类型：14－2

腋花扭柄花 *Streptopus simplex* D. Don

①习性：草本　②海拔：2000～3200m　③分布：泸水　④分布区类型：14－2

叉柱岩菖蒲 *Tofieldia divergens* Bur. et Franch.

①习性：草本　②海拔：1620～3500m　③分布：泸水　④分布区类型：15－3－a

黄花油点草 *Tricyrtis maculata*（D. Don）Machride

①习性：草本　②海拔：2000～2300m　③分布：泸水　④分布区类型：14－2

剑叶开口箭 *Tupistra ensifolia* Wang et Liang

①习性：草本　②海拔：1030～3200m　③分布：腾冲 龙陵　④分布区类型：15－2－b

齿瓣开口箭 *Tupistra fimbriata* Hand. – Mzt.

①习性：草本　②海拔：2354m　③分布：腾冲 隆阳 龙陵　④分布区类型：15－3－a

293a. 葱科 Alliaceae

(3)

宽叶韭 *Allium hookeri* Thwaites

①习性：草本　②海拔：3260m　③分布：隆阳　④分布区类型：7

太白韭 *Allium prattii* C. H. Wright ex Hemsl.

①习性：草本　②海拔：2000～3200m　③分布：泸水　④分布区类型：14－2

多星韭 *Allium wallichii* Kunth

①习性：草本　②海拔：2700～3500m　③分布：泸水 隆阳　④分布区类型：14－2

293b. 天门冬科 Asparagaceae

(3)

羊齿天门冬 *Asparagus filicinus* Buch. —Ham. ex D. Don

①习性：草本　②海拔：2250m　③分布：隆阳　④分布区类型：14－2

短梗天门冬 *Asparagus lycopodineus*（Baker）Wang et Tang

①习性：草本　②海拔：2182m　③分布：泸水　④分布区类型：14－2

密齿天门冬 *Asparagus meioclados* Levl.

①习性：草本　②海拔：1820～2500m　③分布：腾冲　④分布区类型：15－3－a

295. 延龄草科 Trilliaceae
(8)

独龙重楼 *Paris dulongensis* H. Li et Kurita

　①习性：草本　②海拔：1760m　③分布：腾冲　④分布区类型：15 – 1 – b

长柱重楼 *Paris forrest*（takht.）H. Li

　①习性：草本　②海拔：2273m　③分布：泸水 腾冲 隆阳　④分布区类型：15 – 3 – a

毛重楼 *Paris mairei* H. Lév.

　①习性：草本　②海拔：2390m　③分布：泸水　④分布区类型：15 – 3 – a

狭叶重楼（变种）*Paris polyphylla* var. *stenophyllla* Franch.

　①习性：草本　②海拔：2200 ~2510m　③分布：泸水　④分布区类型：14 – 2

宽瓣重楼（变种）*Paris polyphylla* Smith var. *yunnanensis*（Franch.）Hand. – Mzt.

　①习性：草本　②海拔：2354m　③分布：泸水 腾冲 隆阳　④分布区类型：15 – 3 – b

七叶一枝花 *Paris polyphylla* Sm.

　①习性：草本　②海拔：1500m　③分布：龙陵　④分布区类型：14 – 2

缺瓣黑籽重楼（变种）*Paris thibetica* Franch. var. *apetala* Hand. – Mazz.

　①习性：草本　②海拔：1400 ~2400m　③分布：腾冲　④分布区类型：14 – 2

黑籽重楼 *Paris thibetica* Franch.

　①习性：草本　②海拔：2200 ~2500m　③分布：泸水 腾冲　④分布区类型：14 – 2

296. 雨久花科 Pontederiaceae
(2)

雨久花 *Monochoria korsakowii* Regel et Maack

　①习性：草本　②海拔：940m　③分布：腾冲　④分布区类型：7

鸭舌草 *Monochoria vaginalis*（Burm. f.）Presl

　①习性：草本　②海拔：1730m　③分布：腾冲　④分布区类型：7

297. 菝葜科 Smilacaceae
(14)

肖菝葜 *Heterosmilax japonica* Kunth

　①习性：灌木　②海拔：1400 ~2100m　③分布：泸水　④分布区类型：14 – 1

短柱肖菝葜 *Heterosmilax yunnanensis* Gagnep.

　①习性：灌木　②海拔：830 ~1900m　③分布：泸水　④分布区类型：14 – 2

西南菝葜 *Smilax bockii* Warb.

　①习性：灌木　②海拔：2878m　③分布：泸水　④分布区类型：14 – 2

长托菝葜 *Smilax ferox* Wall. ex Kunth

　①习性：灌木　②海拔：1470m　③分布：泸水 腾冲 隆阳　④分布区类型：7 – 4

土茯苓 *Smilax glabra* Roxb.

　①习性：灌木　②海拔：1520m　③分布：隆阳　④分布区类型：7

束丝菝葜 *Smilax hemsleyana* Craib

　　①习性：灌木　②海拔：800m　③分布：泸水　④分布区类型：7 - 3

马甲菝葜 *Smilax lanceifolia* Roxb.

　　①习性：灌木　②海拔：2227m　③分布：泸水 腾冲 隆阳　④分布区类型：7 - 4

马钱叶菝葜 *Smilax lunglingensis* Wang et Tang

　　①习性：灌木　②海拔：2179m　③分布：泸水 腾冲 隆阳 龙陵　④分布区类型：15 - 2 - i

无刺菝葜 *Smilax mairei* Lévl

　　①习性：灌木　②海拔：1530m　③分布：隆阳　④分布区类型：15 - 3 - a

防己菝葜 *Smilax menispermoidea* A. DC

　　①习性：灌木　②海拔：2200 ~ 2400m　③分布：隆阳　④分布区类型：14 - 2

小叶菝葜 *Smilax microphylla* C. H. Wright

　　①习性：灌木　②海拔：2000m　③分布：隆阳　④分布区类型：15 - 3 - b

乌饭叶菝葜 *Smilax myrtillus* A. DC.

　　①习性：草本　②海拔：2300m　③分布：泸水 腾冲 隆阳　④分布区类型：7 - 3

穿鞘菝葜 *Smilax perfoliata* Lour.

　　①习性：灌木　②海拔：1450m　③分布：泸水 腾冲 隆阳　④分布区类型：7 - 4

短梗菝葜 *Smilax scobinicaulis* C. H. Wright

　　①习性：灌木　②海拔：1450m　③分布：隆阳　④分布区类型：15 - 3 - c

302. 天南星科 Araceae
（46）

石菖蒲 *Acorus tatarinowii* Schott

　　①习性：草本　②海拔：20 ~ 2600m　③分布：泸水 腾冲　④分布区类型：14 - 2

勐海磨芋 *Amorphophallus kachinensis* Engl. et Gehrm.

　　①习性：草本　②海拔：1280 ~ 1400m　③分布：泸水 隆阳　④分布区类型：7 - 3

矮魔芋 *Amorphophallus nanus* H. Li et C. L. Long

　　①习性：草本　②海拔：930 ~ 1200m　③分布：泸水　④分布区类型：15 - 2 - h

旱生南星 *Arisaema aridum* H. Li

　　①习性：草本　②海拔：1580m　③分布：泸水　④分布区类型：15 - 2 - d

长耳南星 *Arisaema auriculatum* Buchet

　　①习性：草本　②海拔：2200m　③分布：泸水　④分布区类型：15 - 3 - b

版纳南星 *Arisaema bannaense* H. Li

　　①习性：草本　②海拔：1219 - 1542m　③分布：隆阳　④分布区类型：14 - 2

双耳南星 *Arisaema biauriculatum* W. W. Sm. ex Hand. - Mazt.

　　①习性：草本　②海拔：2650m　③分布：腾冲　④分布区类型：14 - 2

缅甸南星 *Arisaema burmaense* P. Boyce et H. Li

　　①习性：草本　②海拔：2000m　③分布：泸水　④分布区类型：15 - 1 - b

奇异南星 *Arisaema decipiens* Schott

　　①习性：草本　②海拔：1300 ~ 3400m　③分布：腾冲 隆阳　④分布区类型：14 - 2

独龙南星 *Arisaema dulongense* H. Li

①习性：草本　②海拔：1300～1600m　③分布：隆阳　④分布区类型：14－2

刺棒南星 *Arisaema echinatum*（Wall.）Schott

①习性：草本　②海拔：2600～3000m　③分布：隆阳　④分布区类型：14－2

象南星 *Arisaema elephas* Buchet

①习性：草本　②海拔：1800～3800m　③分布：腾冲　④分布区类型：14－2

一把伞南星 *Arisaema erubescens*（Wall.）Schott

①习性：草本　②海拔：1600m　③分布：泸水　腾冲　隆阳　④分布区类型：7－4

象头花 *Arisaema franchetianum* Engl.

①习性：草本　②海拔：960～3000m　③分布：泸水　隆阳　④分布区类型：14－2

三匹箭 *Arisaema inkiangense* H. Li

①习性：草本　②海拔：560～1700m　③分布：隆阳　④分布区类型：15－2－c

高原南星 *Arisaema intermedium* Blume

①习性：草本　②海拔：2000～3400m　③分布：泸水　④分布区类型：14－2

猪笼南星 *Arisaema nepenthoides*（Wall.）Mart.

①习性：草本　②海拔：2179m　③分布：泸水　④分布区类型：14－2

片马南星 *Arisaema pianmaense* H. Li

①习性：草本　②海拔：2700m　③分布：泸水　腾冲　④分布区类型：15－1－a

雪里见 *Arisaema rhizomatum* C. E. C. Fischer

①习性：草本　②海拔：2227m　③分布：泸水　腾冲　龙陵　④分布区类型：15－3－a

岩生南星 *Arisaema saxatile* Buchet

①习性：草本　②海拔：1800m　③分布：隆阳　④分布区类型：15－3－a

美丽南星 *Arisaema speciosum*（Wall.）Mart.

①习性：草本　②海拔：2000～2700m　③分布：泸水　腾冲　④分布区类型：14－2

五叶腾冲南星（变种）*Arisaema tengtsungense* var. *pentaphyllum* H. Li

①习性：草本　②海拔：2700m　③分布：腾冲　④分布区类型：15－1－a

腾冲南星（原变种）*Arisaema tengtsungense* H. Li var. *tengtsungense*

①习性：草本　②海拔：2700～3500m　③分布：泸水　腾冲　④分布区类型：15－2－f

腾冲南星 *Arisaema tengtsungense* H. Li

①习性：草本　②海拔：2354m　③分布：隆阳　④分布区类型：15－1－a

曲序南星 *Arisaema tortuosum*（Wall.）Schott

①习性：草本　②海拔：1300～3900m　③分布：腾冲　④分布区类型：14－2

网檐南星 *Arisaema utile* Hook. f. ex Schott

①习性：草本　②海拔：2800m　③分布：腾冲　④分布区类型：14－2

川中南星 *Arisaema wilsonii* Engl.

①习性：草本　②海拔：1900～3200m　③分布：隆阳　④分布区类型：15－3－c

山珠半夏 *Arisaema yunnanense* Buchet 山珠南星

①习性：草本　②海拔：1260m　③分布：腾冲　④分布区类型：14－2

贡山芋 *Colocasia gaoligongensis* H. Li et C. L. Long

①习性：草本　②海拔：1550m　③分布：腾冲　④分布区类型：15－1－a

秀丽曲苞芋 *Gonatanthus ornathus* Schott

①习性：草本　②海拔：2227m　③分布：腾冲　隆阳　④分布区类型：14－2

曲苞芋 *Gonatanthus pumilus*（D. Don）Engl. et Krause

　　①习性：草本　②海拔：1630m　③分布：泸水 腾冲　④分布区类型：7

半夏 *Pinellia ternata*（Thunb.）Breit.

　　①习性：草本　②海拔：2500m　③分布：腾冲　④分布区类型：14－1

石柑 *Pothos chinensis*（Raf.）Merr.

　　①习性：藤本　②海拔：1600m　③分布：泸水 腾冲 龙陵　④分布区类型：7－4

螳螂跌打 *Pothos scandens* L.

　　①习性：藤本　②海拔：1500m　③分布：隆阳　④分布区类型：6

早花岩芋 *Remusatia hookeriana* Schott

　　①习性：草本　②海拔：1820m　③分布：泸水　④分布区类型：14－2

岩芋 *Remusatia vivipara*（Lodd.）Schott

　　①习性：草本　②海拔：530～2100m　③分布：腾冲 隆阳　④分布区类型：4

爬树龙 *Rhaphidophora decursiva*（Roxb.）Schott

　　①习性：藤本　②海拔：2227m　③分布：隆阳 龙陵　④分布区类型：7

毛过山龙 *Rhaphidophora hookeri* Schott

　　①习性：藤本　②海拔：1280～1800m　③分布：泸水　④分布区类型：7－4

莱州崖角藤 *Rhaphidophora laichouensis* Gagn.

　　①习性：藤本　②海拔：1626m　③分布：隆阳　④分布区类型：7－4

上树蜈蚣 *Rhaphidophora lancifolia* Schott

　　①习性：藤本　②海拔：2227m　③分布：腾冲　④分布区类型：14－2

绿春崖角藤 *Rhaphidophora luchunensis* H. Li

　　①习性：藤本　②海拔：1908m　③分布：隆阳　④分布区类型：15－2－b

大叶南苏 *Rhaphidophora peepla*（Roxb.）Schott

　　①习性：藤本　②海拔：2200m　③分布：腾冲 隆阳　④分布区类型：7－4

泉七 *Steudnera colosaciaefolia* C. Koch

　　①习性：草本　②海拔：1800m　③分布：隆阳　④分布区类型：7－4

单籽犁头尖 *Typhonium calcicolum* C. Y. Wu ex H. Li et al.

　　①习性：草本　②海拔：1600～3100m　③分布：泸水 隆阳　④分布区类型：15－2－b

高黎贡山犁头尖 *Typhonium gaoligongense* Engl. sp. nov

　　①习性：草本　②海拔：2050～2240m　③分布：隆阳 龙陵　④分布区类型：15－1－a

独角莲 *Typhonium giganteum* Engl.

　　①习性：草本　②海拔：1500m　③分布：腾冲　④分布区类型：15－3－c

303. 浮萍科 Lemnaceae
(2)

浮萍 *Lemna minor* L.

　　①习性：草本　②海拔：1575m　③分布：腾冲　④分布区类型：1

紫萍 *Spirodela polyrrhiza*（L.）Schleid.

　　①习性：草本　②海拔：1490m　③分布：泸水 腾冲 隆阳　④分布区类型：1

305. 香蒲科 Typhaceae
(1)

香蒲 *Typha orientalis* Presl
　　①习性：草本　②海拔：2170～2700m　③分布：泸水　④分布区类型：14－1

306. 石蒜科 Amaryllidaceae
(2)

西南文殊兰 *Crinum latifolium* L.
　　①习性：草本　②海拔：1200m　③分布：隆阳　④分布区类型：7
忽地笑 *Lycoris aurea* （L'Her.）Herb.
　　①习性：草本　②海拔：1500m　③分布：泸水　④分布区类型：14－1

307. 鸢尾科 Iridaceae
(6)

金脉鸢尾 *Iris chrysographes* Dykes
　　①习性：草本　②海拔：3000～4400m　③分布：腾冲　④分布区类型：15－3－a
高原鸢尾 *Iris collettii* Hook. f.
　　①习性：草本　②海拔：1650～2100m　③分布：腾冲　④分布区类型：7
燕子花 *Iris laevigata* Fisch.
　　①习性：草本　②海拔：1730m　③分布：腾冲　④分布区类型：8
红花鸢尾 *Iris milesii* Baker ex M. Foster
　　①习性：草本　②海拔：1470m　③分布：泸水 腾冲　④分布区类型：14－2
鸢尾 *Iris tectorum* Maxim.
　　①习性：草本　②海拔：1470～3500m　③分布：龙陵　④分布区类型：14－2
扇形鸢尾 *Iris wattii* Baker
　　①习性：草本　②海拔：2100m　③分布：龙陵　④分布区类型：14－2

311. 薯蓣科 Dioscoreaceae
(12)

蜀葵叶薯蓣 *Dioscorea althaeoides* R. Knuth
　　①习性：藤本　②海拔：1400～3200m　③分布：腾冲　④分布区类型：15－3－a
异叶薯蓣 *Dioscorea biformifolia* Pei et C. T. Ting
　　①习性：藤本　②海拔：600～2200m　③分布：泸水　④分布区类型：15－2－i
黄独 *Dioscorea bulbifera* L.
　　①习性：藤本　②海拔：1335m　③分布：腾冲　④分布区类型：5
薯莨 *Dioscorea cirrhosa* Lour.
　　①习性：藤本　②海拔：1650m　③分布：腾冲　④分布区类型：7－4
叉蕊薯蓣 *Dioscorea collettii* HK. f.

①习性：藤本　②海拔：1450~2300m　③分布：泸水　④分布区类型：14-2

多毛叶薯蓣 *Dioscorea decipiens* Hook. f.

①习性：藤本　②海拔：1210m　③分布：泸水 腾冲　④分布区类型：7-3

粘山药 *Dioscorea hemsleyi* Prain et Burkill

①习性：藤本　②海拔：1600m　③分布：泸水 腾冲 隆阳　④分布区类型：15-3-a

高山薯蓣 *Dioscorea henryi* (Prain et Burkill) C. T. Ting

①习性：藤本　②海拔：2060m　③分布：腾冲 隆阳 龙陵　④分布区类型：7-4

毛芋头薯蓣 *Dioscorea kamoonensis* Kunth

①习性：藤本　②海拔：1300~3000m　③分布：隆阳　④分布区类型：7

黑珠芽薯蓣 *Dioscorea melanophyma* Prain et Burkill

①习性：藤本　②海拔：1600~2200m　③分布：泸水 腾冲　④分布区类型：14-2

五叶薯蓣 *Dioscorea pentaphylla* L.

①习性：藤本　②海拔：1350m　③分布：泸水 腾冲　④分布区类型：5

小花薯蓣 *Dioscorea sinoparviflora* C. T. Ting et al.

①习性：藤本　②海拔：1670m　③分布：泸水　④分布区类型：15-2-f

318. 仙茅科 Hypoxidaceae
(5)

大叶仙茅 *Curculigo capitulata* (Lour.) O. Ktze.

①习性：草本　②海拔：2182m　③分布：泸水 腾冲　④分布区类型：5

绒叶仙茅 *Curculigo crassifolia* (Baker) Hook. f.

①习性：草本　②海拔：1600~2500m　③分布：泸水　④分布区类型：14-2

仙茅 *Curculigo orchioides* Gaertn.

①习性：草本　②海拔：2227m　③分布：隆阳　④分布区类型：14

中华仙茅 *Curculigo sinensis* S. C. Chen

①习性：草本　②海拔：1780m　③分布：泸水　④分布区类型：15-3-b

小金梅草 *Hypoxis aurea* Lour.

①习性：草本　②海拔：1590m　③分布：泸水　④分布区类型：7

321. 箭根薯科 Taccaceae
(1)

箭根薯 *Tacca chantrieri* Andre

①习性：草本　②海拔：1336m　③分布：腾冲　④分布区类型：7

323. 水玉簪科 Burmanniaceae
(2)

三品一枝花 *Burmannia coelestis* D. Don

①习性：草本　②海拔：1250m　③分布：腾冲　④分布区类型：5

水玉簪 *Burmannia disticha* L.

①习性：草本　②海拔：1200~2400m　③分布：腾冲　④分布区类型：5

326. 兰科 Orchidaceae
（132）

多花脆兰 *Acampe rigida*（Buch. – Ham. ex J. E. Smith）P. F. Hunt

　　①习性：草本　②海拔：1000m　③分布：泸水　④分布区类型：7 – 4

禾叶兰 *Agrostophyllum callosum* Rchb. f.

　　①习性：草本　②海拔：2170m　③分布：腾冲　④分布区类型：7 – 4

筒瓣兰 *Anthogonium gracile* Lindl.

　　①习性：草本　②海拔：1525m　③分布：隆阳　④分布区类型：7 – 4

无叶兰 *Aphyllorchis montana* Rchb. f.

　　①习性：草本　②海拔：1525m　③分布：隆阳　④分布区类型：7

竹叶兰 *Arundina graminifolia*（D. Don）Hochr.

　　①习性：草本　②海拔：1400m　③分布：泸水 腾冲　④分布区类型：7

圆柱叶鸟舌兰 *Ascocentrum himalaicum*（Deb. Sengupta et Malick）Christenson

　　①习性：草本　②海拔：1920m　③分布：腾冲 龙陵　④分布区类型：14 – 2

小白及 *Bletilla formosana*（Hayata）Schlecht.

　　①习性：草本　②海拔：1440m　③分布：泸水　④分布区类型：15 – 3 – c

黄花白及 *Bletilla ochracea* Schltr.

　　①习性：草本　②海拔：1335m　③分布：腾冲　④分布区类型：15 – 3 – b

长叶苞叶兰 *Brachycorythis henryi*（Schltr.）Summerh.

　　①习性：草本　②海拔：1800m　③分布：腾冲　④分布区类型：14 – 2

匍茎卷瓣兰 *Bulbophyllum emarginatum*（Finet）J. J. Smith

　　①习性：草本　②海拔：1200~2400m　③分布：泸水　④分布区类型：7 – 4

尖角卷瓣兰 *Bulbophyllum forrestii* Seidenf.

　　①习性：草本　②海拔：1880m　③分布：泸水　④分布区类型：7 – 3

角萼卷瓣兰 *Bulbophyllum helenae*（Kuntze）J. J. Smith

　　①习性：草本　②海拔：1980m　③分布：泸水　④分布区类型：14 – 2

伏生石豆兰 *Bulbophyllum reptans*（Lindl.）Lindl.

　　①习性：草本　②海拔：2340m　③分布：泸水　④分布区类型：7 – 4

伞花石豆兰 *Bulbophyllum shweliense* W. W. Smith

　　①习性：草本　②海拔：1300~1500m　③分布：泸水　④分布区类型：7 – 3

云北石豆兰 *Bulbophyllum tengchongense* Z. H. Tsi

　　①习性：草本　②海拔：2000m　③分布：腾冲　④分布区类型：15 – 1 – a

蜂腰兰 *Bulleyia yunnanensis* Schltr.

　　①习性：草本　②海拔：1240~2000m　③分布：腾冲　④分布区类型：14 – 2

泽泻虾脊兰 *Calanthe alismaefolia* Lindl.

　　①习性：草本　②海拔：1600~2100m　③分布：泸水　④分布区类型：7 – 4

剑叶虾脊兰 *Calanthe davidii* Franch.

　　①习性：草本　②海拔：1330~1800m　③分布：泸水 龙陵　④分布区类型：15 – 3 – b

叉唇虾脊兰 *Calanthe hancockii* Rolfe

  ①习性：草本　②海拔：2200~2800m　③分布：泸水　④分布区类型：14-2

细花虾脊兰 *Calanthe mannii* Hook. f.

  ①习性：草本　②海拔：2030~2400m　③分布：泸水　④分布区类型：14-2

泸水车前虾脊兰（变种） *Calanthe plantaginea* var. *lushuiensis* K. Y. Lang et Z. H. Tsi

  ①习性：草本　②海拔：2500m　③分布：泸水　④分布区类型：15-1-a

镰萼虾脊兰 *Calanthe puberula* Lindl.

  ①习性：草本　②海拔：1450~3000m　③分布：泸水 腾冲　④分布区类型：14

反瓣虾脊兰 *Calanthe reflexa* (Kuntze) Maxim.

  ①习性：草本　②海拔：2182m　③分布：隆阳　④分布区类型：14-1

三棱虾脊兰 *Calanthe tricarinata* Lindl.

  ①习性：草本　②海拔：2120m　③分布：腾冲　④分布区类型：14-1

金塔隔距兰 *Cleisostoma filiforme* (Lindl.) Garay

  ①习性：草本　②海拔：2500m　③分布：泸水　④分布区类型：14-2

大叶隔距兰 *Cleisostoma racemiferum* (Lindl.) Garay

  ①习性：草本　②海拔：1400~1770m　③分布：泸水　④分布区类型：7

毛柱隔距兰 *Cleisostoma simondii* (Gagnep.) Seidenf.

  ①习性：草本　②海拔：620~1150m　③分布：腾冲　④分布区类型：7-4

圆柱隔距兰 *Cleisostoma teres* Garay.

  ①习性：草本　②海拔：1500m　③分布：腾冲　④分布区类型：15-3-b

眼斑贝母兰 *Coelogyne corymbosa* Lindl.

  ①习性：草本　②海拔：2240m　③分布：泸水　④分布区类型：14-2

白花贝母兰 *Coelogyne leucantha* W. W. Smith.

  ①习性：草本　②海拔：2227m　③分布：隆阳　④分布区类型：7-3

异叶白花贝母兰（变种） *Coelogyne leucantha* var. *heterophylla* T. Tang et F. T. Wang

  ①习性：草本　②海拔：1800~2100m　③分布：腾冲　④分布区类型：15-2-f

密茎贝母兰 *Coelogyne nitida* (Wall. ex D. Don) Lindl.

  ①习性：草本　②海拔：1300~2200m　③分布：泸水　④分布区类型：7

卵叶贝母兰 *Coelogyne occultata* Hook. f.

  ①习性：草本　②海拔：2340m　③分布：泸水 龙陵　④分布区类型：14-2

长鳞贝母兰 *Coelogyne ovalis* Lindl.

  ①习性：草本　②海拔：1300~1350m　③分布：泸水　④分布区类型：14-2

黄绿贝母兰 *Coelogyne prolifera* Lindl.

  ①习性：草本　②海拔：1450~3200m　③分布：腾冲　④分布区类型：7-4

狭瓣贝母兰 *Coelogyne punctulata* Lindl.

  ①习性：草本　②海拔：1300~2900m　③分布：泸水 隆阳 龙陵　④分布区类型：14-2

疣鞘贝母兰 *Coelogyne schultesii* Jain et Das

  ①习性：草本　②海拔：1600m　③分布：腾冲　④分布区类型：7-4

镇康贝母兰 *Coelogyne zhenkangensis* S. C. Chen et K. Y. Lang

  ①习性：草本　②海拔：2240m　③分布：腾冲 隆阳　④分布区类型：15-2-c

台湾吻兰 *Collabium formosanum* Hayata

①习性：草本 ②海拔：1450～2400m ③分布：泸水 ④分布区类型：7－4

杜鹃兰 *Cremastra appendiculata*（D. Don）Makino

①习性：草本 ②海拔：2220m ③分布：腾冲 ④分布区类型：7－4

宿苞兰 *Cryptochilus luteus* Lindl.

①习性：草本 ②海拔：2210m ③分布：隆阳 ④分布区类型：14－2

莎草兰 *Cymbidium elegans* Lindl.

①习性：草本 ②海拔：1300～2900m ③分布：腾冲 ④分布区类型：14－2

长叶兰 *Cymbidium erythraeum* Lindl.

①习性：草本 ②海拔：2227m ③分布：腾冲 ④分布区类型：14－2

蕙兰 *Cymbidium faberi* Rolfe

①习性：草本 ②海拔：1900～2300m ③分布：泸水 ④分布区类型：14－2

春兰 *Cymbidium goeringii*（Rchb. f.）Rchb. f.

①习性：草本 ②海拔：1800m ③分布：腾冲 隆阳 ④分布区类型：14

虎头兰 *Cymbidium hookerianum* Rchb. f.

①习性：草本 ②海拔：1350～2200m ③分布：腾冲 隆阳 龙陵 ④分布区类型：7－4

黄蝉兰 *Cymbidium iridioides* D. Don

①习性：草本 ②海拔：1500～2500m ③分布：腾冲 龙陵 ④分布区类型：7－4

兔耳兰 *Cymbidium lancifolium* Hook.

①习性：草本 ②海拔：2200m ③分布：泸水 ④分布区类型：7－4

碧玉兰 *Cymbidium lowianum*（Rchb. f.）Rchb. f.

①习性：草本 ②海拔：1800m ③分布：泸水 腾冲 隆阳 ④分布区类型：7－4

无叶石斛 *Dendrobium aphyllum*（Roxb.）C. E. C. Fischer

①习性：草本 ②海拔：1450m ③分布：泸水 龙陵 ④分布区类型：7－4

金耳石斛 *Dendrobium hookerianum* Lindl.

①习性：草本 ②海拔：1300～2300m ③分布：泸水 ④分布区类型：14－2

长距石斛 *Dendrobium longicornu* Lindl.

①习性：草本 ②海拔：2450m ③分布：腾冲 龙陵 ④分布区类型：7－4

细茎石斛 *Dendrobium moniliforme*（L.）Sw.

①习性：草本 ②海拔：2182m ③分布：泸水 ④分布区类型：14

景东厚唇兰 *Epigeneium fuscescens*（Griff.）Summerh.

①习性：草本 ②海拔：1380～2300m ③分布：腾冲 ④分布区类型：15－2－f

双叶厚唇兰 *Epigeneium rotundatum*（Lindl.）Summerh.

①习性：草本 ②海拔：2650m ③分布：泸水 ④分布区类型：14－2

小花火烧兰 *Epipactis helleborine*（L.）Crantz

①习性：草本 ②海拔：1300～2300m ③分布：泸水 腾冲 ④分布区类型：10

大叶火烧兰 *Epipactis mairei* Schltr.

①习性：草本 ②海拔：2000～3300m ③分布：泸水 ④分布区类型：15－3－c

竹叶毛兰 *Eria bambusifolia* Lindl.

①习性：草本 ②海拔：1500m ③分布：腾冲 ④分布区类型：14－2

禾叶毛兰 *Eria graminifolia* Lindl.

①习性：草本 ②海拔：1800～2500m ③分布：泸水 ④分布区类型：14－2

密花毛兰 *Eria spicata*（D. Don）Hand. – Mazz.

①习性：草本　②海拔：2227m　③分布：腾冲 隆阳　④分布区类型：7 – 4

鹅白毛兰 *Eria stricta* Lindl.

①习性：草本　②海拔：2179m　③分布：腾冲　④分布区类型：14 – 2

紫花美冠兰 *Eulophia spectabilis*（Dennst.）Suresh

①习性：草本　②海拔：1800 ~ 2100m　③分布：腾冲　④分布区类型：15 – 1 – a

山珊瑚兰 *Galeola faberi* Rolfe

①习性：草本　②海拔：1250 ~ 1800m　③分布：泸水　④分布区类型：14 – 2

毛萼珊瑚兰 *Galeola lindleyana*（Hook. f. et Thoms.）Rchb. f.

①习性：草本　②海拔：1300 ~ 2100m　③分布：泸水 腾冲 隆阳　④分布区类型：14 – 2

盆距兰 *Gastrochilus calceolaris*（Buch. – Ham. ex J. E. Smith）D. Don

①习性：草本　②海拔：2170m　③分布：泸水 龙陵　④分布区类型：7 – 4

列叶盆距兰 *Gastrochilus distichus*（Lindl.）Kuntze

①习性：草本　②海拔：2878m　③分布：龙陵　④分布区类型：14 – 2

长苞斑叶兰 *Goodyera prainii* Hook. f.

①习性：草本　②海拔：2800m　③分布：泸水　④分布区类型：14 – 2

高斑叶兰 *Goodyera procera*（Ker – Gawl.）Hook.

①习性：草本　②海拔：500 ~ 1500m　③分布：泸水　④分布区类型：14

斑叶兰 *Goodyera schlechtendaliana* Rchb. f.

①习性：草本　②海拔：2653m　③分布：隆阳　④分布区类型：14

西南手参 *Gymnadenia orchidis* Lindl.

①习性：草本　②海拔：2200 ~ 3800m　③分布：泸水　④分布区类型：14 – 2

鹅毛玉凤花 *Habenaria dentata*（Sw.）Schltr.

①习性：草本　②海拔：1400 ~ 2200m　③分布：腾冲　④分布区类型：7 – 4

南方玉凤花 *Habenaria malintana*（Blanco）Merr.

①习性：草本　②海拔：850 ~ 3500m　③分布：腾冲　④分布区类型：7

叉唇角盘兰 *Herminium lanceum*（Thunb. ex Sw.）Vuijk

①习性：草本　②海拔：2000 ~ 3000m　③分布：泸水 腾冲 龙陵　④分布区类型：7 – 4

爬兰 *Herpysma longicaulis* Lindl.

①习性：草本　②海拔：2100 ~ 2200m　③分布：腾冲　④分布区类型：7 – 1

小花槽舌兰 *Holcoglossum junceum* Tsi

①习性：草本　②海拔：1400 ~ 1920m　③分布：腾冲 龙陵　④分布区类型：15 – 2 – c

尖囊兰 *Kingidium braceanum*（Hook. f.）Seidenf.

①习性：草本　②海拔：1100 ~ 2200m　③分布：腾冲 龙陵　④分布区类型：14 – 2

扁茎羊耳蒜 *Liparis assamica* King et Pantl.

①习性：草本　②海拔：1300 ~ 1400m　③分布：腾冲　④分布区类型：14 – 2

心叶羊耳蒜 *Liparis cordifolia* Hook. f.

①习性：草本　②海拔：2410m　③分布：龙陵　④分布区类型：14 – 2

小巧羊耳蒜 *Liparis delicatula* Hook. f.

①习性：草本　②海拔：900 ~ 1900m　③分布：泸水 腾冲　④分布区类型：14 – 2

绿虾蟆花 *Liparis forrestii* Rolfe

①习性：草本　②海拔：2100m　③分布：腾冲　④分布区类型：15－1－a

羊耳蒜 *Liparis japonica*（Miq.）Maxim.

①习性：草本　②海拔：1900m　③分布：腾冲　④分布区类型：15－3－a

喀西羊耳蒜 *Liparis khasiana*（Hook. f.）T. Tang et F. T. Wang

①习性：草本　②海拔：1800～2100m　③分布：腾冲　④分布区类型：15－1－a

见血青 *Liparis nervosa*（Thunb. ex Amurray）Lindl.

①习性：草本　②海拔：2878m　③分布：腾冲　④分布区类型：2

小花羊耳蒜 *Liparis platyrachis* Hook. f.

①习性：草本　②海拔：1985m　③分布：隆阳　④分布区类型：14－2

扇唇羊耳蒜 *Liparis stricklandiana* Rchb. f.

①习性：草本　②海拔：1300～2000m　③分布：腾冲　④分布区类型：7－4

长茎羊耳蒜 *Liparis viridiflora*（Bl.）Lindl.

①习性：草本　②海拔：880～2300m　③分布：泸水 腾冲　④分布区类型：7－1

浅裂沼兰 *Malaxis acuminata* D. Don

①习性：草本　②海拔：1800～2100m　③分布：泸水　④分布区类型：7－1

喀西沼兰 *Malaxis khasiana*（Hook. f.）Hara

①习性：草本　②海拔：2100～2400m　③分布：腾冲　④分布区类型：7－4

沼兰 *Malaxis monophyllos*（L.）Sw.

①习性：草本　②海拔：3149m　③分布：龙陵　④分布区类型：8

齿唇沼兰 *Malaxis orbicularis*（W. W. Smith et J. F. Jeffr.）T. Tang et F. T. Wang

①习性：草本　②海拔：800～2100m　③分布：腾冲　④分布区类型：7－4

深裂沼兰 *Malaxis purpurea*（Lindl.）Kuntze

①习性：草本　②海拔：1653m　③分布：隆阳　④分布区类型：7

新型兰 *Neogyna gardneriana*（Lindl.）Rchb. f.

①习性：草本　②海拔：1200～2200m　③分布：龙陵　④分布区类型：14－2

滇南鸢尾兰 *Oberonia austroyunnanensis* S. C. Chen et Z. H. Tsi

①习性：草本　②海拔：1200～2400m　③分布：泸水 腾冲　④分布区类型：14－2

狭叶鸢尾兰 *Oberonia caulescens* Lindl.

①习性：草本　②海拔：1400～2400m　③分布：泸水 腾冲　④分布区类型：7－4

短耳鸢尾兰 *Oberonia falconeri* Hook. f.

①习性：草本　②海拔：1500～2500m　③分布：腾冲 龙陵　④分布区类型：7

条裂鸢尾兰 *Oberonia jenkinsiana* Griff. ex Lindl.

①习性：草本　②海拔：1300～2100m　③分布：腾冲　④分布区类型：7

裂唇鸢尾兰 *Oberonia pyrulifera* Lindl.

①习性：草本　②海拔：2227m　③分布：腾冲 隆阳　④分布区类型：7－4

广布红门兰 *Orchis chusua* D. Don

①习性：草本　②海拔：3149m　③分布：泸水 腾冲　④分布区类型：11

山兰 *Oreorchis patens*（Lindl.）Lindl.

①习性：草本　②海拔：1900～2600m　③分布：腾冲　④分布区类型：11

白花耳唇兰 *Otochilus albus* Lindl.

①习性：草本　②海拔：1500m　③分布：泸水 龙陵　④分布区类型：7－4

狭叶耳唇兰 *Otochilus fuscus* Lindl.

①习性：草本　②海拔：1908m　③分布：泸水 腾冲 龙陵　④分布区类型：7－4

宽叶耳唇兰 *Otochilus lancilabius* Seidenf.

①习性：草本　②海拔：1908m　③分布：泸水 腾冲　④分布区类型：7－3

耳唇兰 *Otochilus porrectus* Lindl.

①习性：草本　②海拔：1280~2000m　③分布：泸水 腾冲　④分布区类型：7－3

虎斑兜兰 *Paphiopedilum markianum* Fowlie

①习性：草本　②海拔：2000m　③分布：泸水　④分布区类型：15－1－a

龙头兰 *Pecteilis susannae*（Linn.）Rafin.

①习性：草本　②海拔：1000~2100m　③分布：腾冲　④分布区类型：7

条叶阔蕊兰 *Peristylus bulleyi*（Rolfe）K. Y. Lang

①习性：草本　②海拔：1908m　③分布：龙陵　④分布区类型：15－3－a

大花阔蕊兰 *Peristylus constrictus*（Lindl.）Lindl.

①习性：草本　②海拔：1500~2000m　③分布：腾冲　④分布区类型：7

狭穗阔蕊兰 *Peristylus densus*（Lindl.）Santap. et Kapad.

①习性：草本　②海拔：2000m　③分布：腾冲　④分布区类型：7

鹤顶兰 *Phaius tankervilleae*（Banks ex L'Herit.）Bl.

①习性：草本　②海拔：900~2500m　③分布：泸水　④分布区类型：5

节茎石仙桃 *Pholidota articulata* Lindl.

①习性：草本　②海拔：2220m　③分布：泸水 龙陵　④分布区类型：7

石仙桃 *Pholidota chinensis* Lindl.

①习性：草本　②海拔：2878m　③分布：隆阳　④分布区类型：7－4

凹唇石仙桃 *Pholidota convallariae*（Rchb. f.）Hook. f.

①习性：草本　②海拔：1500m　③分布：腾冲　④分布区类型：7－3

宿苞石仙桃 *Pholidota imbricata* Hook.

①习性：草本　②海拔：1300~1900m　③分布：龙陵　④分布区类型：5

云南石仙桃 *Pholidota yunnanensis* Rolfe.

①习性：草本　②海拔：1200~1950m　③分布：泸水　④分布区类型：15－3－b

滇藏舌唇兰 *Platanthera bakeriana*（King et Pantl.）Kraenzl.

①习性：草本　②海拔：2700m　③分布：腾冲　④分布区类型：14－2

密花舌唇兰 *Platanthera hologlottis* Maxim.

①习性：草本　②海拔：3000m　③分布：腾冲　④分布区类型：14－1

舌唇兰 *Platanthera japonica*（Thunb. ex A. Marray）Lindl.

①习性：草本　②海拔：1840m　③分布：泸水　④分布区类型：14－1

白鹤参 *Platanthera latilabris* Lindl.

①习性：草本　②海拔：2000m　③分布：腾冲 龙陵　④分布区类型：14－2

小舌唇兰 *Platanthera minor*（Miq.）Rchb. f.

①习性：草本　②海拔：1800m　③分布：腾冲　④分布区类型：14

条瓣舌唇兰 *Platanthera stenantha*（Hook. f.）Soo

①习性：草本　②海拔：3089m　③分布：隆阳　④分布区类型：14－2

二叶独蒜兰 *Pleione scopulorum* W. W. Smith

①习性：草本　②海拔：2200～3600m　③分布：腾冲　④分布区类型：14－2

鸟足兰 *Satyrium nepalense* D. Don

①习性：草本　②海拔：1500m　③分布：隆阳　④分布区类型：7

苞舌兰 *Spathoglottis pubescens* Lindl.

①习性：草本　②海拔：1320m　③分布：腾冲　④分布区类型：7－4

绶草 *Spiranthes sinensis*（Pers.）Ames

①习性：草本　②海拔：1730m　③分布：腾冲　④分布区类型：1

二色大苞兰 *Sunipia bicolor* Lindl.

①习性：草本　②海拔：1900～2100m　③分布：腾冲 隆阳　④分布区类型：14－2

白花大苞兰 *Sunipia candida*（Lindl.）P. F. Hunt

①习性：草本　②海拔：2227m　③分布：龙陵　④分布区类型：14－2

阔叶带唇兰 *Tainia latifolia*（Lindl.）Rchb. f.

①习性：草本　②海拔：1400m　③分布：泸水　④分布区类型：14－2

小叶白点兰 *Thrixspermum japonicum*（Miq.）Rchb. f.

①习性：草本　②海拔：1950m　③分布：腾冲　④分布区类型：14－1

草灵 *Vanda bensonii* Bateman：W. W. Sm.

①习性：草本　②海拔：1500m　③分布：腾冲 龙陵　④分布区类型：7－2

白花万带兰 *Vanda denisoniana* Benson et Rchb. f.：Z. H. Tsi

①习性：草本　②海拔：1300～1400m　③分布：腾冲　④分布区类型：7

白花拟万代兰 *Vandopsis undulata*（Lindl.）J. J. Smith

①习性：草本　②海拔：2100m　③分布：腾冲　④分布区类型：14－2

芳线柱兰 *Zeuxine nervosa*（Lindl.）Trimen

①习性：草本　②海拔：650～1200m　③分布：腾冲　④分布区类型：7

327. 灯心草科 Juncaceae
（18）

走茎灯心草 *Juncus amplifolius* A. Camus

①习性：草本　②海拔：2200～4000m　③分布：泸水　④分布区类型：15－3－b

小花灯心草 *Juncus articulatus* Linn.

①习性：草本　②海拔：1320～1800m　③分布：泸水　④分布区类型：4

短柱灯心草 *Juncus brachystigma* G. Sam.

①习性：草本　②海拔：3100～4600m　③分布：泸水　④分布区类型：14－2

头柱灯心草 *Juncus cephalostigma* Samuelsson

①习性：草本　②海拔：2990m　③分布：隆阳　④分布区类型：14－2

具边灯心草（变种）*Juncus clarkei* Buch. var. *marginatus* A. Camus

①习性：草本　②海拔：3600～4000m　③分布：泸水　④分布区类型：14－2

雅灯心草 *Juncus concinnus* D. Don

①习性：草本　②海拔：2400～3600m　③分布：腾冲 泸水　④分布区类型：14－2

厚柱灯心草 *Juncus crassistylus* A. Camus

①习性：草本　②海拔：2400～2600m　③分布：泸水　④分布区类型：15－2－b

灯心草 *Juncus effusus* Linn.

①习性：草本　②海拔：1250～2500m　③分布：泸水 腾冲　④分布区类型：1

片髓灯心草 *Juncus inflexus* Linn.

①习性：草本　②海拔：2100～2950m　③分布：泸水　④分布区类型：10

德钦灯心草 *Juncus longiflorus*（A. Camus）Noltie

①习性：草本　②海拔：2100～2400m　③分布：泸水　④分布区类型：15－2－a

长蕊灯心草 *Juncus longistamineus* A. Camus

①习性：草本　②海拔：3600m　③分布：泸水　④分布区类型：15－1－a

羽序灯心草 *Juncus ochraceus* Buchen.

①习性：草本　②海拔：2200m　③分布：泸水　④分布区类型：14－2

笄石菖 *Juncus prismatocarpus* R. Br.

①习性：草本　②海拔：2200m　③分布：腾冲　④分布区类型：5

野灯心草 *Juncus setchuensis* Buchen.

①习性：草本　②海拔：1400～2800m　③分布：泸水　④分布区类型：15－3－b

针灯心草 *Juncus wallichianus* Laharpe

①习性：草本　②海拔：1130～1680m　③分布：泸水　④分布区类型：11

散序地杨梅 *Luzula effusa* Buchen.

①习性：草本　②海拔：1600～2600m　③分布：泸水 腾冲　④分布区类型：7－4

多花地杨梅 *Luzula multiflora*（Retz.）Lej.

①习性：草本　②海拔：1800～2300m　③分布：腾冲　④分布区类型：1

羽毛地杨梅 *Luzula plumosa* E. Mey.

①习性：草本　②海拔：1600～2200m　③分布：腾冲　④分布区类型：14－1

331. 莎草科 Cyperaceae
(27)

浆果薹草 *Carex baccans* Nees

①习性：草本　②海拔：1653m　③分布：泸水　④分布区类型：7

垂穗薹草 *Carex brachyathera* Ohwi

①习性：草本　②海拔：1300～2200m　③分布：泸水　④分布区类型：14－2

发秆苔草 *Carex capillacea* Boott

①习性：草本　②海拔：1900～2500m　③分布：泸水　④分布区类型：11

十字苔草 *Carex cruciata* Wahlenb.

①习性：草本　②海拔：1320～1900m　③分布：龙陵　④分布区类型：6

长穗苔草 *Carex dolichostachya* Hayata

①习性：草本　②海拔：2300～3200m　③分布：泸水　④分布区类型：14－2

亮鞘苔草 *Carex fargesii* Franch.

①习性：草本　②海拔：2300m　③分布：隆阳　④分布区类型：15－3－b

蕨状薹草 *Carex filicina* Nees

①习性：草本　②海拔：2354m　③分布：泸水　④分布区类型：7

亮绿苔草 *Carex finitima* Boott

①习性：草本 ②海拔：3200～3500m ③分布：泸水 ④分布区类型：7－4

印度型薹草 Carex indicaeformis Wang et Tang ex P. C. Li

①习性：草本 ②海拔：1626m ③分布：隆阳 ④分布区类型：7－2

宝兴苔草 Carex moupinensis Franch.

①习性：草本 ②海拔：1300m ③分布：泸水 ④分布区类型：15－3－b

尖叶苔草 Carex oxyphylla Franch.

①习性：草本 ②海拔：1680～3000m ③分布：泸水 ④分布区类型：15－3－a

多头苔草 Carex polycephala Boott

①习性：草本 ②海拔：2400～3000m ③分布：泸水 ④分布区类型：14－2

大序苔草 Carex prainii C. B. Clark

①习性：草本 ②海拔：2878m ③分布：隆阳 ④分布区类型：7－4

细梗苔草 Carex teinogyne Boott

①习性：草本 ②海拔：1300～1700m ③分布：泸水 ④分布区类型：7

毛轴莎草 Cyperus pilosus Vahl

①习性：草本 ②海拔：1300m ③分布：泸水 腾冲 ④分布区类型：6

丛毛羊胡子草 Eriophorum comosum Nees

①习性：草本 ②海拔：1100～300m ③分布：泸水 ④分布区类型：14－2

云南荸荠 Heleocharis yunnanensis Svens

①习性：草本 ②海拔：1730m ③分布：泸水 ④分布区类型：15－2－b

水蜈蚣 Kyllinga brevifolia Rottb.

①习性：草本 ②海拔：1300～1900m ③分布：泸水 ④分布区类型：1

短叶水蜈蚣变型 Kyllinga brevifolia f. brevifolia

①习性：草本 ②海拔：1900m ③分布：腾冲 ④分布区类型：15－2－e

单穗水蜈蚣 Kyllinga monocephala Rottb.

①习性：草本 ②海拔：1436m ③分布：隆阳 ④分布区类型：2

冠鳞水蜈蚣 Kyllinga squamulata Thonn. ex Vahl

①习性：草本 ②海拔：1500m ③分布：隆阳 ④分布区类型：2

砖子苗 Mariscus umbellatus Vahl

①习性：草本 ②海拔：1535m ③分布：泸水 ④分布区类型：6

红鳞扁莎 Pycreus sanguinolentus（Vahl）Nees

①习性：草本 ②海拔：1300～2300m ③分布：泸水 ④分布区类型：4

庐山藨草 Scirpus lushanensis Ohwi

①习性：草本 ②海拔：2510～3000m ③分布：泸水 ④分布区类型：14

百球藨草 Scirpus rosthornii Diels

①习性：草本 ②海拔：2000m ③分布：泸水 ④分布区类型：14－1

咯西藨草 Scirpus wichurae Boeckeler

①习性：草本 ②海拔：2400m ③分布：泸水 ④分布区类型：9

高秆珍珠茅 Scleria elata Thw.

①习性：草本 ②海拔：2000m ③分布：隆阳 ④分布区类型：7

332. 禾本科 Gramineae
(90)

巨序剪股颖 *Agrostis gigantea* Roth
　　①习性：草本　②海拔：2250m　③分布：泸水　④分布区类型：10

大锥剪股颖 *Agrostis megathyrsa* Keng
　　①习性：草本　②海拔：1500m　③分布：泸水　④分布区类型：15 – 3 – c

小花剪股颖 *Agrostis micrantha* Steud.
　　①习性：草本　②海拔：1800m　③分布：泸水　④分布区类型：14 – 2

多花剪股颖 *Agrostis myriantha* Hook. f.
　　①习性：草本　②海拔：1400～2300m　③分布：泸水　④分布区类型：14 – 2

看麦娘 *Alopecurus aequalis* Sobol.
　　①习性：草本　②海拔：1280m　③分布：泸水　④分布区类型：8

水蔗草 *Apluda mutica* Linn.
　　①习性：藤本　②海拔：1500～2600m　③分布：泸水　④分布区类型：5

楔颖草 *Apocopis paleacea*（Trin.）Hochr.
　　①习性：草本　②海拔：1000m　③分布：泸水　④分布区类型：7 – 2

荩草 *Arthraxon hispidus*（Thunb.）Makino
　　①习性：草本　②海拔：1500m　③分布：隆阳　④分布区类型：10

矛叶荩草（原变种）*Arthraxon lanceolatus*（Roxb.）Hochst. var. *lanceolatus*
　　①习性：草本　②海拔：2182m　③分布：隆阳　④分布区类型：6

矛叶荩草 *Arthraxon lanceolatus*（Roxb.）Hochst.
　　①习性：草本　②海拔：2179m　③分布：隆阳　④分布区类型：6

孟加拉野古草 *Arundinella bengalensis*（Spreng.）Druce
　　①习性：草本　②海拔：1419m　③分布：腾冲　④分布区类型：7 – 4

石芒草 *Arundinella nepalensis* Trin.
　　①习性：草本　②海拔：1525m　③分布：隆阳　④分布区类型：4

毛轴野古草 *Arundinella pilaxilis* B. S. Sun et Z. H. Hu
　　①习性：草本　②海拔：1000～1800m　③分布：泸水　④分布区类型：15 – 2 – c

臂形草 *Brachiaria eruciformis*（J. E. Smith）Griseb.
　　①习性：草本　②海拔：920m　③分布：泸水　④分布区类型：12

毛臂形草 *Brachiaria villosa*（Lam.）A. Camus
　　①习性：草本　②海拔：1750m　③分布：泸水　④分布区类型：7 – 4

喜马拉雅雀麦 *Bromus himalaicus* Stapf ex Hook. f.
　　①习性：草本　②海拔：3800m　③分布：泸水　④分布区类型：14 – 2

单蕊拂子茅 *Calamagrostis emodensis* Griseb.
　　①习性：草本　②海拔：1570～2700m　③分布：泸水　④分布区类型：14 – 2

硬秆子草 *Capillipedium assimile*（Steud.）A. Camus
　　①习性：草本　②海拔：1560m　③分布：泸水　④分布区类型：7 – 4

细柄草 *Capillipedium parviflorum*（R. Br.）Stapf.

　　①习性：草本　②海拔：1010m　③分布：泸水　④分布区类型：4

真麻竹 *Cephalostachyum scandens* Bor

　　①习性：草本　②海拔：2150m　③分布：泸水　④分布区类型：14－2

缅甸方竹 *Chimonobambusa armata*（Gamble）Hsueh et Yi

　　①习性：草本　②海拔：1450～2000m　③分布：泸水　④分布区类型：14－2

云南方竹 *Chimonobambusa yunnanensis* Hsueh et W. P. Zhang

　　①习性：草本　②海拔：2182m　③分布：泸水 腾冲　④分布区类型：15－2－i

竹节草 *Chrysopogon aciculatus*（Retz.）Trin.

　　①习性：草本　②海拔：1350m　③分布：泸水 隆阳　④分布区类型：2

小珠薏苡 *Coix puellarum* Balansa

　　①习性：草本　②海拔：890m　③分布：泸水　④分布区类型：7－4

弓果黍 *Cyrtococcum patens*（L.）A. Camus

　　①习性：草本　②海拔：1460m　③分布：泸水 腾冲　④分布区类型：7

西藏牡竹 *Dendrocalamus tibeticus* Hsuch et Yi

　　①习性：草本　②海拔：1220～1720m　③分布：泸水　④分布区类型：14－2

玫红野青茅 *Deyeuxia rosea* Bor

　　①习性：草本　②海拔：2900m　③分布：泸水　④分布区类型：14－2

小糙野青茅（变种）*Deyeuxia scabrescens* var. *humilis*（Griseb.）Hook. f.

　　①习性：草本　②海拔：2900m　③分布：泸水　④分布区类型：14－2

双花草 *Dichanthium annulatum*（Forssk.）Stapf

　　①习性：草本　②海拔：1450～1750m　③分布：泸水　④分布区类型：2

毛马唐 *Digitaria chrysoblephara* Fig.

　　①习性：草本　②海拔：1450m　③分布：泸水　④分布区类型：1

短颖马唐 *Digitaria microbachne*（Presl）Henr.

　　①习性：草本　②海拔：650m　③分布：隆阳　④分布区类型：7

红尾翎 *Digitaria radicosa*（Presl）Miq.

　　①习性：草本　②海拔：650m　③分布：泸水　④分布区类型：7

马唐 *Digitaria sanguinalis*（L.）Scop.

　　①习性：草本　②海拔：1220m　③分布：龙陵　④分布区类型：8

光头稗 *Echinochloa colonum*（L.）Link

　　①习性：草本　②海拔：1200～1500m　③分布：泸水　④分布区类型：8

稗 *Echinochloa crusgalli*（L.）Beauv.

　　①习性：草本　②海拔：1350～2000m　③分布：泸水　④分布区类型：1

牛筋草 *Eleusine indica*（L.）Gaertn.

　　①习性：草本　②海拔：1170m　③分布：泸水 隆阳　④分布区类型：5

梅氏画眉草 *Eragrostis mairei* Hack.

　　①习性：草本　②海拔：2080m　③分布：腾冲　④分布区类型：15－3－b

鲫鱼草 *Eragrostis tenella*（L.）Beauv. ex Roem. et Schult.

　　①习性：草本　②海拔：710m　③分布：泸水　④分布区类型：4

旱茅 *Eremopogon delavayi*（Hack.）A. Camus

　　①习性：草本　②海拔：1600m　③分布：泸水　④分布区类型：14－2

蔗芒 *Erianthus rufipifus* (Steud.) Griseb.

①习性：草本 ②海拔：1300~1800m ③分布：泸水 ④分布区类型：14－2

三穗金茅 *Eulalia trispicata* (Schult.) Henr.

①习性：草本 ②海拔：1653m ③分布：隆阳 ④分布区类型：5

拟金茅 *Eulaliopsis binata* (Retz.) C. E. Hubb.

①习性：草本 ②海拔：1000~2500m ③分布：泸水 ④分布区类型：7

片马箭竹 *Fargesia altocerea* Hsueh et Yi

①习性：草本 ②海拔：2860m ③分布：泸水 ④分布区类型：15－1－a

带鞘箭竹 *Fargesia contracta* Yi

①习性：草本 ②海拔：2048m ③分布：泸水 隆阳 ④分布区类型：15－2－b

空心带鞘箭竹 *Fargesia contracta* Yi f. evacuata Yi

①习性：草本 ②海拔：2300m ③分布：泸水 ④分布区类型：15－2－b

空心箭竹 *Fargesia edulis* Hsueh et Yi

①习性：草本 ②海拔：1900~2800m ③分布：泸水 隆阳 ④分布区类型：15－3－a

泸水箭竹 *Fargesia lushuiensis* Hsueh

①习性：草本 ②海拔：1610~2000m ③分布：泸水 ④分布区类型：15－1－b

黑穗箭竹 *Fargesia melanostachys* (Hand. – Mazz.) Yi

①习性：草本 ②海拔：3100~3400m ③分布：泸水 ④分布区类型：15－2－a

长圆鞘箭竹 *Fargesia orbiculata* Yi

①习性：草本 ②海拔：3150~3800m ③分布：泸水 ④分布区类型：15－2－d

云龙箭竹 *Fargesia papyrifera* Yi

①习性：草本 ②海拔：2750~2900m ③分布：泸水 ④分布区类型：15－2－b

弱须羊茅 *Festuca leptopogon* Stapf

①习性：草本 ②海拔：2700m ③分布：泸水 ④分布区类型：14－2

小颖羊茅 *Festuca parvigluma* Steud.

①习性：草本 ②海拔：2200m ③分布：泸水 ④分布区类型：14

贡山竹 *Gaoligongshania megalothyrsa* (Hand. – Mazz.) D. Z. Li, Hsueh et N. H. Xia

①习性：草本 ②海拔：1500~2030m ③分布：泸水 腾冲 ④分布区类型：15－1－b

卵花甜茅 *Glyceria tonglensis* C. B. Clarke

①习性：草本 ②海拔：2200~2900m ③分布：泸水 ④分布区类型：14－2

云南异燕麦 *Helictotrichon delavayi* (Hack.) Henr.

①习性：草本 ②海拔：2500~3200m ③分布：泸水 ④分布区类型：15－3－c

白茅（变种）*Imperata cylindrica* var. *major* (Nees) C. E. Hubb.

①习性：草本 ②海拔：1500~2500m ③分布：泸水 ④分布区类型：4

丝茅 *Imperata koenigii* (Retz.) Beauv.

①习性：草本 ②海拔：1900m ③分布：腾冲 ④分布区类型：4

白花柳叶箬 *Isachne albens* Trin.

①习性：草本 ②海拔：1830m ③分布：泸水 ④分布区类型：6

小柳叶箬 *Isachne clarkei* Hook. f.

①习性：草本 ②海拔：2080m ③分布：腾冲 ④分布区类型：14－2

二型柳叶箬 *Isachne dispar* Trin.

①习性：草本　②海拔：710～1500m　③分布：泸水　④分布区类型：7

细弱柳叶箬 *Isachne tenuis* Keng ex Keng f.

①习性：草本　②海拔：1770m　③分布：泸水　④分布区类型：15－2－i

田间鸭嘴草 *Ischaemum rugosum* Salisb.

①习性：草本　②海拔：790m　③分布：泸水　④分布区类型：7

淡竹叶 *Lophatherum gracile* Brongn.

①习性：草本　②海拔：1360m　③分布：隆阳　④分布区类型：14

刚莠竹 *Microstegium ciliatum*（Trin.）A. Camus

①习性：草本　②海拔：1450m　③分布：泸水　④分布区类型：7－4

乱子草 *Muhlenbergia hugelii* Trin.

①习性：草本　②海拔：2450～3400m　③分布：隆阳　④分布区类型：14

类芦 *Neyraudia reynaudiana*（Kunth）Keng

①习性：草本　②海拔：1010m　③分布：泸水　④分布区类型：14

中型竹叶草（变种）*Oplismenus compositus* var. *intermedius*（Honda）Ohwi

①习性：草本　②海拔：1400m　③分布：隆阳　④分布区类型：14－1

竹叶草 *Oplismenus compositus*（L.）Beauv.

①习性：草本　②海拔：1590m　③分布：隆阳　④分布区类型：2

云南竹叶草（变种）*Oplismenus patens* var. *yunnanensis* S. L. Chen et Y. X. Jin

①习性：草本　②海拔：1880m　③分布：隆阳　④分布区类型：15－3－b

光叶求米草（变种）*Oplismenus undulatifolius* var. *glaber* S. L. Chen et Y. X. Jin

①习性：草本　②海拔：2066m　③分布：腾冲　④分布区类型：15－3－b

野生稻 *Oryza rufipogon* Griff.

①习性：草本　②海拔：620～800m　③分布：龙陵　④分布区类型：7

心叶稷 *Panicum notatum* Retz.

①习性：草本　②海拔：1653m　③分布：泸水　④分布区类型：7－4

南雀稗 *Paspalum commersonii* Lam.

①习性：草本　②海拔：1900m　③分布：泸水　④分布区类型：7

白顶早熟禾 *Poa acroleuca* Steud.

①习性：草本　②海拔：2000～2500m　③分布：泸水　④分布区类型：14

法氏早熟禾 *Poa faberi* Rendle

①习性：草本　②海拔：2400～3200m　③分布：泸水　④分布区类型：14

久内早熟禾 *Poa hisauchii* Honda

①习性：草本　②海拔：2650m　③分布：泸水　④分布区类型：14

开展早熟禾 *Poa patens* Keng

①习性：草本　②海拔：2700～4100m　③分布：泸水　④分布区类型：15－3－a

金发草 *Pogonatherum paniceum*（Lam.）Hack.

①习性：草本　②海拔：950～1600m　③分布：泸水　④分布区类型：5

棒头草 *Polypogon fugax* Nees ex Steud.

①习性：草本　②海拔：702m　③分布：泸水　④分布区类型：14－2

印度总序竹 *Racemobambos prainii*（Gamble）Keng f. et Wen

①习性：草本　②海拔：1800～2000m　③分布：泸水　④分布区类型：14－2

鼠尾囊颖草 *Sacciolepis myosuroides*（R. Br.） A. Chase ex E. – G. Camus et A. Camus

　　①习性：草本　②海拔：1300～1800m　③分布：泸水　④分布区类型：5

莠狗尾草 *Setaria geniculata*（Lam.） Beauv.

　　①习性：草本　②海拔：1460m　③分布：腾冲　④分布区类型：2

棕叶狗尾草 *Setaria palmifolia*（Koen.） Stapf

　　①习性：草本　②海拔：1360m　③分布：泸水　④分布区类型：7

皱叶狗尾草 *Setaria plicata*（Lam.） T. Cooke

　　①习性：草本　②海拔：2182m　③分布：隆阳　④分布区类型：7

倒刺狗尾草 *Setaria verticillata*（L.） Beauv.

　　①习性：草本　②海拔：670m　③分布：泸水　④分布区类型：1

鼠尾粟 *Sporobolus fertilis*（Steud.） W. D. Clayt.

　　①习性：草本　②海拔：2080m　③分布：腾冲　④分布区类型：7

苇菅 *Themeda arundinacea*（Roxb.） Ridley

　　①习性：草本　②海拔：1360m　③分布：隆阳　④分布区类型：7

阿拉伯黄背草 *Themeda triandra* Forssk.

　　①习性：草本　②海拔：790m　③分布：隆阳　④分布区类型：4

光亮玉山竹 *Yushania levigata* Yi

　　①习性：草本　②海拔：1800～3000m　③分布：泸水　④分布区类型：15 – 2 – f

阔叶玉山竹 *Yushania megalothyrsa*（Hand. – Mazz.） Wen

　　①习性：草本　②海拔：1900～2400m　③分布：泸水　④分布区类型：15 – 2 – c

图 版

摆罗塘

赧亢

百花岭

片马

泸水

姚家坪

紫药红荚蒾 *Viburnum erbescens*

高尚大白杜鹃 *Rhododendron decorum*

山地水东哥 *Saurauia napaulensis*

清香木 *Pistacia weinmannifolia*

云南鸡矢藤 *Paederia yunnanensis*

滇丁香 *Luculia pinciana*

致　谢

感谢在本研究过程中给予作者悉心指导和帮助的云南师范大学生命科学学院崔明昆教授。感谢高黎贡山国家自然保护区保山管理局在野外考察期间提供的帮助。感谢保山学院资源环境学院生物专业全体老师和同学们的热心支持与帮助，特别感谢汪建云教授、陈文华博士等在野外调查和标本鉴定过程中的辛苦付出。感谢云南省教育厅对本研究提供的资助（项目编号 2010Y049）。由于物种鉴定困难较多，植物名录数据庞大，加之作者水平所限，书中难免出现错误和疏漏之处，敬请各位同仁给予批评指正。